高职高专土建专业“互联网+”创新规划教材

建筑设备基础与施工工艺

主　编◎庄中霞　冯俊萍
副主编◎刘　鑫　苏晨茜　郭　可
参　编◎邓志均　尹六寓　罗志标
主　审◎祝春华

内 容 简 介

本书系统介绍了建筑给水工程、建筑排水工程、建筑采暖工程、建筑通风空调工程及建筑电气工程的设备基础与施工工艺。本书按照高等职业教育教学改革要求和现行规范编写，满足土建类专业“建筑设备及施工技术”课程的教学需要，同时注重实践性，应用和推广新技术、新设备、新工艺，培养高素质、高技能型专业人才。

本书可作为建筑工程技术、建筑装饰工程技术、建筑设计、工程造价、建设工程监理等土建类专业的专业课教材，还可作为建筑工程技术人员的岗位培训教材及有关人员的自学参考书。

图书在版编目(CIP)数据

建筑设备基础与施工工艺 / 庄中霞，冯俊萍主编. 北京：北京大学出版社， 2025. 3. --（高职高专土建专业“互联网+”创新规划教材）. --ISBN 978-7-301-35817-7

Ⅰ. TU8

中国国家版本馆 CIP 数据核字第 2025T8P213 号

书　　名　建筑设备基础与施工工艺
JIANZHU SHEBEI JICHU YU SHIGONG GONGYI
著作责任者　庄中霞　冯俊萍　主编
策 划 编 辑　杨星璐
责 任 编 辑　曹圣洁
数 字 编 辑　蒙俞材
标 准 书 号　ISBN 978-7-301-35817-7
出 版 发 行　北京大学出版社
地　　址　北京市海淀区成府路 205 号　100871
网　　址　http://www.pup.cn　新浪微博：@北京大学出版社
电 子 邮 箱　编辑部 pup6@pup.cn　总编室 zpup@pup.cn
电　　话　邮购部 010-62752015　发行部 010-62750672　编辑部 010-62750667
印 刷 者　河北文福旺印刷有限公司
经 销 者　新华书店
787 毫米×1092 毫米　16 开本　19.25 印张　462 千字
2025 年 3 月第 1 版　2025 年 3 月第 1 次印刷
定　　价　59.00 元

前言 Preface

在当今经济发展和人民物质文化生活不断提高的时代，人们对建筑的功能要求越来越高。现代建筑中水、电、暖通、消防等系统的设备日趋复杂，建筑设备投资在建筑总投资中的比重越来越大，建筑设备工程在建筑工程中的地位也越来越重要。因此，建筑行业需要更多高素质、高技能型的专业人才，建筑工程技术人员需要对现代建筑中各类系统和设备的工作原理、使用功能以及在建筑中的应用有所了解，在建筑设计、建筑施工、室内装修、房地产开发和建筑管理等工作中合理配置和使用能源、资源，做到既能更好地体现建筑设计理念和使用功能，又能尽可能地减少能量损耗和资源浪费。

为了更好地体现高职高专教育特点，满足高职高专对高素质、高技能型人才的培养需求，我们按照最新教学改革要求和现行标准规范组织编写本书，将理论与实践相结合，应用和推广新技术、新设备、新工艺，体现"建筑设备及施工技术"课程的教学需求，同时融入党的二十大精神，突出教材的实用性和时代性，助力培养新时代的土建类专业人才。

党的二十大报告指出，紧跟时代步伐，顺应实践发展，以满腔热对待一切新生事物。本书积极顺应人工智能发展趋势，提供了 AI 伴学内容及提示词，引导学生利用生成式人工智能（AI）工具，如 DeepSeek、Kimi、豆包、通义千问、文心一言、ChatGPT 等来进行拓展学习。

本书系统地介绍了建筑设备基础与施工工艺的主要内容。全书共分为 9 个项目，其中项目 0 为教学导入环节，项目 1～8 可按照 52～76 学时安排，推荐学时分配如下，教师可根据不同专业灵活安排。

项目	项目 1	项目 2	项目 3	项目 4	项目 5	项目 6	项目 7	项目 8
学时	8～12	6～10	4～6	8～12	8～10	4～6	10～12	4～8

本书由校企合作共同编写，广东水利电力职业技术学院庄中霞、重庆经贸职业学院冯俊萍担任主编，广东水利电力职业技术学院刘鑫、广州供电局有限公司苏晨茜、广东水利电力职业技术学院郭可担任副主编，广东水利电力职业技术学院邓志均、尹六寓及广东申菱环境系统股份有限公司罗志标参与编写，广东水利电力职业技术学院祝春华担任主审。

由于编者水平有限，编写时间较短，本书在内容取舍、叙述深度、体系组织方面可能存在不足之处，恳请广大读者批评指正。

资源索引

编　者

2024 年 11 月

目录

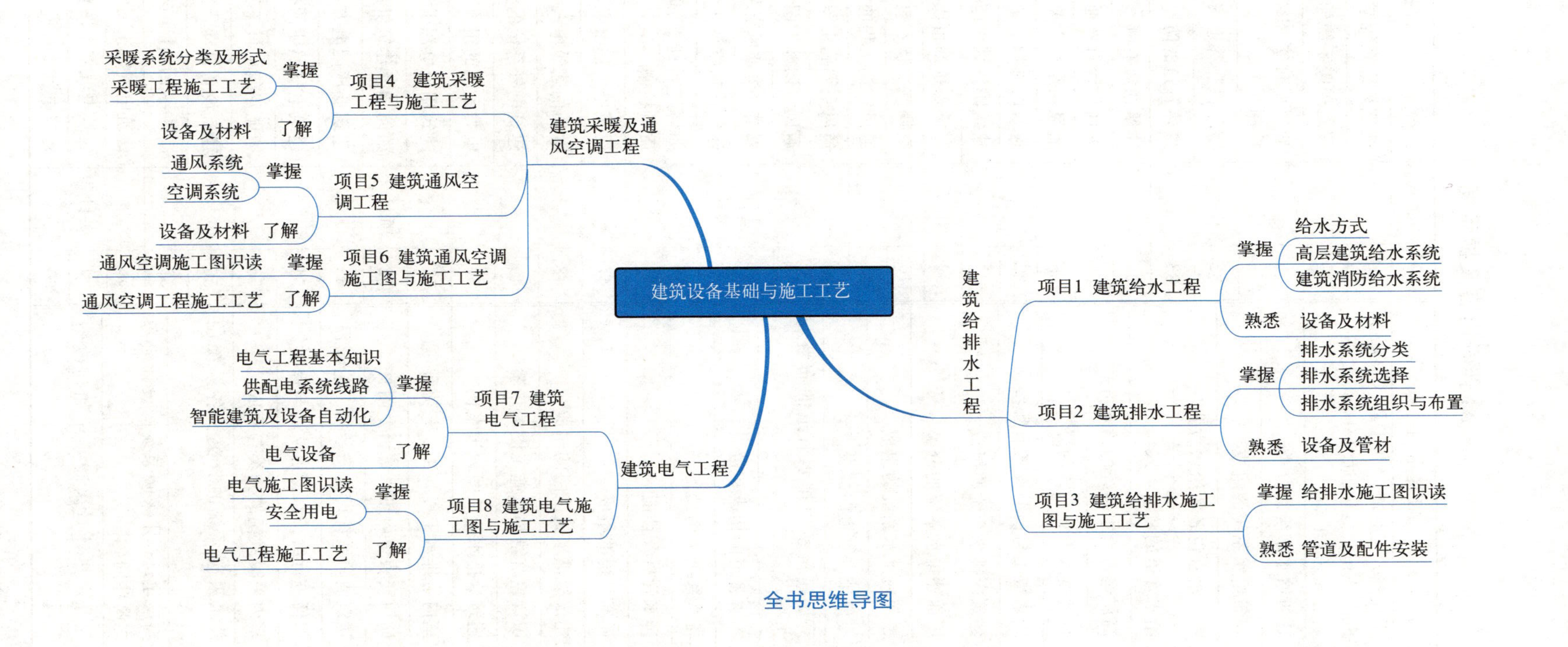
建筑设备基础与施工工艺
建筑给排水工程
项目1 建筑给水工程
掌握
给水方式
高层建筑给水系统
建筑消防给水系统
熟悉 设备及材料
项目2 建筑排水工程
掌握
排水系统分类
排水系统选择
排水系统组织与布置
熟悉 设备及管材
项目3 建筑给排水施工图与施工工艺
掌握 给排水施工图识读
熟悉 管道及配件安装
建筑采暖及通风空调工程
项目4 建筑采暖工程与施工工艺
掌握
采暖系统分类及形式
采暖工程施工工艺
了解 设备及材料
项目5 建筑通风空调工程
掌握
通风系统
空调系统
了解 设备及材料
项目6 建筑通风空调施工图与施工工艺
掌握 通风空调施工图识读
了解 通风空调工程施工工艺
建筑电气工程
项目7 建筑电气工程
掌握
电气工程基本知识
供配电系统线路
智能建筑及设备自动化
了解 电气设备
项目8 建筑电气施工图与施工工艺
掌握
电气施工图识读
安全用电
了解 电气工程施工工艺
全书思维导图

AI伴学内容及提示词

序号	章节	AI提示词
1	AI伴学工具	生成式人工智能(AI)工具,如DeepSeek、Kimi、豆包、通义千问、文心一言、ChatGPT等
2	项目1	建筑给水系统的分类
3	项目1	建筑给水系统的组成
4	项目1	气压给水设备的给水方式
5	项目1	给水管道的敷设形式
6	项目1	高层建筑给水系统的给水方式
7	项目1	自动喷水灭火系统的分类
8	项目1	给水增压与调节设备有哪些
9	项目2	建筑内排水系统的组成
10	项目2	屋面外排水系统的分类
11	项目2	屋面内排水系统的组成
12	项目2	室内排水管道的敷设方式
13	项目2	高层建筑室内排水管道的布置与敷设
14	项目2	雨水管道的构成和敷设
15	项目2	排水系统常用设备
16	项目2	排水管材及性能
17	项目2	通气系统的组成
18	项目3	建筑给排水施工图的组成
19	项目3	识读建筑给排水施工图的步骤
20	项目3	建筑给排水施工图识读案例
21	项目3	室内给排水工程施工工艺流程
22	项目3	如何安装室内热水管道及附件
23	项目3	建筑消防系统设备安装的工艺流程
24	项目3	如何进行给排水管道防腐与保温
25	项目4	室内采暖系统的分类与组成
26	项目4	热水采暖系统的分类及各系统的组成
27	项目4	高层建筑热水采暖系统的设计应考虑哪些问题
28	项目4	无分户热计量采暖系统如何改造升级
29	项目4	建筑采暖系统常用设备
30	项目4	建筑采暖系统辅助设备
31	项目4	如何进行室内采暖系统安装质量控制
32	项目4	室外供热管道安装的工艺流程
33	项目4	供热管道的防腐与绝热
34	项目5	建筑通风有哪些形式
35	项目5	如何设计自然通风系统
36	项目5	通风系统的主要设备和构件
37	项目5	建筑防排烟的基本概念
38	项目5	建筑防排烟设施应如何设置
39	项目5	空调系统的组成与分类
40	项目5	空调制冷技术包括哪些
41	项目5	通风空调工程的常用材料及阀件
42	项目6	通风空调施工图的组成
43	项目6	通风空调施工图常用图例
44	项目6	列举一个通风空调施工图识读案例
45	项目6	建筑通风空调工程施工工艺
46	项目6	如何进行建筑通风空调工程施工质量控制
47	项目7	建筑电气的含义和作用
48	项目7	常用的建筑电气设备有哪些
49	项目7	建筑电气系统的分类
50	项目7	电力系统的组成
51	项目7	建筑用电电源引入方式有哪些
52	项目7	如何选择建筑供电方案
53	项目7	建筑低压配电方式及分类
54	项目7	建筑电气照明的概念及分类
55	项目7	智能建筑电气工程的概念
56	项目7	建筑设备自动化系统的概念
57	项目7	列举一个居住小区智能化系统实例
58	项目8	建筑电气施工图常用图例
59	项目8	建筑电气施工图包含哪些内容
60	项目8	建筑电气工程施工工艺流程

项目 0 绪论

党的二十大报告提出，加强城市基础设施建设，打造宜居、韧性、智慧城市。随着新型城镇化的深入推进，城市人居环境显著改善，现代建筑要求配备完善的给水、排水、消防、采暖、通风、空气调节、供配电、照明、动力、火灾自动报警等设备系统，从而为人们提供卫生、安全、宜居的生活和工作环境。这些设备系统装设在建筑物内，统称为建筑设备工程。

在建筑类高职高专院校，建筑工程技术、建筑装饰工程技术、建筑设计、工程造价、建设工程监理、房地产经营与管理、现代物业管理等专业都开设了“建筑设备及施工技术”课程，这是一门重要的基础课。作为土建类专业学生和建筑工程技术人员，在开始本书内容的学习之前，我们首先需要明确“建筑设备及施工技术”课程的重要性、主要内容以及课程学习的注意事项。

一、为什么要学习“建筑设备及施工技术”课程

1. 建立专业间的协调意识

建筑设备装置在建筑物内，这必然要求它们与建筑、装饰和结构等相互协调。只有综合建筑、装饰、结构、设备各专业进行设计和施工，才能使建筑物达到适用、经济、卫生、舒适和安全的要求，充分发挥建筑物应有的功能，提高建筑物的使用质量。

例如，在进行一幢高层住宅的建筑方案设计时，设计人员必须考虑变配电室、泵房、消防中心、空调等设备用房的配置问题。这些设备用房的配置首先要遵从建筑物的总体设计安排，同时必须合乎有关专业的技术要求。又如，在进行建筑防火设计时，设计人员利用他所掌握的消防系统知识，可以在扩初设计阶段就合理预留消防水池、管井的位置以及管道敷设的位置，这样的扩初设计交至给排水专业，可以加快设计进度，减少不必要的争议。

对于建筑工程技术人员来说，掌握一定的建筑设备知识也是必不可少的。以一个餐厅的天花板为例，上面装设的设备往往有灯具、空调的送风口、火灾报警系统的探测器、喷淋系统的喷头等，这些设备的装设在不破坏天花板整体装饰效果的基础上，还必须满足设备本身的技术要求。装饰工程技术人员如果不具备建筑设备基础知识，显然是无法进行天花板的综合设计和施工的。

2. 实施全面节约战略的需要

通过“建筑设备及施工技术”课程的学习，我们可以对各类建筑设备系统的原理和功能有一个深入的了解，对如何降低建筑能耗、做好建筑节水进行深刻的思考，从而在工程中合理配置和使用能源、资源，减少能量损耗和资源浪费，这是实施全面节约战略❶的需要。

随着现代社会和科学技术的发展，建筑设备及施工技术涉及的领域、门类越来越多，综合性越来越强，这就要求每一位建筑业从业人员不断拓宽知识面，掌握更多的新技术、新设备、新工艺。

二、“建筑设备及施工技术”课程的主要内容

本课程主要内容包括三大部分：建筑给排水，采暖、通风和空气调节，建筑电气。

1. 建筑给排水

这一部分主要介绍建筑给排水系统的基础知识，高层建筑给水系统，建筑消防给水系统，建筑内排水和屋面雨水排水系统，常用管材及配件，以及给排水施工图与施工工艺。

2. 采暖、通风和空气调节

这一部分主要介绍建筑采暖系统，建筑通风系统，建筑空调系统，常用材料及设备，以及有关的施工图与施工工艺。

3. 建筑电气

这一部分主要介绍电气工程基础知识，建筑物常用的电气系统，如电气照明、防雷、动力、智能系统等，以及电气施工图与施工工艺。

建筑设备现已成为一个新的专业，其所涉及的范围越来越广，而且受到多门学科发展的影响而日新月异。过去建筑内的设备十分简单，而在现代建筑内仅靠这些简单设备是远远不够的。下面以高层民用建筑为例，我们可以看到建筑设备的发展概况。

在建筑给排水方面，高层建筑给排水设备多，包括水池、水箱、泵房、卫生器具等，同时由于楼层多、管线长、装饰标准高，还要求设立管道井、设备层等。高层建筑内人员众多、人流繁杂，诱发火灾的因素多，一旦发生火灾，单靠消防人员灭火效果甚微，往往需要“自救”。因此，高层建筑除了建筑、结构、装饰等专业设计要符合防火设计规范的要求，还必须设置完善的消防设备系统。目前高层建筑常用的消防设备系统有消火栓灭火系统、自动喷水灭火系统、建筑防排烟设施等。

采暖、通风和空气调节的主要功能是创造一个舒适的工作和生活环境。在70年代末期，空调系统还仅装设在一些高级宾馆内，但随着我国经济的发展，现在大部分办公楼、商场和住宅都装设了空调设备，一些大型的空调系统还往往采用智能控制，以获得最佳的效果。

建筑电气的发展更为迅速。电子技术的发展使其应用技术成为建筑电气的重要组成部分之一，如高层建筑的火灾自动报警与灭火系统、闭路电视安保系统、入侵报警系统、停

---

❶ 党的二十大报告提出，实施全面节约战略，推进各类资源节约集约利用。

车场（库）自动管理系统等。现代智能建筑是综合了计算机、信息通信等方面的最先进技术，将建筑物内的空调、照明、电力、防灾、防盗、运输设备等进行联动，实现建筑综合管理自动化、远程通信和办公自动化的建筑物。

三、“建筑设备及施工技术”课程学习的注意事项

1. 要有明确的学习目的

首先要明确作为建筑工程技术、建筑装饰工程技术、建筑设计、工程造价、建设工程监理、房地产经营与管理、现代物业管理等专业的从业人员必须掌握一定的建筑设备及施工技术基本知识，具备综合处理各种建筑设备与建筑主体之间关系的能力。

1995年，我国开始实行注册建筑师执业资格制度，并开展了一、二级注册建筑师考试。其目的是与国际惯例接轨，经国家考试合格的一级注册建筑师亦可获得国际认可。在国家注册建筑师考试科目中，建筑设备是其中一门，各专业的注册工程师如注册消防工程师考试还将建筑设备专业进行了细化。在今后的建筑工程中，建筑师在各个有关专业都将起到主导作用，有关从业人员应当了解“建筑设备及施工技术”课程的重要性，明确学习目的，做好职业规划。

2. 掌握正确的学习方法

（1）根据本专业的特点抓主要设备系统。对于建筑工程技术专业和建筑设计专业，应主要掌握各种设备系统的组成，如给水系统的主要组成部分、供配电系统的组成、空调系统的组成等。例如，掌握了给水系统的组成，在进行建筑方案设计时，就能初步确定水池位置和容积、泵房位置、管井位置等，提出全面、充实的设计方案，在此基础上与给排水专业的协调就容易多了。在进入专业课的学习和进行毕业设计时，设备系统的知识也能起到积极的作用。

对于建筑装饰工程技术专业，在了解各种设备系统组成的基础上，应侧重于设备的敷设方式、工艺要求等。例如，在给排水系统的学习中，可多了解卫生间的布置方式；在电气照明系统的学习中，应关注灯具的布置和选择等；在空调系统的学习中，可侧重于送风口、回风口的形式和布置等。

结合本专业的特点来进行学习，不仅能提升学习兴趣，而且能培养综合运用和协调各专业技术的能力。

（2）结合本地区的特点进行取舍侧重。我国幅员辽阔，各个地区的气候、环境、经济发展程度和人们的生活习惯差异显著，“建筑设备及施工技术”课程要结合本地区的特点进行教学。例如，在南方地区，对采暖系统这部分的内容就可以略讲或不讲；对弱电系统部分的内容，则可根据本地区的实际情况进行选讲、选学。

（3）现场教学与施工实训相结合。“建筑设备及施工技术”作为一门与我们的生活和工作息息相关的专业课程，在条件允许的情况下，应多开展现场教学和施工实训。通过实训，学生可以进行现场观察、动手操作，从而建立一套完整、直观的知识体系，养成适合自己的学习方法。

项目 1 建筑给水工程

项目导入

建筑给水系统是将室外给水管网中的水引入一幢建筑或建筑群，供人们生产、生活和消防之用，并满足各类用水对水质、水量和水压要求的冷水供应系统。

例如，学校宿舍楼共 8 层，楼层高度 24m，我们每天饮用、洗浴的水是从哪里来的？对水量、水压和水质分别有哪些要求？水在供应的过程中需要哪些设备？输送水的管材应达到哪些要求？如果我们居住的住宅高 120m，其供水方式和供水设施会有哪些变化？高层建筑给水系统在实现供水要求的同时，如何达到防水、防振、防噪声及美观要求？

思维导图

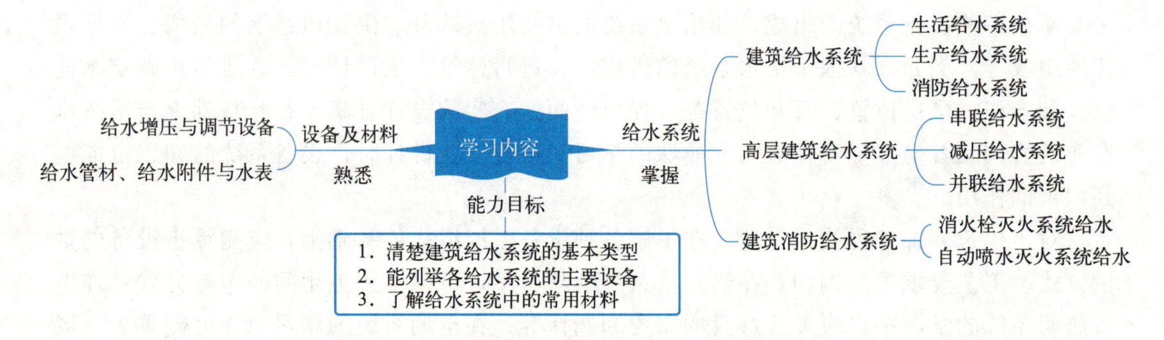

1.1 建筑给水系统及给水方式

1.1.1 建筑给水系统的分类

建筑给水系统按照其用途，主要分为以下三类。

1. 生活给水系统

生活给水系统是供人们日常生活所需的饮用、烹饪、盥洗、洗涤、沐浴用水的给水系统。生活用水水质必须符合国家规定的生活饮用水卫生标准。

2. 生产给水系统

生产给水系统是供给各类产品生产过程中所需用水的给水系统。生产用水对水质、水量、水压的要求随工艺要求的不同有较大差异。

3. 消防给水系统

消防给水系统是供给各类消防设备扑灭火灾时所需用水的给水系统。消防用水对水质的要求不高，但必须按照我国现行建筑防火规范的要求，保证供应足够的水量和水压。

上述三类基本给水系统可以独立设置，也可根据各类用水对水质、水量、水压、水温的要求，结合室外给水系统的实际情况，经技术经济比较或兼顾社会、经济、技术、环境等因素综合考虑，组成不同的共用给水系统。此外，热水供应系统、中水系统等在某些建筑内也有使用。

1.1.2 建筑给水系统的组成

一般情况下，建筑给水系统由下列各部分组成。

(1) 水源：室外给水管网供水或自备水源。

(2) 引入管：连接室内外供水管网的联络管，也称进户管。对于单体建筑，引入管是由室外给水管网引入建筑内管网的管段。

(3) 水表节点：安装在引入管上的水表及其前后设置的阀门和泄水装置的总称。水表用以计量该幢建筑的总用水量，水表前后的阀门用于在水表检修、拆换时关闭管路。水表节点一般设在水表井中。

(4) 给水管网：由建筑内给水干管、立管和支管组成的管道系统。

(5) 给水附件：包括配水龙头、消火栓、喷头及各类阀门（控制阀、减压阀、止回阀等）。

(6) 增压与调节设备：当室外给水管网的水量、水压不能满足建筑用水要求，或高层建筑等建筑内对供水可靠性、水压稳定性有较高要求时，需要设置增压与调节设备，如水箱、水泵、贮水池、气压给水设备等。

(7) 给水局部处理设施：当用户对给水水质的要求超出我国现行生活饮用水卫生标准或由其他原因造成水质不能满足要求时，需要设置一些设备、构筑物进行给水深度处理，这类设备、构筑物称为给水局部处理设施。

建筑给水系统如图 1-1 所示。

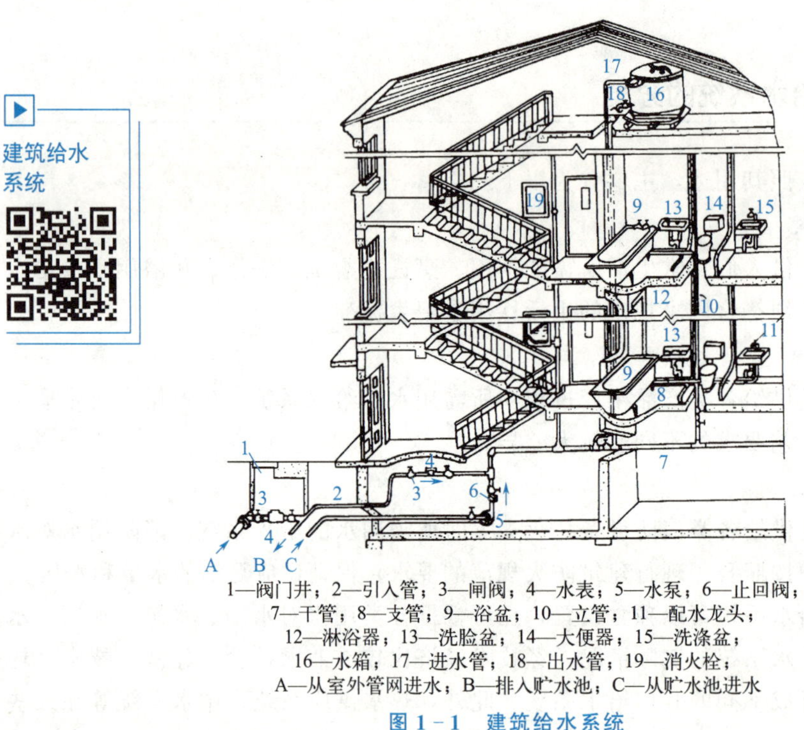

1—阀门井；2—引入管；3—闸阀；4—水表；5—水泵；6—止回阀；
7—干管；8—支管；9—浴盆；10—立管；11—配水龙头；
12—淋浴器；13—洗脸盆；14—大便器；15—洗涤盆；
16—水箱；17—进水管；18—出水管；19—消火栓；
A—从室外管网进水；B—排入贮水池；C—从贮水池进水

图 1-1　建筑给水系统

1.1.3 建筑给水系统所需水压

流出水头是指各种配水龙头和用水设备为获得规定的出水量（额定流量）所必需的最小压力。建筑内部给水系统的压力，必须确保能将所需水量输送到建筑内配水最不利点（通常位于系统的最高、最远点）的用水设备处，并保证有足够的流出水头。

H_2+H_3

H_4

H

H_1

水表

图 1-2　建筑内部给水系统所需水压

建筑内部给水系统所需水压 H 如图 1-2 所示，其计算公式为

$$H = H_1 + H_2 + H_3 + H_4 \tag{1-1}$$

式中 H——给水系统所需水压，kPa；

H_1——引入管起点至配水最不利点位置高度所要求的静水压，kPa；

H_2——引入管起点至配水最不利点的给水管路（计算管路）的沿程与局部水头损失之和，kPa；

H_3——水表的水头损失，kPa；

H_4——配水最不利点所需的流出水头，kPa。

在初步确定给水方式时，对于一般层高不超过 3.5m 的多层民用建筑所需水压，可按其层数估算：一层为 100kPa，两层为 120kPa，三层及以上每增加一层，水压增加 40kPa。

1.1.4 给水方式的基本类型

给水方式是指建筑内部给水系统的供水方案。它由建筑功能、建筑高度、配水点的布置情况、室内所需水压和水量以及室外管网的水压和水量等因素综合决定。一般建筑给水工程中，给水方式有以下几种基本类型。

1. 室外管网直接给水方式

室外管网直接给水方式如图 1-3 所示。这种给水方式最为简单、经济，适用于室外给水管网提供的水量、水压在任何时候均能满足室内管网最不利点的用水要求的情况。

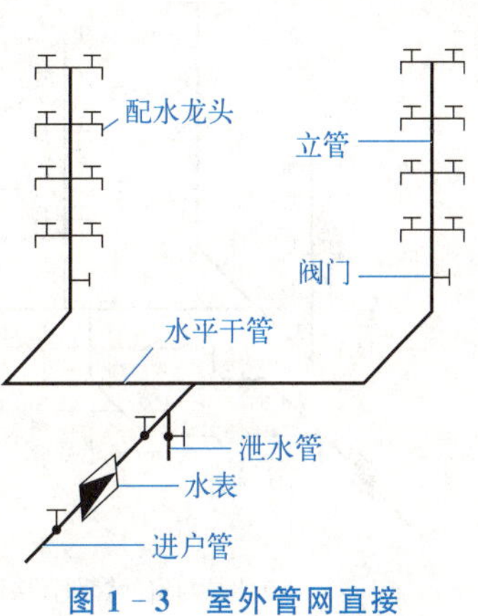

图 1-3 室外管网直接给水方式（下行上给式）

2. 单设水箱的给水方式

当室外给水管网的供水压力大部分时间满足要求，仅在用水高峰时段由于水量增加，室外给水管网中水压降低而不能保证建筑上层用水时；或者建筑内要求水压稳定，并且该建筑具备设置高位水箱的条件时，可采用单设水箱的给水方式，如图 1-4 所示。该方式在用水低峰时，利用室外给水管网直接供水并向水箱充水；在用水高峰时，则由水箱出水供给给水系统，从而达到调节水压和水量的目的。

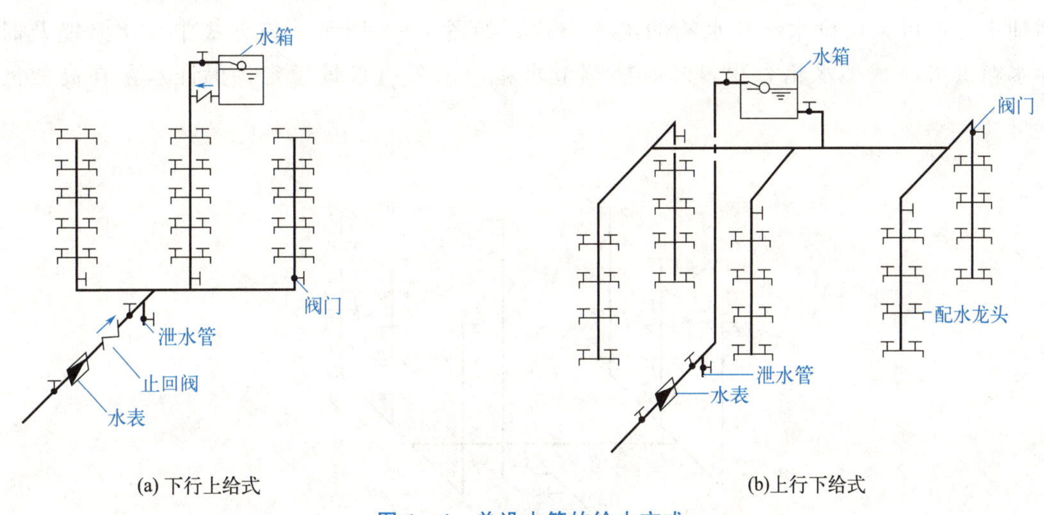

图 1-4 单设水箱的给水方式

3. 单设水泵的给水方式

当室外给水管网水压大部分时间不能满足要求时，可采用单设水泵的给水方式，如

图 1-5 所示。当建筑内用水量大且较均匀时，可用恒速水泵供水；当建筑内用水不均匀时，宜用多台水泵联合运行供水，以提高水泵的效率。

为充分利用室外管网压力，节约能源，可把水泵直接与室外管网相连接，这时应设旁通管，如图 1-5(a) 所示。这种给水方式因水泵直接从室外管网抽水，有可能使外网压力降低，影响外网上其他用户用水，严重时还可能造成外网局部负压，在管道接口不严密处将周围土壤中的水吸入管内，造成水质污染，因此采用这种给水方式必须征得供水部门的同意，并在管道连接处采取必要的防护措施，以防污染水质。为避免上述问题，可在系统中增设贮水池，采用水泵与室外管网间接连接的给水方式，如图 1-5(b) 所示。

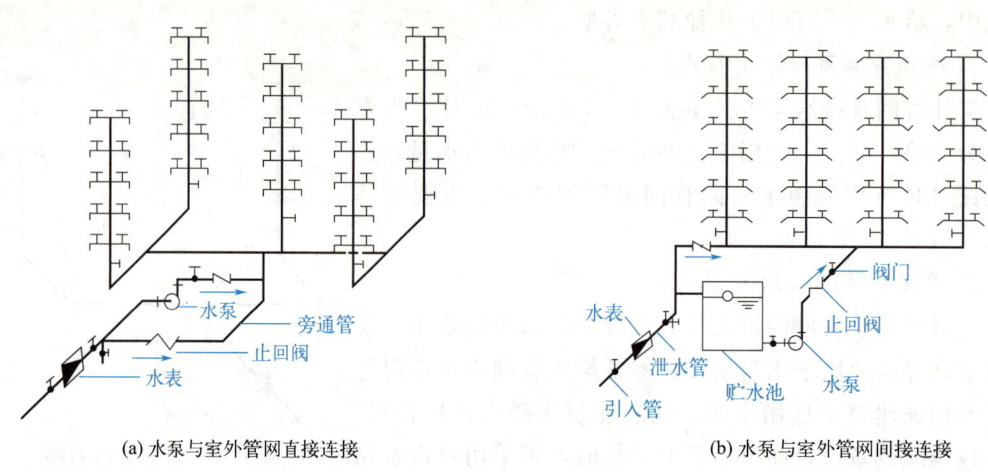

图 1-5　单设水泵的给水方式

4. 设水泵和水箱的给水方式

当室外给水管网水压大部分时间不能满足要求，且室内用水不均匀，允许直接从外网抽水时，可采用设水泵和水箱的给水方式，如图 1-6 所示。该方式中，水泵能及时向水箱供水，减小水箱容积，同时能调节水箱，水泵出水量稳定，保证水泵在高效区运行。

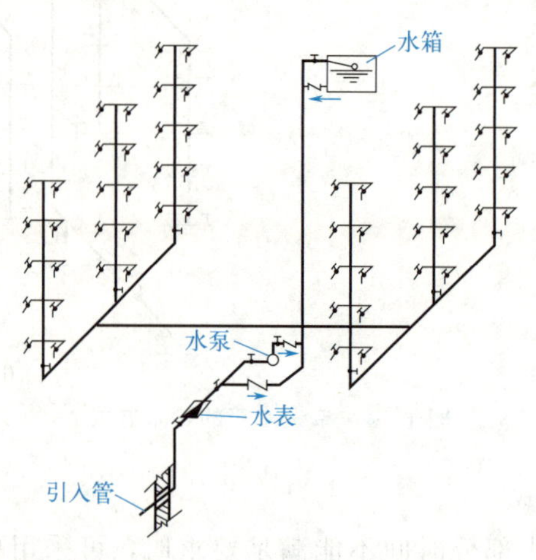

图 1-6　设水泵和水箱的给水方式

5. 设贮水池、水泵和水箱的给水方式

当建筑用水可靠性要求高，而室外给水管网水量、水压经常不足，不允许直接从外网抽水时；或者外网不能保证建筑高峰时段用水，且用水量较大时；或者要求储备一定容积的消防水量时，都可采用设贮水池、水泵和水箱的给水方式，如图1－7所示。

6. 设气压给水设备的给水方式

当室外给水管网压力低于或经常不能满足室内所需水压，室内用水不均匀，且不宜设置高位水箱时，可采用设气压给水设备的给水方式，如图1－8所示。该方式利用气压给水设备中气压水罐内气体的可压缩性，协同水泵增压供水。气压水罐的作用相当于高位水箱，但其位置设置更加灵活，可根据需要设在高处或低处。

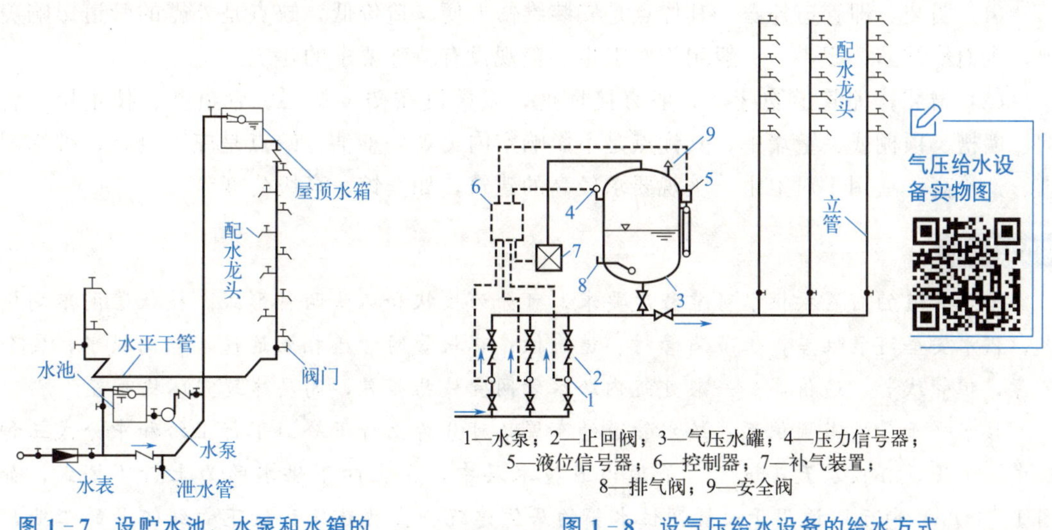

图1－7 设贮水池、水泵和水箱的给水方式

图1－8 设气压给水设备的给水方式

7. 分区给水方式

对于多层和高层建筑，室外给水管网的压力往往只能满足建筑下部若干层的供水要求。此时为了节约能源，有效利用外网水压，常采用分区给水方式，即建筑的低区由室外给水管网直接供水，高区由增压贮水设备供水。为保证供水的可靠性，可将低区与高区的一根或几根立管相连接，在分区处设置阀门，以备低区进水管发生故障或外网压力不足时，打开阀门，由高区向低区供水。

8. 无水箱分区给水方式

当高层建筑下部供水压力过大，室内用水不均匀或各分区最低点的静水压力小于0.35MPa时，可采用无水箱分区给水方式。这种方式供水可靠，多采用变频泵。

在实际工程中，要合理确定给水方式，应当全面分析该项工程所涉及的各项因素，包括水质、水压、供水可靠性、节水节能效果、操作管理水平、自动化程度、占地面积、基建投资、年运行费用等；还要考虑各种社会和环境因素，包括给水工程对城市给水系统的影响、对建筑立面的影响、对结构和基础的影响、对周围环境的影响，以及工程建设难度、抗寒防冻性能、使用是否方便等。

1.1.5 给水管道的布置与敷设

给水管道的布置与敷设，必须与其所处建筑和结构的设计情况、使用功能、用水要求、配水点和室外给水管道的位置以及其他建筑设备（电气、采暖、空调、通风、燃气、通信等）的设计方案相配合，兼顾消防给水、热水供应、建筑中水、建筑排水等系统，进行综合考虑，处理和协调好各种管线的关系。

1. 敷设形式

根据建筑的性质和要求，给水管道的敷设有明装和暗装两种形式。

(1) 明装，即管道外露，其优点是安装维修方便、造价低，缺点是外露的管道影响美观，表面易结露、积尘，一般用于对卫生、美观没有特殊要求的建筑。

(2) 暗装，即管道隐蔽，一般直接埋地，或敷设在楼板垫层、管道井、技术层、管沟、墙槽、顶棚或夹壁墙中，其优点是不影响室内美观、整洁，缺点是施工复杂、维修困难、造价高，适用于对卫生、美观要求较高的建筑，如宾馆、高级公寓等。

知识链接

给水管道的布置按供水可靠程度要求，可分为枝状和环状两种形式。枝状管网单向供水，供水安全可靠性差，但节省管材、造价低；环状管网管道相互连通，双向供水，安全可靠，但管线长、造价高。一般建筑内给水管网宜枝状布置，高层建筑宜环状布置。

按水平干管的布置位置，给水管道的布置又可分为上行下给、下行上给和中分式三种形式。干管设在顶层天花板下、吊顶内或技术层中，由上向下供水的为上行下给式，如图 1-4 (b) 所示，适用于设置高位水箱的居住建筑、公共建筑和地下管线较多的工业厂房；干管埋地或设在底层或地下室中，由下向上供水的为下行上给式，如图 1-3 和图 1-4 (a) 所示，适用于室外给水管网直接供水的工业与民用建筑；干管设在中间技术层内或中间某层吊顶内，由中间向上、下两个方向供水的为中分式，适用于屋顶用作露天茶座、舞厅或设有中间技术层的高层建筑。

2. 敷设要求

引入管进入建筑有两种情形，一种是从建筑的浅基础下通过，如图 1-9(a) 所示；另一种是穿越承重墙或基础，如图 1-9(b) 所示。在地下水位高的地区，引入管穿越地下室外墙或基础时，应采取防水措施，如设防水套管等。

室外埋地引入管要注意地面动荷载和冰冻的影响，其管顶覆土厚度不宜小于 0.7m，且管顶埋深应超过冻土线下 0.2m。建筑内埋地引入管在无地面动荷载和冰冻影响时，其管顶埋深不宜小于 0.3m。

生活给水引入管与污水排出管管道外壁的水平净距不宜小于 1.0m；室内给水管与排水管之间的最小净距，平行埋设时应为 0.5m，交叉埋设时应为 0.15m，且给水管应在排水管的上面；埋地给水管道应避免布置在可能被重物压坏处；为防止振动，管道一般不得穿越生产设备基础，如必须穿越，应与有关专业人员协商处理；管道不宜穿过伸缩缝、沉降缝，如必须穿过，应采取保护措施，如软接头法、丝扣弯头法、活动支架法等；为防止管道腐蚀，管道不得设在烟道、风道和排水沟内，不得穿过大小便槽，当给水立管与小便槽端部距离不超过 0.5m 时，应采取建筑隔断措施。

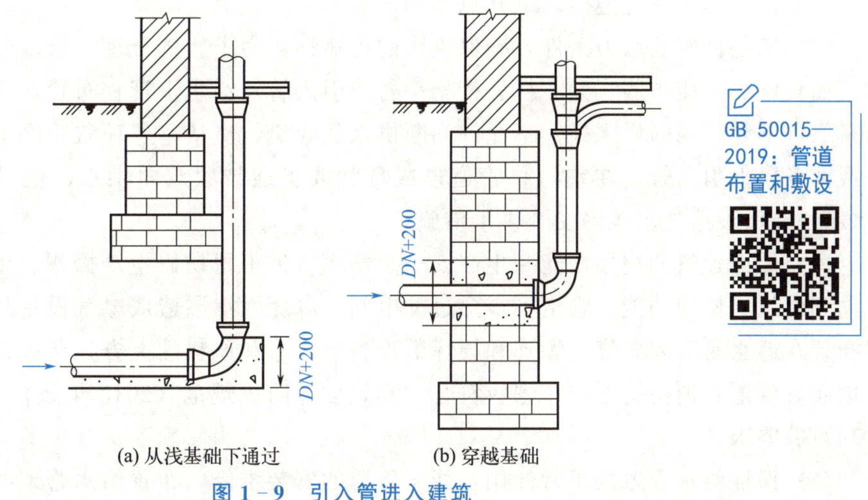

(a) 从浅基础下通过　　(b) 穿越基础

图 1－9　引入管进入建筑

给水横管穿越承重墙或基础、立管穿越楼板时，均应预留孔洞。暗装管道在墙中敷设时，也应预留墙槽，以免临时打洞、凿槽影响建筑结构的强度。管道预留孔洞和墙槽的尺寸见表 1－1。横管穿过预留洞时，管顶上部净空不得小于建筑的沉降量，以保护管道不致因建筑沉降而损坏，一般不小于 0.1m。

表 1－1　给水管道预留孔洞和墙槽的尺寸　　单位：mm

管道名称	管径	明管留孔尺寸［长(高)×宽］	暗管墙槽尺寸（宽×深）
立管	≤25	100×100	130×130
	32～50	150×150	150×130
	70～100	200×200	200×200
立管（2 根）	≤32	150×100	200×130
横支管	≤25	100×100	60×60
	32～40	150×130	150×100
引入管	≤100	300×200	—

给水横干管宜敷设在地下室、技术层、吊顶或管沟内，宜有 0.2%～0.5%的纵坡坡向泄水装置；立管可敷设在管道井内；给水管道与其他管道同沟或共架敷设时，宜敷设在排水管、冷冻管的上面或热水管、蒸汽管的下面。给水管道不宜与输送易燃、可燃或有害的液体或气体的管道同沟敷设。通过铁路或地下构筑物的给水管道，必须设有保护套管。

管道敷设必须采取固定措施，常用的钢质立管每层须安装一个管卡，当层高大于 5.0m 时，每层须安装两个管卡。塑料给水管应远离热源，立管距灶边不得小于 0.4m，与供热管道的净距不得小于 0.2m，且不得因热辐射使管外壁温度大于 40℃；塑料给水管与其他管道交叉敷设时，应采取保护措施或加金属套管，建筑内塑料立管穿越楼板和屋面处应为固定支承点；塑料给水管直线长度大于20m时，应采取补偿管道胀缩的措施。

3. 布置原则

给水管道的布置应遵循以下几点原则。

（1）满足良好的水力条件，确保供水的可靠性，力求经济合理。给水管道的布置应力求短而直，尽可能与墙、梁、柱、桁架平行；引入管、给水干管宜布置在用水量最大处或尽量靠近不允许间断供水处；不允许间断供水的建筑，应从室外环状管网不同管段接出两条或两条以上引入管，在室内将管道连成环状或贯通枝状双向供水，也可采取设贮水池（水箱）或增设第二水源等安全供水措施。

（2）保证建筑的使用功能和生产安全。给水管道不得妨碍生产操作、生产安全、交通运输和建筑的使用功能；管道不得穿过配电间，以免因渗漏造成电气设备故障或短路；不得布置在遇水易引起燃烧、爆炸和损坏的设备、产品和原料的上方，还应避免在生产设备上面布置管道；消防管道的布置应符合《建筑设计防火规范（2018年版）》（GB 50016—2014）的要求。

（3）保证给水管道的正常使用，便于管道的安装维修。布置给水管道时，周围要留有一定的空间；在管道井中布置管道要排列有序，以满足安装维修的要求；需进入检修的管道井，其通道直径不宜小于0.6m；管道井每层应设检修设施，每两层应有横向隔断；检修门宜开向走廊。

知识链接

给水管道的防护

1. 防腐

金属管道的外壁容易氧化锈蚀，明装和暗装都须采取防护措施，以延长管道的使用寿命。通常的防腐做法是管道除锈后在外壁涂刷防腐涂料。明装的焊接钢管和铸铁管外刷防腐漆一道，银粉面漆两道；镀锌钢管外刷银粉面漆两道；暗装和埋地管道均刷沥青漆两道；对防腐要求高的管道，采用有足够耐压强度、与金属有良好黏结性且防水性、绝缘性和化学稳定性能好的材料做管道防腐层，如沥青防腐层，即先在管道外壁刷底漆，然后刷沥青面漆，再外包玻璃布，防腐层数可根据防腐要求确定。当给水管道及配件设在含有腐蚀性气体的房间内时，应采用耐腐蚀管材或在管外壁采取防腐措施。

2. 防冻与防结露

当管道及其配件设置在温度低于0℃的环境时，为保证使用安全，应当采取保温措施。在湿热环境下的管道，由于管道内的水温较低，空气中的水分会凝结成水附着在管道表面，严重时还会产生滴水，这种管道结露现象不但会加速管道的腐蚀，还会影响建筑的使用，如使墙面受潮、粉刷层脱落等，影响墙体质量和建筑美观。防冻与防结露措施与保温措施相同。

3. 防漏

管道布置不当、管材质量差或敷设施工质量低劣等，都可能导致管道漏水，这不仅浪费水资源，影响正常供水，严重时还会损坏建筑。特别是在湿陷性黄土地区，埋地管漏水将会造成土壤湿陷，影响建筑基础的稳固性，还可能造成建筑局部乃至整体破坏。管道防漏的措施如下。

(1) 避免将管道布置在易受外力损坏的位置，或采取必要且有效的保护措施，使其免于直接承受外力。

(2) 健全管理制度，加强对管材质量和施工质量的监督检查。

(3) 在湿陷性黄土地区，可将埋地管设在防水性能良好的检漏管沟内，一旦漏水，水可沿沟排至检漏井内，便于及时发现和检修。

(4) 管径较小的管道，可敷设在检漏套管内。

4. 防振和防噪声

若管道中水流速度过大，则关闭水龙头、阀门时易出现水击现象，引起管道及其附件的振动，这不仅会损坏管道及其附件，造成管道漏水，还会产生噪声。为防止管道损坏和噪声污染，在设计时应控制管道的水流速度，尽量减少使用电磁阀或速闭型阀门、水龙头。住宅建筑进户支管阀门后应装设一个家用可曲挠橡胶接头进行隔振，并在管道支架、吊架内衬垫减振材料，以削弱噪声的扩散。

1.2 高层建筑给水系统

1.2.1 高层建筑给水系统的特点与分类

《建筑设计防火规范（2018年版）》(GB 50016—2014) 规定：建筑高度大于27m的住宅建筑和建筑高度大于24m的非单层厂房、仓库和其他民用建筑为高层建筑。

高层建筑的特点是建筑高度大、层数多、面积大、设备复杂、功能完善、使用人数较多，这就对建筑给水的设计、施工、选材及管理等方面提出了更高的要求。高层建筑给水系统通常具有以下特点。

(1) 给水系统必须保证供水安全可靠，采用竖向分区给水方式。

(2) 防火设计立足自防自救，采用可靠的防火措施，以预防为主。

(3) 给水管材强度高、质量好、连接部位不漏水，且必须做好管道防振、防沉降、防噪声、防止产生水锤、防管道伸缩变位等技术措施。

(4) 管道通常暗敷，为便于敷设各种管线，一般设置设备层和管道井。

高层建筑给水系统根据用途不同，可分为生活给水系统、中水系统（洗涤和沐浴废水经处理、消毒后供冲洗厕所）、生产给水系统、消防给水系统、锅炉房给水系统等。

1.2.2 高层建筑给水系统的给水方式

高层建筑的特点决定了高层建筑不能靠城市供水管网直接供水，必须自设供水系统。高层建筑通常采用的竖向分区给水方式，可以减小各供水区的水压差，克服因建筑上下高差大而造成的下层用水设备水压过高、用水时出水流速过快而产生噪声和水花喷溅，以及上层用水设备因水压不足而出现负压抽吸的弊病，保证高层供水的安全可靠。

竖向分区给水，是在建筑物的垂直方向按层分段，一段为一区，分别设置各区的供水系统。确定分区范围时，应充分利用室外给水管网的水压，以节省能量，并结合其他建筑设备的情况综合考虑，尽量将给水分区的设备层与其他相关工程所需设备层共同设置，以节省土建费用，同时使各区最低卫生器具或用水设备配水装置的零件不至由于静水压力过大而损坏漏水。

高层建筑给水系统竖向分区的基本形式有以下几种。

1. 串联给水方式

串联给水方式将整幢高层建筑分为若干个供水区域，各区域分设有水箱和水泵，低区水箱兼作上一级区域水源，高区水箱通过水泵从下一级区域水箱中取水，依次类推逐级取水，如图 1-10 所示。

串联给水方式的优点是：无须设置高压水泵和高压管线；水泵可保持在高效区工作，能耗较少；管道布置简捷，较省管材。缺点是：每区都需要设水泵、水箱，占用建筑面积较大，供水可靠性受下区设备制约；各区水箱、水泵分散设置，维修、管理不便，且需防振、防噪声；水箱容积较大，增加结构的荷载负担和造价投资。

2. 减压给水方式

减压给水方式由设在底层泵房内的高扬程水泵直接将水提升至屋顶水箱，再通过各区减压装置，如减压水箱、减压阀等，依次逐级向下一级区域的高位水箱供水，形成减压水箱、减压阀串联给水系统。减压水箱给水方式如图 1-11 所示，由于各区水箱仅起减压作用，水箱容积小、占地少，对结构影响小，但其液位控制阀启闭频繁，容易损坏。减压阀给水方式如图 1-12 所示，这种方式省去了减压水箱，可进一步缩小占地面积，充分发挥建筑面积的经济效益，同时可避免由管理不善等原因可能引起的水箱二次污染现象。

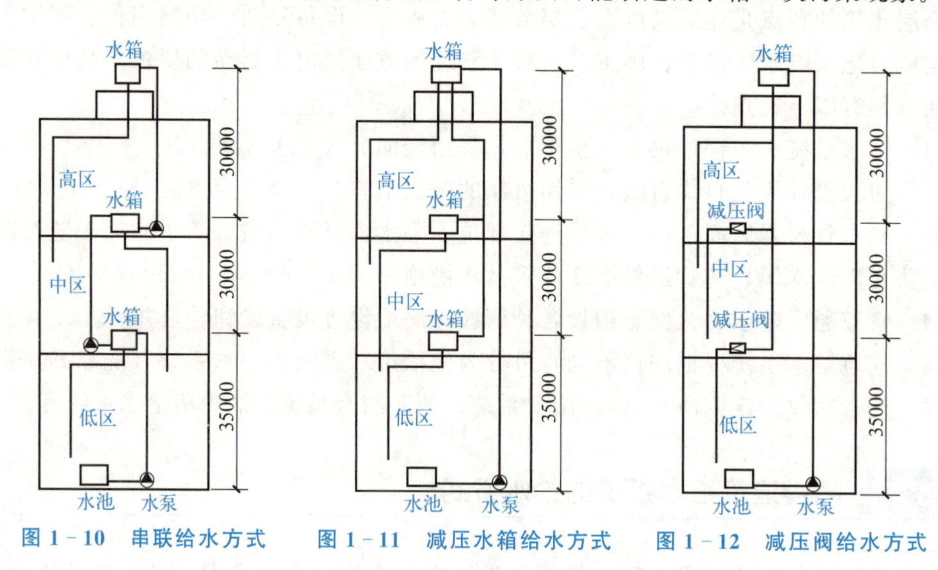

图 1-10　串联给水方式　　图 1-11　减压水箱给水方式　　图 1-12　减压阀给水方式

减压给水方式的优点是：省水泵（一般设工作泵和备用泵各一台），占地少，且集中设置，便于维修、管理；管线布置简单，投资较省。缺点是：各区用水均需提升至屋顶水箱，水箱容积较大；增加结构负荷，对建筑结构和抗震不利；起传输作用的管道需采用较大管径，中、低压区的能耗增加，提高运行成本；不能保证供水安全可靠，上一区管道、水泵或屋顶水箱等设备发生故障都将影响下面各区的供水。

3. 并联给水方式

并联给水方式将各区升压设备集中设在底层或地下设备层，各区升压设备从贮水池分别向各供水区供水。图 1－13 所示分别为采用水泵和水箱、变速水泵、气压给水设备的并联给水方式。并联给水方式的每区高度应依据每区最低处用水设备允许的静水压力而定，一般住宅、旅馆、医院的静水压力宜为 0.30～0.35MPa，办公楼因卫生器具数量较少且使用不频繁，故静水压力可略高些，宜为 0.35～0.45MPa。每区静水压力不得大于 0.6MPa。

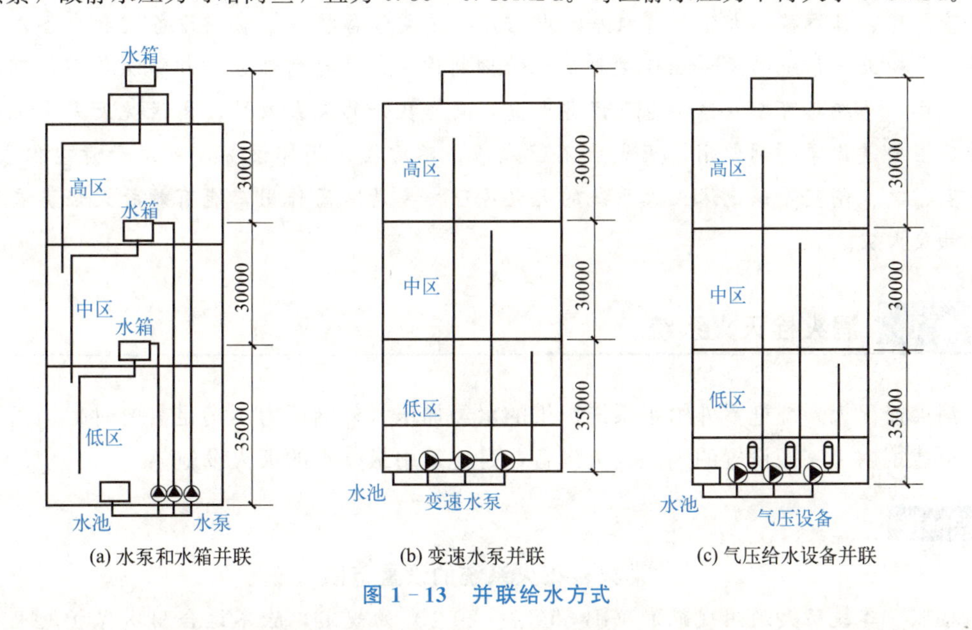

(a) 水泵和水箱并联　(b) 变速水泵并联　(c) 气压给水设备并联

图 1－13　并联给水方式

并联给水方式的优点是：比串联给水方式的动力消耗小；各区供水自成系统，互不影响，供水较安全可靠；各区升压设备集中设置，便于维修、管理；水泵和水箱并联给水系统中各区水箱容积小、占地少，气压给水设备并联给水系统中无需水箱，进一步节省占地面积。缺点是：上区供水水泵扬程较大，总压力水线长；气压给水设备并联给水系统升压供水时调节容量小，耗电量较高，分区多时高区压力罐承受压力大，使用钢材较多、费用高；变速水泵并联给水系统的设备费用较高、维修较复杂，占地面积相对较大。

1.3　建筑消防给水系统

建筑消防系统是用于扑灭建筑中一般物质火灾的经济有效的设备系统。统计资料表明，在设有建筑消防系统的建筑内，初期火灾主要是用室内消防设备扑灭的。但为了节约投资，并考虑到消防队赶到火灾现场扑救初期火灾的可能性，并不要求所有建筑都设置建筑消防系统。

本节主要介绍消火栓灭火系统和自动喷水灭火系统的给水方式及给水系统布置。

知识链接

根据使用灭火剂的种类和灭火方式，建筑消防系统可分为三类：消火栓灭火系统；自动喷水灭火系统；其他使用非水灭火剂的固定灭火系统，如二氧化碳灭火系统、干粉灭火系统、卤代烷灭火系统、泡沫灭火系统等。

消火栓灭火系统与自动喷水灭火系统的灭火原理主要是冷却隔离，可用于多种火灾；二氧化碳灭火系统的灭火原理主要是窒息作用，并起到部分冷却降温作用，适用于图书馆、珍藏库、档案楼、大型计算机房、电信广播重要设备机房、贵重设备室和自备发电机房等；干粉灭火系统的灭火原理主要是化学抑制作用，也起到部分冷却降温作用，可扑救可燃气体、易燃与可燃液体和电气设备火灾，具有良好的灭火效果；卤代烷灭火系统的灭火原理主要是化学抑制作用，灭火后不留残渍，不污染、损坏设备，可用于贵重仪表室、档案室、总控制室等；泡沫灭火系统的灭火原理主要是隔离作用，能有效扑灭烃类液体火灾与油类火灾。

1.3.1 消火栓灭火系统

消火栓灭火系统把室外给水系统提供的水经加压（外网压力不满足需要时）输送给用于扑灭建筑内火灾而设置的固定灭火设备，是建筑中最基本的灭火设施。

知识链接

消火栓灭火系统的设置范围

按照《建筑防火通用规范》（GB 55037—2022）的规定，除不适合用水保护或灭火的场所、远离城镇且无人值守的独立建筑、散装粮食仓库、金库可不设置室内消火栓系统外，下列建筑应设置室内消火栓系统。

（1）建筑占地面积大于300m^{2}的甲、乙、丙类厂房。

（2）建筑占地面积大于300m^{2}的甲、乙、丙类仓库。

（3）高层公共建筑，建筑高度大于21m的住宅建筑。

（4）特等和甲等剧场，座位数大于800个的乙等剧场，座位数大于800个的电影院，座位数大于1200个的礼堂，座位数大于1200个的体育馆等建筑。

（5）建筑体积大于5000m^{3}的下列单、多层建筑：车站、码头、机场的候车（船、机）建筑，展览、商店、旅馆和医疗建筑，老年人照料设施，档案馆，图书馆。

（6）建筑高度大于15m或建筑体积大于10000m^{3}的办公建筑、教学建筑及其他单、多层民用建筑。

（7）建筑面积大于300m^{2}的汽车库和修车库。

（8）建筑面积大于300m^{2}且平时使用的人民防空工程。

(9) 地铁工程中的地下区间、控制中心、车站及长度大于 30m 的人行通道，车辆基地内建筑面积大于 $300m^2$ 的建筑。

(10) 通行机动车的一、二、三类城市交通隧道。

1. 消火栓灭火系统的给水方式

按照室外给水管网可提供室内消防所需水量和水压的情况，消火栓灭火系统的给水方式有以下四种。

1) 无水箱、水泵的直接给水方式

当室外给水管网所提供的水量、水压在任何时候均能满足消火栓灭火系统的要求时，可优先采用无水箱、水泵的直接给水方式。这种给水方式可与室内生活（或生产）给水系统共用管网，如图 1-14 所示，此时若进水管上设有水表，则所选水表应考虑通过消防水量的能力。

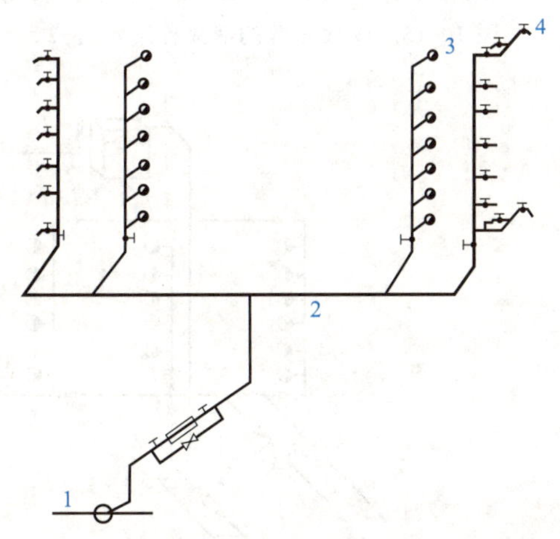

1—室外给水管网；2—室内管网；3—消火栓及消防竖管；4—给水立管及支管

图 1-14 直接给水的消防-生活共用给水方式

2) 仅设水箱的消火栓给水方式

仅设水箱的消火栓给水方式如图 1-15 所示，这种方式适用于室外给水管网一天内压力变化较大，但水量能满足室内消防、生活和生产用水的情况。其管网应独立设置，水箱可以与生活（或生产）水箱合用，但生活（或生产）用水不能动用扑灭初期火灾的消防用水储备。

3) 设水箱、水泵的消火栓给水方式

设水箱、水泵的消火栓给水方式如图 1-16 所示，这种方式适用于室外给水管网的水压不能满足消火栓灭火系统所需水压的情况。为保证扑灭初期火灾时有足够的消防水量，其水箱贮水量应满足扑灭初期火灾的消防用水量要求。

4) 分区给水方式

根据系统压力、建筑特征，经技术经济和安全可靠性等综合分析，可采用消防水泵并行或串联、减压水箱或减压阀减压给水方式。但当系统的工作压力大于 2.40MPa 时，应采用消防水泵串联或减压水箱分区给水方式。

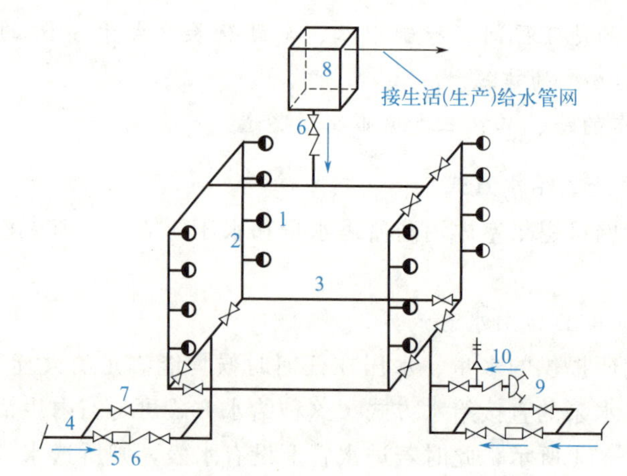

1—消火栓；2—消防竖管；3—干管；4—进户管；5—水表；6—止回阀；
7—旁通管及阀门；8—水箱；9—水泵接合器；10—安全阀

图 1-15　仅设水箱的消火栓给水方式

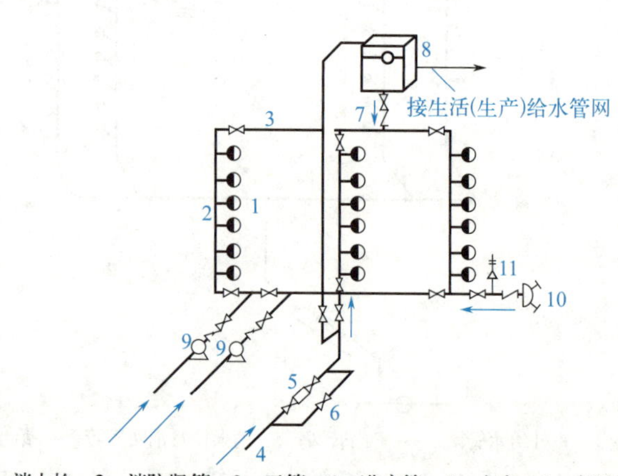

1—消火栓；2—消防竖管；3—干管；4—进户管；5—水表；6—旁通管及阀门；
7—止回阀；8—水箱；9—消防水泵；10—水泵接合器；11—安全阀

图 1-16　设水箱、水泵的消火栓给水方式

2. 消火栓灭火系统的组成

消火栓灭火系统一般由消火栓设备、水泵接合器、屋顶消火栓、消防水箱、消防水池及消防管道、增压水泵等组成。

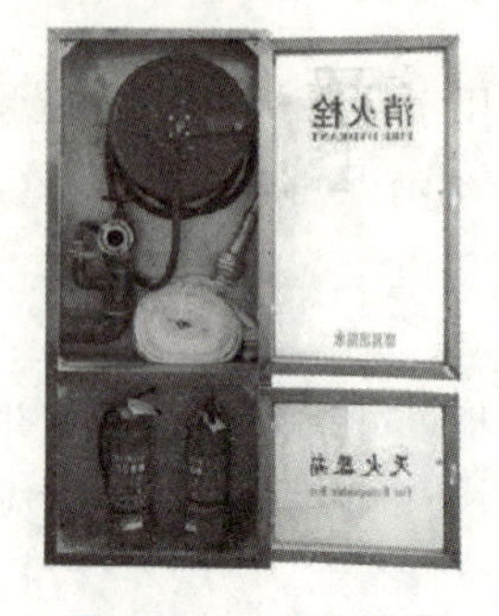

图 1-17　消火栓箱

1）消火栓设备

消火栓设备包括水枪、水带和消火栓，均安装于消火栓箱内。常用消火栓箱的规格有 800mm×650mm×200（320）mm，用木材、钢板或铝合金制作而成，外装玻璃门，门上应有明显的标志，如图 1-17 所示。

水枪一般为直流式，喷嘴口径有 13mm、16mm、19mm 三种。低层建筑室内消火栓可选用喷嘴口径为 13mm 或 16mm 的水枪，但必须根据消防流量和充实水柱长度经计算后确定。

水带长度一般有 15m、20m、25m、30m 四种，应根据水力

计算选定。水带口径有50mm和65mm两种，喷嘴口径13mm的水枪配置口径50mm的水带，喷嘴口径16mm的水枪可配置口径50mm或65mm的水带，喷嘴口径19mm的水枪配置口径65mm的水带。水带材质有麻织和化纤两种，有衬橡胶与不衬橡胶之分，衬橡胶水带阻力较小。

消火栓均为球形阀式龙头，有单出口和双出口之分。双出口消火栓直径为65mm，如图1-18所示。单出口消火栓直径有50mm和65mm两种。当每支水枪的最小流量为2.5～5L/s时，选用直径50mm的消火栓；当每支水枪的最小流量不低于5L/s时，选用直径65mm的消火栓。消火栓、水带和水枪之间的连接一般采用内扣式快速接头。在同一建筑内应选用同一规格的水枪、水带和消火栓，以利于维护、管理和串用。

图1-18 双出口消火栓

2）水泵接合器

建筑消防给水系统中均应设置水泵接合器。水泵接合器是连接消防车向室内消防给水系统加压的装置，其一端由消防给水管网水平干管引出，另一端设于消防车易于接近的地方。

水泵接合器有地上、地下和墙壁式三种。水泵接合器应设在消防车易于到达的地点，同时还应考虑在其附近15～40m内设室外消火栓或消防水池。水泵接合器的数量应按室内消防用水量计算确定，每个水泵接合器的流量按10～15L/s计算。

3）屋顶消火栓

为了检查消火栓灭火系统是否能正常运行，以及保护本建筑免受邻近建筑火灾的波及，在室内设有消火栓灭火系统的建筑屋顶应设一个室外消火栓。有可能结冻的地区，屋顶消火栓应设于水箱间内或采用防冻技术措施。

4）消防水箱

消防水箱对扑救初期火灾起着重要作用，为确保自动供水的可靠性，应采用重力自流供水方式。消防水箱常与生活（或生产）高位水箱合用，以保持箱内贮水经常流动，防止水质变坏。水箱的安装高度应满足室内最不利点消火栓所需的水压要求，且应满足初期火灾消防用水量的要求。消防水箱的消防贮水量见表1-2。

表1-2 消防水箱的消防贮水量

序号	建筑类别	建筑情况	消防贮水量/m^3
1	多层住宅	建筑高度>21m	≥6
2	二类高层公共建筑和多层公共建筑	—	≥18
3	二类高层住宅	—	≥12
4	一类高层公共建筑	建筑高度≤100m	≥36
		100m<建筑高度≤150m	≥50
		建筑高度>150m	≥100

续表

序号	建筑类别	建筑情况	消防贮水量/m^3
5	一类高层住宅	建筑高度≤100m	≥18
		建筑高度＞100m	≥36
6	工业建筑	消防给水设计流量≤25L/s	≥12
		消防给水设计流量＞25L/s	≥18
7	商店建筑	10000m^2＜总建筑面积≤30000m^2	≥36
		总建筑面积＞30000m^2	≥50

5）消防水池

消防水池用于室外消防水源无法满足需要的情况下，贮存火灾持续时间内的室内消防用水。消防水池可设于室外地下或地上，也可设在地下室内，或与室内游泳池、水景水池兼用。消防水池应设有带水位控制阀的进水管、溢水管、通气管、泄水管、出水管及水位指示器等附属装置。当市政给水管网能保证室外消防设计流量时，消防水池的有效容积应满足在火灾延续时间内室内消防用水量的要求；当市政给水管网不能保证室外消防设计流量时，消防水池的有效容积应满足火灾延续时间内室内消防用水量和室外消防用水量不足部分之和的要求。水池容积超过500m^3的，应分成两个独立水池；水池容积超过1000m^3的，应设置能独立使用的两个消防水池。

3. 消火栓灭火系统的布置

1）消防给水管道的布置

建筑消火栓给水系统是与生活、生产给水系统合用还是单独设置，应根据建筑的性质和使用要求，经技术经济比较后确定。与生活、生产给水系统合用时，给水管一般采用热浸镀锌钢管或铸铁管；单独设置时，给水管可采用非镀锌钢管或铸铁管。

消防给水管道的布置要点如下。

(1) 室内消防给水管网应布置成环状，当室外消火栓设计流量不超过20L/s，且室内消火栓不超过10个时，可布置成枝状。

(2) 当由室外生活（或生产）-消防合用给水系统直接供水时，合用给水系统除应满足室外消火栓设计流量及生活（或生产）设计最大小时流量的要求外，还应满足室内消火栓设计流量和压力的要求。

(3) 超过6层的塔式和通廊式住宅，超过5层或体积超过10000m^3的其他民用建筑，以及超过4层的厂房和库房，当室内消防竖管为两条或两条以上时，应至少每两根竖管相连组成环状管网。对于7～9层的单元式住宅的消防竖管，则允许布置成枝状管网。

(4) 向室内环状消防给水管网供水的给水干管不应少于两条，当其中一条发生故障时，其余的给水干管应仍能满足室内消火栓设计流量。

(5) 消防给水管道应用阀门分成若干独立段，闸门的设置应便于管道检修和使用，检修时关闭停用的竖管不应超过一根。

室内消火栓设计流量见表1-3。

表1-3 室内消火栓设计流量

建筑名称	高度、层数、体积或座位数	消火栓用水量/(L/s)	同时使用水枪数量/支	每支水枪最小流量/(L/s)	每根竖管最小流量/(L/s)	
					最不利竖管	次不利竖管
厂房	高度≤24m、体积≤10000m³	5	2	2.5	5	—
	高度≤24m、体积>10000m³	10	2	5	10	—
科研楼、试验楼	高度≤24m、体积≤10000m³	10	2	5	10	—
	高度≤24m、体积>10000m³	15	3	5	10	5
库房	高度≤24m、体积≤5000m³	5	1	5	5	—
	高度≤24m、体积>5000m³	10	2	5	10	—
车站、码头、机场建筑、展览馆	体积=5001～25000m³	10	2	5	10	—
	体积=25001～50000m³	15	3	5	10	5
	体积>50000m³	20	4	5	15	5
商场、病房楼、教学楼	体积=5001～10000m³	5	2	2.5	5	—
	体积=10001～25000m³	10	2	5	10	—
	体积>25000m³	15	3	5	10	5
剧院、电影院、俱乐部、礼堂、体育馆等	座位数=801～1200个	10	2	5	10	—
	座位数=1201～5000个	15	3	5	10	5
	座位数=5001～10000个	20	4	5	15	5
	座位数>10000个	30	6	5	15	15
住宅	7～9层	5	2	2.5	5	—
其他建筑	≥6层或体积≥10000m³	15	3	5	10	5
国家级文物保护单位的重点砖木结构的古建筑	体积≤10000m³	20	4	5	10	10
	体积>10000m³	25	5	5	15	10

2）消火栓的布置

消火栓应设在使用方便的走道内、楼梯间内，宜靠近疏散方便的通道口处，并应保证所有水柱能同时到达建筑内任何地点，满足表1-3的要求。为保证及时灭火，每个消火栓处应设置直接启动消防水泵按钮或报警信号装置，并应有保护措施。在建筑平屋顶处，应设一个带压力显示装置的检查用消火栓。

消火栓的布置要点如下。

(1) 室内消火栓栓口距楼地面安装高度为1.1m，栓口方向宜向下或与墙面垂直。

(2) 室内消火栓竖管尺寸不应小于 *DN*100。

(3) 室内消火栓管网宜与自动喷水灭火系统管网分开设置。

（4）超过4层的厂房（仓库）、超过5层的公共建筑内的消火栓应设置水泵接合器。

（5）关闭阀门后，一层中停止使用的消火栓不应超过5个。

1.3.2 自动喷水灭火系统

自动喷水灭火系统是一种在发生火灾时，能自动打开喷头喷水灭火，同时发出火警信号的灭火设施。自动喷水灭火系统扑救初期火灾的效率可达95%以上，因此在发生火灾频率高、火灾危险等级高的建筑中应设置自动喷水灭火系统。

知识链接

自动喷水灭火系统的设置范围

按照《建筑防火通用规范》（GB 55037—2022）的规定，除建筑内的游泳池、浴池、溜冰场可不设置自动灭火系统外，下列民用建筑、场所和平时使用的人民防空工程应设置自动灭火系统。

（1）一类高层公共建筑及其地下、半地下室。

（2）二类高层公共建筑及其地下、半地下室中的公共活动用房、走道、办公室、旅馆的客房、可燃物品库房。

（3）建筑高度大于100m的住宅建筑。

（4）特等和甲等剧场，座位数大于1500个的乙等剧场，座位数大于2000个的会堂或礼堂，座位数大于3000个的体育馆，座位数大于5000个的体育场的室内人员休息室与器材间等。

（5）任一层建筑面积大于1500m^{2}或总建筑面积大于3000m^{2}的单、多层展览建筑、商店建筑、餐饮建筑和旅馆建筑。

（6）中型和大型幼儿园，老年人照料设施，任一层建筑面积大于1500m^{2}或总建筑面积大于3000m^{2}的单、多层病房楼、门诊楼和手术部。

（7）除上述规定外，设置具有送回风道（管）系统的集中空气调节系统且总建筑面积大于3000m^{2}的其他单、多层公共建筑。

（8）总建筑面积大于500m^{2}的地下或半地下商店。

（9）设置在地下或半地下、多层建筑的地上第四层及以上楼层、高层民用建筑内的歌舞娱乐放映游艺场所，设置在多层建筑第一层至第三层且楼层建筑面积大于300m^{2}的地上歌舞娱乐放映游艺场所。

（10）位于地下或半地下且座位数大于800个的电影院、剧场或礼堂的观众厅。

（11）建筑面积大于1000m^{2}且平时使用的人民防空工程。

1. 自动喷水灭火系统的分类

1）闭式自动喷水灭火系统

闭式自动喷水灭火系统是指在自动喷水灭火系统中采用闭式喷头，平时系统为封闭式，火灾发生时喷头打开，系统变为敞开式，喷头喷水灭火。

闭式自动喷水灭火系统一般由水源、加压贮水设备、闭式喷头、管网、水流报警装置、火灾探测器等组成。闭式自动喷水灭火系统又分为湿式自动喷水灭火系统、干式自动喷水灭火系统、干湿交替自动喷水灭火系统和预作用喷水灭火系统。

(1) 湿式自动喷水灭火系统：管网中充满有压水，当建筑发生火灾，火点温度达到开启闭式喷头时，喷头出水灭火，如图 1-19 所示。系统灭火时，管网中有压水流动，水流指示器送出电信号，在报警控制器上指示某一区域喷水。持续喷水会造成报警阀上部水压低于下部水压，当压力差达到一定值时，原来处于关闭状态的报警阀会自动开启，一部分水流通过报警阀流向自动喷水管网供水，另一部分水流进入延迟器、压力开关及水力警铃等设施发出火警信号。另外，根据水流指示器和压力开关的信号或消防水箱的水位信号，控制箱内控制器能自动开启消防水泵，以达到持续供水的目的。

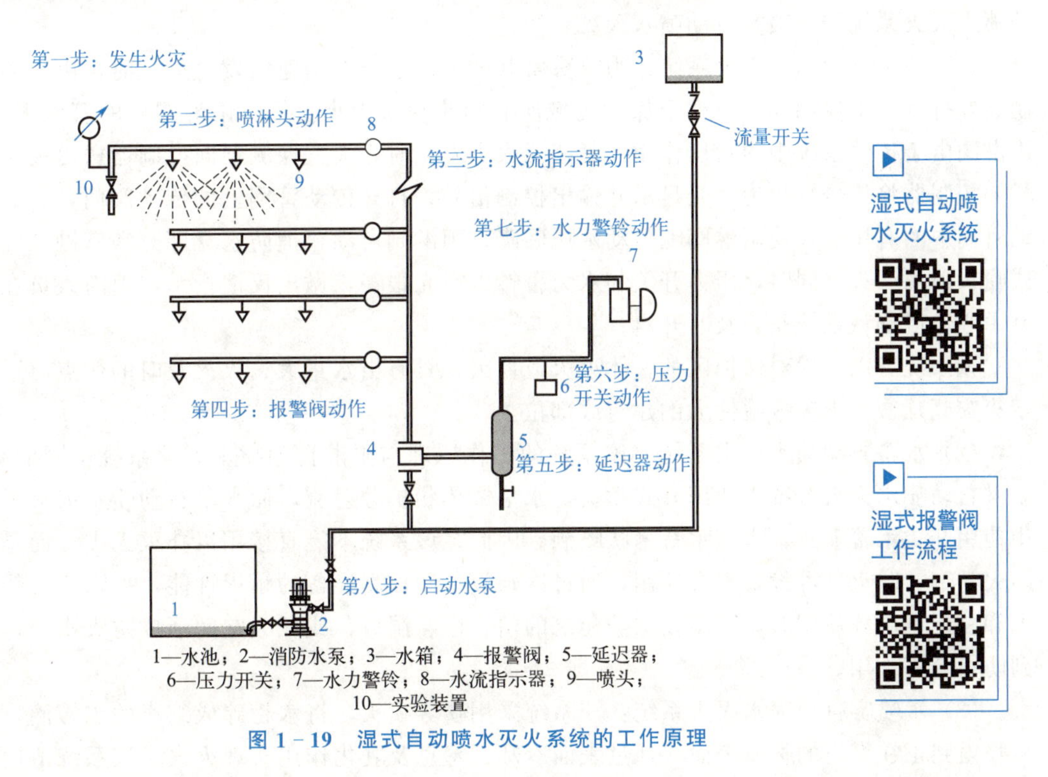

1—水池；2—消防水泵；3—水箱；4—报警阀；5—延迟器；
6—压力开关；7—水力警铃；8—水流指示器；9—喷头；
10—实验装置

图 1-19 湿式自动喷水灭火系统的工作原理

该系统及时扑救火灾效率高，但由于管网中充有有压水，渗漏时会损坏建筑装饰和影响建筑使用。该系统适用于环境温度在 4～70℃内的建筑。

(2) 干式自动喷水灭火系统：管网中平时不充水，充有有压空气（或氮气），当建筑发生火灾，火点温度达到开启闭式喷头时，喷头开启、排气、充水、灭火。该系统灭火时需先排除管网中的空气，故喷头出水不如湿式系统及时，为减少排气时间，一般要求管网容积不超过 3000L。但管网中平时不充水，对建筑装饰无影响，对环境温度也无要求，适用于采暖期长而建筑内无采暖设施的场所。

(3) 干湿交替自动喷水灭火系统：当环境温度满足湿式系统设置条件（4～70℃）时，报警阀后的管段充以有压水，系统形成湿式系统；当环境温度不满足湿式系统设置条件时，报警阀后的管段充以有压空气（或氮气），系统形成干式系统。该系统适用于环境温度周期变化较大的地区。

(4) 预作用喷水灭火系统：为喷头常闭的灭火系统，管网中平时不充水（无压），发生火灾时，火灾探测器报警后，自动控制系统控制阀排气、充水，由干式变为湿式系统，只有当着火点温度达到开启闭式喷头时才喷水灭火。该系统弥补了上述三种系统的缺点，适用于对建筑装饰要求高、需要灭火及时的建筑。

2）开式自动喷水灭火系统

开式自动喷水灭火系统是指在自动喷水灭火系统中采用开式喷头，平时系统为敞开式，报警阀处于关闭状态，管网中无水，火灾发生时报警阀开启，管网充水，喷头喷水灭火。

开式自动喷水灭火系统由开式喷头、管网、雨淋阀、火灾探测器、水流报警装置、控制组件和供水设备等组成。开式自动喷水灭火系统又分为雨淋自动喷水灭火系统、水幕自动喷水灭火系统和水喷雾自动喷水灭火系统。

(1) 雨淋自动喷水灭火系统：为喷头常开的灭火系统，当建筑发生火灾时，由自动控制装置打开集中控制阀，使整个保护区域所有喷头喷水灭火。平时雨淋阀后的管网无水，雨淋阀由于传动系统中的水压作用而紧闭。火灾发生时，火灾探测器向控制器送出火灾信号，控制器将信号转化为声光显示并输出控制信号，打开传动管网上的传动阀门，释放传动管网中的有压水，使雨淋阀上传动水压骤降，雨淋阀启动，消防水立即充满管网，经开式喷头喷水灭火。同时，压力开关和水力警铃以声光报警，做出反馈指示，消防人员在控制中心便可确认系统是否及时开启。

该系统可以实现对保护区的整体灭火或控火，具有出水量大、灭火及时的优点，适用于火灾蔓延快、火灾危险性大的建筑或部位。

(2) 水幕自动喷水灭火系统：该系统的工作原理与雨淋自动喷水灭火系统不同的是，雨淋自动喷水灭火系统中使用开式喷头，水呈锥体状扩散射流，而水幕自动喷水灭火系统中使用开式水幕喷头，水呈水帘幕状喷洒。因此，该系统不能直接用以扑灭火灾，而是与防火卷帘、防火幕等设备配合使用，通过冷却设备和提高设备的耐火性能，来阻止火势扩大和蔓延。单独使用时，可用以保护建筑的门、窗、洞口，或在大空间形成防火水帘，起到防火分隔作用。

(3) 水喷雾自动喷水灭火系统：该系统采用喷雾喷头，将水粉碎成细小的水雾滴，然后喷射到正在燃烧的物质表面，通过表面冷却、窒息及乳化作用实现灭火。该系统适用范围广，不仅可以提高固体火灾的灭火效率，而且由于水喷雾具有不会造成液体飞溅、电气绝缘性好的特点，在扑灭可燃液体火灾、电气火灾中均得到广泛应用，如安装在飞机发动机实验台、各类电气设备用房、石油加工场所等。

2. 自动喷水灭火系统的组成

1）喷头

喷头类型及其适用场所见表 1-4。

表 1-4 喷头类型及其适用场所

喷头类型		适用场所
闭式喷头	玻璃球洒水喷头	外形美观、体积小、质量轻、耐腐蚀，适用于宾馆等美观要求高和具有腐蚀性的场所

续表

喷头类型		适用场所
闭式喷头	易熔合金洒水喷头	适用于外观要求不高、腐蚀性不大的工厂、仓库和民用建筑
	直立型洒水喷头	适用于安装在管路下经常有移动物体、尘埃较多的场所
	下垂型洒水喷头	适用于各种保护场所
	边墙型洒水喷头	适用于安装空间狭窄、通道状的建筑
	吊顶型喷头	属装饰型喷头，可安装于旅馆、客厅、餐厅、办公室等
	普通型洒水喷头	可直立、下垂安装，适用于有可燃吊顶的房间
	干式下垂型洒水喷头	专用于干式喷水灭火系统的下垂型喷头
开式喷头	开式洒水喷头	适用于雨淋自动喷水灭火系统和其他开式系统
	水幕喷头	适用于需保护的门、窗、洞口、檐口、舞台口等
	喷雾喷头	适用于保护石油化工装置、电力设备等
特殊喷头	自动启闭洒水喷头	具有自动启闭功能，凡需降低水渍损失的场所均适用
	快速反应洒水喷头	具有短时启动效果，凡要求启动时间短的场所均适用
	大水滴洒水喷头	适用于高架库房等火灾危险等级高的场所
	扩大覆盖面洒水喷头	喷水保护面积可达 30～36m^2，可降低系统造价

闭式喷头如图 1-20 所示，其喷口用热敏元件组成的释放机构封闭，当达到一定温度时能自动开启，如玻璃球爆炸、易熔合金脱离。按溅水盘的形式和安装位置，闭式喷头分为直立型、下垂型、边墙型、普通型、吊顶型和干式下垂型。

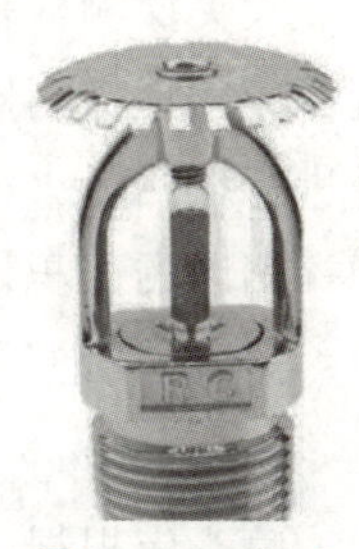

图 1-20 闭式喷头实物图

开式洒水喷头与闭式喷头的区别仅在于缺少由热敏元件组成的释放机构，其由本体、支架、溅水盘等组成。按安装形式，开式洒水喷头分为双臂下垂型、单臂下垂型、双臂直立型和双臂边墙型四种。水幕喷头和喷雾喷头在水幕自动喷水灭火系统和水喷雾自动喷水灭火系统中已有介绍。

喷头应严格按照所处环境温度来选用。为了使喷头有效发挥喷水作用，在不同环境温度场所内设置喷头时，喷头的公称动作温度应比环境最高温度高 30℃左右。

2）报警阀

图 1-21 湿式报警阀组

报警阀的作用是开启和关闭管网的水流，传递控制信号至控制系统，并启动水力警铃直接报警。报警阀宜设在明显地点，且便于操作，距地面高度宜为 1.2m。

报警阀分为湿式报警阀、干式报警阀、干湿式报警阀和雨淋阀四种类型。湿式报警阀用于湿式自动喷水灭火系统，如图 1-21 所示；干式报警阀用于干式自动喷水灭火系统；干湿式报警阀用于干湿交替式自动喷水灭火系统，它由湿式报警阀与干式报警阀连接而成，在温暖季节用湿式装置，在寒冷季节则用干式装置；雨淋阀用于雨淋自动喷水灭火系统、水幕自动喷水灭火系统、水喷雾自动喷水灭火系统、预作用喷水灭火系统。

3）水流报警装置

水流报警装置主要有水力警铃、水流指示器和压力开关。

水力警铃主要用于湿式自动喷水灭火系统。水力警铃宜装在报警阀附近（其连接管不宜超过 6m），报警阀打开消防水源后，具有一定压力的水流冲动叶轮打铃报警。水力警铃不得由电动报警装置取代。

水流指示器用于湿式自动喷水灭火系统。水流指示器通常安装在各楼层配水干管或支管上，其功能是当喷头开启喷水时，水流指示器中浆片摆动而接通电信号，将信号送至报警控制器进行火灾报警，并指示火灾楼层。

压力开关垂直安装于延迟器和报警阀之间的管道上。在水力警铃报警的同时，压力开关依靠警铃管内水压的升高自动接通电触点，向消防控制室传送电信号或启动消防水泵。

4）延迟器

延迟器是一个罐式容器，安装于报警阀与水力警铃（或压力开关）之间，用于防止由于水压波动引起报警阀开启而导致的误报。报警阀开启后，水流大约需经 30s 充满延迟器，之后方可冲打水力警铃。

5）火灾探测器

火灾探测器是自动喷水灭火系统的重要组成部分，目前常用的有感烟探测器和感温探测器。感烟探测器利用火灾发生地点的烟雾浓度进行探测，感温探测器通过火灾引起的温升进行探测。火灾探测器布置在房间或走道的顶棚下面，其数量应根据探测器的保护面积和探测区的面积计算确定。

3. 喷头及管网布置

1）喷头布置

喷头应根据顶棚、吊顶的装饰要求布置，可布置成正方形、矩形和平行四边形三种形式。同一根配水支管上喷头的间距及相邻配水支管的间距，应根据系统的喷水强度、喷头的流量系数和工作压力确定，且不应小于表 1-5 的规定。

表 1-5　同一根配水支管上喷头或相邻配水支管的最大间距

喷水强度/[L/(min·m^2)]	正方形布置的边长/m	矩形或平行四边形布置的长边边长/m	一只喷头的最大保护面积/m^2
4	4.45	4.6	20.0
6	3.65	4.0	13.3
8～12	3.40	3.6	11.5
16～20	3.20	3.4	10.0

注：保护防火卷帘、门窗等分隔物的闭式喷头，间距不得小于 2m。

喷头可设于建筑的楼板、吊顶下，其在不同场所的布置要求详见表 1-6。

表 1-6 喷头在不同场所的布置要求

喷头布置场所	布置要求
吊顶、楼板下（吊顶型喷头除外）	与吊顶、楼板的间距不宜小于 7.5cm，且不宜大于 15cm
坡屋顶或吊顶下	喷头应垂直于其斜面，间距按水平投影确定，但当屋面坡度>1∶3且在距屋脊 75cm 范围内无喷头时，应在屋脊处增设一排喷头
梁、柱附近	对有过梁的屋顶或吊顶，喷头一般沿梁跨度方向布置在两梁之间，梁距大时可布置成两排；当喷头与梁边距离为 20～180cm 时，喷头溅水盘与梁底距离，对直立型喷头为 1.7～34cm，对下垂型喷头为 4～46cm（尽量减小梁对喷头喷洒面积内的阻挡）
门窗洞口处	喷头距洞口上表面的距离≤15cm，距墙面的距离宜为 7.5～15cm
输送可燃物的管道内	沿管道全长间距≤3m 均匀布置
输送易燃物且有爆炸危险的管道内	喷头应布置在管道外部的上方
生产设备的上方	当生产设备并列或重叠而出现隐蔽空间，其宽度>1m 时，应在隐蔽空间增设喷头
仓库中	喷头溅水盘距下方可燃物品堆垛≥90cm，距难燃物品堆垛≥45cm；在可燃物品或难燃物品堆垛之间应设一排喷头，且堆垛边与喷头的垂线水平距离≥30cm
货架高度>7m 的自动控制货架库房内	屋顶下喷头间距≤2m；货架内应分层布置喷头，分层垂直高度，当储存可燃物品时≤4m，当储存难燃物品时≤6m；此种喷头上方应设集热板
舞台部位	舞台葡萄棚下应采用雨淋喷头；葡萄棚以上为钢屋架时，应在屋面板下布置闭式喷头；舞台口和舞台与侧台、后台的隔墙上洞口处应设水幕喷头

2）管网布置

自动喷水灭火管网应根据建筑平面的具体情况，布置成侧边中心式、侧边末端式、中央中心式、中央末端式，如图 1-22 所示。

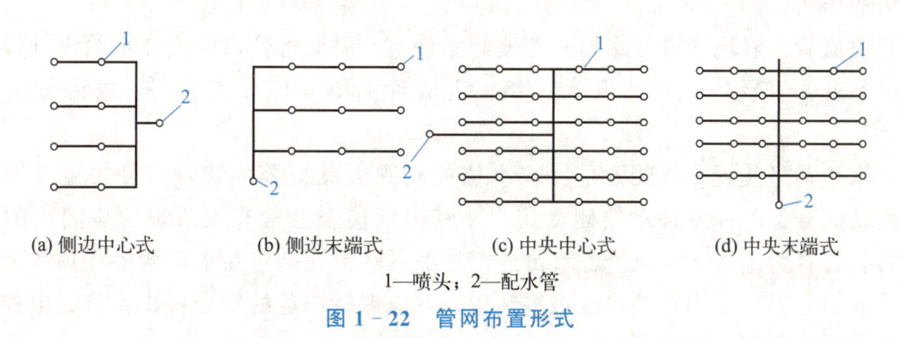

图 1-22 管网布置形式

一般情况下，轻危险级和中危险级系统每根支管上设置的喷头不宜多于 8 个，严重危险级系统每根支管上设置的喷头不宜多于6个，以控制配水支管管径不过大、支管不过长，防止喷头出水量不均衡和系统中压力过高。由于管道锈蚀等因素可能引起过流面缩小，要求配水支管管径不小于25mm。

1.4 给水增压与调节设备

室外给水管网的水压或流量经常或间断不足，有时不能满足室内给水要求，因此应设增压与调节设备。常用的增压与调节设备有水箱、水泵、贮水池和气压给水设备。

1.4.1 水箱

根据水箱的用途，水箱可分为高位水箱、减压水箱、冲洗水箱、断流水箱等多种类型。其形状多为矩形和圆形，制作材料有钢板（包括普通钢板、搪瓷钢板、镀锌钢板、复合钢板和不锈钢板等）、钢筋混凝土、玻璃钢和塑料等。这里主要介绍在给水系统中使用较多的，能保证水压、储存和调节水量的高位水箱。

1. 水箱配管与附件

（1）进水管。进水管的管径可按水泵出水量或管网设计秒流量计算确定。进水管一般由水箱侧壁接入，也可从顶部或底部接入，从侧壁接入的进水管其中心距箱顶应有150～200mm的距离。当水箱直接由室外给水管网进水时，为防止溢流，进水管出口应装设液压水位控制阀或浮球阀，并在进水管上装设检修用的阀门。若采用浮球阀，一般不少于2个，浮球阀直径与进水管管径相同。当水箱由水泵供水，并利用水位升降自动控制水泵运行时，可不设水位控制阀或浮球阀。

（2）出水管。出水管管径应按管网设计秒流量计算确定。出水管可从水箱侧壁或底部接出，出水管内底或管口应高出水箱内底超过50mm，以防沉淀物进入配水管网。为防止短流，出水管不宜与进水管在同一侧面；若进、出水合用一根管道，则应在出水管上装设阻力较小的旋启式止回阀，止回阀的标高应低于水箱最低水位1.0m以上，以保证止回阀开启所需的压力。

（3）溢流管。溢流管可从水箱底部或侧壁接出。溢流管管口应设在水箱设计最高水位50mm以上处，管径应比进水管大一级。溢流管上不允许设置阀门，溢流管出口应设网罩。

（4）水位信号装置。该装置是反映水位控制阀失灵报警的装置。可在溢流管管口下10mm处设信号管，一般自水箱侧壁接出，其出口接至经常有人值班的房间内的洗涤盆上。信号管管径为15～20mm。若水箱液位与水泵联锁，则应在水箱侧壁或顶盖上安装液位继电器或信号器，采用自动水位报警装置，并应保持一定的安全容积：最高电控水位应低于溢流水位100mm，最低电控水位应高于最低设计水位200mm以上。

（5）泄水管。泄水管应自水箱底部接出，用于检修或清洗时泄水，管上应装设闸阀，其出口可与溢流管相接，但不得与排水系统直接相连。泄水管管径为40～50mm。

(6) 通气管。供给生活饮用水的水箱，当贮水量较大时，宜在箱盖上设通气管，以使箱内空气流通。通气管管径一般不小于50mm，管口朝下并设网罩。

(7) 人孔。为便于清洗、检修，水箱箱盖上应设人孔。

水箱配管与附件如图1-23所示。

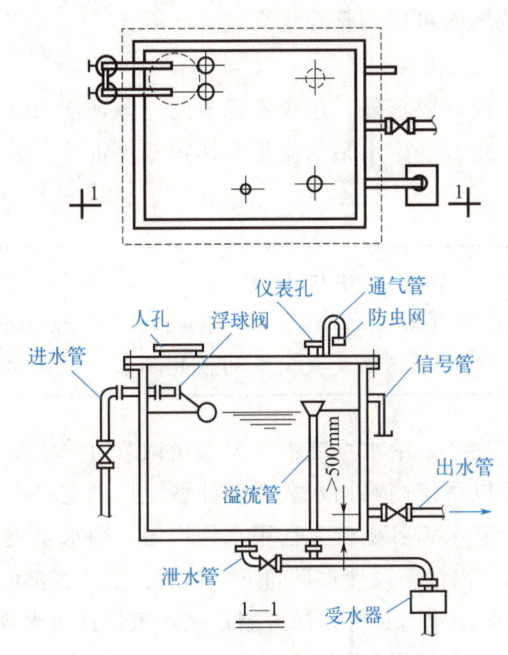

图1-23 水箱配管与附件示意图

2. 水箱布置与安装

水箱一般设置在净高不低于2.2m，有良好通风、采光和防蚊蝇条件的水箱间内。水箱间的室内最低气温不得低于5℃，其承重结构应为非燃烧材料。水箱的安装间距见表1-7，水箱底距地面宜有不小于800mm的净空，以便于安装管道和进行检修。

表1-7 水箱的安装间距

单位：m

水箱形式	水箱至墙面距离		水箱之间的净距	水箱顶至建筑结构最低点的距离
	有阀侧	无阀侧		
圆形	0.8	0.5	0.7	0.6
矩形	1.0	0.7	0.7	0.6

注：1. 当水箱按表中规定布置有困难时，允许水箱之间或水箱与墙壁之间的一面不留检修通道。

2. 表中"有阀"和"无阀"是指有无液压水位控制阀或浮球阀。

对于大型公共建筑和高层建筑，为避免水箱清洗、检修时停水，宜将水箱分成两格或设置两个水箱。当水箱有结冰、结露可能时，应采取保温措施。水箱用槽钢（工字钢）梁或钢筋混凝土支墩支承，金属箱底与支墩接触面之间垫以橡胶板或塑料板等绝缘材料以防腐蚀。

1.4.2 水泵

水泵是给水系统中的主要增压设备。在建筑内部给水系统中，一般采用离心式水泵，其原理是把从电动机获得的能量转换成流体的能量。水泵具有结构简单、体积小、效率高，流量和扬程在一定范围内可以调整等优点。

1. 水泵选型

选择水泵时，除满足设计要求外，还应考虑节约能源，使水泵在大部分时间保持高效运行。要达到这个目的，正确确定水泵的流量、扬程至关重要。

特别提示

水泵主要性能参数：①流量，单位 L/s、m^3/s；②扬程，单位 MPa、kPa；③轴功率，单位 kW、W；④效率，单位 $\eta<1$；⑤转数，单位 r/min；⑥允许吸上的真空高度，单位 m。其中，流量和扬程是最重要的性能参数，也是水泵选型的主要依据。

(1) 流量。在生活（生产）给水系统中，无水箱调节时，水泵出水量要满足系统高峰用水要求，故水泵流量应以系统高峰用水量即设计秒流量确定；有水箱调节时，水泵流量可按最大小时流量确定，若水箱容积较大且用水量均匀，则水泵流量可按平均小时流量确定。消防水泵的流量应以室内消防设计水量确定。生活、生产、消防共用调速水泵在用于消防时，其流量除要保证消防用水总量外，尚应满足《建筑设计防火规范（2018 年版）》(GB 50016—2014) 和《建筑防火通用规范》(GB 55037—2022) 对生活、生产用水量的要求。

(2) 扬程。根据水泵的用途及与室外给水管网的连接方式，水泵扬程可采用式(1-2)或式(1-3) 计算。

当水泵直接从室外给水管网抽水时：

$$H_b \geqslant H_1 + H_2 + H_3 + H_4 - H_0 \tag{1-2}$$

当水泵直接从贮水池抽水时：

$$H_b \geqslant H_1 + H_2 + H_4 \tag{1-3}$$

式中 H_b——水泵扬程，kPa；

H_1——水泵引入管或吸水管端至配水最不利点或水箱进水口所要求的静水压，kPa；

H_2——水泵吸水管端至配水最不利点或水箱进水口的总水头损失，kPa；

H_3——水流通过水表时的水头损失，kPa；

H_4——配水最不利点或水箱进水口所需的流出水头，kPa。

H_0——室外给水管网所能提供的最小压力，kPa。

根据流量和扬程选定水泵后，还应以室外给水管网的最大水压校核水泵的工作效率和超压情况。若室外给水管网出现最大压力，水泵扬程过大，为避免管道、附件损坏，应采取相应的保护措施，如采用扬程不同的多台水泵并联工作，或设水泵回流管、管网泄压管等。

当采用设水泵和水箱的给水方式时，通常水泵直接向水箱输水，水泵的流量和扬程几乎不变，此时选用离心式恒速水泵即可保持高效运行。对于无水量调节设备的给水系统，在电源可靠的条件下，可选用装有自动调速装置的离心式水泵，以调节水泵的转速，改变水泵的流量、扬程和功率，保证水泵在变流量供水时的高效运行。水泵机组如图1－24所示。

(a) 卧式离心水泵机组　(b) 立式离心水泵机组

图1－24　水泵机组

2. 水泵布置

为保证安全供水，生活和消防水泵应设置备用泵，生产水泵可根据生产工艺要求设置备用泵。水泵机组一般设置在泵房内，泵房应远离需防振或有安静要求的房间，泵房内有良好的通风、采光、防冻和排水条件。水泵机组的布置要便于起吊设备操作，其间距要保证检修时能拆卸、放置泵体和电机，方便进行检修操作，如图1－25所示。水泵机组的基础应高出地面不小于0.1m。

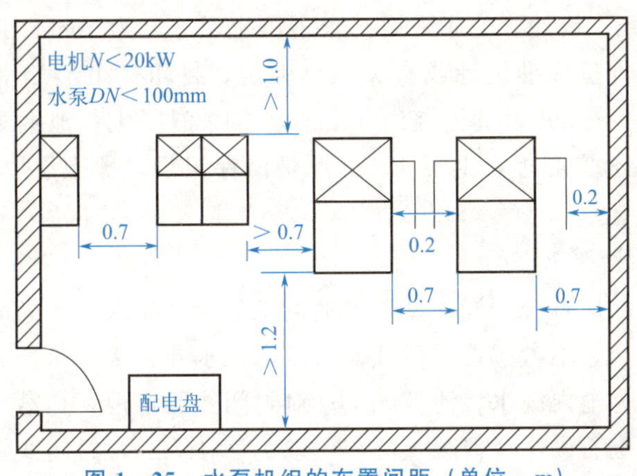

图1－25　水泵机组的布置间距（单位：m）

与水泵连接的管道力求短、直。每台水泵应设独立的吸水管，如必须几台水泵共用吸水管时，吸水管应在管顶平接。水泵宜设计成自动控制运行方式，间歇抽水的水泵应尽可能设计成自灌式（特别是消防水泵），自灌式水泵的吸水管上应装设阀门。每台水泵的出

水管上应装设阀门、止回阀和压力表，且宜有防水锤措施，如采用缓闭止回阀、气囊式水锤消除器等。水泵直接从室外给水管网吸水时，应绕水泵设旁通管，并在旁通管上装设阀门和止回阀。

为减小水泵运行时由于振动产生的噪声，在水泵基座下安装橡胶、弹簧减振器或橡胶隔振器（垫），在吸水管、出水管上装设可曲挠橡胶接头，以及其他新型的隔振技术措施等。

1.4.3 贮水池

贮水池是用人工材料修建的具有防渗作用的贮水设施。

1. 贮水池的分类

根据地形和土质条件，贮水池可以修建在地上或地下，分别采用开敞式贮水池和封闭式贮水池。开敞式贮水池的池体由池底和池壁两部分组成，属季节性贮水池，不具备防冻、防蒸发功能。封闭式贮水池的池体大部分设在地面以下，它增加了防冻、保温功能，防冻层、保温层厚度根据当地气候情况和最大冻土层深度确定，以保证池体不发生冻胀破坏。封闭式贮水池结构较复杂，投资大，其池顶多采用薄壳型混凝土拱板或肋拱，以减轻荷载和节省投资。

按形状特点，贮水池可分为圆形和矩形两种。圆形贮水池结构受力条件好，在相同贮水量条件下所用建筑材料较省，投资较少。矩形贮水池适应性强，可根据地形、贮水量要求采用不同的规格尺寸和结构形式，贮水量变化幅度大。但矩形贮水池的结构受力条件不如圆形贮水池，在拐角处薄弱环节需采取防范加固措施。当贮水量在 $60m^3$ 以内时，宜近似正方形布设；当贮水池长宽比大于 3 时，需在中间布设隔墙，以防侧向压力过大使边墙失去稳定性，在隔墙上部留水口，可有效沉淀泥沙。

按建筑材料的不同，贮水池可分为砖池、浆砌石池、混凝土池等。开敞式圆形浆砌石池地基承载力按 $10t/m^2$ 设计，池底采用 C15 混凝土，厚度为 10cm；池壁采用 M7.5 浆砌石，厚度根据荷载条件按标准设计或有关规范确定。封闭式矩形贮水池的池底采用 M10 水泥砂浆砌石，厚度为 40cm，其上浇筑 15cm 厚 C19 混凝土；池壁采用混凝土，厚度为 15cm；顶盖采用混凝土空心板，上铺 1.0m 厚炉渣保温层，覆土层厚度为 30cm，并设有爬梯及有关附属设施。

2. 贮水池结构设计要求

贮水池结构设计除应符合不同类型贮水池的工程设计要求外，尚应满足下列要求。

（1）考虑荷载组合，不考虑地震荷载，只考虑贮水池自重、水压力和土压力。对开敞式贮水池，荷载组合为池内满水、池外无土；对封闭式贮水池，荷载组合为池内无水、池外有土。计算时，浆砌石砌体及混凝土的容重取为 $2.4t/m^3$，封闭式贮水池池壁外回填土要求夯实，填土容重取为 $1.8t/m^3$。

（2）应按地质条件推算容许地基承载力，如地基实际承载力达不到设计要求或地基会产生不均匀沉陷，则必须先采取有效的地基处理措施，才可修建贮水池。贮水池底板基础要求有足够的承载力、平整密实，否则须采用碎石（或粗砂）铺平并夯实。

(3) 应尽量采用标准设计，或按五级建筑物根据有关规范要求进行设计。池底、池壁可采用浆砌石、素混凝土或钢筋混凝土，最冷月平均温度高于5℃的地区也可采用砖砌，但应采用水泥砂浆抹面。池底采用浆砌石时，应座浆砌筑，砂浆强度等级不低于M10，厚度不小于25cm；采用混凝土时，混凝土强度等级不宜低于C15，厚度不小于10cm。池壁尺寸应按标准设计或按规范要求计算确定。

(4) 注重基础设计。贮水池的基础是非常重要的，尤其在湿陷性黄土地区，基础轻微渗漏就有可能危及工程安全。在湿陷性黄土地区修建的贮水池应优先采用整体式钢筋混凝土或素混凝土贮水池。土基应进行翻夯处理，翻夯深度不小于40cm；当地基土为弱湿陷性黄土时，翻夯深度不小于50cm；当地基土为中、强湿陷性黄土时，应加大翻夯深度，并采取浸水预沉等措施处理。

(5) 贮水池内宜设置爬梯，池底应设排污管，封闭式贮水池应设清淤检修孔，开敞式贮水池应设护栏，护栏应有足够强度，高度不低于1.1m。

1.4.4 气压给水设备

气压给水设备是利用密闭储罐内空气的可压缩性，进行贮存、调节、压送用水和保持水压的装置，其作用相当于高位水箱或水塔，在给水系统中主要起增压和水量调节作用。

1. 气压给水设备的分类

按输水压力的稳定性，气压给水设备可分为变压式和定压式两类；按罐内气、水接触方式，气压给水设备可分为补气式和隔膜式两类。

(1) 变压式气压给水设备。变压式气压给水设备在向给水系统输水的过程中，水压处于变化状态。如图1-26所示，当罐内压力较小（图1-26中的P_1）时，水泵向室内给水系统加压供水，出水供用户使用，多余部分进入气压水罐，罐内水位上升，空气被压缩；

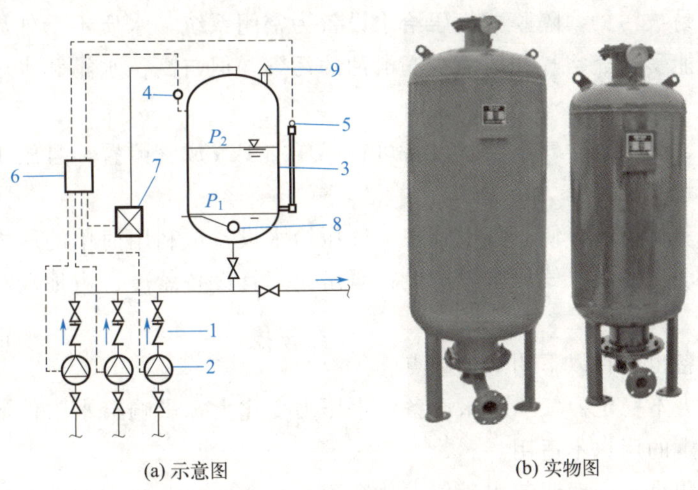

(a) 示意图　(b) 实物图

1—止回阀；2—水泵；3—气压水罐；4—压力信号器；5—液位信号器；6—控制器；7—补气装置；8—排气阀；9—安全阀

图1-26　变压式气压给水设备

当压力达到较大值（图 1－26 中的 P_2）时，水泵停止工作，用户所需的水由气压水罐提供。随着罐内水量的减少，空气体积膨胀，压力将逐渐降低，当压力降至 P_2 以下时，水泵再次启动。这种方式适用于允许水压有一定波动的情况。

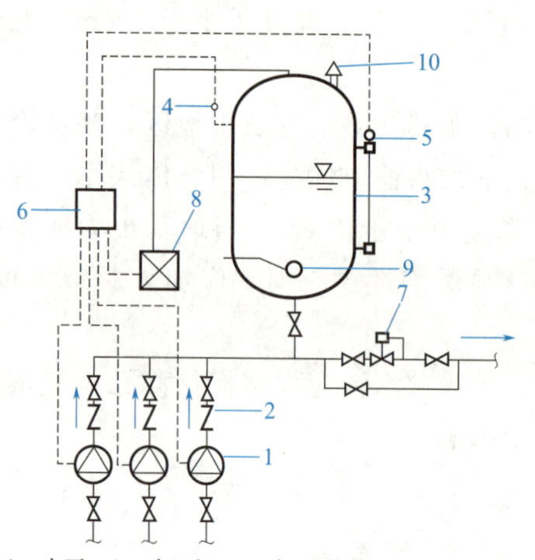

1—水泵；2—止回阀；3—气压水罐；4—压力信号器；5—液位信号器；6—控制器；7—压力调节阀；8—补气装置；9—排气阀；10—安全阀

图 1－27　定压式气压给水设备

（2）定压式气压给水设备。定压式气压给水设备在向给水系统输水的过程中，水压相对稳定。目前常见的做法是在变压式给水管道上安装压力调节阀，将调节阀出口水压控制在要求范围内，使供水压力稳定，如图 1－27 所示。当用户要求供水压力稳定时，宜采用这种方式。

（3）补气式气压给水设备。补气式气压给水设备的气压水罐中气、水直接接触，设备运行过程中部分气体溶于水，气体逐渐减少，罐内压力随之下降，为保证系统正常工作，设置补气装置。

（4）隔膜式气压给水设备。隔膜式气压给水设备不设补气装置，其气压水罐中设置弹性隔膜，从而将气、水分离，既防止气体溶于水中，又保证水质不被污染。弹性隔膜有帽形和胆囊形（胆囊形优于帽形），两类隔膜均固定在罐体法兰盘上。

2. 气压给水设备的特点

气压给水设备与高位水箱或水塔相比，具有如下优点。

（1）灵活性大。气压水罐可设在任何高度，施工安装简便，便于扩建、改建和拆迁；给水压力可在一定范围内调节，给水装置可设置在地震区、临时性建筑及有隐蔽要求的建筑内。

（2）水质不易被污染。隔膜式气压给水设备为密闭系统，水质不受外界污染；补气式气压给水设备可能受补充空气和压缩机润滑油的污染，但与高位水箱和水塔相比，被污染概率依然较低。

（3）投资省、工期短。气压给水设备可在工厂加工或成套购置，且施工安装简便、施工周期短、土建费用低。

（4）实现自动化控制，便于集中管理。气压给水设备可利用简单的压力和液位继电器等实现水泵的自动化控制；气压水罐可设在泵房内，且设备紧凑、占地较小，便于与水泵等集中管理。

气压给水设备也存在以下明显的缺点。

（1）供水压力不稳定。气压给水设备供水压力变化大，影响给水附件的使用寿命，因此对要求压力稳定的用户不适用。

（2）调节容积小。一般调节水量仅占总容积的 20%～30%，且相对其容积，气压给水设备的钢材耗量较大。

（3）供水安全性差。由于有效容积较小，若因故停电或自控失灵，则可能导致断水。

(4) 运行费用高。耗电较多，水泵启动频繁，启动电流大；水泵不都在高效区工作，平均效率低；水泵扬程要额外增加电耗，一般增加15%~25%的电耗。

3. 气压给水设备的适用范围和设置要求

根据气压给水设备的特点，其适用于有升压要求，但又不适宜设置水塔或高位水箱的小区或建筑内的给水系统，如地震区、人防工程或屋顶立面有特殊要求的建筑给水系统，小型、简易和临时性建筑给水系统，以及消防给水系统等。

生活给水系统中的气压给水设备必须采取水质防护措施，如气压水罐和补气罐内壁应涂无毒防腐涂料，隔膜应用无毒橡胶制作，补气装置的进气口都要设空气过滤装置，采用无油润滑型空气压缩机等。为保证安全供水，气压给水设备要有可靠的电源。为防止停电时水位下降，罐内气体随水流入管道流失，补气式气压水罐进水管上要装止气阀。为利于维护、检修，气压水罐罐顶至建筑结构最低点的距离不得小于1.0m，罐与罐、罐与墙面的净距不应小于0.7m。

1.5 给水管材、给水附件与水表

1.5.1 给水管材及连接方式

建筑内常用的给水管材有钢管、铸铁管、塑料管、复合管、不锈钢管等。

1. 钢管

钢管强度高、承压能力强、抗震性能好，长度长、接头少、加工安装方便，质量比铸铁管轻，但造价较铸铁管高，抗腐蚀性差。

1) 钢管的分类

钢管有焊接钢管和无缝钢管两种。

(1) 焊接钢管。普通焊接钢管一般用于工作压力不超过1.0MPa的管道，加厚焊接钢管一般用于工作压力为1.0~1.6MPa的管道。

焊接钢管又分为镀锌钢管和非镀锌钢管。钢管镀锌的目的是防锈、防腐、保证水质、延长使用年限。生活给水管道采用镀锌钢管（$DN<150$mm），自动喷水灭火系统的消防给水管道采用镀锌钢管或镀锌无缝钢管，并且要求使用经热浸镀锌工艺生产的产品。对水质没有特殊要求的生产用水或独立的消防系统的给水管道，才允许采用非镀锌钢管。

(2) 无缝钢管。无缝钢管承压能力较强，在普通焊接钢管不能满足水压要求时选用。工作压力超过1.6MPa的高层和超高层建筑的给水管道应采用无缝钢管。

2) 钢管的连接

钢管的连接方法有螺纹连接、焊接、法兰连接、卡箍连接。

(1) 螺纹连接。螺纹连接是利用配件进行的连接。配件用可锻铸铁制成，其抗蚀性好，机械强度高，也分为镀锌和非镀锌两种，室内生活给水管道应采用镀锌配件。螺纹连接多用于明装管道，镀锌钢管须采用螺纹连接。

（2）焊接。焊接方法有电弧焊和气焊两种，一般 $DN>32\text{mm}$ 的管道采用电弧焊，$DN\leqslant 32\text{mm}$ 的管道采用气焊。焊接的优点是接头紧密、不漏水、施工迅速、无需配件，缺点是不能拆卸。焊接只能用于非镀锌钢管，因为镀锌钢管焊接时锌层会被破坏，加速管道锈蚀。

（3）法兰连接。在较大管径（$DN>50\text{mm}$）的管道上，常将法兰盘焊接或螺纹连接在管端，再以螺栓连接法兰盘，这种连接方式即法兰连接。法兰连接一般用在连接闸阀、止回阀、水泵、水表等处，以及需要经常拆卸、检修的管段上。

（4）卡箍连接。卡箍连接也称沟槽连接，由于其技术先进，很快被市场所接受，已逐渐取代法兰连接和焊接两种传统的管道连接方式。卡箍连接技术的应用，使复杂的管道连接工序变得简单、快捷、方便。

2. 铸铁管

铸铁管具有耐腐蚀性强、使用期长、价格低等优点，但是管壁厚、质量大、质脆、强度较钢管差，适用于埋地敷设。

给水铸铁管单根长度为 3～6m，接口形式分为承插和法兰两种。承插接口应用最广泛，但施工难度大；法兰接口只用于明装管道，在经常拆卸的部位多采用法兰接口。

3. 塑料管

由于钢管易锈蚀、腐化水质，随着人们生活水平越来越高，给水塑料管得到广泛应用。塑料管有优良的化学稳定性，耐腐蚀，不受酸、碱、盐、油类物质的侵蚀；管壁光滑，容易切割，安装方便，连接可靠，并可制成各种颜色；不燃烧，无不良气味；质轻而坚，比重仅为钢的五分之一，代替金属管材可节省金属。

塑料管的连接可采用螺纹连接（配件为注塑制品）、法兰连接、粘接、热（电）熔、挤压等方法。常用给水塑料管性能比较见表 1-8。

表 1-8　常用给水塑料管性能比较

管材	硬聚氯乙烯	聚乙烯	交联聚乙烯	聚丁烯	聚丙烯
符号	PVC-U	PE	PEX	PB	PP
工作温度/℃	−5～45	−50～65	−50～110	−30～110	−5～45
使用年限/年	50	50	50	70	50
连接方式	粘接	热（电）熔	挤压	挤压	热（电）熔
接头可靠性	一般	较好	好	较好	较好
二次污染	可能产生	无	无	无	无
综合费用	约为镀锌钢管的 60%	约为镀锌钢管的 1.2 倍	约为镀锌钢管的 2 倍	约为镀锌钢管的 3 倍	约为镀锌钢管的 1.5 倍

4. 复合管

复合管是金属与塑料的混合型管材，它结合了金属管和塑料管的优势，但管材之间、管材与管件、管件之间的连接须用专用管件，连接较困难，造价高。复合管主要有铝塑复合管、钢塑复合管和塑覆铜管三类。

(1) 铝塑复合管。铝塑复合管内外壁均为聚乙烯，中间以铝合金为骨架。该种管材具有质量轻、耐压强度高、输送流体阻力小、耐热、耐化学腐蚀性能强、接口少、可挠曲、安装方便、美观等优点，是一种可用于给水、热水、采暖、煤气等的多用途管材，在建筑给水系统管道中可用于给水分支管。铝塑复合管一般采用螺纹卡套压接，其配件一般是铜制品。

(2) 钢塑复合管。钢塑复合管由普通镀锌钢管、镀锌管件及PVC-U管、PE管等塑料管材复合而成，兼有镀锌钢管和塑料管的优点。钢塑复合管分衬塑和涂塑两大系列。第一系列为衬塑钢管，其需在工厂预制，不宜在施工现场切割。第二系列为涂塑钢管，是将高分子粉末涂料均匀地涂敷在金属表面，经固化或塑化后，在金属表面形成一层光滑、致密的塑料涂层的管材。钢塑复合管一般采用螺纹连接，其配件一般是钢塑制品。

(3) 塑覆铜管。塑覆铜管有齿形环和平形环两种形式。齿形环塑覆铜管内置凹形槽，可截留空气而形成绝热层，且增大了塑料的径向伸缩能力。平形环塑覆铜管具有耐磨、紧密的特点，能有效防潮及抗腐蚀，适用于埋地、埋墙和腐蚀环境中。

5. 其他管材

给水管道还可采用铜管、不锈钢管等管材。铜管强度高，比塑料管坚硬，韧性好，不易裂缝，具有良好的抗冲击性能，延展性高；质量比钢管轻，且表面光滑，流动阻力小；耐热、耐腐蚀、耐火、经久耐用。不锈钢管是最好的输送直饮水的管材，具有漏水率很低、保证水质、节约水资源的特点。另外，与铜管相比，不锈钢管的通水性好，在流速快的情况下不易腐蚀，保温性是铜管的24倍。

知识链接

给水管材的应用

1. 镀锌钢管

在过去相当长的时间内，镀锌钢管是建筑给水系统最常用、最普遍的管材，它具有抗老化、强度高、价格低廉、连接简单等优点。但由于使用中会发生电化学反应，使镀锌层受到破坏，钢管出现锈蚀现象，管内出现严重结垢，导致水的色度增大、浑浊度和细菌超标及其他水质指标恶化，同时卫生器具等表面也易染上铁锈污迹，造成清洗困难、提前报废的问题，因此其正常使用年限只有8～10年。鉴于镀锌钢管的上述缺点，我国在20世纪90年代末期开始限制或禁止在建筑内生活给水系统中使用该种管材。但这并不意味着镀锌钢管在所有给水管网中被取代，它在自动喷水灭火系统中仍为首选。在其他消防给水系统、生产-消防共用给水系统中，钢管和热浸镀锌钢管也仍在使用。

2. PVC-U管

塑料管应按照安装地点的环境温度、供水水温、输配水管的工作压力，参考化学建材(塑料管道-G)技术与产品公告目录选型。从经济技术条件全方位考虑，PVC-U管应作为建筑生活给水系统的优选对象之一，但目前市场销售的PVC-U管合格率偏低，劣质产品混入市场的比例较高，应认真比选使用。

3. PEX管

塑料管中的PEX管卫生性能好，使用温度范围宽，是国际公认的适用于建筑给水（热水供应）系统的最佳管材。但该管材生产工艺要求高，必须用专用管件连接，而且其线膨胀系数大，若热胀冷缩处理不当，将引发漏水事故。

4. PP-R管

PP-R（无规共聚聚丙烯）管及其管件采用相同的原材料，废料可以回收再利用，具有良好的热（电）熔焊性能，管材和管件可用热（电）熔连接成整体，且连接部分的强度不低于管材本身的强度。PP-R管这种独特的连接方法较其他连接方法成本低、速度快、操作简单、安全可靠，杜绝了渗漏隐患，特别适合直埋和暗装的场合。

1.5.2 给水附件

给水附件是安装在管道及设备上的具有启闭或调节功能的装置，分为配水附件和控制附件两大类。

1. 配水附件

配水附件主要用以调节和分配水流。常用配水附件如下。

(1) 球形阀式配水龙头：装设在洗涤盆、污水盆、盥洗槽上的水龙头均属此类。水流经过这种水龙头会改变流向，故压力损失较大。

(2) 旋塞式配水龙头：一般用于浴池、洗衣房、开水间等配水点处。这种水龙头的旋塞旋转90°时完全开启，由于水流呈直线通过，阻力较小，短时间内可获得较大流量。缺点是启闭迅速时易产生水锤。

(3) 盥洗龙头：装设在洗脸盆上，用于专门供给冷、热水。盥洗龙头有莲蓬头式、角式、长脖式等多种形式。

(4) 混合配水龙头：用以调节冷、热水的温度，如盥洗、洗涤、洗浴用水等，式样较多。

此外，配水附件还有小便器角形水龙头、皮带水龙头、电子自控水龙头等。

2. 控制附件

控制附件用来调节水量和水压、关断水流等。常用控制附件如下。

(1) 截止阀：此阀关闭严密，但水流阻力较大，用于管径不大于50mm或经常启闭的管段上。

(2) 闸阀：此阀全开时水流呈直线通过，阻力较小；但若有杂质落入阀座，会使阀关闭不严，因而易产生磨损和漏水。一般当管径在70mm以上时采用闸阀。

(3) 蝶阀：阀板在90°翻转范围内起调节水量、节流和断流作用，操作扭矩小，启闭方便，体积较小，如图1-28所示。蝶阀适用于管径在70mm以上或双向流动的管段上。

(4) 止回阀：用以阻止水流反向流动的阀件，如图1-29所示。常用的止回阀有以下四种。

① 旋启式止回阀：此阀在水平、垂直管道上均可设置，启闭迅速，易引起水击，不宜在压力大的管道系统中采用。

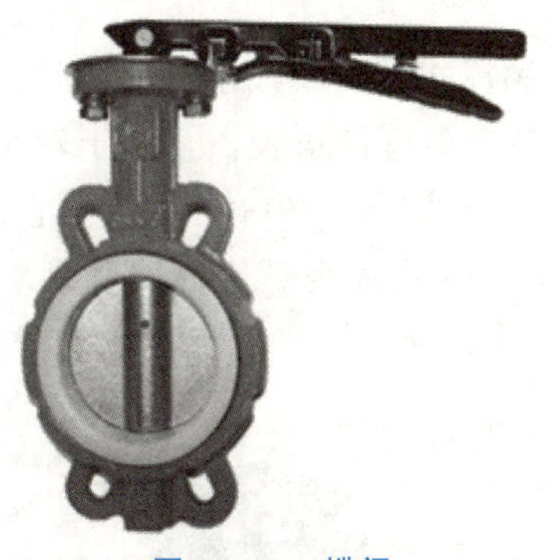

图1－28　蝶阀

图1－29　止回阀

② 升降式止回阀：此阀靠上下游压力差使阀盘自动启闭，水流阻力较大，宜用于小管径的水平管道。

③ 消声止回阀：水流向前流动时推动阀瓣压缩弹簧，阀门打开；水流停止流动时，阀瓣在弹簧作用下在水击到来前即关闭，可消除阀门关闭时的水击冲击和噪声。

④ 梭式止回阀：此阀是利用压差梭动原理制造的止回阀，不但水流阻力小，而且密闭性能好。

(5) 浮球阀和液压水位控制阀：浮球阀是一种用以自动控制水箱、水池水位的阀门，可防止溢流浪费，缺点是体积较大，阀芯易卡住，引起关闭不严而溢水；液压水位控制阀与浮球阀功能相同，其克服了浮球阀的弊端，是浮球阀的升级换代产品。

(6) 减压阀：功能是降低水流压力，常用的有弹簧式减压阀和活塞式减压阀两种类型。在高层建筑中使用减压阀可简化给水系统，减少水泵数量或减少减压水箱，同时可增加建筑的使用面积，降低投资，防止水质二次污染；在消火栓给水系统中可防止消火栓栓口处的超压现象。

(7) 安全阀：一种安保器材，安装此阀可以避免管网、器具或密闭水箱超压而遭到破坏。安全阀一般有弹簧式和杠杆式两种类型。

除上述控制附件外，还有脚踏阀、液压式脚踏阀、水力控制阀、弹性座封闸阀、静音式止回阀等。

1.5.3 水表

水表是一种计量用户累计用水量的仪表，在建筑内部给水系统中广泛采用流速式水表。

1. 流速式水表的原理

流速式水表根据管径一定时水流通过水表的速度与流量成正比的原理来测量用水量。它主要由外壳、翼轮和传动指示机构等部分组成。当水流通过水表时，推动翼轮旋转，翼轮转轴传动一系列联动齿轮，使指示针指示到度盘相应刻度上，便可读出水量的累积值。此外，还有计数器为字轮直读的形式。

2. 流速式水表的分类

流速式水表按翼轮构造不同，分为旋翼式和螺翼式。旋翼式水表的翼轮转轴与水流方向垂直，如图 1－30(a) 所示。它的阻力较大，多为小口径水表，宜用于较小流量的管道系统中。螺翼式水表的翼轮转轴与水流方向平行，如图 1－30(b) 所示。它的阻力较小，多为大口径水表，宜用于较大流量的管道系统中。复式水表是旋翼式和螺翼式的组合形式，在流量变化很大时采用。

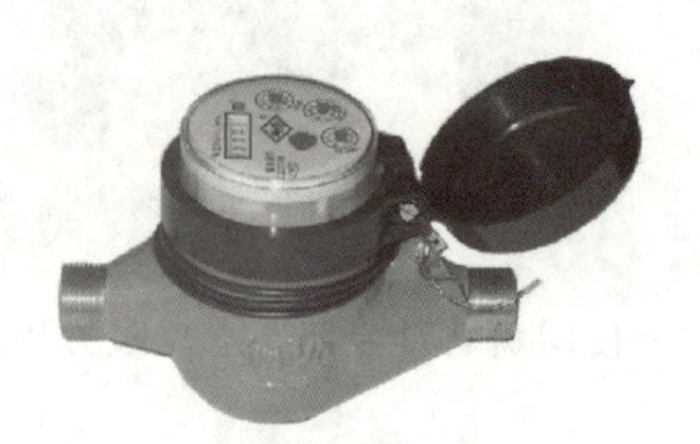

(a) 旋翼式水表

(b) 螺翼式水表

图 1－30　流速式水表

流速式水表按其计数机件所处状态，又分为干式和湿式。干式水表的计数机件用金属圆盘与水隔开；湿式水表的计数机件浸在水中，在计数度盘上装一块厚玻璃，用以承受水压。湿式水表构造简单、计量准确、密封性能好，但只能用在水中不含杂质的管道上，因为水质浊度高将降低水表精度，产生磨损，缩短水表寿命。

3. 流速式水表安装

流速式水表的安装要求如下。

(1) 便于检修和读数，应安装在不受暴晒、不结冻、不受污染及机械损伤的地方。

(2) 保证表前水流平稳，计量准确。旋翼式水表前后应有 300mm 的直线管段，螺翼式水表前应有 8～10 倍公称直径的直线管段。

建筑给水系统是建筑物满足居民生活和生产的基本设施之一，应满足用户对水质、水量、水压的要求。需要重点关注高层建筑给水系统，应根据建筑高度、系统压力、建筑特征，经技术经济和安全可靠性等综合分析，确定分区给水方式。

建筑消防系统是建筑物内必备的安全设施，《建筑设计防火规范（2018 年版）》（GB 50016—2014）和《建筑防火通用规范》（GB 55037—2022）中对此做了严格的规定。本项目主要介绍消火栓灭火系统的给水方式、系统组成和布置要求。自动喷水灭火系统用于在火灾发生初期扑灭火灾，应根据建筑情况采取不同形式。

室内给水系统的布置与管道敷设是室内给水系统与建筑融为一体的主要环节，与建筑有着紧密的联系。应主要关注室内给水管道的敷设要求与布置原则，以及水表节点的布置等。

给水增压与调节设备、给水管材与附件是室内给水系统安装要考虑的主要问题。应根据实际情况选用承压大、水头损失小、对水质没有影响、使用寿命长、便于安装的管材及附件。

思考与练习

一、简答题

1. 建筑给水系统一般由哪些部分组成？
2. 布置给水管道时需要考虑哪些因素？
3. 建筑消防系统有哪几种类型？
4. 自动喷水灭火系统有哪些类型？适用环境分别是什么？
5. 常用的建筑给水管材有哪些？其连接方式分别有哪些？

二、单选题

1. 当室外给水管网水压周期性满足室内管网的水量、水压要求时，可采用（　　）的给水方式。

A. 直接给水　　B. 设高位水箱
C. 设贮水池、水泵、水箱　　D. 设气压给水设备

2. 引入管穿越承重墙应预留洞口，管顶上部净空不得小于建筑最大沉降量，一般不得小于（　　）m。

A. 0.15　　B. 0.1　　C. 0.2　　D. 0.3

3. 引入管与其他管道应保持一定距离，与排水管的垂直净距不得小于（　　）m。

A. 0.5　　B. 0.15　　C. 1.0　　D. 0.3

4. 高层建筑是指（　　）层及以上的住宅建筑或建筑高度超过 24m 的其他民用建筑等。

A. 6　　B. 8　　C. 10　　D. 11

5. 下列属于闭式自动喷水灭火系统的是（　　）。

A. 雨淋自动喷水灭火系统　　B. 水幕自动喷水灭火系统
C. 水喷雾自动喷水灭火系统　　D. 湿式自动喷水灭火系统

6. 镀锌钢管规格有 *DN*75、*DN*20 等，*DN* 表示（　　）。

A. 内径　　B. 外径　　C. 公称直径　　D. 名誉直径

7. 为防止管道水倒流，需在管道上安装（　　）。

A. 截止阀　　B. 止回阀　　C. 闸阀　　D. 蝶阀

8. 住宅给水计量一般采用（　　）水表。

A. 旋翼干式　　B. 旋翼湿式　　C. 螺翼干式　　D. 螺翼湿式

三、计算题

某住宅楼共 60 户，每户厨房设洗涤盆一个；卫生间设浴盆一个，低位水箱坐式大便器一套，洗脸盆一个；有局部热水供应。试求每户进户管及整幢楼引入管的设计流量。

项目 2 建筑排水工程

项目导入

建筑排水系统主要包括建筑内排水系统和屋面雨水排水系统。建筑内排水系统是如何迅速、通畅地将污废水排到室外的呢？排水管道内产生的有毒有害气体又到哪里去了？

例如：学校宿舍楼共 8 层，楼层高度 24m，各层卫生间的大便器、小便槽、地漏、盥洗槽、污水池、洗脸盆所产生的生活污废水由相应的污水排水系统收集，屋顶的雨水、雪水则由屋面雨水排水系统收集，并分别排到市政排水系统中。

思维导图

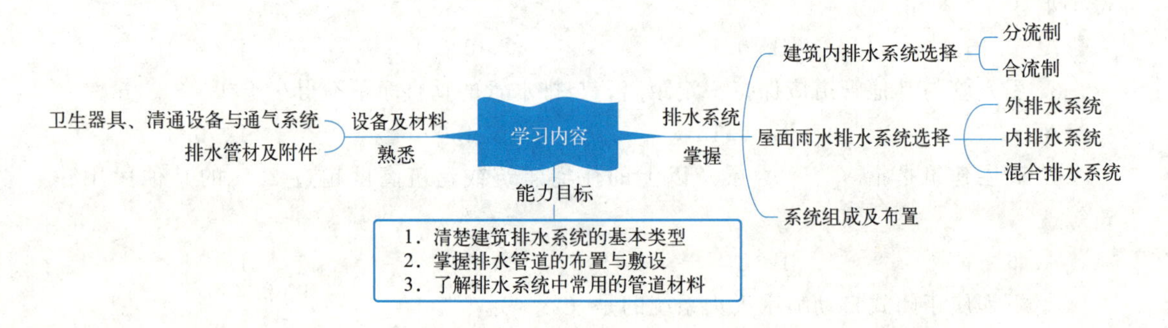

2.1 建筑内排水系统

2.1.1 建筑内排水系统的分类

建筑内排水系统的任务是接纳各种卫生器具和用水设备所排出的污废水，将其收集后安全地排放到室外，并防止对室内环境造成污染。所排出的污废水，根据污染程度可分为两大类：污染程度较轻的称为废水；污染程度较重的称为污水。

建筑内排水系统可以分为生活排水系统和工业排水系统。

1. 生活排水系统

生活排水系统的任务是将建筑内的生活废水（即人们日常生活中的洗涤废水等）和生活污水（主要指粪便污水）排至室外。我国目前的建筑排污分流设计是将生活污水单独排入化粪池，而生活废水直接排入市政下水道。生活排水系统又可分为以下几种。

（1）生活废水排水系统：排除人们日常洗脸、洗手、洗衣、沐浴所排出的废水，以及空调冷却水、厨房排水等。

（2）生活污水排水系统：排除粪便污水。

2. 工业排水系统

工业排水系统的任务是排除工业生产过程中的生产废水和生产污水。生产废水的污染程度较轻，包括仅含有少量无机杂质但不含有毒物质的废水，或仅存在水温变化的废水，如循环冷却水等。生产污水的污染程度较重，一般需要经过处理后才能排放。

2.1.2 排水体制与排水条件

1. 排水体制

1）分流制

分流制即针对各类污废水分别设置单独的管道系统，进行污废水输送和排放的排水体制。一般生活污废水应与雨水分流排出。在下列情况下，建筑宜采用生活污水与生活废水分流的排水系统。

（1）政府有关部门要求生活污水与生活废水分流，且生活污水需经化粪池处理后才能排入城市排水管网的情况。

（2）生活废水需回收利用的情况。

分流制的排水系统易于维护，有利于污水处理，但造价较高。

2）合流制

合流制即在同一排水系统中，可以输送和排放两种或两种以上污废水的排水体制。对于居住建筑和公共建筑，是指粪便污水与生活废水合流；对于工业建筑，是指生产污水和生产废水的合流。

合流制的排水系统造价低、施工简单，但不利于污水处理和系统管理。

2. 排水条件

为使排水管道畅通，保护管道不受损伤，避免周围环境及人体健康受所排放污水的污染及损害，同时又可合理利用符合卫生标准的废水，直接排入城市排水管网的污废水应满足以下排水条件。

（1）水中不含有大量的固体杂质。

（2）水温不高于40℃。

（3）水质的pH值为6～9。

（4）水中不含有大量的汽油或油脂等易燃液体。

（5）水中不含有有毒物质及放射性物质，如氰、铬等。

（6）水中不含有伤寒、痢疾、炭疽、结核、肝炎等病原体。

不满足以上排水条件的污废水，应设置独立的排水系统，经处理达到国家规定的污废水排放标准后，方可允许排入城市排水管网。

3. 排水体制的选择

建筑排水系统是选择分流制还是合流制，应综合考虑污废水性质，污废水的污染程度，排水体制是否有利于污水处理及水质综合利用，以及市政排水系统等因素进行确定。

1）污废水性质对排水体制的影响

为使生活排水系统保持正常运行，雨水排水系统宜独立设置。但若生产废水中不含有机物，而是携带大量泥沙、矿物质时，可经机械处理后排入室内非密闭雨水排水系统。

污废水性质相似可合流排出，如屠宰厂、食品厂的污水都含有大量的有机物和油脂，可与生活污水采用合流制。含氰和含酸的生产污水不能合流，否则会产生极毒的氰氢酸气体，危害员工的安全。

2）污废水的污染程度对排水体制的影响

污废水的污染程度是指污废水中含有机物、无机物及金属离子的浓度。如冷却用水仅温度升高，其化学性质不变，这种废水可单独排出，以便回收再利用。

3）污水处理及综合利用的要求对排水体制的影响

生产污水中含有大量的油类、酸碱、盐类等物质，如不经过处理就排放，势必危害水源、农田、人畜，污染环境，同时流失大量工业原料。对含有浓度较高或含有有害物质的污水进行有效处理和综合利用，可以变有害为无害，变废为宝，还可回收贵重工业原料，改善环境卫生。故对这类污水可以单独排出，进行浊清分流，为生产污水处理和综合利用提供方便。当有污水处理厂时，生活废水与粪便污水宜合流排出；当建筑设有中水系统时，生活废水与粪便污水应分流排出。

4）市政排水系统对建筑内排水体制的影响

市政排水系统在建筑室外可单独设雨水管道，也可同时设雨水管道和污水管道，对建筑内排水体制选择的影响如下。

（1）若室外只有雨水管道，则室内采用分流制，生活废水排入城市雨水管道，粪便污水排入化粪池，经处理后排入河道或雨水管道。

（2）若室外有污水管道，则粪便污水和生活废水宜合流排入城市污水管道，以便输送到污水处理厂进行处理；也可以采用分流制，即生活废水进入雨水管道，生活污水进入污水管道。

特别提示

消防排水、生活水池（箱）排水、游泳池放空排水、空调冷凝排水、室内水景排水、无洗车的车库和无机修的机房地面排水等宜与生活废水分流，单独设置废水管道排入室外雨水管道。较为特殊的污水应按《建筑给水排水设计标准》（GB 50015—2019）中的规定，单独排水至水处理或回收构筑物，包括：

（1）职工食堂、营业餐厅的厨房含有油脂的废水；

（2）洗车冲洗水；

（3）含有致病菌、放射性元素等超过排放标准的医疗、科研机构的污水；

（4）水温超过40℃的锅炉排污水；

（5）用作中水水源的生活排水；

（6）实验室有害有毒废水。

2.1.3 建筑内排水系统的组成

建筑内排水系统

一个完善的建筑内排水系统主要包括以下组成部分：卫生器具（或生产设备受水器）、排水管网、提升设备、清通设备、通气系统，如图2-1所示。需要进行污水处理的系统还应设污水局部处理构筑物。

1. 卫生器具

卫生器具是收集和排出污废水的设备，包括便溺器具、盥洗沐浴器具、洗涤器具、地漏等。卫生器具是建筑内排水系统的起点，经其接纳并排出的各种污废水再经存水弯和器具排水管流入横支管。

2. 排水管网

排水管网包括器具排水管以及排水横支管、立管、干管和排出管。建筑内排水系统要求排水管网内气压稳定。

（1）器具排水管：又称排水支管，为连接卫生器具和横支管的一段短管，除坐式大便器外其间还包括水封装置。

（2）排水横支管：将各器具排水管流来的污水排至立管，具有一定的坡度。

（3）排水立管：接收来自各横支管的污

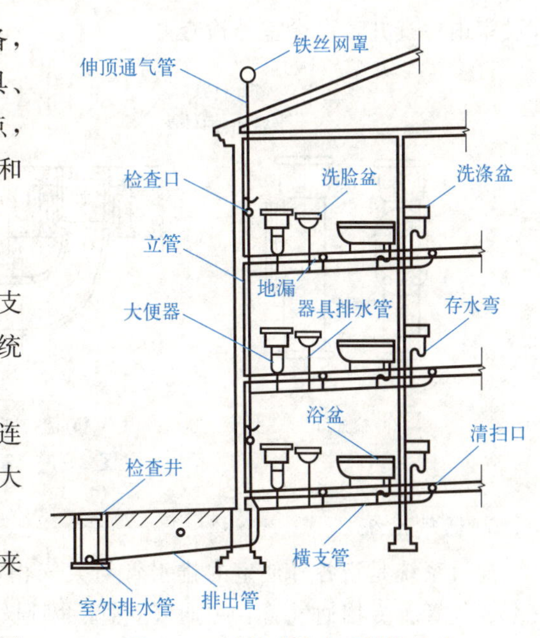

图2-1 建筑内排水系统的组成

水，然后排至排出管。

(4) 排水干管：又称总管，其他支管串联或并联在其上。

(5) 排出管：将污废水排至室外排水管。

3. 提升设备

提升设备用于排出不能自流排至室外检查井的地下建筑污废水，包括潜水排污泵、无堵塞潜水排污泵等，如图 2-2 所示。

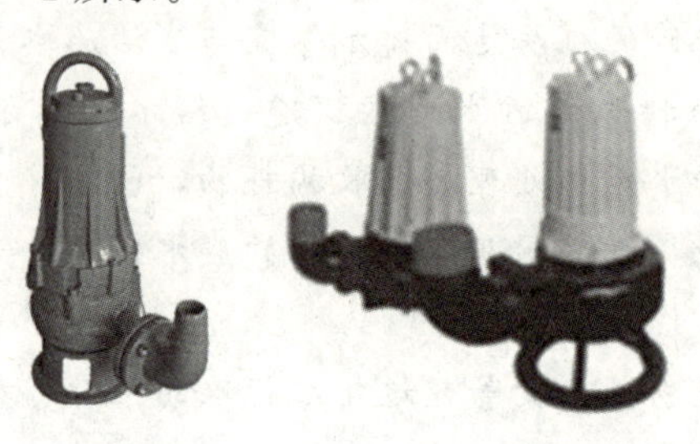

(a) 潜水排污泵　　(b) 无堵塞潜水排污泵

图 2-2　提升设备

4. 清通设备

清通设备的作用是疏通排水管道，保障排水通畅，包括检查口、清扫口、检查井等。

(1) 检查口：设在立管上及较长的水平管段上，图 2-3(a) 所示为一带有螺栓盖板的检查口，清通时将盖板打开。

(2) 清扫口：设在横管的起端，如图 2-3(b) 所示，也可采用带螺栓盖板的弯头、带堵头的三通配件作清扫口。

(3) 检查井：对不散发有害气体或大量蒸汽的工业废水排水管道，在管道转弯、变径、坡度改变及连接支管处，可设室内检查井，如图 2-3(c) 所示；生活污水排水管道不宜设室内检查井，可设室外检查井。

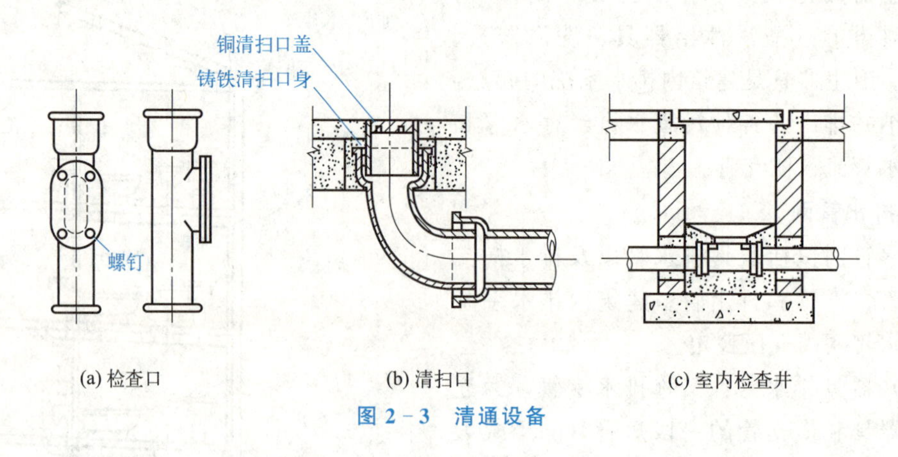

(a) 检查口　　(b) 清扫口　　(c) 室内检查井

图 2-3　清通设备

5. 通气系统

通气系统是指各种使室内排水管与大气相通的管道，包括器具通气管、环形通气管、安全通气管、专用通气管、主通气立管、副通气立管、结合通气管、伸顶通气管等。

通气系统的作用包括：向排水系统补给空气，使管道内水流畅通、气压稳定；防止卫生器具水封破坏；将室内排水管道中的有害气体排往室外；管道内经常有新鲜空气流通，减少管道锈蚀的危险。

2.2 屋面雨水排水系统

屋面雨水排水系统按雨水管道位置，分为外排水系统、内排水系统和混合排水系统；按管内水流情况，分为重力流雨水排水系统和压力流雨水排水系统。

屋面雨水排水系统应迅速、及时地将屋面雨水排至室外地面或雨水收集利用设施和管道系统。在选择屋面雨水排水系统时，应根据建筑类型、结构形式、屋面面积、气候条件、地形特点及生产使用要求综合确定。

2.2.1 屋面外排水系统

屋面外排水是指屋面不设雨水斗，建筑内部不设雨水管道的雨水排放形式。屋面外排水系统各组成部分均敷设于室外，不与室内设备、管道产生干扰，室内不会因雨水系统的设置而产生屋面渗漏、地面冒水等现象，同时可节省金属材料，节约投资。因此当技术经济比较合理时，宜优先采用屋面外排水系统。

屋面外排水系统分为檐沟外排水系统与天沟外排水系统。

1. 檐沟外排水系统

檐沟外排水系统又称水落管外排水系统，应按重力流设计。这种系统由屋面檐沟汇水，然后流入隔一定间距沿外墙设置的水落管（立管），最后泄至地下沟管（或地面）。室外可不设置雨水管渠，排出的雨水直接形成地面径流。

檐沟主要采用铅皮（民用）或预制混凝土制成。水落管沿建筑长度方向布置在外墙上，间隔 15～20m 设一根，水落管直径应为 90～100mm，汇水面积不超过 250m^2。阳台上要求设置直径为 5mm 的排水管。

檐沟外排水系统排水较分散，不利于有组织排水，适用于低层住宅建筑、面积较小的公共建筑、单跨工业建筑。大型建筑多采用天沟外排水系统。

2. 天沟外排水系统

天沟外排水系统一般按单斗压力流设计，由屋面天沟汇水，然后流入天沟雨水斗、雨水立管，再由排出管排至室外雨水管道，进行有组织的排水。天沟外排水系统的主要组成如图 2-4 所示。

天沟的断面形式视屋面情况，可为矩形、半圆形、梯形等。天沟应结合建筑伸缩缝布置，以伸缩缝或沉降缝为屋面的分水线，防止天沟在伸缩缝或沉降缝处漏水。由于一般屋面的伸缩缝长度范围为 40～60m，故天沟水流长度一般不宜大于 50m。天沟坡度不宜太大，以免屋顶垫层过厚而增加结构负荷，但坡度过小又易造成屋顶漏水和施工困难，一般以 0.003～0.006 为宜。

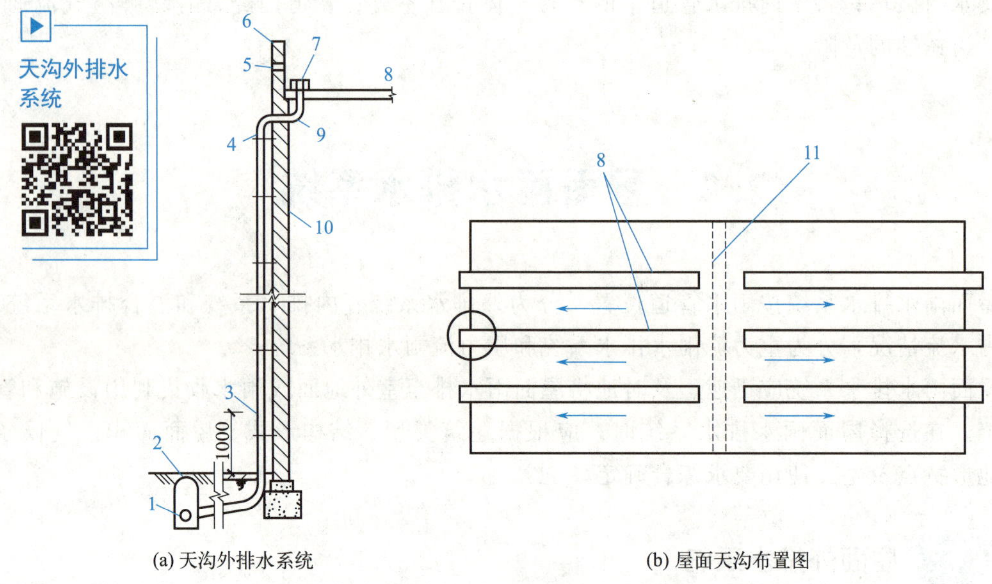

(a) 天沟外排水系统　　(b) 屋面天沟布置图

1—排出管；2—检查井；3—立管；4—管卡；5—溢流口；6—山墙；7—雨水斗；8—天沟；9—连接管；10—外墙；11—伸缩缝

图 2－4　天沟外排水系统的主要组成

雨水立管应由管卡固定在外墙上，在冰冻地区需采取防冻措施。立管直接排水到地面时，需采取防冲措施，在湿陷性土壤地区不允许直接排水。在女儿墙、山墙上或天沟末端应设置溢流口，这样即使出现超过设计暴雨强度的降雨量，也可以安全排水。

天沟外排水系统的优点是排水效果好，可消除建筑内部检查井冒水问题；节约投资，节省金属材料；由于无须在屋面板留洞安装雨水斗及悬吊管等，有利于合理使用室内空间和地面；为雨水系统提供明沟排水，减少管道埋深，方便施工。因此，在建筑结构形式、气候条件及生产工艺性质允许的前提下，应尽可能采用天沟外排水系统。天沟外排水系统的缺点是建筑内需另设生活或生产废水管道；为保证天沟坡度，需增大垫层厚度，可能加大屋面负荷；若设计不善或施工质量不佳，会发生天沟翻水、漏水等问题。

天沟外排水系统一般用于大面积多跨工业厂房、建筑内不允许进雨水且不允许在建筑内设置雨水管道的屋面雨水排水设计。对于某些大跨厂房，如全部采用天沟外排水系统，建筑结构设计有困难的，也可以采取内外排水相结合的混合排水系统，两端为外排水，中间部分为内排水。

2.2.2　屋面内排水系统

屋面内排水系统是指屋面设有雨水斗，建筑内部设有雨水管道的雨水排水系统。

1. 屋面内排水系统的分类

按照雨水斗的数量，屋面内排水系统可分为单斗系统和多斗系统，按重力流或压力流设计。单斗系统比多斗系统的水流掺气量小，一般宜采用单斗系统。大型屋面工业厂房和公共建筑宜按多斗压力流设计。

屋面内排水系统还可分为密闭式内排水系统和敞开式内排水系统，两种类型的比较见表2-1。

表2-1 密闭式内排水系统和敞开式内排水系统的比较

比较项目	密闭式内排水系统		敞开式内排水系统	
	直接外排水	内埋地管式	内埋地管式	内明渠式
适用条件	1. 不允许地下管道冒水时； 2. 地下管道或设备较多，设置雨水管道困难的厂房	1. 不允许地下管道冒水时； 2. 无直接外排水要求时； 3. 内部设置雨水管道或空中设施较复杂而地下可敷设埋地管的厂房	1. 无特殊要求的大面积工业厂房； 2. 除埋地管起端的第一、二个检查井外，其余检查井可排入生产废水的情况	设有雨水明渠时
管材	不设埋地管	埋地管为压力管，一般采用铸铁管	埋地管采用非金属管，如混凝土管、陶土管等	明渠有砖砌槽、混凝土槽等
优点	1. 无开口管道，不会引起水患； 2. 避免了与地下管道和建筑物的矛盾； 3. 排水量较大	1. 无开口管道，不会产生水患； 2. 不会产生冒水； 3. 排水量较大	1. 可省去废水管道，节省金属管材； 2. 维修管理较为方便； 3. 便于排出生产废水	1. 可与厂内明渠结合，节省管材； 2. 便于排出管内掺气，水流稳定，减轻负荷； 3. 减少管渠出口埋深； 4. 便于维护
缺点	1. 厂房内需另设生产废水管道； 2. 金属管道材料耗用量大； 3. 架空管道过长，易与设备产生矛盾； 4. 可能产生凝结水； 5. 维护不便	1. 厂房内需另设生产排水管道； 2. 金属管道材料耗用量大； 3. 造价较高，施工烦琐； 4. 维护不便	1. 管内掺气增大排水负荷，可能造成水患； 2. 易与厂房内地下管道及地下建筑产生矛盾； 3. 厂房较大时可能造成埋地管过多，施工不便	1. 受厂房内建明渠条件限制； 2. 使用环境条件较差； 3. 管渠接合较为复杂

2. 屋面内排水系统的组成

屋面内排水系统主要由天沟、雨水斗、雨水管道及其附属构筑物组成。天沟的设计可参照天沟外排水系统。雨水斗设在天沟与雨水管道之间的雨水流入管道的入口处，具有泄水、稳定天沟水位、减少掺气及拦阻杂物的作用。设置有足够通水能力的雨水斗，是将雨水迅速转输到雨水管道的关键。

屋面内排水系统的雨水斗要求排水量大、水流阻力小、斗前水位低和泄水时掺气量小。目前常用的雨水斗有65型和79型两种。65型为铸铁浇铸，79型为钢板焊制，两种雨水斗的构造如图2-5所示。设在阳台、花台、供人们活动的屋面和窗井处的雨水斗，可采用平箅式雨水斗，如图 2-6 所示。

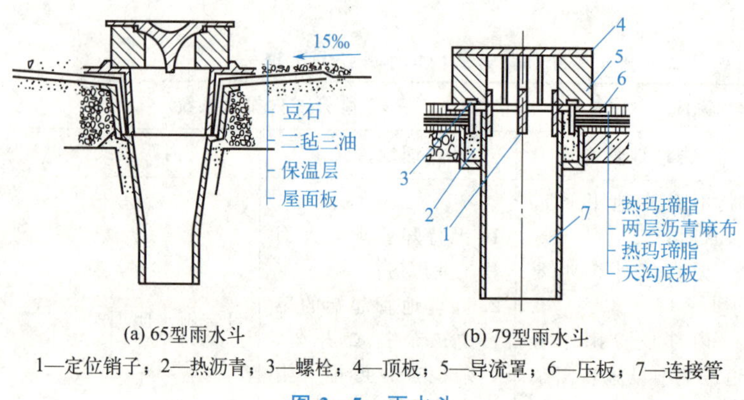

(a) 65型雨水斗　　(b) 79型雨水斗

1—定位销子；2—热沥青；3—螺栓；4—顶板；5—导流罩；6—压板；7—连接管

图 2-5　雨水斗

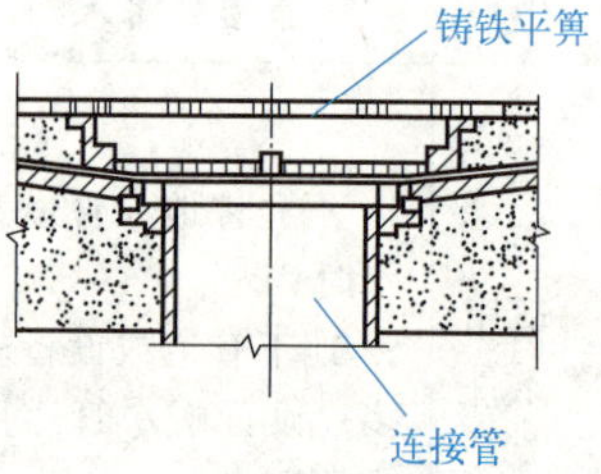

铸铁平箅

连接管

图 2-6　平箅式雨水斗

雨水斗的布置安装应注意以下几点。

（1）雨水斗应有格栅，格栅对雨水进入立管起整流作用，并可减少掺气及拦截杂物。格栅进水孔有效面积应为连接管横断面积的 2.5 倍。

（2）若采用多斗系统，为使相应雨水斗泄流量均匀，雨水斗宜相对于立管作对称布置，不得设置在立管顶端。

（3）雨水斗与屋面连接处的构造需保证雨水能通畅地自屋面流入斗内，防水油毡弯折时应平缓（成钝角，并力求弯折次数少），连接处不漏水。

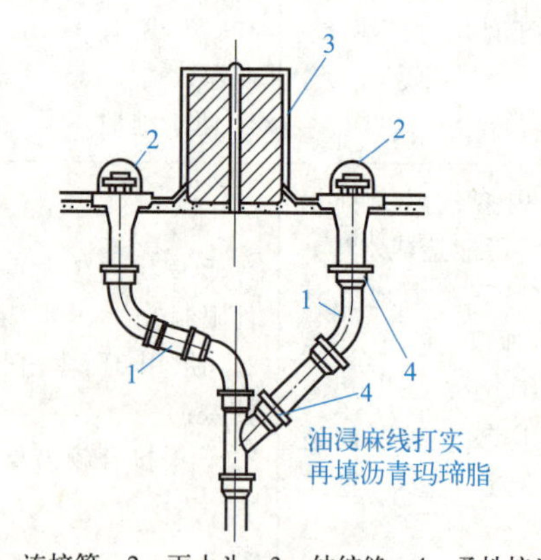

1—连接管；2—雨水斗；3—伸缩缝；4—柔性接头

图 2-7　伸缩缝处雨水斗的布置

（4）水流的冲击及连接管自重将会削弱或破坏雨水斗与天沟沟体连接处的强度，造成接缝处漏水，因此雨水斗下的短管应牢固地固定在屋面承重结构上。

（5）布置雨水斗时，应以伸缩缝或沉降缝为天沟排水分水线，否则应在缝两侧各设一个雨水斗，如图 2-7 所示。如果两个雨水斗连在一根立管或悬吊管上，应采用伸缩性接头，并保证密封。防火墙处设置雨水斗时，应在墙两侧各设一个雨水斗。

（6）雨水斗的间距除按计算确定外，还应根据建筑结构的特点（如柱的布置等）决定，一般间距采用 12～24m。

（7）在寒冷地区，雨水斗应布置在受室内温度影响的屋面及雪水融化范围内的天沟上。

知识链接

重现期 P：在一定年代的雨量记录资料统计期内，不小于某一特定暴雨强度的降雨出现一次的平均间隔时间，单位为年。通俗来讲就是这么大的雨量，多少年出现一次。设计屋面雨水排水系统时，应根据生产工艺及建筑性质确定，一般采用1年。

重现期

重现期与该特定强度暴雨发生的频率P_n成反比，即$P=1/P_n$。频率具有抽象的数学意义，如果某事件的发生与否事先无法预知，而只能通过大量的实测资料，用数理统计方法估算出现概率，则这种概率称为经验频率，在水文计算中称“频率”。

2.3 排水管道的布置与敷设

2.3.1 室内排水管道

1. 室内排水管道的总体布置要求

为使室内排水管道排水畅通，满足水利条件好、使用可靠、安全卫生、总管线短、工程造价低、占地面积小、施工安装与维护管理方便及美观的要求，室内排水管道布置应符合下列规定。

(1) 不得穿越卧室、客房、病房和宿舍等人员居住的房间，不得布置在生活饮用水池(箱)上方。排水管、通气管不得穿越住户客厅、餐厅。

(2) 不得布置在遇水会引起燃烧、爆炸的原料、产品和设备的上面。

(3) 不得布置在食堂厨房和饮食业厨房的主副食操作、烹调和备餐的上方。

(4) 不得穿过变形缝、烟道和风道，当条件限制必须穿过时，应采取相应的技术措施。

(5) 架空管道不得敷设在对生产工艺或环境卫生有特殊要求的生产车间内，也不得敷设在食品和贵重商品仓库、通风小室、电气机房和电梯机房内。

(6) 埋地管道不得布置在可能受重物压坏处或穿越生产设备基础。

(7) 排水管道穿越地下室外墙或地下构筑物的墙壁处，应采取防水措施。

(8) 管道埋地时应留设保护深度，防止被重物压坏。埋深不得小于0.4m。

(9) 排水管道与其他管道共同埋设时，两者间的最小距离：水平距离为1～3m，竖向净距为0.15～0.20m。

2. 室内排水管道的敷设方式

室内排水管道的敷设方式有两种：明装和暗装。为清通检修方便，排水管道应以明装为主。室内美观和卫生条件要求较高、管道种类较多及有特殊工艺要求的建筑物，可采用暗装方式。

(1) 明装：明装管道应尽量靠墙、梁、柱平行设置，以保持室内美观。明装管道的优点是造价低、施工方便，缺点是卫生条件差、不美观。明装管道主要适用于一般住宅、无特殊要求的工厂车间。

(2) 暗装：暗装管道的立管可设在管道竖井或管槽内，或用木包箱掩盖；横支管可嵌设在管槽内，或敷设在吊顶内；有地下室时，横支管应尽量敷设在顶棚下；有条件时排水管道可与其他管道一起敷设在公共管沟和管廊中。暗装管道卫生条件好、室内美观，但造价高、施工维修均不方便。

3. 排水立管的布置与敷设

立管可靠厨卫间墙边或墙角明装，也可沿外墙在室外明装，或在管道井内暗装。管壁与墙、柱等的净距应为25～35mm。为保证排水畅通，立管管径不得小于50mm，也不应小于任何一根接入的横支管的管径。

立管布置与敷设时应注意以下几点。

(1) 立管应靠近杂质最多、最脏及排水量最大的排水点处布置，以便尽快地接纳污水，减少管道堵塞机会。

(2) 立管宜靠近外墙布置，以减少埋地管长度，便于清通和维修。立管不宜靠近与卧室相邻的内墙。

(3) 立管布置应减少不必要的转折和弯曲，尽量作直线连接。立管应避免在轴线偏置，当条件限制时，宜用乙字管或2个45°弯头连接。

(4) 立管上应设检查口，其间距不应大于10m，在建筑底层和顶层必须设置。

(5) 塑料立管明装且管径不小于110mm时，在立管穿越楼层处应采取防止火灾贯穿的措施，如设置防火套管或阻火圈。塑料立管与家用灶具边净距不得小于0.4m。

(6) 立管穿越楼板时应外加套管，预留孔洞的尺寸一般较立管管径大50～100mm，详见表2-2。套管管径较立管管径大1～2个规格时，现浇楼板可预先镶入管套。

表2-2　排水立管穿越楼板预留孔洞尺寸

单位：mm

管径 *DN*	50	75～100	125～150	200～300
孔洞尺寸	100×100	200×200	300×300	400×400

(7) 高耸构筑物、建筑高度50m以上或抗震设防烈度为8度地区的高层建筑，应在立管上每隔2层设置伸缩接头。

(8) 在靠近生活排水立管底部，最低排水横支管与立管连接处距立管管底垂直距离不得小于表2-3的规定。

表2-3　最低排水横支管与立管连接处至立管管底的最小垂直距离

立管连接卫生器具的层数	垂直距离/m	
	仅设伸顶通气管	设通气立管
≤4	0.45	按配件最小安装尺寸确定
5～6	0.75	按配件最小安装尺寸确定
7～12	1.20	按配件最小安装尺寸确定
13～19	底层单独排出	0.75
≥20	底层单独排出	1.20

4. 排水横支管的布置与敷设

横支管可敷设在下层的板顶下（或底层地坪下）、本层的垫层中、卫生间内侧的地面上或建筑外墙上。横支管布置与敷设时应注意以下几点。

(1) 横支管不宜太长，应尽量减少转弯，每根横支管连接的卫生器具不宜太多。

(2) 横支管与楼板和墙之间应有一定距离，以便于安装和检修。

(3) 当横支管悬吊在楼板下，并连接有2个及2个以上大便器或3个及3个以上其他卫生器具时，横支管顶端应升至上层地面，并设清扫口。

(4) 管径不小于110mm的塑料横支管，当采用明装且与暗装立管相连时，在墙体贯穿部位应设置阻火圈或长度不小于300mm的防火套管，且防火套管的明露部分长度不宜小于200mm。

(5) 塑料污水横支管、横干管上无汇合管件的直线管段大于2m时，应设伸缩节，且伸缩节之间最大间距不得大于4m。

5. 排水横干管的布置与敷设

横干管可敷设在设备层、吊顶层中，或底层地坪、地下室顶棚下。横干管布置与敷设时应注意以下几点。

(1) 横干管的管道变径处应管顶平接。

(2) 当排水支管、立管接入横干管时，应在横干管管顶或其两侧45°范围内采用45°斜三通接入。

(3) 当明装的塑料横干管穿越防火分区隔墙时，管道穿越墙体的两侧应设置阻火圈或长度不小于500mm的防火套管。

6. 排出管的布置与敷设

排出管一般敷设在底层地坪下或地下室屋顶下。排出管布置与敷设时应注意以下几点。

(1) 排出管应以最短的距离排出室外，尽量避免在室内转弯。

(2) 排水立管与排出管端部的连接，宜采用2个45°弯头、弯曲半径不小于4倍管径的90°弯头或90°变径弯头。

(3) 湿陷性黄土地区的排出管应设在地沟内，并应设检查井。

(4) 排出管穿越承重墙和基础时，应预留孔洞。预留孔洞的尺寸应使管顶上部的净空不小于建筑沉降量，且不得小于0.15m，详见表2-4。

表2-4 排出管穿越基础预留孔洞尺寸 单位：mm

管径 *DN*	50～75	>100
留洞尺寸	300×300	(*DN*+300)×(*DN*+300)

2.3.2 高层建筑室内排水管道

1. 高层建筑内排水系统

高层建筑内排水系统的特点是高度高、层数多、面积大、设备完善、功能复杂，且使用人数众多。高层建筑内排水系统的基本要求是排水畅通和排气良好。

(1) 排水通畅，即要求设计合理、安装明确，管径选择应能排出所接纳的污废水量，配件选择要恰当且不产生阻塞现象。

(2) 为加强排气，防止水塞产生，高层建筑内排水系统应设专用通气系统。高层建筑内排水系统的排水效果很大程度上取决于专用通气系统是否合理。

2. 高层建筑室内排水管道的布置与敷设

(1) 当建筑层数在10层及10层以上，且承担的设计排水量超过排水立管的允许负荷时，应设置专用通气管。由于专用通气管与排水立管一般安装在同一竖井内，这种排水系统又称为双立管系统，如图2-8所示。专用通气管与排水立管每隔2层用共轭管相连接。专用通气管的管径一般比排水立管的管径小1～2号，当专用通气管长度超过50m时，其管径应与排水立管管径相同。

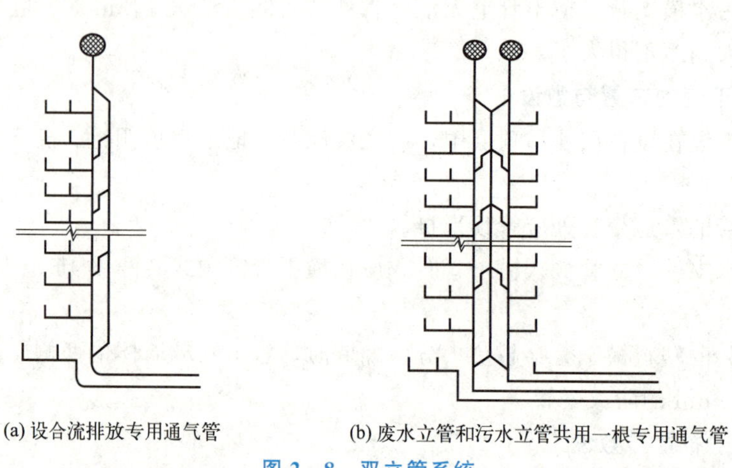

(a) 设合流排放专用通气管　　(b) 废水立管和污水立管共用一根专用通气管

图2-8　双立管系统

(2) 对于使用条件要求较高的高层建筑和高层公共建筑，可以设置环形通气管，并配置主通气立管或副通气立管，如图2-9(a) 所示。对卫生、安静要求较高的高层建筑，生活污水管道宜设置器具通气管，如图2-9(b) 所示。

(3) 高层建筑排水立管长、排水量大，管内流速大、气压波动大，应采用比普通排水铸铁管强度高的管材。对于设置高度很高的立管，应考虑采用消能措施，通常在立管上每隔一定距离装设一个乙字管。由于高层建筑层间位移较大，立管接口应采用弹性较好的柔性材料连接，以适应变形要求。

2.3.3 雨水管道

雨水管道主要包括连接管、悬吊管、雨水立管、排出管、埋地管及其附属构筑物。雨水管道的附属构筑物包括检查井、检查口、放气井、放气管等。

1. 雨水管道的总体布置要求

(1) 雨水管道的布置原则是将雨水以最短距离就近排至室外。

(2) 除土建专业允许外，雨水管道不得敷设在结构层或结构柱内。

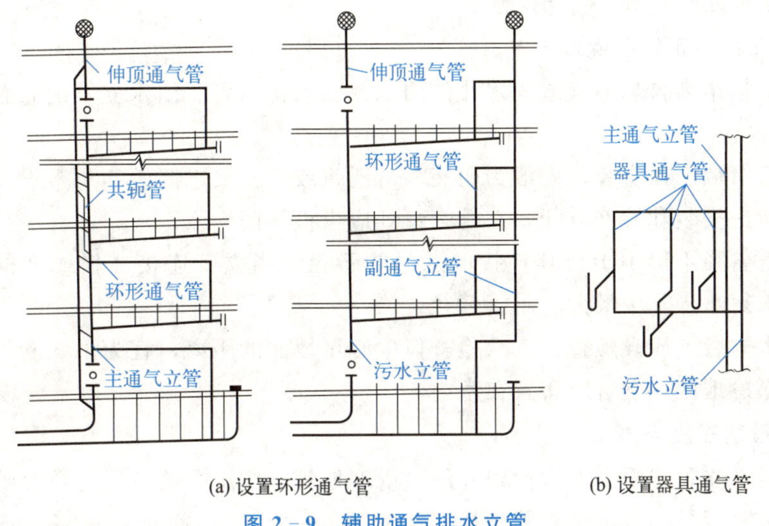

(a) 设置环形通气管　　(b) 设置器具通气管

图 2－9　辅助通气排水立管

(3) 雨水管道不应布置在生产工艺或卫生有特殊要求的生产厂房和车间、贮存食品或贵重商品库房、通风小室、电气机房和电梯机房内。

(4) 建筑内雨水管道应密闭。

(5) 接入同一根立管的雨水斗，其安装高度宜在同一标高层。

(6) 雨水斗的连接管径不得小于 110mm，并应固定在建筑承重结构上。

(7) 生活污水管禁止接入雨水管。有雨水立管接入的埋地雨水管的起端检查井，不宜接入工业废水管道。

2. 连接管的布置与敷设

连接管为接纳来自雨水斗的雨水，并将其引入悬吊管的一段短竖管。连接管的布置与敷设要求如下。

(1) 连接管的管径不得小于雨水斗短管的管径。

(2) 连接管应牢固地固定在建筑承重结构（如桁架梁）上。

(3) 多斗系统中连接管应接至悬吊管上。悬吊管与连接管的连接应采用 45°三通。

3. 悬吊管的布置与敷设

悬吊管接纳来自连接管的雨水并将其引至雨水立管。悬吊管以连接雨水斗的数量可分为单斗悬吊管和多斗悬吊管。悬吊管的布置与敷设要求如下。

(1) 悬吊管一般沿桁架敷设固定，其坡度不小于 0.003。

(2) 一般采用单斗悬吊管。当采用多斗悬吊管时，悬吊管上设置的雨水斗不得多于 4 个，否则会造成悬吊管太长，与立管距离不同的雨水斗泄流量差异很大。

(3) 与雨水立管连接的悬吊管，不宜多于 2 根。

(4) 雨水斗对称布置的内排水系统，悬吊管与雨水立管的连接应采用 45°三通或四通和 90°斜三通或四通。

(4) 悬吊管管径不得小于其连接管管径，沿屋架悬吊时，其管径不宜大于 300mm。

(5) 长度大于 15m 的悬吊管，应设检查口或带法兰盲板的三通管，其间距不得大于

20m，位置应靠近柱、墙，以利检修。

4. 雨水立管的布置与敷设

雨水立管接纳来自悬吊管或雨水斗的雨水并引入排出管。雨水立管的布置与敷设要求如下。

(1) 立管沿墙、柱安装，一般为明装，若建筑或工艺要求暗装，可敷设于墙槽或管井内，但必须考虑安装和检修方便，在检查口处应设检修门。

(2) 立管管径不得小于与其连接的悬吊管管径，当立管连接2根或2根以上悬吊管时，其管径不得小于其中最大悬吊管管径。

(3) 雨水立管上应设检查口，从检查口中心至地面的距离，宜为1.0m。

(4) 在寒冷地区，立管应布置在室内。

5. 排出管的布置与敷设

排出管是将立管中雨水引入检查井的一段埋地管。排出管的布置与敷设要求如下。

(1) 排出管管径不得小于立管管径。

(2) 排出管穿过地下室墙壁时，应有防水措施。

(3) 排出管穿越基础墙处应预留洞口，洞口尺寸应保证建筑沉陷时不压坏管道。

(4) 一般情况下，管道宜有不小于150mm的净空。

(5) 排出管与检查井中埋地管采用管顶平接法，且水流转角不得小于135°。

6. 埋地管的布置与敷设

埋地管是指敷设于室内地下的横管，接纳来自立管的雨水，并将其引至室外雨水管道。埋地管可分为敞开式和封闭式两种形式。埋地管的布置与敷设要求如下。

(1) 排水管接入埋地处需设检查井。埋地管的最小管径从起点检查井下游出口起，不得小于200mm。

(2) 埋地管的最小埋深应以不致受机械损坏为原则。对于水泥、混凝土地面，埋深为0.5m；对于缸砖、木砖地面，埋深为0.7～1.0m。埋地管坡度不应小于0.003。

(3) 敷设埋地管受到限制或采用明渠有利于生产工艺时，可采用加盖板的明渠排水。明渠排水有利于释放水中分离出来的空气，减轻管道负荷，减少检查井冒水的可能性。

(4) 埋地管不得穿越设备基础及其他可能受水患而发生危害的地下构筑物。

(5) 密闭式雨水排水系统的埋地管在靠近立管处，应设水平检查口。

2.4 排水系统常用设备及管材

2.4.1 卫生器具

卫生器具是指供水或接收、排出污废水或污物的容器或装置，它是给水系统的末端（受水点），排水系统的始端（收水点）。卫生器具是建筑设备的一个重要组成部分，用以满足日常生活中的各种卫生要求。

卫生器具包括便溺器具、盥洗沐浴器具、洗涤器具、地漏等。各种卫生器具的结构、形式和材料，应根据其用途、设置地点、维护条件等要求而定。卫生器具的材料应具有表面光滑、易清洗、不透水、耐腐蚀、耐冷热、有一定强度和经久耐用的性质，主要有陶瓷、搪瓷、生铁、塑料、水磨石、不锈钢等。

1. 便溺器具

便溺器具设置于卫生间，主要作用是收集排出粪便污水，主要包括大便器和小便器。

卫生器具

1）大便器

大便器一般分为坐式、蹲式和槽式三种类型。按其构造形式，又可分为盘形和漏斗形；按冲洗的水力原理，则分为冲洗式和虹吸式。我国常见的大便器类型如下。

（1）冲洗式坐便器：利用存水弯水面在冲洗时迅速升高水头来实现排污，其水面窄，水在冲洗时会发出较大噪声。冲洗式坐便器的优点是价格便宜，冲水量小，一般用于建筑标准较低的公共卫生间。

（2）虹吸式坐便器：其存水弯是一个较高的虹吸管，虹吸管的断面略小于盆内出水口断面，当便器内水位迅速升高到虹吸顶并充满虹吸管时产生虹吸作用，从而将污物吸走。虹吸式坐便器的优点是噪声小，卫生条件较好，缺点是用水量较大，一般用于普通住宅和建筑标准不高的旅馆等的公共卫生间。

（3）喷射虹吸式坐便器：与虹吸式坐便器一样，利用存水弯的虹吸作用将污物吸走，便器底部正对排出口设有一个喷射孔，冲洗水不仅从便器四周的出水孔冲出，还从底部出水口喷出，直接推动污物，从而更快、更有力地产生虹吸作用，并有降低冲洗噪声的作用。喷射虹吸式坐便器的特点是存水面大、干燥面小，是一种低噪声、干净卫生的便器，一般用于高级住宅和建筑标准较高的卫生间。

（4）旋涡虹吸式连体坐便器：其特点是水箱与便器合为一体，并把水箱浅水口位置降到便器水封面以下，借助侧面水道使冲洗水进入便器时在水封面下沿切线方向冲出，从而形成旋涡，具有消除冲洗噪声和推动污物进入虹吸管的作用。水箱配件也采取稳压消声设计，因此进水噪声低，进水压力适用范围大。旋涡虹吸式连体坐便器的体型大，整体感强，造型新颖，是一种结构先进、功能好、款式新、噪声低的高档坐便器，广泛用于高级住宅、豪华宾馆、高级饭店等民用建筑中。

（5）喷出式坐便器：其配有冲洗阀并具有虹吸作用，在水封底部对着排出口方向设有喷水孔，靠强大、快速的水流将污物冲走，因此污物不易堵塞，但噪声大，仅用于公共建筑卫生间内。

以上几类坐便器，从功能及档次比较，以旋涡虹吸式连体坐便器为最好，然后依次为喷射虹吸式、虹吸式、冲洗式、喷出式。

（6）蹲式大便器：蹲式大便器对使用者来说卫生条件较坐式好，多装设在公共卫生间、一般住宅及普通旅馆的卫生间内，一般使用高位水箱或冲水阀冲洗。

（7）大便槽：大便槽的卫生条件较差，由于使用集中冲洗水箱，故耗水量也较大，但其建造费用低，因此在一些建筑标准不高的公共建筑中仍有使用。

大便器的选择，除了应以干净卫生、噪声小、节能节水为标准，还应强调产品的款式、与环境的协调、配件的配套水平等。在高级民用建筑中，偏重强调美观、安静、舒适、卫生，并与建筑格调和豪华等级相适应；而在量大面广的公共建筑和民用住宅内，则偏重节能节水以及使用上的方便可靠。

2）小便器

小便器分为挂壁式、落地式和小便槽三种类型。

(1) 挂壁式小便器：悬挂在墙壁上，冲洗方式视其数量多少而定，数量不多时可用手动阀冲洗，数量较多时可用水箱冲洗。

(2) 落地式小便器：常两个以上成组安装，冲洗方式多为自动冲洗。落地式小便器通常设置在对卫生设备要求较高的公共建筑的男厕内，如展览馆、大剧院、宾馆等建筑内。

(3) 小便槽：多为用瓷砖沿墙砌筑的浅槽，可用普通阀门控制的多孔管冲洗，也可采用自动冲洗水箱冲洗。其构造简单、造价低，可供多人同时使用，因此广泛用于公共建筑、工矿企业、集体宿舍的男厕内。

2. 盥洗沐浴器具

(1) 洗脸盆：安装在住宅的卫生间及公共建筑的盥洗室、洗手间、浴室中，供洗脸、洗手之用。洗脸盆有长方形、椭圆形和三角形等形式，按安装方式可分为托架式、立柱式和台式三种。

(2) 盥洗槽：设在公共建筑、集体宿舍、旅馆等的盥洗室中，一般用瓷砖或水磨石现场建造。盥洗槽有长条形和圆形两种形式，有定型的标准图集可供查阅。

(3) 浴盆：设在宾馆、高级住宅、医院的卫生间及公共浴室内，供沐浴之用。浴盆有长方形、方形和圆形等形式，一般为陶瓷、搪瓷或玻璃钢制品。浴盆配有冷热水嘴或混合龙头，有的浴盆还配置固定式或软管活动式淋浴莲蓬头。

(4) 淋浴器：一种占地面积小、造价低、耗水量小、清洁卫生的沐浴设备，广泛用于民用住宅、集体宿舍、体育场馆及公共浴室中。淋浴器一般为管件现场组装，成品淋浴器具有美观大方、安装方便的特点，也得到广泛应用。

3. 洗涤器具

(1) 洗涤盆：装置在居住建筑、食堂及饭店的厨房内，供洗涤碗碟及蔬菜食物之用。洗涤盆按安装方式分为托架式、立柱式、台式三种。

(2) 化验盆：设在工厂、科研机关、学校的化验室或实验室中，根据使用要求，可装置单联、双联或三联的鹅颈龙头。

(3) 污水盆：装置在公共建筑的卫生间及集体宿舍的盥洗室中，供打扫厕所、洗涤拖布及倾倒污水之用，多为水磨石或水泥砂浆抹面的钢筋混凝土制品。

4. 地漏

地漏主要用来排除地面积水，卫生间、厨房、盥洗室、浴室以及其他需从地面排除积水的房间内应设置地漏。地漏应设置于地面最低处，其箅子顶面应比地面低 5～10mm，且地面有不小于 0.01 的坡度坡向地漏，如图 2-10 所示。

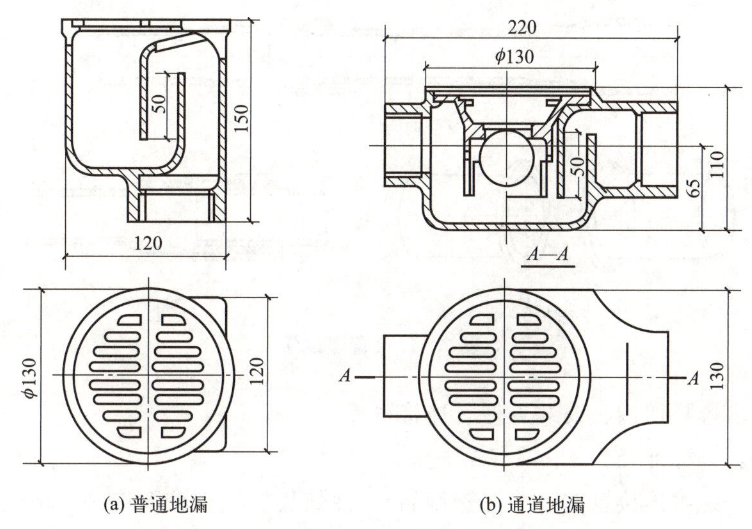

(a) 普通地漏　　(b) 通道地漏

图 2-10　地漏

5. 存水弯

每个卫生器具都必须装设存水弯，有的设在卫生器具的排水管上，有的直接设在卫生器具内部。存水弯是一种弯管，常用的有P形和S形两种，如图2-11所示。弯管里面存有一定深度的水，可防止排水管网中产生的臭气、有害气体或可燃气体通过卫生器具进入室内。这个深度称为水封深度，一般在50～80mm之间。

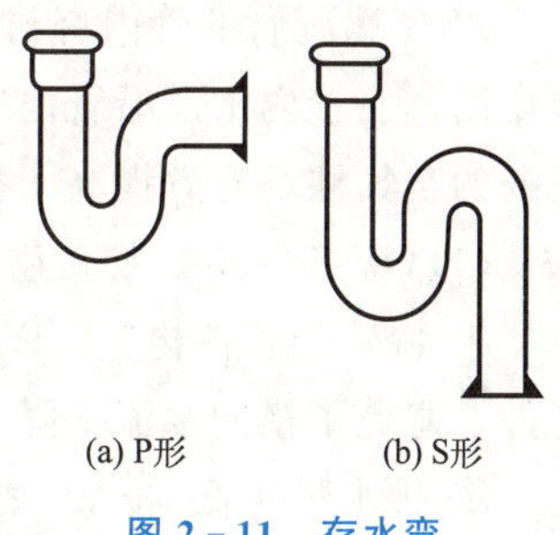

(a) P形　　(b) S形

图 2-11　存水弯

2.4.2 排水管材及附件

1. 常见的排水管材

排水管材应具有足够的机械强度、抗污水侵蚀性能好、不漏水。下面重点介绍几种常用管材的性能特点。

1）铸铁管

铸铁管分为低压（＜4atm）、普压（＜7atm）和高压（＜9atm）三种，耐压值为0.3～1.0MPa。城市排水管网出水压力为0.3MPa，室内排水管道通常使用普压铸铁管，室外排水铸铁管因不承受压力，一般管壁较薄，质量较轻。铸铁管适宜做埋地管道。

（1）特点：铸铁管的优点是耐腐蚀、价格低、寿命长，缺点是质脆、不耐振动和冲击、质量大（壁厚）。

（2）规格：管径为75～1200mm，长度为3～6m。

（3）连接：承插、法兰或异口橡胶圈连接，如图2-12所示。

GB/T 20221—2023

2）塑料管

塑料管被广泛用作排水管材，最常用的塑料管材是PVC-U管。

（1）特点：质轻且坚、化学性能稳定、耐腐蚀、不燃烧、无不良气

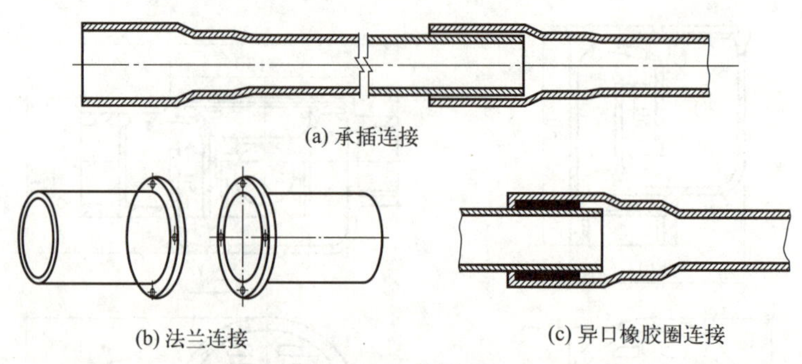

图 2－12　管道连接

味、管壁光滑、容易切割、安装方便、连接可靠。

（2）规格：公称外径为 40～160mm。

（3）连接：螺纹连接（配件为注塑制品）、热熔连接、橡胶圈连接、粘接等。

3）PVC 螺旋管

PVC 螺旋管的管内有与管壁一起加工成型的 6 条三角形螺旋肋，肋高 3mm，具有导流作用，使管内水流沿管内壁呈螺旋下落，形成较为稳定且密实的水膜旋流，管中心形成通畅的空气柱，有效提高了排水能力，管道强度和刚度也有所加强。

（1）特点。PVC 螺旋管的特点如下。

① 特殊的管件构造。PVC 螺旋管的横支管与立管连接使用侧向进水专用三通或四通管件，避免了横向水流下降与水流的撞击，有利于进水沿立管管壁旋转下落。

② 排水噪声低。PVC 螺旋管在排水时的噪声比内壁光滑的 PVC 管低 5～7dB，比传统铸铁管低 50%，在工程实例中只会听到“沙沙”声，能够起到消声作用。

③ 防止地漏水封破坏。由于排水立管中央的畅通空气柱降低了管内压力波动，避免了普通管道中由上层负压超值、下层正压超值所造成的水封破坏。

④ 排水能力大，不易堵塞，工程造价比传统铸铁管低 20%～30%。

（2）注意事项。PVC 螺旋管在应用时需注意以下问题。

① 设计螺旋单立管排水系统时，选择的产品生产厂家应提供产品的性能测试报告，设计人员要特别注意排水性能对系统的影响。

② 注意允许流量适用的建筑高度，设计规程中给出的允许流量是以 16 层试验结果为依据的，大体可用于 30 层以下的住宅建筑。系统中负荷的施加层越高，造成 PVC 螺旋管内的负压值就越大。

③ 出户管最好比立管大一号管径，连接中间不设弯头或乙字管。出户管管径较小可能使管内压力分布发生不利变化，流量减小，易发生坐便器排水不畅现象。

④ PVC 螺旋管立管不能与其他立管连通，因此必须设置独立的单管排水系统。切忌照搬铸铁管排水系统中在高层设通气管的模式，否则既会浪费材料，又破坏了螺旋管的排水特性。

2. 排水管材的选用

排水管材的选用要求如下。

(1) 室内生活排水管道应采用塑料管、柔性接口的铸铁管及相应管件，在可能受到振动处应采用钢管，焊接接口。金属管道均需有防腐措施。

(2) 当连续排水温度大于40℃时，应采用金属管或耐热塑料管。

(3) 压力排水管道可采用耐压塑料管、金属管或钢塑复合管。

(4) 通气管材宜与排水管材一致。

3. 管道配件

1) 铸铁管配件

铸铁管以承插连接为主，其配件包括承插盘、承插渐缩管、(正、斜) 三 (四) 通、90° (45°) 弯头、乙字管、大小头、存水弯、套筒、双承管等。

2) 塑料管配件

塑料管以承插连接 (胶黏剂或弹性圈) 为主，其配件包括 90° (45°) 弯头、乙字管、三通、四通。当排水立管在室内距墙较近但基础比墙要宽时，常设置乙字管绕过基础。

4. 排水附件

排水附件与给水附件相同，是安装在管道及设备上的启闭和调节装置，包括配水附件和控制附件。

排水管道上的配水附件有配水龙头 (球形阀式配水龙头、旋塞式配水龙头)、混合配水龙头、消防龙头等，控制附件有截止阀、闸阀、止回阀、浮球阀、安全阀、排气阀等。

常用排水附件实物图

2.4.3 清通设备与通气系统

1. 清通设备

1) 检查口

生活排水管道应根据建筑层高和清通方式，按下列规定设置检查口。

(1) 排水立管上连接排水横支管的楼层应设检查口，且在建筑底层必须设置检查口。

(2) 当立管水平拐弯或有乙字管时，在该层立管拐弯处和乙字管的上部应设检查口。

(3) 地下室立管的检查口应设置在立管底部之上。

(4) 检查口中心高度距操作地面宜为 1.0m，并应高于该层卫生器具上边缘 0.15m。当排水立管设有 H 管件时，检查口应设置在 H 管件的上边。

(5) 立管上检查口的检查盖应面向便于检查清扫的方向。

2) 清扫口

排水管道上应按下列规定设置清扫口。

(1) 连接 2 个及 2 个以上大便器或 3 个及 3 个以上卫生器具的铸铁排水横管上，宜设置清扫口；连接 4 个及 4 个以上大便器的塑料排水横管上，宜设置清扫口。

(2) 水流转角小于 135°的排水横管上，应设清扫口，清扫口可采用带清扫口的转角配件替代。

(3) 当排水立管底部或排出管上的清扫口至室外检查井中心的长度超过表 2-5 的规定时，应在排出管上设清扫口。

表 2-5 排水立管底部或排出管上的清扫口至室外检查井中心的最大长度

管径/mm	50	75	100	>100
最大长度/m	10	12	15	20

(4) 排水横管的直线管段上清扫口之间的最大距离，应符合表 2-6 的规定。

表 2-6 排水横管的直线管段上清扫口之间的最大距离

管径/mm	最大距离/m	
	生产废水	生活污水
50～75	10	8
110～160	15	10
200	25	20

3) 检查井

检查井的直径不应小于 1m，深度不应小于 0.7m。应按下列规定设置检查井。

(1) 对于生活污水排水管道，建筑内不宜设检查井，如民用建筑的地下室、地下铁道、地下商城等。

(2) 对于不散发有害气体或大量蒸汽的工业废水的排水管道，在管道转弯、变径处和坡度改变及连接支管处，可在建筑内设检查井。在直线管段上，排出生产废水时，检查井的距离不宜大于 30m；排出生产污水时，检查井的距离不宜大于 20m。

(3) 对于雨水管道，在长度超过 30m 的直线管段上需设检查井。检查井内应设置高流槽，槽顶高出管顶 200mm，用来适应雨水沿立管降落排至井内时部分动能转换为位能使井内水位升高的变化。

2. 通气系统

通气系统包括各种使室内排水管与大气相通的通气管。

1) 通气管的类型

(1) 器具通气管：卫生器具存水弯出口端接至通气立管或环形通气管的管段。对一些卫生标准与噪声控制要求较高的建筑，应在每个卫生器具存水弯出口端设置器具通气管。

(2) 环形通气管：从排水横支管上最始端的两个卫生器具之间接出，连接至主通气立管或副通气立管的管段。当污水横支管上连接 6 个及 6 个以上大便器，或连接 4 个及 4 个以上其他卫生器具且与立管的距离大于 12m 时，应设环形通气管。

(3) 安全通气管：为了加强通气能力而在排水横支管中部与通气立管连接处设置的通气管段。

(4) 专用通气管：仅与排水立管连接的竖向通气立管。在多高层建筑中，若每层排水横管上连接的卫生器具不多且连接长度较短时，按经验排水立管设计流量超过立管所能承受的临界负荷时，需设置专用通气管。较高的多层住宅或公共建筑、10 层及 10 层以上的高层住宅宜设置专用通气管。

(5) 主通气立管：为连接环形通气管和排水立管，以使排水支管与排水立管内空气流通所设置的竖向通气立管。其应位于排水立管同侧或与排水立管分开设置。

（6）副通气立管：仅与环形通气管连接，以使排水横支管内空气流通所设置的竖向通气立管。其应位于排水立管异侧。

（7）结合通气管：连接排水立管与专用通气管或主通气立管的通气管段。当建筑上部横支管排水时，排水立管内水流下落，管内水流前方的空气被压缩产生正压力，通过结合通气管可将气体释放到通气立管中去，从而使排水立管中水流畅通、气压平衡。

（8）伸顶通气管：排水立管最高层检查口以上延伸出屋面部分的管段，与大气相通。伸顶通气管可以平衡管道内的压力波动，排出有害气体。生活污水管道或散发有害气体的生产污水管道，均应设置伸顶通气管。

伸顶通气管实物图

2）通气管的安装

各类通气管的安装要求如下。

（1）各类通气管不得接纳卫生器具污废水和雨水。

（2）通气管管径应根据排水管排水能力、管道长度确定，不宜小于排水管管径的1/2，其最小管径可按表2－7确定。

表2－7　通气管最小管径　　单位：mm

通气管名称	排水管管径			
	50	75	100	150
器具通气管	32	—	50	—
环形通气管	32	40	50	—
通气立管	40	50	75	100

（3）器具通气管、环形通气管应在卫生器具上边缘以上不少于0.15m处，按不小于0.01的上升坡度与通气立管连接。

（4）器具通气管、环形通气管和结合通气管上无汇合管件的直线管段大于2m时，应设伸缩节，且伸缩节之间的最大间距不得大于4m。

（5）环形通气管应在排水支管中心线以上与排水支管垂直或成45°连接。

（6）专用通气管和主通气立管的上端可在最高层卫生器具上边缘0.15m处或检查口以上与排水立管通气部分以斜三通连接，下端应在最低排水横支管以下与排水立管以斜三通连接；或者下端应在排水立管底部距排水立管底部下游侧10倍立管直径长度距离范围内与横干管或排出管以斜三通连接。

（7）结合通气管宜每层或隔层与专用通气管、排水立管或主通气立管连接；管道下端宜在排水横支管以下与排水立管以斜三通连接，上端可在卫生器具上边缘0.15m处与通气立管以斜三通连接；当采用H管件替代结合通气管时，其下端宜在排水横支管以上与排水立管连接。当污水立管与废水立管合用一根通气立管时，结合通气管配件可隔层分别与污水立管和废水立管连接；通气立管底部分别以斜三通与污水立管和废水立管连接。

（8）生活排水立管顶部应设伸顶通气管，管顶端应设通气帽，其通气孔净面积不应小于管道断面积的2倍。伸顶通气管的管径一般与排水立管管径相同或小一级，但在最冷月平均气温低于－13℃的地区，且没有采暖的房间内，应在室内平顶或吊顶以下0.3m处将管径放大一级，以免管中结冰霜而缩小或阻塞管道断面。

(9) 高层建筑由于层数及卫生器具数量较多，通常情况下仅设伸顶通气管不能满足稳定系统内压力的要求，因此必须设置较完整的通气系统。

(10) 当偏置管位于中间楼层时，辅助通气管应从偏置横管下层的上部特殊管件接至偏置管上层的上部特殊管件；当偏置管位于底层时，辅助通气管应从横干管接至偏置管上层的上部特殊管件或加大偏置管管径。

(11) 当2根或2根以上污水立管的通气管汇合连接时，汇合通气管的断面积应为最大的一根通气管的断面积加其余通气管断面积之和的25%。

项 目 小 结

本项目对建筑排水工程进行了系统介绍，需要掌握建筑内排水系统的分类及组成、排水体制、污水的排放条件、屋面雨水排水系统的布置、室内排水管道及卫生器具的布置与安装、高层建筑室内排水管道的布置与敷设、主要排水管材及附件等。

思 考 与 练 习

一、简答题

1. 排水体制分为哪几种？排水管道的布置原则有哪些？
2. 通气管的类型有哪些？请至少列举7种类型，并说明分别有哪些作用。
3. 屋面雨水排水系统有哪些类型？该如何选择？
4. 排水系统常用的管材有哪些？各有什么特点？

二、单选题

1. 在管径小于100mm的排水管道上设置清扫口，其尺寸应（　　）。

A. 小于100mm　　B. 大于100mm　　C. 等于原管径　　D. 等于100mm

2. 横支管接入横干管竖直转向管段时，连接点距转向处以下不得小于（　　）m。

A. 0.3　　B. 0.5　　C. 0.6　　D. 1

3. （　　）在穿越楼板时不需要套管。

A. 采暖管道　　B. 排水管道　　C. 给水管道　　D. 燃气管道

4. 支管接入横干管、立管接入横干管时，宜在横干管管顶或其两侧（　　）范围内接入。

A. 30°　　B. 45°　　C. 60°　　D. 90°

5. 卫生器具排水管与排水横支管可采用（　　）连接。

A. 顺水三通　　B. 弯曲半径不小于4倍管径的90°弯头

C. 45°斜三通　　D. 90°斜三通

6. 排水支管连接在排出管或排水横干管上时，连接点距立管底部下游水平距离不宜小于（　　）。

A. 2m　　B. 3m　　C. 3.5m　　D. 4m

7. 分流制住宅生活排水系统的局部处理构筑物是（　　）。

A. 隔油池　　B. 沉淀池　　C. 化粪池　　D. 检查井

8. 自带存水弯的卫生器具有（　　）。

A. 污水盆　　B. 坐便器　　C. 浴盆　　D. 洗涤盆

9. 下列对排水管道布置的描述，不正确的是（　　）。

A. 排水管道布置长度力求最短　　B. 排水管道不得穿越橱窗

C. 排水管道可穿越沉降缝　　D. 排水管道尽量少转弯

在线答题

项目3 建筑给排水施工图与施工工艺

项目导入

工程中通常根据设计任务的要求来确定建筑给排水施工图与施工工艺。

例如：某楼高49.8m，共14层。本楼位于城市市区，采用城市市政管网作为取水点，高层建筑需要分区配水；本楼属于综合楼性质，需要满足各种使用功能的用水需求，还需要满足消防要求。在了解了这些基础信息的基础上，才能开展建筑给排水施工图的识图任务。

思维导图

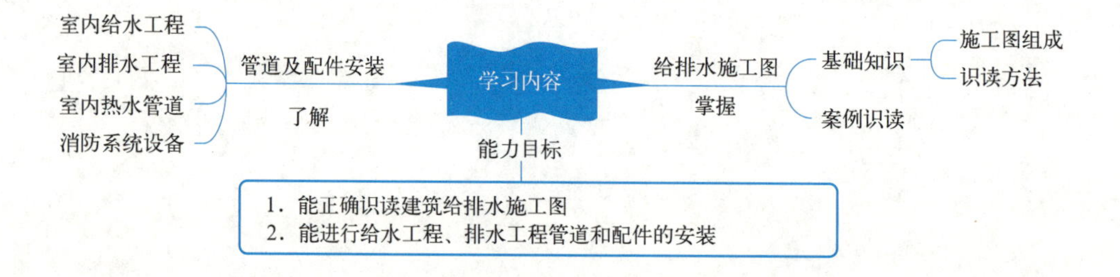

3.1 建筑给排水施工图识读

在开展建筑设备工程施工前，设计者要依据实际情况进行系统的设计，确定系统的形式、组成及运行方式等。从设计中的系统变成能为人服务的实体，必须经过两个环节：

第一，设计者将设计内容用图纸表达出来，并且能够为人所读懂；

第二，施工者依据图纸内容进行施工，最终实现设计者的意图。

本节的主要目的在于“识图”，但“识图”的前提是了解图纸与绘图的基本常识，掌握图纸上的基本信息，从而为正确识图提供保证。

GB 50001—2017

3.1.1 建筑给排水施工图的组成

建筑给排水施工图主要由图纸目录、设计说明、给排水平面图、给排水系统图等组成。下面主要介绍给排水平面图和给排水系统图。

1. 给排水平面图

给排水平面图是表达给排水管道及设备的平面布置的图纸，其内容主要包括：房屋建筑的平面形式；各种卫生器具、用水设备的位置、类型；给排水各管网系统的各个干管、立管、支管的平面位置、走向，给水引入管、水表节点、污水排出管的平面位置、走向，以及室外给排水管网的连接；管道附件的平面位置；管道及设备安装的支架、吊架、预留洞、预埋件、管沟等的位置。

给排水平面图在绘制和识读时的注意事项如下。

(1) 平面图的数量和范围。多层建筑内的用水设备分布在建筑内各层，相应地，给排水平面图需要分层绘制。一般整个建筑的给水引入管和排水出户管位于一层地面以下，与其他层有所不同，因此建筑底层给排水平面图必须单独绘制。对于其他层，如果用水设备布置和管道平面布置都相同，则可以用一个标准层平面图来表示。

就中小型工程而言，由于给排水情况不算复杂，一般将给水系统和排水系统绘制于同一平面上，有关管道和设备相应区分，这对于设计制图和施工识图都比较方便。对于高层建筑及其他比较复杂的工程，给水平面图和排水平面图应分开绘制，便于识读。

(2) 房屋平面图。给排水施工图是在建筑平面图的基础上标明给排水有关内容的图纸，因此给排水平面图的建筑轮廓线应该与建筑平面图一致。但其中的房屋平面图不是用于土建施工的，而仅作为管道系统及设备水平布局和定位的基准，因此仅需保留建筑平面图中的墙、柱、门窗洞口、楼梯、台阶等主要构件，其他细部可省略。图线采用细线绘制，以示与给排水管道的区别。

(3) 卫生器具及附件。卫生器具如洗脸盆、大便器、小便器等都是工业产品，不必详细表示，按照通用图例绘出即可。管道附件如阀门、消火栓、地漏、清扫口、伸缩节等，也采用通用图例表示，不必按照实物绘制。

（4）管道平面图。管道平面图是用水平剖切面剖切管道后所做的水平投影图。每层平面图中的管道是以是否连接该层卫生器具，而不是以楼板为分界线划分的，即凡是连接某楼层卫生器具的管道，不管安装在楼板上面还是下面，都要画在该楼层的平面图中。

管道不论其投影可见性如何，都按照管道系统的线型绘制，表示其安装位置和具体平面尺寸。在底层管道平面图中，各种管道按照系统编号。给水系统按照引入管顺序编号，排水系统按照排出管顺序编号。给水立管和排水立管在所有管道平面图中也要相应地编号。

（5）尺寸标注。建筑水平方向尺寸的标注，一般只需在底层给排水平面图中标注出轴线尺寸，另外要标注出地面标高。卫生器具和管道一般都沿墙、柱敷设，与墙、柱的距离根据管径不同有相应要求，不必在平面图中标注定位尺寸。管道的管径、坡度和标高均标注在管道系统图中，平面图中不必标注。

2. 给排水系统图

给排水系统图是根据各层给排水平面图中管道、卫生器具及用水设备的平面位置和竖向标高，用正面斜轴测投影绘制而成的。给排水系统图是建筑内给排水管道系统的整体立面图，它与给排水平面图一起表达建筑给排水工程的空间布置情况。

给排水系统图表达的内容包括：给排水管道系统上下层之间、前后左右之间的空间关系，各管段的管径、坡度、标高，管道附件的位置，等等。

3.1.2 建筑给排水施工图识读方法

图纸目录、设计说明、给排水平面图、给排水系统图等是建筑给排水施工图的有机组成部分，它们相互关联、相互补充，共同表达建筑给排水工程的空间布置情况。识图时必须将图纸结合起来，准确把握设计者的设计意图。

识读给排水施工图的顺序是首先查看图标、图例及有关设计说明，然后开始阅读图纸。具体识读方法如下。

1. 阅读设计说明

设计说明是用文字而非图形的形式表达必须交代的技术内容，它是图纸的重要组成部分。设计说明中交代的有关事项，往往对整套给排水施工图的识读和后续施工都有重要影响。因此，阅读设计说明是识图的第一步，必须认真对待，读懂并掌握设计说明中的信息，必要时还要收集查阅相关资料。

设计说明所要说明的内容应视需要而定，以能够交代清楚设计者的意图为原则，一般包括工程概况、设计依据、设计范围、各系统设计概况、安装方式、工艺要求、尺寸单位、管道防腐、管道试压等内容。

2. 浏览给排水平面图

浏览给排水平面图时，应先看首层给排水平面图，再看其他楼层的给排水平面图。首先确定每层涉及给排水的房间的位置和数量，房间内卫生器具、用水设备的种类和平面布置情况，然后确定给水引入管与污水排出管的位置和数量，最后确定干管、立管和支管的位置。

3. 对照平面图阅读给排水系统图

根据平面图，找出对应的给排水系统图。首先找出平面图和系统图中相同编号的给水引入管与污水排出管，然后找出相同编号的立管，最后按照下列顺序阅读给排水系统图。

(1) 阅读给水系统图，一般按照水流的方向，从给水引入管开始，按照给水引入管→给水干管→给水立管→给水支管→配水装置的顺序进行阅读。

(2) 阅读排水系统图，一般按照水流的方向，从器具排水管开始，按照器具排水管→排水横支管→排水立管→排水干管→污水排出管的顺序进行。

4. 了解细部构造

在给排水施工图中，对于某些常见部位的管道附件、用水设备等的细部位置、尺寸和构造要求，往往是不加说明的，一般遵循专业设计规范、施工操作规程等标准进行施工。识图时，欲了解其详细做法，尚需参照有关标准图集和安装详图。

3.1.3 建筑给排水施工图识读案例

按照建筑给排水施工图的识读方法，识读某商住楼室内给排水施工图，见附录1。

1. 查明建筑基本情况

这是一幢五层建筑，一层南半部为商场，北半部为半地下室的储藏间，储藏间顶部有一夹层，二层及二层以上（标准层）为居住建筑。

夹层设有卫生间，二层及二层以上设有卫生间、厨房等用水房间。夹层卫生间设在建筑L～P轴和5～7轴处，长度为3m，宽度为2m。二层及二层以上一处卫生间设在建筑H～M轴和5～7轴处，长度为4.5m，宽度为2m；另外在建筑G～H轴和1～2轴处还有一处主卧卫生间，长度为3m，宽度为2.1m；厨房设在建筑M～P轴和4～6轴处，长度为3.9m，宽度为2.2m。以上布置与东侧对称设置。

2. 查明卫生器具和用水设备的类型、数量、安装位置、定位尺寸

卫生器具的布置情况如下：夹层卫生间设有蹲式大便器一具、洗脸盆一具；二层及二层以上卫生间设有坐式大便器一具、台式洗脸盆一具、淋浴房一间；二层及二层以上主卧卫生间设有坐式大便器一具、台式洗脸盆一具、浴盆一具；二层及二层以上南部阳台设有洗涤盆一具，供洗衣机使用。

消防用水设备的布置情况如下：楼梯间的休息平台每层设一个消火栓箱，一层每间商用房内设两具消火栓，位置分别在D轴和4轴、E轴和9轴、E轴和15轴处。

各种器具和设备的安装可查阅有关标准图。

3. 弄清室内给水系统形式、管网组成、平面位置、标高、走向、敷设方式

本例的给水系统中，消防给水和生活给水分别设置，消防立管设于楼梯间内，给水立管设于楼梯间南侧的管道井内。引出管的敷设高度分别为本层地面以上0.30m和0.55m，分向东西两侧房间，这样便于管道检修；各支管分支到各用水房间，其敷设方式有两种：夹层卫生间为梁下敷设，其他层为地板面层内敷设。本例中给出了各房间的管道敷设大样图。引入管的埋设高度为室内地坪±0.000以下1.10m。

4. 查明管道及附件的直径、规格、型号、数量、安装要求

各管道的管径在系统图和大样图中标出，管道的管材及连接方式在设计说明中给出

（略）。给水立管的根部设球阀，消防立管的根部设闸阀。楼梯间休息平台每层的消防栓箱接装 $DN50$ 型消火栓，消火栓的栓口高度为地面以上 1.10m，具体的结构尺寸、安装方法另见标准图。

5. 明确水表的型号、规格、安装位置、前后阀门的设置情况

分户水表设置在管道井内，安装高度同引出管，即本层地面以上 0.30m 和 0.55m，表前设铜球阀。

6. 了解生活热水系统

当有热水供应时，也应在室内给排水施工图上表示清楚。本例的生活热水系统采用立管循环直接供水方式。分户热水表集中设置在管道井内，安装高度同引出管，即本层地面以上 0.80m 和 0.55m，表前设铜球阀；从分户热水表到各用水点的热水管道敷设在地板面层内，到卫生间或厨房后返至地面以上 0.40m 暗装；立管顶部设自动排气阀，循环管的管径为 $DN32$；引入管的埋设高度为室内地坪±0.000 以下 1.10m。

7. 查明排水系统的排水体制

应查明排水管道系统的具体走向、分支情况，各排水管道的平面布置、定位尺寸、管径、横管坡度、标高，以及存水弯形式、清通设备的设置情况、弯头及三通的选用等。

本例的排水系统为合流制（污废合流）。排出管 P/1 在一层顶沿梁下接 PL－1、PL－2、PL－3 三根立管，在拐弯处设清扫口；P/2 不设通气立管，其他立管伸出屋面向上 500mm，顶端装设通气帽；检查口设在第一、二、四、五层，设置高度为地面以上 1.0m；排出管的管底埋深为室内地坪±0.000 以下 1.30m；各排水管的排出坡度在设计说明中给出（略）；南部阳台设有洗衣机专用地漏。

8. 了解管道支架、吊架形式及设置要求

室内给排水管道的支架、吊架在施工图中一般不画出，而由施工人员按有关规程和习惯做法确定。本例的给水管道为明装和暗装两种，明装管道采用管卡，按管径大小、管线长短、转弯多少及器具设置情况，确定各种规格管卡的数量。排水立管采用立管卡子，装设在排水管承口上面，每根管道设一个；排水横管采用吊架，间距不超过 2m，吊在承口上。

9. 弄清管道的防腐与保温要求

弄清管道油漆、涂色、保温及防结露等要求，镀锌钢管一般不再刷油漆，管道是否需采取保温或防结露措施按图纸说明规定执行（略）。

3.2 建筑给排水工程施工工艺

3.2.1 室内给水工程施工工艺

1. 室内金属给水管道及附件安装

室内金属给水管道及附件安装的工艺流程如图 3－1 所示。

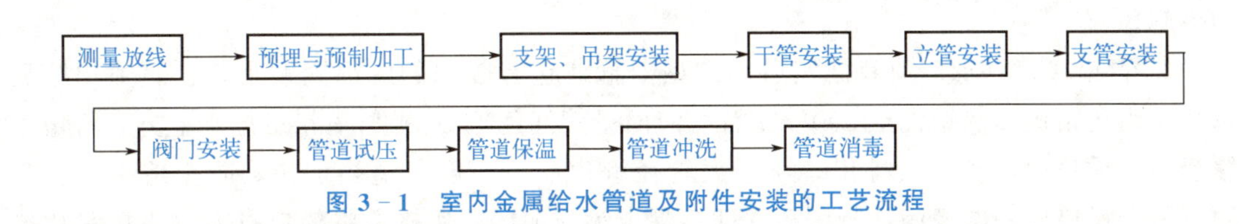

图3-1 室内金属给水管道及附件安装的工艺流程

给水管道安装一般从总进水口开始，在总进水口端口安装临时丝堵，以备试压用。安装开始前，将预制管道运至安装部位，按编号依次排开。管道的标识应面向外侧，处于明显位置。

1）测量放线

依据施工图进行放线，按实际安装的结构位置做好标记，确定管道支架、吊架的位置。

2）预埋与预制加工

(1) 孔洞预留：根据施工图中给定的穿管坐标和标高在模板上做好标记，将事先准备的模具钉在模板上，或用铁丝绑扎在周围的钢筋上，固定牢靠。

(2) 套管预埋：管道穿越地下室和地下构筑物的外墙、水池壁等处均需设置防水套管；穿墙套管在土建砌筑时及时套入，位置准确；过混凝土板墙的管道，需在混凝土浇筑前安装好套管，与钢筋固定牢靠，同时在套管内放入松散材料，防止混凝土进入套管内。管道与套管之间的空隙用阻火填料密封。

(3) 预制加工：按施工图画出管道分路、管径、变径、预留管口及阀门位置等的施工草图，按标记分段量出实际安装的准确尺寸，记录在施工草图上，然后按草图测得的尺寸预制组装。沟槽加工应按厂家操作规程执行。

GB/T 17116.1—2018

3）支架、吊架安装

按不同管径和要求设置相应管卡，位置应准确，埋设应平整。固定支架、吊架应有足够的刚度、强度，不得产生弯曲变形。钢管水平安装支架、吊架的间距不得大于表3-1的规定。

表3-1 钢管水平安装支架、吊架的最大间距

公称直径/mm		15	20	25	32	40	50	70	80	100	125	150	200	250	300
最大间距/m	保温管	2	2.5	2.5	2.5	3	3	4	4	4.5	6	7	7	8	8.5
	不保温管	2.5	3	3.5	4	4.5	5	6	6	6.5	7	8	9.5	11	12

4）干管安装

(1) 铸铁管安装。清扫管膛及承插口内外侧的脏物，承口朝来水方向顺序排列，连接的对口间隙不应小于3mm，找平后固定管道。管道拐弯和始端处应固定，防止捻口时发生轴向位移，管口随时封堵好。

① 水泥接口：捻麻时，将油麻绳拧成麻花状，用麻钎捻入承口内，承口周围间隙应均匀，一般捻口两圈半，约为承口深度的1/3；油麻捻实后进行捻灰（水泥强度等级32.5级、水灰比1∶9），用捻凿将灰填入承口，随填随捣，直至将承口打满。承口捻完后用湿土覆盖或用麻绳等物缠住接口进行养护，并定时浇水，一般养护2～5天，冬季应采取防

冻措施。

② 青铅接口：承口油麻捻实后用定型卡箍或包有胶泥的麻绳紧贴承口，缝隙用胶泥抹严，用化铅锅加热铅锭至500℃左右（液面呈紫红色），水平管灌铅口位于上方，将熔铅缓慢灌入承口内，使空气排出。对于大管径管道灌铅速度可适当加快，防止熔铅中途凝固。每个铅口应一次灌满，凝固后立即拆除卡箍或泥模，用捻凿将铅口打实（也可采用捻铅条的方式）。

(2) 镀锌管安装。给水镀锌管的连接可以采用螺纹连接、法兰连接和沟槽连接。

① 螺纹连接：安装前清扫管膛，管道抹上铅油，缠好生料带，用管钳按编号依次上紧，螺纹外露 2～3 个螺距，安装完后找正找直，复核管径、方向和甩口位置，清扫麻头，做好防腐，所有管口要做好临时封堵。

② 法兰连接：管径≤100mm 的宜用螺纹法兰，管径＞100mm 的应用焊接法兰，二次镀锌。法兰盘连接衬垫，一般冷水管采用橡胶垫，生活热水管采用耐热橡胶垫，垫片要与管径同心，不得多垫。

③ 沟槽连接：胶圈安装前除去管口端密封处的脏物，胶圈套在一根管的一端，然后将另一根管的一端与该管口对齐、同轴，两端要求留一定的空隙，再移动胶圈，使胶圈与两侧钢管的沟槽距离相等。胶圈外表面涂上专用润滑剂或肥皂水，两瓣式卡箍放进沟槽内，再穿入螺栓，匀速拧紧螺母。

(3) 铜管安装。安装前将管调直，冷调法适合外径≤108mm 的管道；热调法适合外径＞108mm 的管道。调直后管不应有内陷、破损等现象。薄壁铜管可采用钎焊连接、卡套式连接和压接式连接，厚壁铜管可采用螺纹连接、沟槽连接和法兰连接。

① 钎焊连接：钎焊强度低，一般焊口采用插接形式。插接长度为管壁厚度的 6～8 倍，管外径≤28mm 时，插接长度为管外径的 1.2～1.5 倍。当铜管与铜合金管件焊接时，应在铜合金管件焊接处使用助焊剂，并在焊接完后清除管外壁的残余熔剂。塑覆铜管焊接时，应先剥出不小于 200mm 的裸铜管，焊接完成后复原塑覆层。

② 卡套式连接：管口断面应垂直平整，使用专用工具将其整圆或扩口，安装应使用专用扳手，严禁使用管钳旋紧螺母。

③ 压接式连接：使用专用压接工具，管材插入管件的过程中密封圈不得变形，压接时卡钳端面应与管件轴线垂直，达到规定压力时延时 1～2s。

④ 螺纹连接、沟槽连接和法兰连接同镀锌管。

5）立管安装

(1) 立管明装：每层从上至下统一吊线安装管卡件，将预制好的立管按编号分层排开，顺序安装，对好调直时的标记，复核甩口高度、方向，支管甩口做好临时封堵。立管阀门安装的朝向应便于检修，安装完用线坠吊直找正，配合土建堵好楼板洞。

(2) 立管暗装：竖井内立管安装的卡件应按设计和规范要求设置，安装在墙内的立管宜在结构施工时预留管槽，立管安装时吊直找正，用卡件固定，支管甩口应明露并做好临时封堵。

6）支管安装

预制好的支管从立管甩口处开始依次进行安装，有截门应将截门盖卸下再安装，根据管道的长度适当加好临时固定卡件，核定不同卫生器具的冷热水预留口高度、位置，找平找正后栽支管卡件，上好临时丝堵。

（1）支管明装：安装前应配合土建正确预留洞口和预埋套管，支管如装有水表应先装上连接管，试压、冲洗合格后在交工前卸下连接管，安装水表。

（2）支管嵌墙、直埋敷设：宜在砌墙时预留凹槽，凹槽深度为管外径 *De*＋20mm，宽度为 *De*＋40～60mm，凹槽表面必须平整。管道安装、固定、试压合格后用 M7.5 级水泥砂浆填补。

（3）支管在楼板面层直埋：应在楼板找平层预留管槽，管槽深度不小于 *De*＋20mm，宽度为 *De*＋40mm。管道安装、固定、试压合格后用与楼板找平层相同等级的水泥砂浆填补。

（4）支管穿墙：可预留洞口，墙管或洞口内径宜为 *De*＋50mm。

（5）支管暗装：确定支管高度后画线定位，剔出管槽，将预制好的支管敷在槽内，找平、找正定位后用勾钉固定。卫生器具的冷热水预留口要做在明处，加好丝堵。

7）阀门安装

阀门安装前应做耐压强度试验，试验应每批（同牌号、同规格、同型号）数量抽查10％且不少于一个，如有不合格应再抽查 20％，仍有不合格应每个试验。对于安装在主干管上起切断作用的闭路阀门，应每个进行强度和严密性试验。

阀门强度试验是在阀门开启状态下检查阀门外表面的渗漏情况，试验压力为公称压力的 1.5 倍。阀门严密性试验是在阀门关闭状态下检查阀门密封面是否渗漏，试验压力应为公称压力的 1.1 倍。

阀门安装的一般规定如下。

（1）阀门与管道或设备的连接有螺纹连接和法兰连接两种。安装法兰阀门时，两法兰应互相平行且同心，不得使用双垫片。

（2）水平管道上阀门、阀杆、手轮不可朝下安装，宜向上安装。并排立管上的阀门，高度应一致整齐，手轮之间应便于操作，净距不应小于 100mm。

（3）安装有方向要求的疏水阀、减压阀、止回阀、截止阀时，其安装方向须与介质的流动方向一致。

（4）安装换热器、水泵等体积和质量较大的阀门时，应单设阀门支架，对操作频繁、安装高度超过 1.8m 的应设固定的操纵平台。

（5）安装于地下管道上的阀门，应设在阀门井内或检查井内。

（6）减压器安装：减压器以阀组的形式安装，阀组由减压阀、前后控制阀、压力表、Y 型过滤器、可挠性橡胶接头及螺纹连接的三通、弯头、活接头等管件组成。减压阀有方向性，安装时不得反装。

（7）疏水器安装：疏水器常由疏水阀、前后控制阀、旁通装置、冲洗和检查装置等组成阀组，注意疏水阀不得反装。

8）管道试压

试压前，管道应固定牢靠，接头须明露，支管不宜连通卫生器具配水附件。将加压泵和压力表装在管道系统底部最低点（不在最低点应折算几何高差的压力值），压力表精度为 0.01MPa，量程为试压值的 1.5 倍。

管道注满水，排出管内空气，封堵各排气出口，进行严密性检查。缓慢加压，升至规定试验压力。加压宜用手压泵，试验压力为管道工作压力的 1.5 倍，且不小于 0.6MPa。10min 内压力降不得超过 0.02MPa，然后降至工作压力检查，应压力不降且不渗不漏。

直埋在楼板面层和墙体内的管道应分段试压，试压合格后方可继续进行土建施工。

9）管道保温、管道冲洗

管道保温内容详见 3.2.5 节。管道系统在验收前必须进行冲洗，冲洗水应采用生活饮用水，流速不得小于 1.5m/s。冲水应连续进行，出水与进水水质的透明度一致为合格。

系统冲洗完毕后应进行通水试验，按给水系统的 1/3 配水点同时开放，各排水点应通畅，接口处无渗漏。

10）管道消毒

给水管道使用前应进行消毒。管道冲洗、通水后，将管道内水放空，连接各配水点与配水附件，向管道内灌注消毒液，浸泡 24h 以上。消毒结束后，放空管道内消毒液，再用生活饮用水冲洗管道。

管道消毒完后，打开进水阀向管道供水，同时打开配水龙头适当放水，在管网最远处取水样，经卫生监督部门检验合格后方可交付使用。

2. 室内非金属给水管道及附件安装

室内非金属给水管道及附件安装的工艺流程如图 3-2 所示。

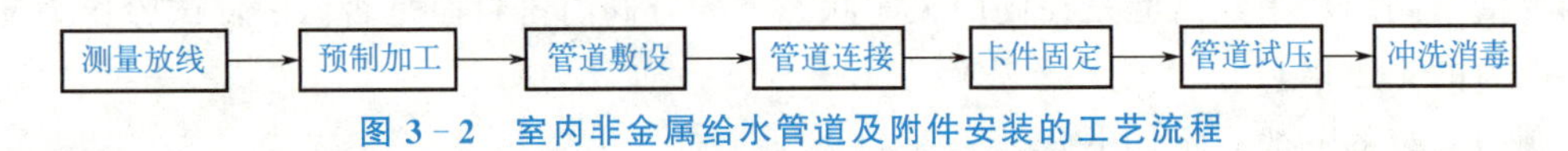

图 3-2　室内非金属给水管道及附件安装的工艺流程

室内非金属给水管道主要采用钢塑复合管和 PP-R 塑料管。钢塑复合管的安装同金属给水管道，下面主要介绍 PP-R 塑料管的安装工艺。

1）测量放线

依据施工图进行放线，按实际安装的结构位置做好标记，确定管道支架、吊架位置。

2）预制加工

测量、计算管长，用铅笔在管材表面画出切割线和热熔连接深度线，连接深度见管材要求。按照切割标记切割管材，应采用管子剪、断管器、管道切割机切割，不宜用钢锯。

3）管道敷设

（1）管道嵌墙、直埋敷设：宜在砌墙时预留凹槽，其深度为 *De*＋20mm，宽度为 *De*＋40～60mm，凹槽表面必须平整。管道安装、固定、试压合格后用 M7.5 级水泥砂浆填补。

（2）管道在楼板面层直埋：在楼板找平层预留管槽，其深度不小于 *De*＋20mm，宽度为 *De*＋40mm。管道安装、固定、试压合格后用与楼板找平层相同等级的水泥砂浆填补。

（3）PP-R 塑料管与其他金属管平行敷设：应留有不小于 100mm 的保护距离，且 PP-R 塑料管宜敷设在金属管内侧。

（4）管道室内明装：安装前应配合土建预留孔洞和预埋套管，管穿楼板应设硬质套管（内径为 *De*＋30～40mm），套管两端应与墙的装饰面持平。

(5) 建筑物埋地引入管或室内埋地管铺设：室内地坪±0.000以下管道铺设分两阶段进行，先铺设室内管至基础墙外壁500mm为止，待土建施工结束，再进行户外管道的铺设。管道穿越基础墙处应设金属套管，套管顶与基础墙预留孔孔顶之间应留高度，高度按建筑物的沉降量确定，且不应小于100mm。

4) 管道连接

(1) 热熔连接：按设计图纸将管材插入管件，达到规定的热熔深度。

(2) 法兰连接：将法兰盘套在管道上，有止水线的面应相对；校正两个对应的连接件，使连接的两片法兰垂直于管道中心线，表面相互平行；法兰衬垫应采用耐热无毒橡胶垫；法兰连接部位应设置支架、吊架。

5) 卡件固定

管道安装时应选定相应管卡。采用金属支架、吊架、管卡时宜采用扁铁制作的鞍形管卡，不得采用圆钢制作的U形卡。立管、横管支架、吊架的间距不得大于表3-2和表3-3的规定。直埋式管道的管卡间距，冷、热水管均可采用1.00～1.50m。

表3-2 冷水管支架、吊架的最大间距

公称外径/mm	20	25	32	40	50	63	75	90	110
横管/m	0.40	0.50	0.65	0.80	1.00	1.20	1.30	1.50	1.80
立管/m	0.70	0.80	0.90	1.20	1.40	1.60	1.80	2.00	2.20

表3-3 热水管支架、吊架的最大间距

公称外径/mm	20	25	32	40	50	63	75	90	110
横管/m	0.30	0.40	0.50	0.65	0.70	0.80	1.00	1.10	1.20
立管/m	0.60	0.70	0.80	0.90	1.10	1.20	1.40	1.60	1.80

6) 管道试压

冷水管道试验压力应为管道系统设计工作压力的1.5倍，且不小于1.0MPa。热水管道试验压力应为管道系统设计工作压力的2.0倍，且不小于1.5MPa。

7) 冲洗消毒

冲洗水应采用生活饮用水，流速不小于1.5m/s且连续进行，出水与进水水质的透明度一致为合格。管道冲洗、通水后进行管道消毒，经卫生监督部门检验合格后方可交付使用。

3. 室内给水设备及附件安装

室内给水设备及附件安装的工艺流程如图3-3所示。

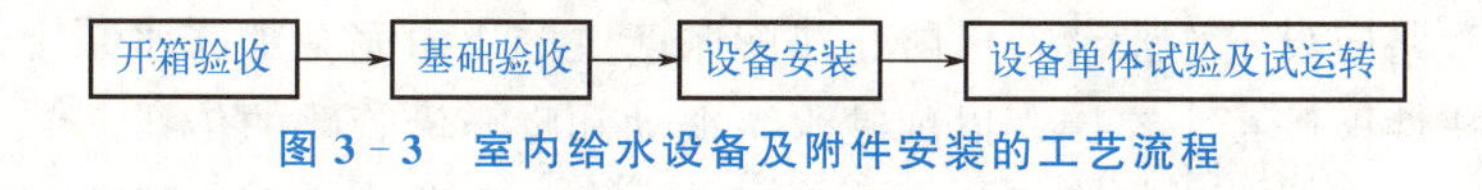

图3-3 室内给水设备及附件安装的工艺流程

1) 开箱验收

设备进场后，应会同建设、监理单位进行设备开箱验收，按照设计文件检查设备的规格、型号是否符合要求，技术文件是否齐全，检查产品合格证，并做好相关记录。按装箱清单和设备技术文件，检查设备所带备件、配件是否齐全有效，设备表面是否有损坏、锈蚀等现象。

2）基础验收

检查基础混凝土的强度等级是否符合设计要求，核对基础的几何尺寸、位置、标高、预留孔洞是否符合设计要求，并做好相关的质量记录。

3）设备安装

(1) 设备就位：复核基础几何尺寸，地脚螺栓孔的大小、位置、间距和垂直度，用水平尺测定纵横向水平度，修整找平后，将设备就位。

(2) 水泵安装：水泵按其安装形式有带底座水泵和不带底座水泵。带底座水泵是指泵体和电机一起固定在同一底座上的水泵，不带底座水泵是指泵体和电机分设基础的水泵。工程中多用带底座水泵，其安装程序为基础预制、吊装就位、吊装调整、二次浇灌混凝土。

① 基础预制：预制基础的混凝土强度、位置、标高、尺寸和螺栓孔位置必须符合设计要求，不得有麻坑、露筋、裂缝等缺陷。

② 吊装就位：清除水泵底座底面泥土、油污等脏物，将水泵连同底座吊起，放在水泵基础上，用地脚螺栓和螺母固定，在底座与基础之间放垫铁。

③ 吊装调整：调整底座位置，使底座中心点与基础中心线重合；调整安装水平度，水泵的安装水平度不得超过0.01mm/m，用水平尺检查，用垫铁调平；调整同心度，调整泵体和电机与底座的紧固螺栓，使泵轴与电机轴同心。

④ 二次浇灌混凝土：水泵就位且各项调整合格后，将地脚螺栓上的螺母拧好，然后将细石混凝土捣入基础螺栓孔内，二次浇灌混凝土强度等级应比基础混凝土强度等级高一级。

(3) 配管及附件安装：主要包括吸水管路和压水管路的安装。

① 吸水管路安装：水泵吸入管直径不应小于水泵入口直径，水泵吸水入口处应装上平偏心大小头，其长度不应小于管径差的5～7倍。吸水管路宜短且尽量减少转弯。水泵入口前的直管段长度不应小于管径的3倍。

当水泵安装位置高于吸水液面、水泵入口直径小于350mm时，应设底阀；入口直径大于或等于350mm时，应设真空引入装置。自罐式安装时应装闸阀。当吸水管路装设过滤网时，过滤网的总过滤面积不应小于吸水管口面积的2～3倍。为防止滤网阻塞，可在吸水池进口或吸水管周围加设拦污网或拦污格栅。

② 压水管路安装：压水管路的直径不应小于水泵出口直径，应安装闸阀和止回阀。所有与水泵连接的压水管路应具有独立、牢固的支架，以削减管路的振动，防止管路压在水泵上。高温管路应设置膨胀节，以防止热膨胀产生的压力完全加在水泵上。水泵的进出水管多采用可挠性橡胶接头连接，以削减水泵振动和噪声沿管路的传播。

(4) 稳压罐安装：稳压罐应安装在平整的地面上，安装应牢固；罐顶至建筑结构最低点的距离不得小于1.0m，罐与罐之间及罐壁与墙面之间的净距不宜小于0.7m；稳压罐按图纸及设备说明书的要求安装设备附件。

4）设备单体试验及试运转

（1）水泵试运转：先进行电机单机试运转，核实电机的旋转方向，方向正确后再进行连接；手动盘车观察轴转动是否灵活无卡阻，各固定连接部分是否无松动；离心泵必须灌满水才能启动，且不可在出口阀门全闭的情况下运转时间过长。

水泵在额定工况点连续试运转的时间不应少于 2h；高速泵及有特殊要求的水泵试运转时间应符合设计技术文件的规定。水泵试运转的轴承温升，滑动轴承不大于 70℃，滚动轴承不大于 80℃，特殊轴承必须符合设备说明书的规定。

（2）稳压罐压力试验。稳压罐安装前应做压力试验，试验压力为工作压力的 1.5 倍，且不小于 0.4MPa，在试验压力下 10min 内无压降、不渗不漏则合格。

3.2.2 室内排水工程施工工艺

1. 室内金属排水管道及附件安装

室内金属排水管道及附件安装的工艺流程如图 3-4 所示。

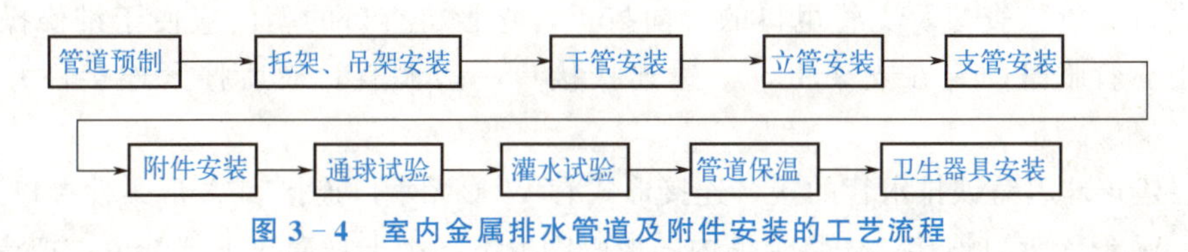

图 3-4 室内金属排水管道及附件安装的工艺流程

1）管道预制

（1）准备工作：管道预制前应先做好除锈和防腐处理。

（2）排水立管预制：依据设计层高及各层地面厚度，按照设计要求，确定排水立管检查口及支管甩口标高，绘制加工草图。一般立管检查口中心离地 1.0m，排水甩口应保证支管的坡度，使支管最末端承口距离楼板不小于 100mm，应尽量增加立管的预制管段长度。预制好的管道应进行编号，码放在平坦的场地，管段下面用方木垫实。

（3）排水横支管预制：按照每个卫生器具的排水管中心到立管甩口和排水横支管的垂直距离绘制大样图，然后依据实量尺寸结合大样图排列、配管。

（4）预制管道的养护：捻好灰口的预制管段，应用湿麻绳缠绕灰口养护，常温下保持湿润 24～48h 后才可运至现场。

2）托架、吊架安装

排水干管在设备层安装，应首先依据设计图纸的要求将每根排水干管管道中心线弹到顶板上，然后安装托架、吊架。

高层排水立管与排水干管连接处应设托架，并在首层安装立管卡子。高层排水立管托架可隔层设置落地托架。楼层高度不超过 4m 时，排水立管可安装一个固定件。吊架安装应考虑受力情况，一般架设在三通、弯头或承口后，并符合设计及施工规范要求的吊架间距：横管不大于 2m，立管不大于 3m。吊架根部一般采用槽钢形式。

3）干管安装

排水管道坡度应符合设计要求，设计无要求则以设计规范为准。将预制好的管段放到已经夯实的回填土上或管沟内，按照水流方向从排出位置向室内顺序排列，根据施工图的坐标、标高调整位置和坡度，加设临时支撑，并在承插口的位置挖好工作坑。

在捻口之前先将管道调直，各立管及首层卫生器具甩口找正，用麻钎把拧紧的青麻捻进承口，一般为两圈半。将水灰比为 1∶9 的水泥捻口灰装在灰盘内，自下而上边填边捣，直至将灰口打满打实，有回弹的感觉为合格，灰口凹入承口边缘不大于 2mm。

排水排出管安装时，先检查基础或外墙预埋防水套管尺寸、标高，将洞口清理干净，然后从墙边使用双 45°弯头或弯曲半径不小于 4 倍管径的 90°弯头，与室内排水立管连接，再与室外排水管连接，伸出室外。排水排出管穿越基础时，应预留好基础下沉量。

排水干管铺设好后，按照首层地面标高将排水立管及卫生器具的连接短管接至规定高度，预留的甩口做好临时封堵。

4）立管安装

安装排水立管前，应先在顶层立管预留洞口吊线，找准立管中心位置，在每层地面或墙面上安装立管支架。将预制好的管段移至现场，由两人配合，一人在楼板上的预留洞口甩下绳头，下面一人用绳子将立管上部拴牢，两人配合将立管插入承口，然后由下面一人进行立管检查口及支管甩口的方向找正，立管检查口的朝向应便于维修操作，上面一人把立管临时固定在支架上，一边连接接口一边调直，最后拧紧连接件并复核垂直度。

高层建筑球墨铸铁排水管的接口连接形式有 W 形无承口连接和 A 形柔性接口连接。

（1）W 形无承口连接：先将卡箍内的橡胶圈取下，把卡箍套入下部管道，把橡胶圈的一半套在下部管道的上端，再将上部管道的末端套入橡胶圈，将卡箍套在橡胶圈的外面，使用专用工具拧紧卡箍即可。

（2）A 形柔性接口连接：先在插口上部画好安装线，一般承插口之间保留 5～10mm 间隙，在插口上套入法兰盖橡胶圈，橡胶圈与安装线对齐，将插口插入承口内，保证橡胶圈插入承口深度相同，然后压紧法兰盖，拧紧螺栓，使橡胶圈均匀受压。

立管安装完后，应用不低于楼板强度等级的细石混凝土将洞口堵实。

5）支管安装

安装支管前，应先按照管道走向及吊架间距要求栽好吊架，并按照坡度要求量好吊杆长度。将预制好的管道套好吊环，吊环与吊杆用螺栓连接牢固，将支管插入立管预留承口中，用卡箍箍紧。

在地面防水前应将卫生器具或排水配件的预留管安装到位，如器具或配件的排水接口为螺纹接口，预留管可用钢管。

6）附件安装

（1）地漏安装：依据土建弹出的建筑标高线计算出地漏的安装高度，地漏格栅与周围装饰地面 5cm 范围内不得抹死。

（2）清扫口安装：在管径小于 100mm 的排水管道上设置清扫口，其尺寸应与管道同径；在管径不小于 100mm 的排水管道上设置清扫口，应采用直径为 100mm 的清扫口；在排水横管上设置清扫口，宜设置在楼板上且与地面相平，横管起点的清扫口与其端部相垂直的墙面的距离不得小于 0.15m。

(3) 检查口安装：铸铁排水立管检查口的距离不宜大于10m，塑料排水立管宜每6层设置一个检查口，但在建筑底层及设有卫生器具的层数超过二层建筑的最上层应设置检查口；立管上检查口的高度应在地面以上1.0m，并应高于该层卫生器具上边缘0.15m；埋地横管的检查口应设在砌砖的井内；检查口的检查盖应面向便于检查清扫的方位，横干管上的检查口应垂直向上。

7) 通球试验

排水立、干管安装完后，必须进行通球试验。选择球径为管径2/3的可击碎小球，试验通球率应为100%。

(1) 立管通球试验：从立管顶部投入小球，并用细线系住小球，在干管检查口或室外排水口处观察，发现小球流出为合格。

(2) 干管通球试验：从干管起始端投入小球，并向干管通水，在户外的第一个检查井处观察，发现小球流出为合格。

8) 灌水试验

隐蔽或埋地的排水管道，在隐蔽前应做灌水试验。暗装或铺设在垫层中及吊顶内的排水支管安装完毕后，在隐蔽前应做灌水试验。高层建筑应分区、分段，再分层试验。

试验时，先打开立管检查口，测量检查口与水平支管下皮的距离，在管上做好标记；将气囊由检查口放入立管中，达到标记位置后向气囊中充气至完全封闭管道，然后向与立管连接的第一个卫生器具内灌水，灌水高度不低于底层卫生器具的上边缘或底层地面高度；灌到器具边缘下5mm处时，等待15min，再灌满并观察5min，液面不降、管道及接口无渗漏为合格。

9) 管道保温

管道通球、灌水试验完毕后，对于隐蔽在吊顶、管沟、管井内的排水管道应依据设计要求做好保温和防结露。

10) 卫生器具安装

安装前，检查卫生器具规格、型号是否与设计相符，出厂合格证、检测报告是否齐全，器具配件应有检测报告及该地区准用证。

卫生器具的安装位置均按设计坐标，标高均按规范及有关标准，安装应平整牢固。查对器具样本确定甩口坐标，必须保证甩口准确无误。器具安装完后进行配件的安装，并进行质量检查。

卫生器具及配件安装完后，在竣工前应进行通水试验，对各器具均做满水试验，应排水通畅无堵塞，各接口严密不渗漏。

2. 室内非金属排水管道及附件安装

室内非金属排水管道及附件安装的工艺流程如图3-5所示。

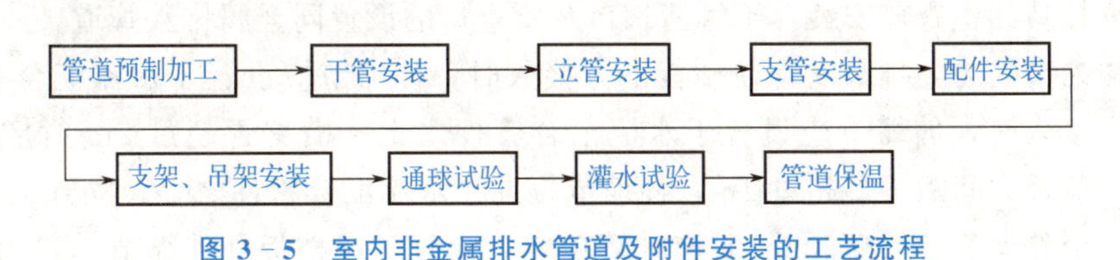

图3-5 室内非金属排水管道及附件安装的工艺流程

1）管道预制加工

支管及管件较多的部位应先进行预制加工。依据设计图纸要求并结合实际情况测量管道尺寸，绘制加工草图。根据实测小样图并结合各连接管件的尺寸量好管道长度，采用细齿轮、砂轮机进行断管，断口要平齐。预制加工好的管段码放在平坦的场地，管段下面用方木垫实。

2）干管安装

施工条件具备时，将预制加工好的管段按编号运至安装部位进行安装。非金属排水管道一般采用承插黏结的连接方式。先将配好的管段与配件进行试插，插入深度约为承口深度的3/4，并在插口管端的表面画出标记。试插合格后，用棉布将承插口需黏结的部位上的水分、灰尘擦拭干净，如有油污需用丙酮除掉，然后用毛刷涂抹胶黏剂，先涂抹承口后涂抹插口，随即用力垂直插入，同时将插口稍作转动，以利于胶黏剂分布均匀。30～60min即可黏结牢固，多口黏结时应注意预留口方向。

干管埋入地下时，按设计坐标、标高、坡向开挖槽沟并夯实。采用托架、吊架安装时，应按设计坐标、标高、坡向做好托架、吊架。干管穿越地下室外墙时应采用防水套管。

3）立管安装

首先按设计坐标、标高要求校核预留孔洞，其尺寸可比管外径大50～100mm。清理已预留的伸缩节，将锁母拧下，取出橡胶圈，清理杂物。

立管插入端应先做好插入长度标记，然后涂上肥皂水，套上锁母及橡胶圈。安装时，将立管上端伸入上一层洞口内，垂直用力插入至标记为止，然后用U形卡紧固，找正找直，三通口中心符合要求，有防水要求的必须安装止水环，保证止水环在板洞中位置，临时封堵各个管口。

立管穿越楼板处为非固定支承点时，应加装金属或塑料套管，套管内径比穿越管外径大两号，套管高出地面不得小于50mm（卫生间、厨房）或20mm（其他地方）。

排水塑料管与铸铁管连接时宜用专用配件。当采用水泥捻口时，应先将塑料管插入承口部分外侧，用砂纸打毛或涂刷胶黏剂，滚捻干燥的粗砂，插入铸铁管后用油麻丝填嵌均匀，用水泥捻口。

4）支管安装

首先按设计坐标、标高要求校核预留孔洞，其尺寸可比管外径大40～50mm。清理场地，按需要支搭操作平台，将预制好的支管按编号运至现场。将支管水平吊起，涂抹胶黏剂，用力推入预留管口。连接卫生器具的短管一般伸出净地面10mm，地漏甩口低于净地面5mm。依据管长调整坡度，合适后固定卡架，封堵各预留管口和堵洞。

5）配件安装

（1）清扫口和检查口安装：干管清扫口及检查口的设置同金属排水管道。

（2）伸缩节安装：排水支管在楼板下方接入时，伸缩节应设置于水流汇合管件之下，在楼板上方接入时，伸缩节应设置于水流汇合管件之上；横支管超过2m时应设置伸缩节，但伸缩节最大间距不得超过4m，伸缩节应设在水流汇合管件之上；立管在层高≤4m时每层设一个伸缩节，层高＞4m时应计算确定，立管穿越楼板处伸缩节不得固定。管端插入伸缩节处预留空隙，夏季应为5～10mm，冬季应为15～20mm。伸缩节承口端应逆水流方向。

(3) 高层建筑明敷管道阻火圈或防火套管安装：立管管径≥100mm时，在楼板穿越部位应设置阻火圈或长度不小于500mm的防火套管；管径≥100mm的横支管与暗设立管相连时，在墙体穿越部位应设置阻火圈或长度不小于300mm的防火套管，且防火套管明露部分长度不宜小于200mm；横干管穿越防火分区隔墙时，在管两侧应设置阻火圈或长度不小于500mm的防火套管。

6) 支架、吊架安装

立管穿越楼板处可按固定支架设计，管井内的立管固定支架应支承在每层楼板处或井内设置的刚性平台和综合支架上。层高≤4m时，立管每层可设一个滑动支架；层高>4m时，立管滑动支架的间距不宜大于2m。横管上设置伸缩节时，每个伸缩节应按要求设置固定支架。横管穿越承重墙处可按固定支架设计。

固定支架应用型钢制作并锚固在墙或柱上。悬吊在楼板、梁或屋架下的横管的固定支架的吊架应用型钢制作并锚固在承重结构上。

悬吊在地下室的架空排出管，在立管底部肘管处应设置吊架，防止管内落水的冲击。排水塑料管支架、吊架的间距应符合表3-4的规定。

表3-4 排水塑料管支架、吊架的间距

公称外径/mm	50	75	110	125	160
横管/m	0.50	0.75	1.10	1.30	1.60
立管/m	1.20	1.50	2.00	2.00	2.00

7) 通球试验、灌水试验、管道保温

通球试验、灌水试验同金属排水管道。试验完毕后，根据设计要求做好排水管道吊顶内横支管的保温和防结露。

3.2.3 室内热水管道及附件安装

1. 工艺流程

室内热水管道及附件安装的工艺流程如图3-6所示。

热水系统的组成

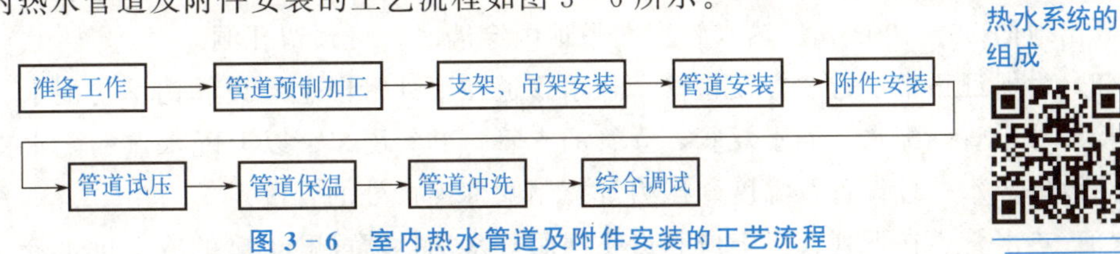

图3-6 室内热水管道及附件安装的工艺流程

2. 操作工艺

1) 准备工作

复核预留孔洞、预埋件的尺寸、位置、标高。根据设计图纸，画出管路的分布走向，管径、变径，甩口的坐标、标高，坡度、坡向，支架、吊架的位置，画出系统节点图。

2）管道预制加工

依据设计图纸并结合现场情况测量管段尺寸，绘制加工草图。将预制加工好的管段编号，码放在平坦的场地，管段下面用方木垫实。

3）支架、吊架安装

固定支架与管道接触应紧密，固定要牢靠；滑动支架应灵活，滑托与滑槽两侧间应留有3～5mm的空隙。金属支架应在管道与支架间加非金属垫。有热伸长管道的吊架，吊杆应有向热膨胀的反方向偏移。

镀锌管水平安装支架、吊架的间距不得大于表3-1的规定。铜管垂直和水平安装支架、吊架的间距不得大于表3-5的规定。复合管垂直和水平安装支架、吊架的间距不得大于表3-6的规定。

表3-5　铜管管道支架、吊架的最大间距

公称直径/mm		15	20	25	32	40	50	65	80	100	125	150	200
最大间距/m	垂直管	1.8	2.4	2.4	3.0	3.0	3.0	3.5	3.5	3.5	3.5	4.0	4.0
	水平管	1.2	1.8	1.8	2.4	2.4	2.4	3.0	3.0	3.0	3.0	3.5	3.5

表3-6　复合管管道支架、吊架的最大间距

管径/mm		16	20	25	32	40	50	63	75	90	100
最大间距/m	垂直管	0.7	0.9	1.0	1.1	1.3	1.6	1.8	2.0	2.2	2.4
	水平管	0.25	0.3	0.35	0.4	0.5	0.6	0.7	0.8	—	—

4）管道安装

工程中热水管道常用管材为铜管和复合管。铜管连接可采用专用接头或焊接，管径＜22mm时宜用承插连接或套管焊接，承口应朝向介质的流向安装；管径≥22mm时采用对口焊接。复合管安装参见项目4中室内热水采暖系统安装。

室内热水管道安装的注意事项如下。

(1) 热水管道穿过建筑楼板、墙壁和基础时应加套管，以防管道膨胀、伸缩、移动造成管外壁四周出现裂缝，而引起上层漏水到下层的事故。一般套管内径应比热水管外径大两号，中间填沥青膏等软密封防水填料。当穿过有可能发生积水的房间地面或楼板时，套管应高出地面50～100mm。热水管道在吊顶内穿墙时，可预留孔洞。

(2) 为保证正常运行、方便检修，热水管道在下列管段上装设阀门：与配水、回水干管连接的分干管，配水、回水立管，立管的支管，3个及3个以上配水点的配水支管，与水加热设备、水处理设备及温度、压力等控制阀件连接处的管段。

(3) 热水管道在下列管段上应装设止回阀：水加热器或贮水罐的冷水供水管，机械循环的第二循环回水管，冷热水混合器的冷水、热水供水管。

(4) 热水横干管均应有不小于0.003的坡度。配水横干管应沿水流方向上升，以利于管道中的气体向高点聚集，便于排放；回水横干管应沿水流方向下降，便于检修时泄水和排除管内污物。这样的布管还可以保持配水、回水管道坡向一致，方便施工。

(5) 热水立管与横管连接时，为避免管道伸缩应力破坏管网，应采用乙字管连接。

5) 附件安装

阀门及其他附件的安装参见有关安装资料。

6) 管道试压、管道保温、管道冲洗

参照给水管道试压、管道保温及管道冲洗。

7) 综合调试

综合调试前，检查热水系统阀门是否全部打开。开启热水系统的加压设备向各个配水点送水，将管端与配水件接通，并以管网的设计工作压力供水，将配水件分批开启，检查通水情况，各配水点的出水应通畅；高点放气阀反复开启几次，将系统中的空气排净；检查热水系统全部管道及阀件有无渗漏、热水管道的保温质量，记录热水系统的供回水温度及压差。待系统正常运行后，做好系统的试运行记录，办理交工验收手续。

3.2.4 建筑消防系统设备安装

1. 工艺流程

建筑消防系统设备安装的工艺流程如图3-7所示。

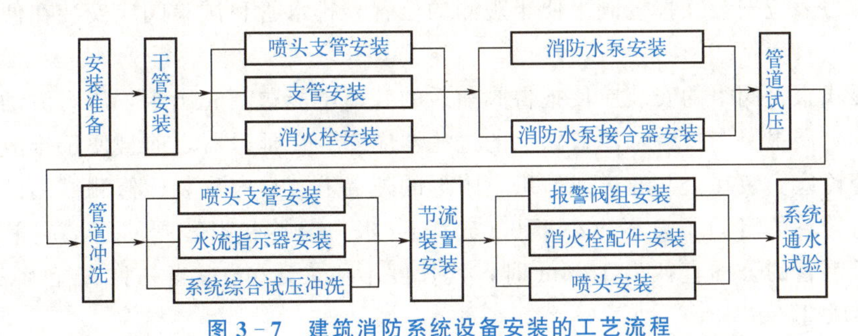

图3-7 建筑消防系统设备安装的工艺流程

2. 操作工艺

1) 安装准备

(1) 自动喷水灭火系统的报警阀、水流指示器、蝶阀、水泵接合器等主要组件的规格、型号应符合设计要求，配件齐全，表面光洁、无裂纹，启闭灵活，有出厂合格证。

(2) 喷头的规格、类型、动作温度应符合设计要求，丝扣完整，感温包无破碎、松动，易熔片无脱落、松动，有出厂合格证。

(3) 消火栓箱体的规格、类型应符合设计要求，箱体表面平整、光洁，金属箱体方正、无锈蚀、无划伤。栓阀外观无裂纹、启闭灵活、关闭严密、密封填料完好，有出厂合格证。

2) 水流指示器安装

(1) 水流指示器的安装应在管道试压和冲洗合格后进行，水流指示器的规格、型号应符合设计要求。

(2) 水流指示器应竖直安装在水平管道上侧，其动作方向应和水流方向一致。安装后的水流指示器浆片、膜片应动作灵活，不应与管壁发生碰擦。

3）消防水泵接合器安装

（1）消防水泵接合器的组装应按接口、本体、连接管、止回阀、安全阀、放空管、控制阀顺序进行。止回阀的安装方向应使消防用水能从消防水泵接合器进入系统。

（2）消防水泵接合器应安装在便于消防车接近的人行道或非机动车行驶的地段。

（3）地下消防水泵接合器应采用铸有“消防水泵接合器”标志的铸铁井盖，并在附近设置指示其位置的固定标志。地下消防水泵接合器的安装应使进水口与井盖底面的距离不大于0.4m，且不应小于井盖半径。

（4）地上消防水泵接合器应设置与消火栓区别的固定标志。

（5）墙壁消防水泵接合器的安装应符合设计要求。设计无要求时，其安装高度宜为1.1m，与墙上的门、窗、孔、洞的净距不应小于2.0m，且不应安装在玻璃幕墙下方。

4）报警阀组安装

（1）应先安装水源控制阀、报警阀，再进行报警阀辅助管道的连接。水源控制阀、报警阀与配水干管的连接应使水流方向一致。水源控制阀安装应便于操作，且应有明显的开闭标志和可靠的锁定设施。报警阀的安装位置应符合设计要求，设计无要求时，应安装在便于操作的明显位置，距室内地面高度宜为1.2m，两侧与墙的距离不应小于0.5m，正面与墙的距离不小于1.2m。

（2）压力表应安装在报警阀上便于观测的位置。排水管和试验阀应安装在便于操作的位置。

（3）湿式报警阀组的安装应使报警阀前后的管道中能顺利充满水，压力波动时，水力警铃不应发生误报警。报警水流通路上的过滤器应安装在延迟器之前且便于排渣操作的位置。水力警铃应安装在公共通道或值班室附近的外墙上，且应安装检修测试用的阀门，安装后的水力警铃的启动压力不应小于0.05MPa。水力警铃和报警阀的连接应采用镀锌钢管，当镀锌钢管的公称直径为15mm时，其长度不应大于6m；当公称直径为20mm时，其长度不应大于20m。

5）喷头安装

（1）喷头安装应在系统试压、冲洗合格后进行。喷头安装时，不得对喷头进行拆装、改动，严禁给喷头附加任何装饰性涂层。

（2）喷头安装宜采用专用的弯头、三通，使用专用扳手，严格利用喷头的框架施拧。喷头的框架、溅水盘产生变形或原件损伤时，应采用相同规格、型号的喷头进行更换。

（3）当喷头的公称直径小于10mm时，应在配水干管或配水管上安装过滤器。

（4）安装在易受机械损伤处的喷头，应加设喷头防护罩。

（5）当通风管道宽度大于1.2m时，喷头应安装在其腹面以下部位。

（6）喷头安装时，溅水管与吊顶、门、窗、洞口或墙面的距离应符合设计要求。当喷头安装在不到顶的隔断附近时，喷头与隔断的水平距离和最小垂直距离应符合表3-7的规定。

表3-7　喷头与隔断的水平距离和最小垂直距离　　单位：mm

水平距离	150	225	330	375	450	600	750	>900
最小垂直距离	75	100	150	200	236	313	336	450

6）消火栓箱安装

消火栓箱应栓口朝外，阀门距离地面、箱壁的尺寸符合施工规范规定，水带与消火栓、水枪的快速接头绑扎紧密，并卷折挂在托盘和支架上。

3. 质量要求

在消防管道验收前，应对消防管道、消防设备及其配件进行质量检查，对不符合设计和验收要求的必须返工整改。

3.2.5 给排水管道防腐与保温

1. 给排水管道防腐

1）工艺流程

管道表面除锈→涂漆→防腐材料安装。

2）管道（设备）常用防腐涂料

涂料主要由液体材料、固体材料和辅助材料三部分组成。防腐涂料用于涂覆在管道、设备和附件等表面上，构成一层薄薄的液态膜层，干燥后附着于被涂表面，起到防腐保护作用。

防腐涂料按其作用，一般可分为底漆和面漆。工作时，先用底漆打底，再用面漆罩面。

（1）底漆：常用于工程防腐的底漆是防锈漆，包括硼钡酚醛防锈漆、铝粉酚醛防锈漆、醇酸防锈漆、云母氧化铁酚醛防锈漆、红丹防锈漆、铁红油性防锈漆、铁红酚醛防锈漆和酚醛防锈漆等。

防锈漆和其他底漆均能防锈，都可用于打底，它们的区别在于：底漆的颜料成分高，可以打磨，漆料性能着重于对物体表面的附着力；而防锈漆偏重满足耐水、耐碱等性能要求。

（2）面漆：用于罩光、盖面、表面保护和装饰，常用面漆的性能和用途见表3-8。

表3-8 常用面漆的性能和用途

名称	型号	性能	耐温/℃	主要用途
沥青漆	L50-1 L01-6 L04-2	有效防止工业大气和土壤水的腐蚀	150	用于设备、管道表面防腐
各色厚漆（铅油）	Y02-1	涂膜较软，干燥慢，在炎热而潮湿的天气有发黏现象	60	用清油稀释后，用于室内钢铁、木材表面打底或盖面
各色油漆（调合漆）	Y03-1	附着力强，耐候性较好，不易粉化、龟裂，在室外优于磁性调合漆	60	用于室内外金属、木材、建筑物表面防护和装饰
银粉漆	C01-2	对钢铁和铝表面具有较强的附着力，涂膜受热后不易起泡	150	作采暖管道及散热器的面漆

续表

名称	型号	性能	耐温/℃	主要用途
各色酚醛调合漆	F03-1	附着力强，光泽好，耐水，漆膜坚硬，但耐候性稍差	60	作室内外金属、木材的一般防护面漆
各色醇酸调合漆	C03-1	附着力强，涂膜坚硬光亮，耐候、耐久、耐油性都较油性调合漆好	60	作室外金属防护面漆
生漆（大漆）	—	附着力好，涂膜坚硬，耐多种酸、耐水，但毒性大	200	用于钢铁、木材表面的防潮、防腐
过氧乙烯防腐漆	G52-1	有良好的防腐性，能耐酸、碱和化学介质腐蚀，防毒、防潮	60	用于钢铁和木材表面，以喷涂为佳
树脂漆（自干漆）	—	与钢铁附着力强，涂膜坚硬，耐酸、耐水，毒性小	<200	作金属表面的防腐涂剂

3）管道（设备）表面除锈

防腐施工前，对管道（设备）表面应严格除锈，以及除灰土、除油脂、除焊渣等表面处理。管道（设备）表面除锈是防腐施工中的重要环节，其除锈质量的高低直接影响涂层的寿命。除锈的方法有手工除锈、机械除锈和化学除锈。

（1）手工除锈：用刮刀、手锤、钢丝刷及砂布、砂纸等手工工具，磨刷管道表面的锈和油垢等的除锈方法。

（2）机械除锈：利用机械动力的冲击摩擦作用除去管道表面的锈蚀，是一种较先进的除锈方法。可采用风动钢丝刷、管道除锈机、管内扫管机等机械设备或喷砂除锈。

（3）化学除锈：利用酸溶液和铁的氧化物发生反应将管道表面锈层溶解、剥离的除锈方法。

4）涂漆

防腐涂料常用的施工方法有刷、喷、浸、浇等，工程中多采用涂刷和喷涂两种方法。手工涂刷时，用刷子将涂料均匀刷在管道表面，涂刷顺序是自上而下、从左至右纵横涂刷。喷涂时，用喷枪将涂料以雾状喷出，均匀喷涂于管道表面，喷涂操作环境应洁净，涂层适宜厚度为0.3～0.4mm。

涂漆施工的注意事项如下。

（1）涂料使用前应搅拌均匀。涂料表面已起皮的应过滤，然后按涂漆方法的要求，选择相应的稀释剂稀释至适宜稠度。调成的涂料应及时使用。

（2）表面处理合格后，应在3h内涂罩第一层漆；涂层干燥后，用纱布打磨后再涂下一层。应控制好涂漆间隔时间，把握涂层之间的重涂适应性，必须达到要求的涂层厚度，一般以150～200μm为宜。

（3）防腐施工要求，室内涂漆的适宜温度为20～25℃，相对湿度在65%以下为宜；室外涂漆的适宜温度为5～40℃，相对湿度不宜大于85%，施工时应无风沙、细雨，操作现场应有防风、防火、防冻、防雨等措施。涂装操作区域应有良好的通风及通风除尘设备，防止中毒事故发生。

5）管道防腐操作工艺

（1）室内明装、暗装管道涂漆：明装镀锌钢管，刷银粉漆1道或不刷漆；黑铁管及其支架等，刷红丹底漆2道、银粉漆2道；暗装黑铁管，刷红丹底漆2道。

（2）室外管道涂漆：室外明装管道，刷底漆或防锈漆1道、面漆2道；通行或半通行地沟里的管道，刷防锈漆2道、面漆2道。

（3）埋地金属管涂漆、包扎防腐材料：铸铁管，表面涂1～2道绝缘沥青漆即可；碳钢管，埋在一般土壤里采用普通防腐（三油二布，即沥青底漆3层，夹玻璃布或塑料布2层，每层沥青厚2mm，总厚度不小于6mm），埋在高腐蚀性土壤里采用加强防腐（四油三布，即沥青底漆4层，夹玻璃布或塑料布3层，每层沥青厚2mm，总厚度不小于8mm）。

2. 给排水管道保温

管道保温

1）工艺流程

管道清理除锈→涂漆→保温层→防潮层（室内管道可不做）→保护层。

2）管道（设备）常用保温材料

保温材料的导热系数$\lambda \leqslant 0.12W/(m \cdot K)$，保冷材料的导热系数$\lambda \leqslant 0.06W/(m \cdot K)$。常用保温材料见表3-9。

表3-9 常用保温材料

材料类型	特点
膨胀珍珠岩类	材料密度小、导热系数小、化学稳定性强、不燃烧、耐腐蚀、无毒无味，且价廉、产量大、资源丰富，因此使用广泛
泡沫塑料类	材料密度小、导热系数小、施工方便，但不耐高温、可燃烧、防火性差，适用于60℃以下的低温水管道保温
普通玻璃棉类	材料吸水率低、化学稳定性好、导热系数小、耐酸、耐腐蚀、不烂、不怕蛀、无毒无味、价廉、寿命长、施工方便，但刺激皮肤
超细玻璃棉类	材料密度小，其余特性同普通玻璃棉类
超轻微孔硅酸钙	材料耐高温、吸水率高
蛭石类	材料强度高、价廉、施工方便，适用于高温场合
矿渣棉类	材料密度小、导热系数小、耐高温、价廉、货源广，但填充后易沉陷，施工时刺激皮肤且尘土大
石棉类	材料导热系数较小、耐火、耐酸碱
岩棉类	材料密度小、导热系数小、适用温度范围广、施工简单，但刺激皮肤

3）常用管道保温操作工艺

（1）预制式管道保温。预制式管道保温一般采用泡沫塑料、硅藻土、石棉蛭石等保温材料，将其预制成扇形保温瓦，用保温瓦包住管道。其施工要求如下。

① 管道表面除锈，涂2道防锈漆。

② 绑扎保温瓦前，应先在管道上涂一层10mm厚石棉灰。

③ 安装保温瓦，应使横向接缝错开，并用与石棉灰或保温瓦相同的粉状材料填塞，保温瓦每隔 150mm 用直径为 1.5～2.0mm 的镀锌钢丝绑扎。管周所用保温瓦最多不超过 8 块，块数应为偶数。

④ 采用矿渣棉、玻璃棉制保温瓦时，宜用油毡玻璃丝布作保护壳，不宜用石棉水泥作保护壳。

⑤ 弯管处必须留有膨胀缝（包含保护壳），并用石棉绳堵塞。

⑥ 保温层外径大于 200mm 时，应在保温瓦外面用网格为 30mm×30mm～50mm×50mm 的镀锌钢丝网绑扎。

(2) 包扎式管道保温。包扎式管道保温主要采用沥青或沥青矿渣玻璃棉毡（板）作保温材料，将成卷的棉毡按管道规格裁剪成块，并将厚度修整均匀，保证棉毡的容重。其施工要求如下。

① 管道表面除锈，涂 2 道防锈漆。

② 保温层厚度按设计要求，如果单层达不到要求，可用 2～3 层。横向接缝应紧密接合，搭接宽度：管径小于 200mm 时，宽度为 50mm；管径为 200～300mm 时，宽度为 100mm。棉毡每隔 150～200mm 用直径为 1.0～1.4mm 的镀锌钢丝绑扎。

③ 在保温层外包扎保护壳，保护壳做法：第一层包扎 350 号石棉沥青毡，每隔 250～300mm 用直径为 1.0～1.6mm 的镀锌钢丝捆扎，搭接宽度为 50mm，纵向搭接应在管道侧面，口缝向下；第二层包扎密纹玻璃布，每隔 3m 用直径 1.6mm 的镀锌钢丝绑扎，搭接宽度约 40mm。不宜用易受潮的石棉水泥作保护壳，架空管道（室内）可用 1mm 厚的硬纸板作保护壳。

项 目 小 结

本项目对建筑给排水施工图的基础知识及识读要点进行了详细阐述，应基于必备的基础知识，着眼于识图能力的培养。项目重点介绍了建筑室内给排水管道及附件、热水管道及附件、消防系统设备安装的施工工艺方法、流程及操作，并简单介绍给排水管道的防腐与保温措施。

建议读者在学习本项目的过程中，随时查阅相关资料、图集，既做到温故而知新，又要将前面所学知识融会贯通，将学习场景转化为工作情境。

一、简答题

1. 建筑给排水施工图的主要内容包括哪些？

2. 请简述建筑给排水施工图的识读方法。

3. 请简述室内金属给水管道及附件的安装工艺流程。

4. 图 3-8 为某建筑排水系统图，试回答图中 1、2、3 的名称和作用，以及 4、5 的名称及设置要求。

5. 为防止排水管内的气体进入室内，图 3－9 所示的排水系统中采取了哪些措施？在哪些位置设置了检查口和清扫口？

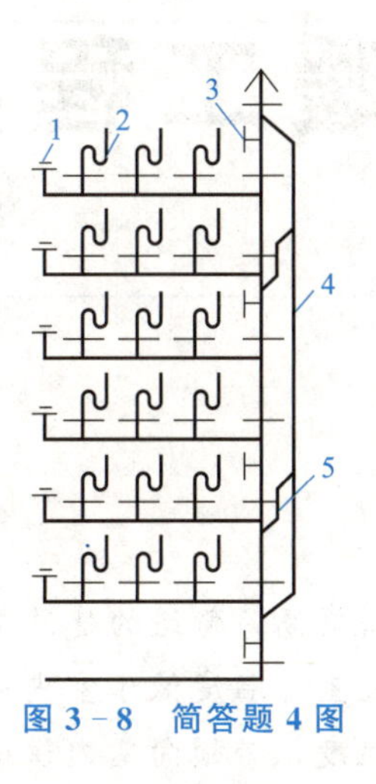

图 3－8　简答题 4 图

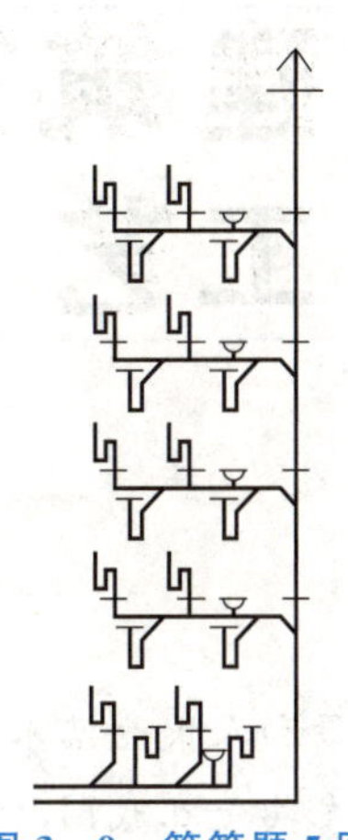

图 3－9　简答题 5 图

二、多选题

1. 同层排水的优点有（　　）。

A. 减少卫生间楼面留洞　　　　B. 安装在楼板下的横支管维修方便

C. 排水噪声小　　　　D. 卫生间楼面不需下沉

2. 以下器具排水管管径，正确的有（　　）。

A. 洗脸盆 $DN32$　　　　B. 浴盆 $DN40$

C. 大便器 $DN40$　　　　D. 单个小便器 $DN40$

3. 下列建筑内排水管道布置，符合要求的有（　　）。

A. 排水管道布置在食堂餐台上方

B. 排水管道不穿窗

C. 排水管道布置在配电柜上方

D. 塑料排水管表面受热温度大于 60℃，采取隔离措施

在线答题

项目4 建筑采暖工程与施工工艺

项目导入

随着我国城镇化建设和人民生活水平的不断提高，舒适的建筑热环境已然成为人们生活和工作的必须条件。尤其是在我国北方，冬天室外温度低于室内温度，室外冷空气通过各个渠道侵入房间，为了维持室内所需的空气温度，必须向室内供给相应的热量。热量的供应必须依靠采暖系统，热水采暖系统是目前广泛使用的一种采暖系统，适用于民用建筑与工业建筑。

思维导图

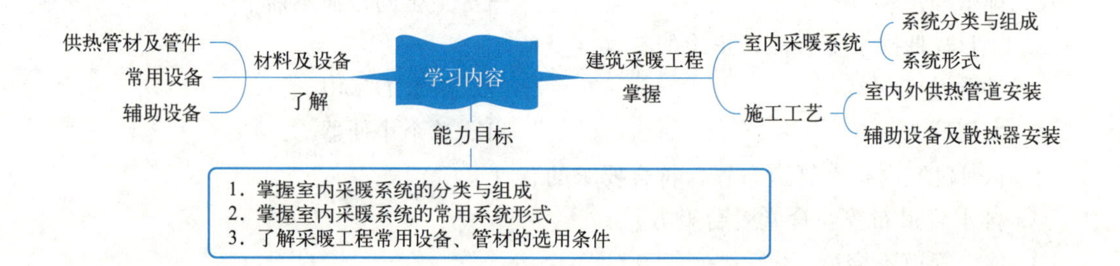

4.1 室内采暖系统

4.1.1 室内采暖系统的分类与组成

采暖也称供暖，是为了给人们创造适宜的生活或工作条件，用人工的方法保持一定的室内温度的技术。采暖需要依靠室内采暖系统。

1. 室内采暖系统的分类

1）局部采暖系统和集中采暖系统

根据系统主要组成部分的位置关系，室内采暖系统可分为局部采暖系统和集中采暖系统。主要设施在构造上都在一起，仅为设施所在的局部区域供暖的系统，称为局部采暖系统，如烟气（火炉、火墙和火炕等）采暖、电热采暖等。热源和散热设备分别设置，用热媒管道连接，由热源向各个房间或各个建筑物供给热量的采暖系统，称为集中采暖系统。

对一个或几个小区多幢建筑物集中供暖的方式，在国内也称为区域供暖。在区域供暖技术的基础上，以热水或蒸汽为热媒，由热源集中向一个城镇或较大区域供应热能的方式即集中供热。目前，集中供热已成为现代化城镇的重要基础设施之一，是城镇公用事业的重要组成部分。

2）热水采暖系统和蒸汽采暖系统

按热媒的不同，室内采暖系统主要分为热水采暖系统和蒸汽采暖系统。图 4－1 所示为集中式热水采暖系统。其热水锅炉与散热器通过供水管和回水管相连接，循环水泵驱使热水在管道及锅炉内循环，膨胀水箱用于容纳采暖系统温度变化时的膨胀水量，并使系统保持一定的压力和具有排除系统中空气的能力。该系统可以向单幢建筑物供暖，也可以向多幢建筑物供暖。

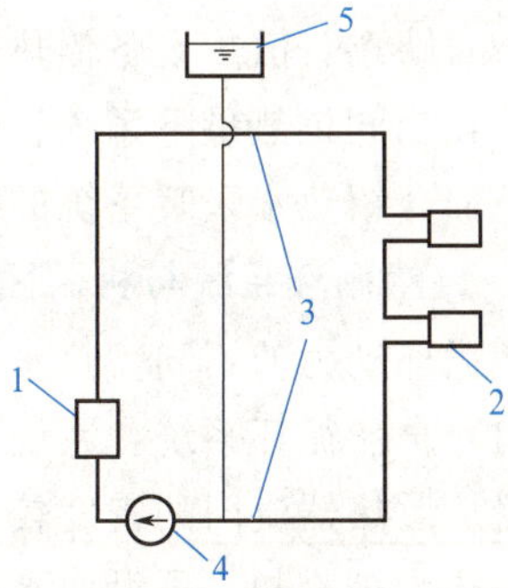

1—热水锅炉；2—散热器；3—热水管；4—循环水泵；5—膨胀水箱

图 4－1　集中式热水采暖系统

3）对流采暖系统和辐射采暖系统

根据采暖系统散热方式的不同，室内采暖系统可分为对流采暖系统和辐射采暖系统。以对流换热为主要方式的是对流采暖系统。对流采暖系统中采用散热器散热的称为散热器采暖系统，利用热空气作为热媒的称为热风采暖系统。

以辐射换热为主要方式的是辐射采暖系统。目前我国正在推广低温热水地板辐射采暖系统，该系统具有节能、卫生、舒适、不占室内面积等优点。低温热水地板辐射采暖系统的供水温度一般不大于 60℃，地板表面温度为 24～40℃（人员经常停留区取下限，无人区取上限）。

拓展讨论

党的二十大报告提出，加快节能降碳先进技术研发和推广应用。请思考低温热水地板辐射采暖系统是如何减少能源消耗的，从而为居民提供一个清洁、舒适、健康的生活环境？

2. 室内采暖系统的组成

室内采暖系统主要由热源、热媒输配和散热设备三大部分组成。对集中采暖系统而言，其三大部分为热源、热网和热用户。

(1) 热源：泛指能从中吸取热量的任何装置或天然能源。在集中采暖系统中，目前应用最广泛的热源是区域锅炉房和热电厂，另外还可利用地热、天然气、工业废热等作为热源。

(2) 热网：由热源向热用户输送和分配供热介质的管网系统。

(3) 热用户：集中采暖系统中利用热能的用户，如暖气、空调、热水及生产工艺用热等用户。

4.1.2 热水采暖系统

热水采暖系统是住宅和公共建筑中的主要采暖系统形式，也可用于工业建筑及其辅助建筑中。相对蒸汽采暖系统，热水采暖系统的优缺点如下。

(1) 优点：运行管理简单，维修费用低；热效率高，跑、冒、滴、漏现象轻，可比蒸汽采暖节能20%～40%；可采用多种调节方法，特别是可随室外温度变化改变供回水温度的质调节；供暖效果好，房间内温度分布均匀，连续供暖时室内温度波动小；供暖无噪声，可创造良好的室内环境，增加舒适度；管道设备锈蚀较轻，使用寿命长。

(2) 缺点：散热设备传热系数低，在相同供热量下所需供暖设备多；热水采暖靠水的温降，在相同供热量下系统管道流量大、管径大、造价高；输送热媒消耗电能多。

下面介绍热水采暖系统的基本形式。

1. 自然循环系统与机械循环系统

按循环动力的不同，热水采暖系统可分为自然循环系统与机械循环系统。

(1) 自然循环系统：系统工作前，系统中充满冷水，水在锅炉内被加热后密度减小，同时受从散热器流回的密度较大的回水的驱动，热水沿供水干管上升，流入散热器，在散热器内热水被冷却，再沿回水干管流回锅炉，从而进行自然循环供暖。

自然循环系统的特点是省电、省投资、无噪声、系统简单，但管径较粗。为了顺利排除系统内的空气，以免形成气塞，影响水的正常循环，系统供水干管必须有向膨胀水箱方向上升的坡度，其坡度为0.5%～1%，散热器支管的坡度不得小于1%。

(2) 机械循环系统：靠机械（水泵）力进行循环的系统。其供热半径大，是集中采暖系统的主要形式。

2. 高温水采暖系统与低温水采暖系统

按热媒温度的不同，热水采暖系统可分为高温水采暖系统与低温水采暖系统。

(1) 高温水采暖系统：供水温度高于100℃的系统。高温水采暖系统供回水温差大，所需散热器面积小，管径小，输送热媒耗电能少，运行费用低；但散热器表面温度高，易烫伤皮肤、烤焦有机灰尘，卫生条件及舒适度较差，适用于对卫生条件要求不高的工业建筑及其辅助建筑。

(2) 低温水采暖系统：供水温度低于100℃的系统。低温水采暖系统的优缺点与高温水采暖系统正好相反，它是民用及公共建筑的主要采暖系统形式。

3. 垂直式系统与水平式系统

按系统管道的敷设方式，热水采暖系统可分为垂直式系统与水平式系统。

(1) 垂直式系统：不同楼层的各个散热器用垂直立管连接的系统，如图4-2(a) 所示。按供水管与散热器的连接方式，垂直式系统可进一步分为顺流式和跨越式，图4-2(a) 中左图为顺流式，右图为跨越式。顺流式不会产生垂直失调，即上热下冷的现象，但不能调节；跨越式可调节。

(2) 水平式系统：同一楼层的散热器用水平支管连接的系统，如图4-2(b) 所示。水平式系统也可分为顺流式和跨越式，图4-2(b) 中上图为水平顺流式，下图为水平跨越式。

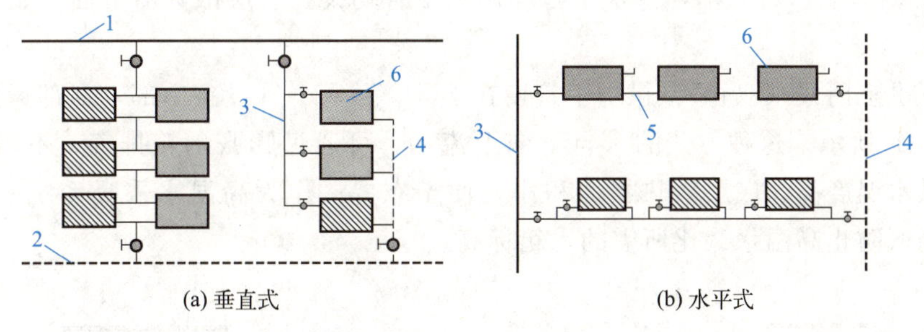

1—供水干管；2—回水干管；3—供水立管；4—回水立管；5—水平支管；6—散热器

图4-2 垂直式系统与水平式系统（单管）

水平式系统与垂直式系统相比，其管路简单，无穿过各层楼板的立管，施工方便，系统造价低；可利用最高层的辅助间（如楼梯间、卫生间等）架设开口水箱；可按层调节供热量，其排气及热补偿措施如图4-3所示。但当散热器串联很多时，易引起水平失调，即前段热、末段冷的现象。

4. 单管系统与双管系统

按连接散热器的管道数量，热水采暖系统可分为单管系统与双管系统。

(1) 单管系统：其散热器串联布置，图4-2中所示系统均为单管系统。单管系统管材耗量少，散热器面积大，在运行过程中调节进入上层散热器的流量，可适当减轻垂直失调现象。

(2) 双管系统：其散热器并联布置，如图4-4所示。双管系统便于调节，散热器面积小；但管材耗量大，易产生垂直失调。

5. 按供回水方式分类的采暖系统

按系统的供回水方式，热水采暖系统可分为上供下回式、上供上回式、下供下回式、下供上回式和中供式。

(1) 上供下回式（单、双管）：供水干管和回水干管分别设置于系统最上面和最下面，如图 4－5(a) 所示。

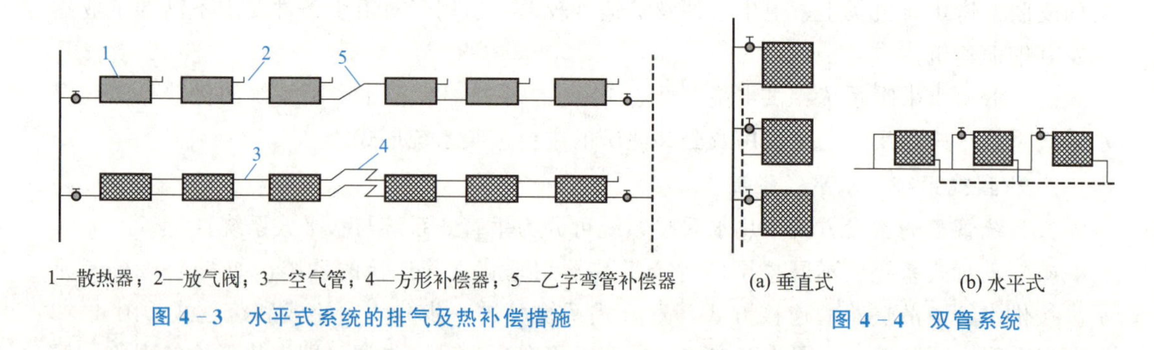

1—散热器；2—放气阀；3—空气管；4—方形补偿器；5—乙字弯管补偿器

图 4－3　水平式系统的排气及热补偿措施

(a) 垂直式　　(b) 水平式

图 4－4　双管系统

(2) 上供上回式（双管）：供水干管和回水干管均设于系统最上面，立管下面均设置放水阀，如图 4－5(b) 所示。这种方式易于调节，便于计量，但不好泄空，易引起垂直失调现象，仅适用于四层以下建筑。

(3) 下供下回式（双管）：供水干管和回水干管均设在底层散热器下面，如图 4－5(c) 所示。

(4) 下供上回式（双管）：供水干管设在下部，回水干管设在上部，顶部设膨胀水箱，如图 4－5(d) 所示。这种方式的水自下向上流动，可通过膨胀水箱排气，不需设排气装置；底层供水温度高，底层散热器面积小，便于布置；作为高温水采暖系统的供回水方式，还可降低防止高温水汽化所需的水箱标高。

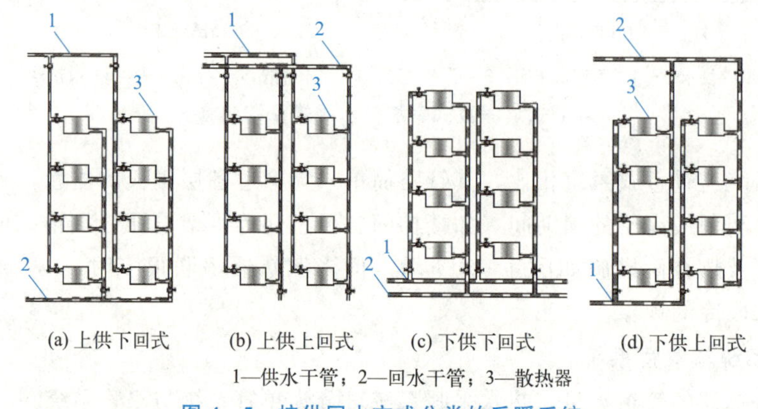

(a) 上供下回式　　(b) 上供上回式　　(c) 下供下回式　　(d) 下供上回式

1—供水干管；2—回水干管；3—散热器

图 4－5　按供回水方式分类的采暖系统

(5) 中供式：从系统总立管引出的水平供水干管设在系统中部，下部系统为上供下回式，上部系统可采用下供上回式（双管），也可采用上供下回式（单管），如图 4－6 所示。中供式可减轻垂直失调现象，但上部系统需增加排气装置。

6. 同程式系统与异程式系统

按热媒在系统中的流程，热水采暖系统可分为同程式系统与异程式系统。

(1) 同程式系统：热媒沿各基本组合体流程相同的系统，即各环路管路总长度基本相等的系统，如图 4－7(a) 所示。图中左侧第一列立管离供水最近、离回水最远，第四列立管离供水最远、离回水最近，通过四列立管环路供回水干管路径基本相同。同程式系统可

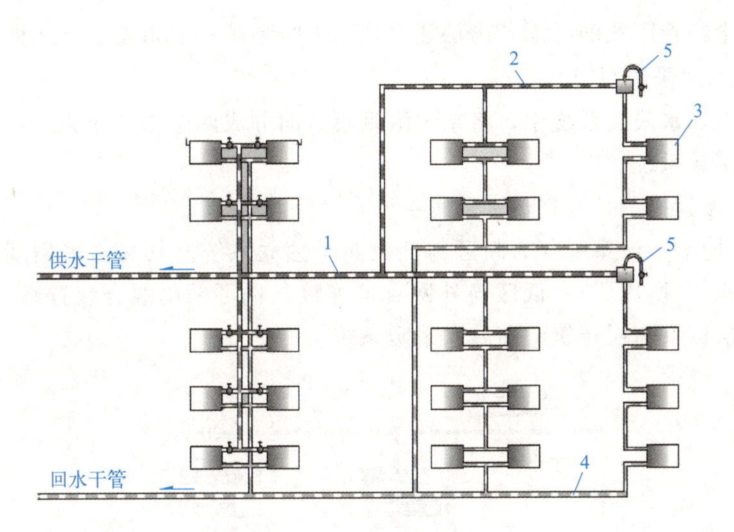

1—中部供水管；2—上部供水管；3—散热器；4—回水干管；5—集气罐

图 4-6 中供式热水采暖系统

减轻水平失调，阻力损失易于平衡，但系统管材耗量大。

(2) 异程式系统：热媒沿各基本组合体流程不同的系统，如图 4-7(b) 所示。图中左侧第一列基本组合体供回水干管均最短，第四列基本组合体供回水干管均最长，通过四列环路供回水干管路径均不相同。异程式系统管材耗量小，但易引起水平失调现象。

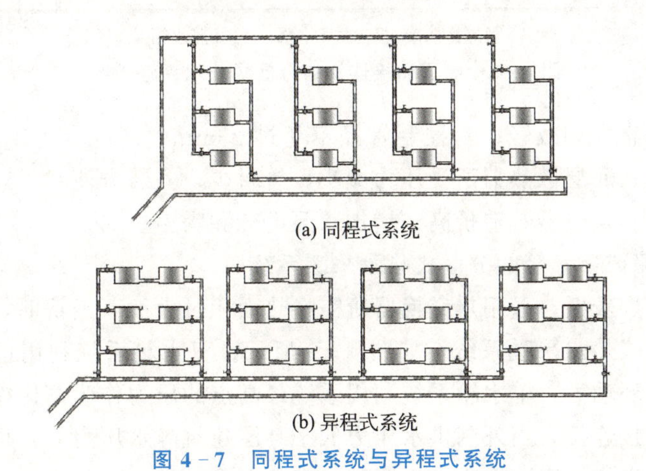

(a) 同程式系统

(b) 异程式系统

图 4-7 同程式系统与异程式系统

4.1.3 高层建筑热水采暖系统

高层建筑热水采暖系统的设计，应重点考虑以下三个问题。

(1) 采暖设计热负荷：应同时考虑风压作用和热压作用。

(2) 垂直失调：在确定系统形式时，应避免引起垂直失调现象。

(3) 承压能力：在确定网户连接方式时，应不倒空、不超压，外网资用压力不小于用户阻力损失。

基于对三个特殊问题的考虑，高层建筑热水采暖系统一般采用以下几种形式。

1. 分区式热水采暖系统

在高层建筑热水采暖系统中，将系统沿垂直方向分成两个或两个以上的独立系统，称为分区式热水采暖系统。

1）高区间接连接的分区式热水采暖系统

如图 4－8 所示，该系统分为高区与低区两个独立系统。其高区采用间接连接，与外网隔绝连接（水-水换热器）；低区与外网直接连接（也可采用混合装置）。这种形式适用于 12 层及 12 层以上高层建筑的高温水采暖系统。

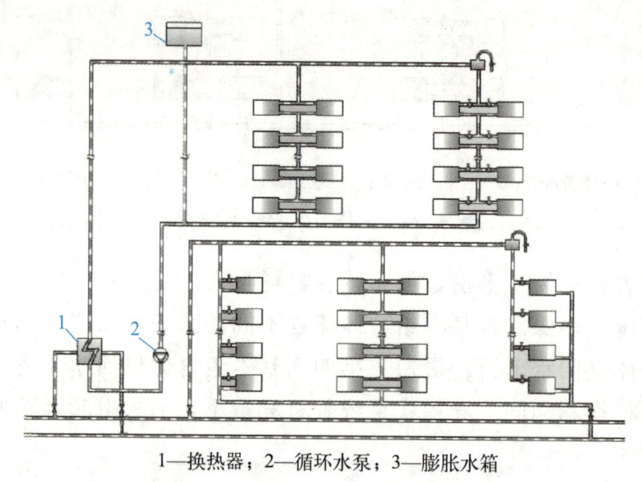

1—换热器；2—循环水泵；3—膨胀水箱

图 4－8　高区间接连接的分区式热水采暖系统

（1）优点：垂直失调减轻；易控制管径不超过 25mm；高区水力工况不受外网影响，供水温度符合要求；底层散热器所受压力减小；管材少，安装方便。

（2）缺点：增加换热器，造价高；增加水泵电耗和噪声。

2）高区双水箱或单水箱的分区式热水采暖系统

当外网供水温度较低，采用热交换器所需换热面积过大而不经济时，可采用高区双水箱或单水箱的分区式热水采暖系统，如图 4－9 所示。双水箱系统利用进回水箱之间的水位高差作为高区循环动力，单水箱系统利用系统最高点的压力作为高区循环动力。这种系统的高区与外网直接连接，当外网供水压力低于高层建筑静水压力时，可在用户供水管上设加压水泵。系统溢水管高度取决于外网回水管的压力。

（1）优点：省去换热器，系统造价降低。

（2）缺点：开口水箱易进空气，造成系统腐蚀。

2. 双线式热水采暖系统

双线式热水采暖系统分为垂直双线热水采暖系统和水平双线热水采暖系统。

1）垂直双线热水采暖系统

垂直双线热水采暖系统如图 4－10(a) 所示，图中虚线框表示设置于一个房间内的散热器（串片式散热器、蛇形管或辐射板）。这种系统需在 π 型立管的最高点设置排气装置。由于各层散热器的平均温度近似相同，有利于避免系统垂直失调；但立管阻力小，易引起水

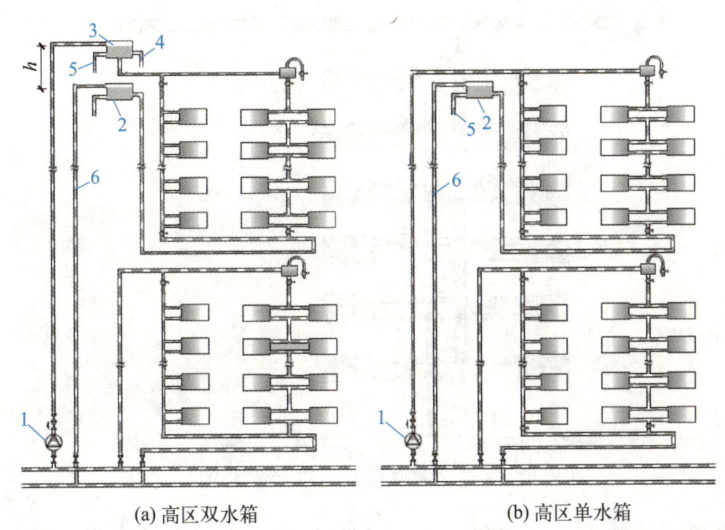

(a) 高区双水箱　　(b) 高区单水箱

1—加压水泵；2—回水箱；3—进水箱；4—进水箱溢流管；5—信号管；6—回水箱溢流管

图 4-9　高区双水箱或单水箱的分区式热水采暖系统

平失调，可在回水立管上设节流孔板以增大立管阻力，或采用同程式系统来消除水平失调。

2）水平双线热水采暖系统

水平双线热水采暖系统如图 4-10(b) 所示，图中虚线框表示设置于同一房间内的散热器（串片式散热器或辐射板）。这种系统可每层设调节阀，进行分层调节。由于水平方向各组散热器平均温度近似相同，当系统水温或流量变化时，每组双线上的各个散热器的传热系数变化程度近似相同，有利于避免水平失调；但每层水平支线上需设节流孔板，以增加各水平环路的阻力，避免垂直失调。

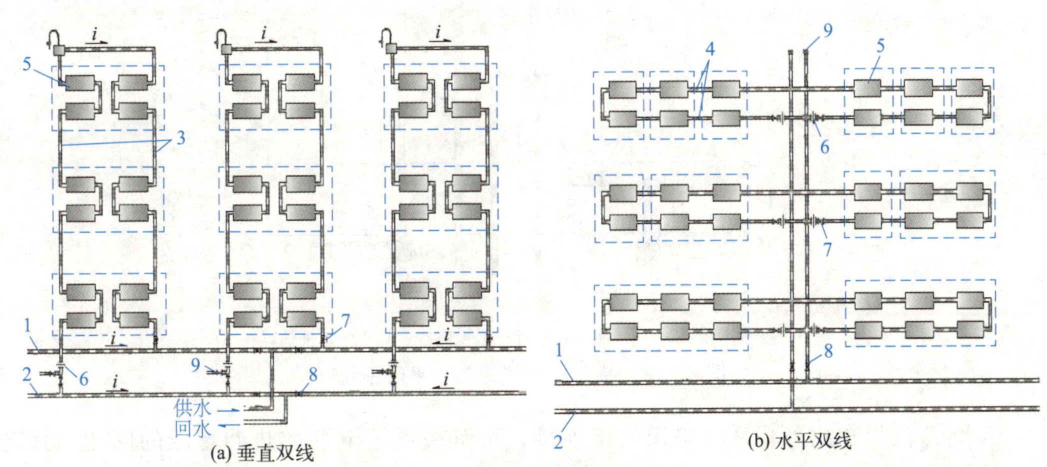

(a) 垂直双线　　(b) 水平双线

1—供水干管；2—回水干管；3—双线立管；4—双线水平管；5—散热器；6—节流孔板；7—调节阀；8—截止阀；9—排水阀

图 4-10　双线式热水采暖系统

3. 单双管混合式热水采暖系统

单双管混合式热水采暖系统如图 4-11 所示，将散热器沿垂直方向分成若干组，每组内采用双管连接，组与组之间采用单管连接。

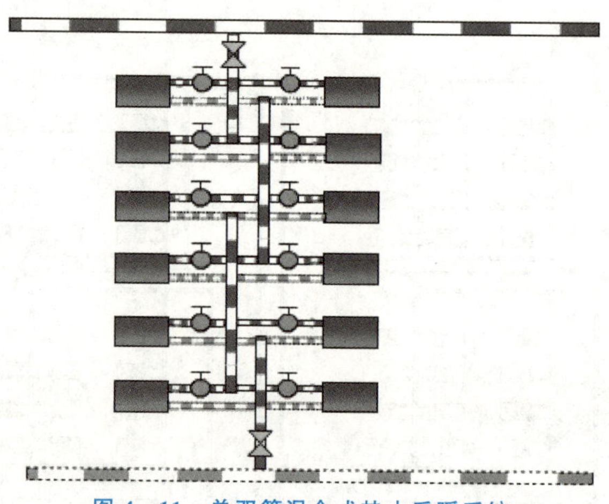

图 4-11 单双管混合式热水采暖系统

单双管混合式热水采暖系统较双管系统的垂直失调减轻，管径优化，避免了散热器支管过粗的缺点；散热器能进行局部调节，下供上回时散热器仍然同侧上进下出，散热器传热系数大，散热面积小。但较单管系统管材多，且不能解决系统下部散热器超压问题。

4. 热水-蒸汽混合式采暖系统

对于特高层建筑（如全高大于 160m 的建筑），最高层的静水压力已超过一般管路附件和设备的承压能力（一般为 1.6MPa），这时可将建筑物沿竖向分成三个区，最高区以蒸汽作热媒向位于最高区的汽-水换热器供给蒸汽，下面的分区以热水作热媒，如图 4-12 所示，这种采暖系统也称热水-蒸汽混合式采暖系统。

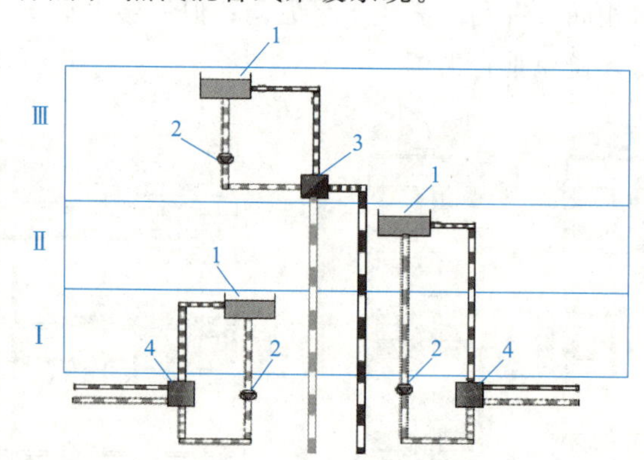

1—膨胀水箱；2—循环水泵；3—汽-水换热器；4—水-水换热器

图 4-12 特高层建筑的热水采暖系统

热水-蒸汽混合式采暖系统采用间接连接，可解决系统下部散热器超压的问题，减轻垂直失调。

4.1.4 分户热计量采暖系统

为便于分户按实际耗热量计费、节约能源和满足用户对采暖系统多方面的功能要求，分户热计量采暖系统应运而生。

1. 现有旧系统改造

现有旧系统的采暖系统形式多为单管顺流垂直式或水平式，必须经过改造，才能变更为分户热计量采暖系统。现有旧系统改造需经过以下步骤。

（1）增配计量装置：需增配的计量装置见表4-1。

表4-1 增配计量装置

装置名称	作　用
热量分配表（蒸发热表）	贴在散热器表面，进行热量分配
热量表（热表）	由流量计、温度传感器和积算仪等组成的机电一体化仪表，需入户或装在用户入口
流量计	用于测量流经用户的热水流量
温度传感器	由铂电阻或热敏电阻等制成，用于测量供回水温度
积算仪	根据流量计与温度传感器测得的流量和温度信号计算流量、温度、热量及其他参数，可显示、记录和输出所需数据

（2）装配调节装置：可选择装配表4-2中的调节装置。

表4-2 装配调节装置

装置名称	作　用
温控阀	调节积分时间常数，装在散热器供水管上
常规阀门（闸阀、截止阀等）	手动调节积分时间常数
锁闭阀	供收费部门使用

（3）制定流量分配措施：采用跨越管。

（4）选择改造方案：现有旧系统的改造方案及其目的见表4-3。

表4-3 改造方案及其目的

改造方案	目　的
跨越管＋温控阀＋蒸发热表（入口热表）	实现计量与调节
跨越管＋常规阀门＋蒸发热表（入口热表）	实现计量与调节
跨越管＋蒸发热表＋锁闭阀	实现计量与锁闭
跨越管＋锁闭阀＋热表（总立管下部）	热量按面积分摊
跨越管＋无调节功能的温控阀＋热表	热量按面积分摊
入口热表	热量按面积分摊
跨越管＋温控阀＋锁闭阀＋蒸发热表	实现按室计量

2. 新系统设计方案

1）分户水平单管采暖系统

分户水平单管采暖系统与普通水平式系统的主要区别是其水平支路长度限于一个住户之内。分户水平单管采暖系统可采用在水平支路上设关闭阀、调节阀和热表的顺流式[图4-13(a)]，可实现分户调节和计量热量，但不能分室改变供热量；也可采用散热器同

侧接管的跨越式[图 4-13(b)]或异侧接管的跨越式[图 4-13(c)]，在图 4-13(b)、(c)的水平支路上安装关闭阀、调节阀和热表，在各散热器支管上安装温控阀，可实现分室控制和调节供热量。

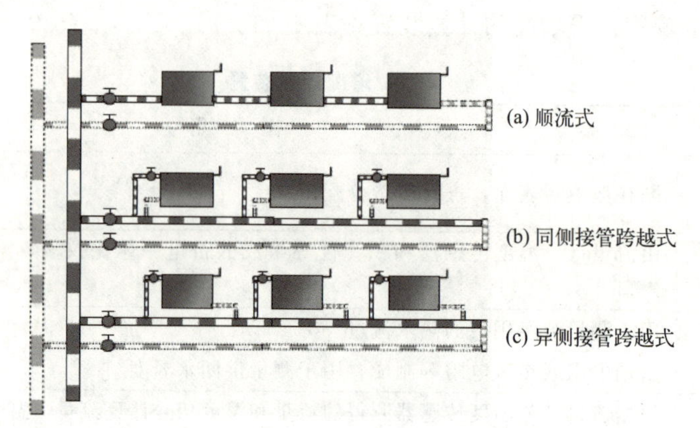

图 4-13　分户水平单管采暖系统

分户水平单管采暖系统的管道布置方便，节省管材，水力稳定性好，但在调节流量措施不完善时容易产生垂直失调。在设计时需要重视重力作用压头的计算，以减轻垂直失调，另外要解决好排气问题，可在散热器上方安排气阀或利用串联空气管排气。

2）分户水平双管采暖系统

分户水平双管采暖系统中，一个住户内的各散热器并联，在每组散热器上装调节阀或恒温阀，可实现分室控制和调节。但其水力稳定性不如单管系统，耗费管材。

分户水平双管采暖系统的供水管和回水管可分别装在每层散热器的上、下方[图 4-14(a)]，也可全部装在每层散热器的上方[图 4-14(b)]或下方[图 4-14(c)]。

3）分户水平单双管混合采暖系统

分户水平单双管混合采暖系统如图 4-15 所示。这一系统兼有上述分户水平单管和双

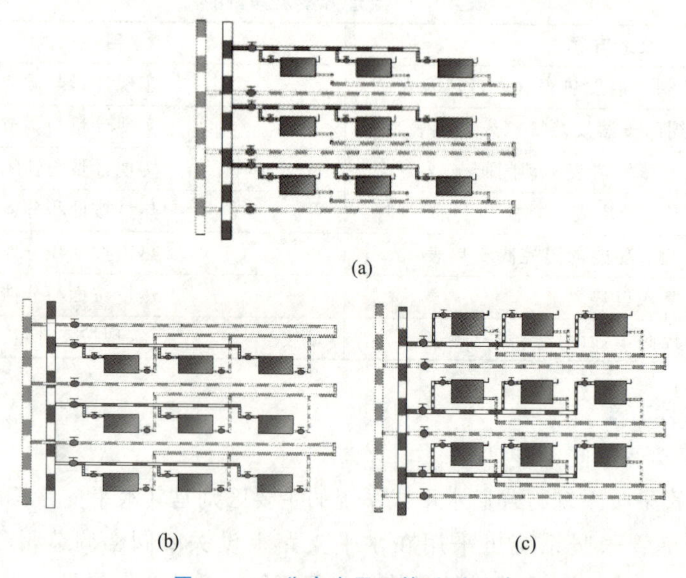

图 4-14　分户水平双管采暖系统

管采暖系统的优缺点，可用于面积较大的户型及跃层式建筑。

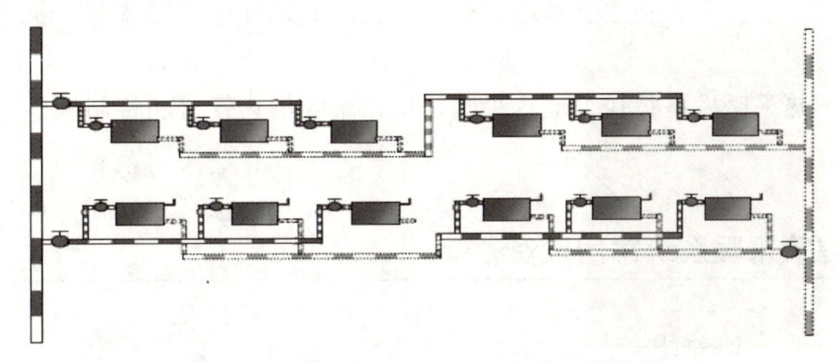

图 4－15　分户水平单双管混合采暖系统

4）分户水平放射式（章鱼式）采暖系统

分户水平放射式（章鱼式）采暖系统如图 4－16 所示。这一系统在每户的供热管道入口设分水器和集水器，各散热器并联布置，从分水器引出的散热器支管呈辐射状埋地敷设至各个散热器。户管有热表，各散热器支管上有调节阀。该系统的支管采用铝塑复合管等管材，增加了楼板厚度和造价。

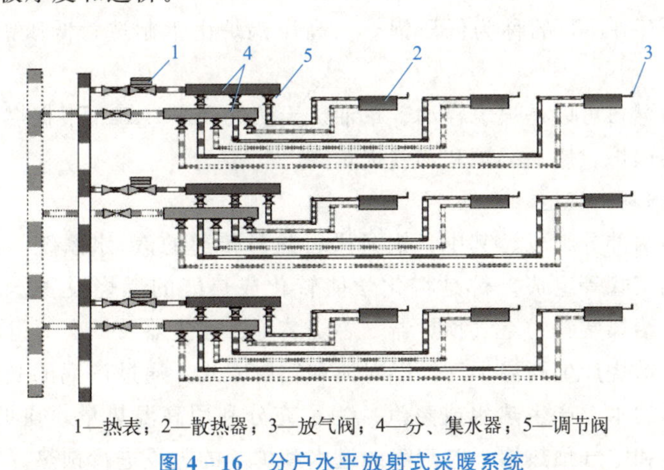

1—热表；2—散热器；3—放气阀；4—分、集水器；5—调节阀

图 4－16　分户水平放射式采暖系统

4.2　建筑采暖工程常用材料及设备

4.2.1　供热管材及管件

室内采暖系统的供热管材采用水煤气管（一般为镀锌钢管），室外供热管材可采用碳素钢管、无缝钢管、镀锌碳素钢管。

供热管材的连接常采用焊接、法兰连接和螺纹连接。供热水平干管与立管焊接时，立管上下阀门之间采用螺纹连接。螺纹连接用管件与给水管道相同，有内接头、弯头、三通、四通、管箍、活接头、补心、丝堵、根母等，除此之外还可用管箍、根母、长螺纹组合替代活接头。

近年来，地热采暖发展很快。地热采暖采用铝塑管供热管材和特制管件，管材与管件采用螺纹连接。

4.2.2 建筑采暖系统常用设备

锅炉实物图

1. 锅炉

锅炉是供热之源，主要用以产生蒸汽和热水。通常将工业和民用建筑采暖用的锅炉称为供热锅炉，以区别用于动力和发电的动力锅炉。

1）供热锅炉的类型

供热锅炉分为蒸汽锅炉与热水锅炉两大类，每一类又分为高压锅炉和低压锅炉两种类型。在蒸汽锅炉中，蒸汽压力大于70kPa的称为高压锅炉，蒸汽压力小于或等于70kPa的称为低压锅炉。在热水锅炉中，温度高于115℃的称为高压锅炉，温度低于115℃的称为低压锅炉。高压锅炉由钢制造，低压锅炉可由钢制造，也可由铸铁制造。

锅炉所使用的燃料可以是煤、轻油、重油、天然气和煤气等。根据燃料的不同，供热锅炉可以分为燃煤锅炉、燃油锅炉和燃气锅炉。

2）供热锅炉的基本构造

锅炉由锅与炉两部分组成。其中，锅是进行热量传递的汽-水系统，由给水设备、省煤器、锅筒及对流束管等组成。炉是将化学能转化成热能的燃烧设备，由送风机、引风机、烟道、风道、给煤装置、空气预热器、燃烧装置、除尘器及烟囱等组成。

燃料在炉子里燃烧产生高温烟气，以对流和辐射方式，通过汽锅的受热面将热量传递给汽锅内温度较低的水，产生热水或蒸汽。为了充分利用高温热量，在烟气离开锅炉前，先让其通过省煤器和空气预热器，对汽锅的进水和炉子的进风进行预热。

为保证锅炉安全工作，锅炉上还应配备安全阀、压力表、水位表、高低水位警报器及超温超压报警装置等。

3）供热锅炉的技术性能

（1）容量：锅炉在单位时间内产生热水或蒸汽的能力，单位为t/h。

（2）工作压力：锅炉出汽（水）处蒸汽（热水）的额定压力，单位为MPa。

（3）温度：锅炉出汽（水）处的蒸汽（热水）的温度，单位为℃。

（4）热效率：锅炉的有效利用热量与燃料输入热量的比值，它是锅炉最重要的经济指标。一般锅炉的热效率为60%～80%。

2. 换热器

换热器设在锅炉房内或单独建造在热交换房内，作为间接热源。

1）换热器的类型

（1）表面式换热器：换热器中冷热两种流体通过一层金属壁进行换热，两种流体之间没有直接接触。这种换热器常见的有壳管式、肋片管式及板式三种结构形式。

(2) 混合式换热器：换热器中冷热两种流体直接接触并彼此混合进行换热，在热交换的同时伴随着物质交换。

(3) 回热式换热器：换热器通过一个具有较大储热能力的换热面进行间接的热交换。运行时热流体通过换热面，使换热面温度升高并存储热量，随后冷流体通过换热面，吸收换热面储存的热量而被加热。

2) 换热器的作用

由换热器组成的采暖系统运行简单可靠；凝结水可循环再用，减少了水处理设施和费用；采用高温水送水可减少循环水量，减少热网的初始投资；可根据室外气温调节低温水量，进而调节供热量，避免室温过高。

3. 散热器

散热器是采暖系统中的热负荷设备，是对空气进行加热的换热器，负责将热媒（热水或蒸汽）所携带的热量传递给室内空气，达到供暖的目的。

1) 散热器的类型

散热器按传热方式，可分为辐射散热器和对流散热器；按其材质，又分为铸铁散热器、钢制散热器、铝合金散热器和塑料散热器等。

(1) 铸铁散热器。铸铁散热器用灰铸铁浇铸而成。其优点是结构简单、耐腐蚀、使用寿命长、水容量大；缺点是金属耗量大、结构笨重、金属热强度比钢制散热器低。目前国内应用较多的铸铁散热器有柱型和翼型。

① 铸铁柱型散热器由呈柱状的单片散热器用对丝组对而成，其形式有二柱、四柱、五柱。其中四柱散热器有带足片与无足片之分，分别用于落地和挂墙安装。铸铁柱型散热器外形美观，传热系数较大，单片散热量小，容易组对成所需散热面积，积灰较易清除。

② 铸铁翼型散热器有长翼型和圆翼型。铸铁翼型散热器铸造工艺简单，价格较低；但易积灰，单片散热面积较大，不易组对成所需供热面积，承压能力低。

(2) 钢制散热器。钢制散热器分为新型钢制散热器和光排管散热器。

① 新型钢制散热器的形式有柱式、板式、扁管式、串片式等。钢制柱式散热器的构造与铸铁柱型散热器相似，制造时将单片用气体氩弧焊焊成整体。新型钢制散热器的优点是工艺先进、外形美观、安装简便，适于工业化生产，产品多样化、系列化；金属耗量少，承压能力较强，占地面积小。缺点是易腐蚀，采暖系统需进行水处理，非采暖期需满水养护；散热器水容量小，热惰性小。

② 光排管散热器由钢管焊接而成。光排管散热器承压能力高，且易清除积灰，适用于灰尘较大的车间；但较占地面积大，耗钢材量大。

(3) 铝合金散热器。铝合金散热器质量轻、加工方便、外形美观；但造价较高，不如铸铁散热器耐用。

(4) 塑料散热器。塑料散热器可节省金属，耐腐蚀；但不能承受太高的温度和压力。

2) 散热器的选择

在建筑采暖工程中选用散热器时，应考虑热工、经济、卫生和美观四个基本方面，具体应满足以下要求。

(1) 传热系数较大，其热工性能应满足采暖系统的要求。

(2) 承受压力较大，所能承受的最大工作压力应大于采暖系统底层散热器的实际最大工作压力。

(3) 外形美观，与室内装修协调，易于清扫。

(4) 在产尘和对防尘要求较高的工业建筑中，应采用易于清除灰尘的散热器。

(5) 在具有腐蚀性气体的生产厂房或相对湿度较大的车间，以及以地下水为水源且水处理措施不佳的情况下，应采用铸铁散热器。

3) 散热器的布置

(1) 室内布置：一般应沿外墙窗下布置，对于要求不高的房间，也可靠内墙布置。

① 沿外墙窗下布置，如图 4－17(a) 所示。这种布置方式最为合理，因为经散热器加热的空气沿外窗上升，能阻止渗入的冷空气沿外墙及外窗下降，防止冷空气直接进入室内，所以房间近地面处的空气温度较高，提高了房间的热舒适性，另外还可少占用室内使用面积。

② 靠内墙布置，如图 4－17(b) 所示。这种布置方式在某些场合下可减少管路系统的长度，但在经常活动的房间地面处空气温度较低，降低舒适度；占用室内使用面积，影响家具及其他设施的布置；散热器上升气流中所含微尘附着于内墙表面，影响美观。

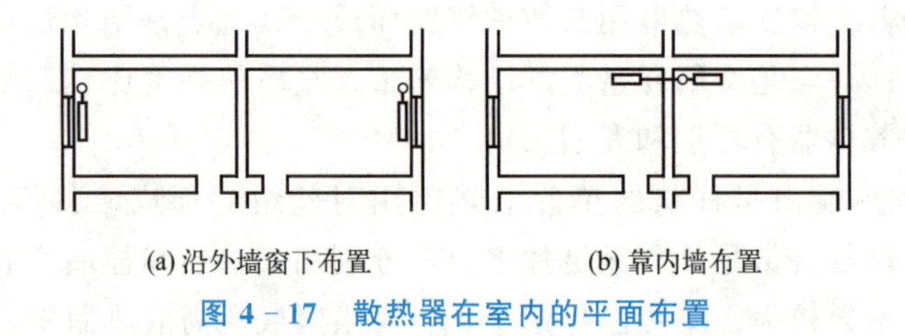

(a) 沿外墙窗下布置　　(b) 靠内墙布置

图 4－17　散热器在室内的平面布置

(2) 楼梯间布置：散热器布置在楼梯间时，应尽量布置在底层或下部各层，不能布置于两道外门之间，楼梯间底层等有冻结危险处的散热器应远离外门。

4. 暖风机

暖风机直接安装在采暖房间内，由风机、电动机和空气换热器组合而成。在暖风机的作用下，室内空气由吸风口进入机组，流经空气换热器被加热，从出风口送入室内，并形成室内空气循环。

暖风机的优点是供热量大、占地少、启动快，能迅速提高室温。缺点是风机运行时有噪声，如全部采用室内循环空气，则无法改善室内空气质量。

1) 暖风机的类型

(1) 轴流式风机：常用于小型机组，常用型号有 NC 型、ZN 型，如图 4－18(a)、(b) 所示。

(2) 离心式风机：常用于大型机组，常用型号有 NBL 型、NLGS 型，如图 4－18(c)、(d) 所示。

2) 暖风机的采暖方案

(1) 暖风机供给全部采暖耗热量，适用于气候比较温暖的地方。

（2）暖风机供给部分采暖耗热量，用散热器维持最低室内温度（一般不得低于5℃，称为值班采暖），其余热量由暖风机供给。

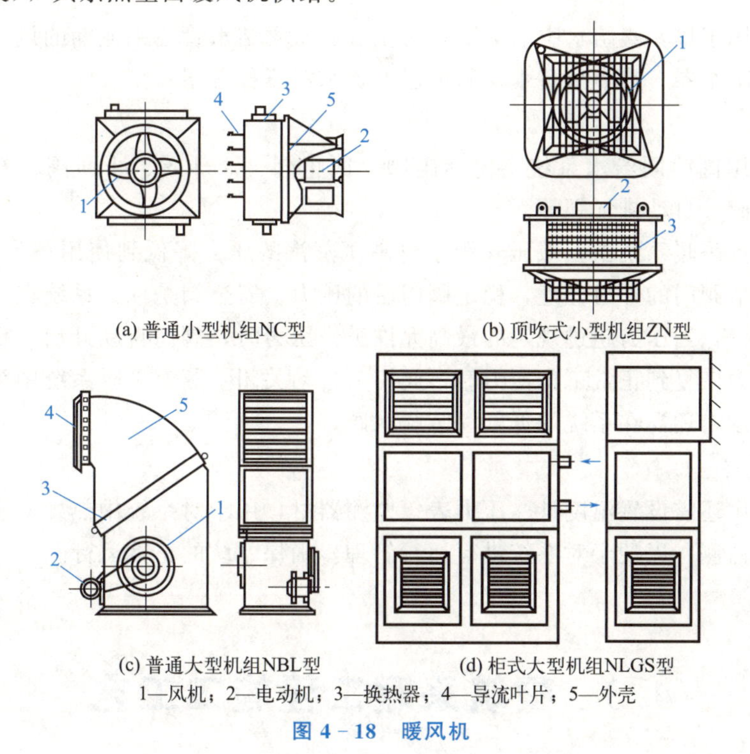

1—风机；2—电动机；3—换热器；4—导流叶片；5—外壳

图4-18 暖风机

4.2.3 建筑采暖系统辅助设备

在建筑采暖系统中，除上述常用设备、管材及管件外，为使系统能正常工作，还需设置一些必需的辅助设备。如为消除热水体积随温度变化的影响而设置的膨胀水箱，为排除水中气体而设置的集气罐和疏水器，用于固定管道的支架，以及对热媒流量进行控制的各种阀门等。

1. 水泵

在采暖系统中，常用的是离心式水泵，能保证连续供水，为采暖系统提供循环动力。

2. 膨胀水箱

采暖系统中采用为消除水受热时体积膨胀的影响而设置与大气相通的开式膨胀水箱。其作用是容纳系统中水因受热而增加的体积，补充系统中水的不足，排除系统中的空气，还有指示系统中水位和控制系统中静水压力的作用。膨胀水箱一般用钢板制成，通常是圆形或矩形。

膨胀水箱

3. 集气罐

集气罐是在热水采暖系统中设置的排除空气的设备。

4. 伸缩器

当采暖系统的管道输送热媒时，管道自身会因温度升高而膨胀伸长，伸缩器就是为了使管道能承受超过强度所许可的应力而安装的设备。

5. 疏水器

疏水器是用于排除凝结水中的蒸汽，防止蒸汽从凝结水管道中泄漏的设备。常见的疏水器有机械型疏水器、热力型疏水器和恒温型疏水器三种类型。

6. 阀门

采暖系统用阀门同给水系统，包括闸阀、截止阀、浮球阀、止回阀、安全阀、减压阀、手动放气阀、自动排气阀等。

例如在蒸汽采暖系统中，减压阀用于将高压蒸汽的压力降低到使用条件要求的数值，它能够自动调节阀门的开启程度，稳定阀门后的压力。安全阀是保证系统在一定的压力下安全工作的装置，当压力超过规定的最高允许工作压力时，阀门自动开启，把蒸汽排到系统之外；当压力恢复到正常工作压力时，阀门又自动关闭。蒸汽采暖系统中为排除管道和设备内的冷凝水，还需在系统的低处安装疏水阀。

7. 其他附件

采暖系统中还需设置温度计、压力表等监测器材，用于对系统中热媒（水或蒸汽）的各种状态进行监测，以便于对系统进行运行管理，确保系统的正常运行。

4.3 建筑采暖工程施工工艺

本施工工艺适用于采暖系统及供热管道的安装工程。

1. 一般规定

(1) 安装施工前，应具备下列条件：设计施工图纸和有关技术文件齐全；有较完善的施工方案、施工组织设计，并已完成技术交底；施工现场有供水、供电条件，有储放材料的临时设施；土建专业已完成墙面粉刷（不含面层），外窗、外门已安装完毕，地面已清理干净；厨房、卫生间已完成闭水试验并经过验收；相关电气预埋等工程已完成。

(2) 所有进场材料、产品的技术文件应齐全，标志清晰，外观检查合格，必要时应抽样进行相关检测。使用前应认真检查。

(3) 加热管和发热电缆应在遮光包装后运输，不得裸露散装；运输、装卸和搬运时应小心轻放，不得抛、摔、滚、拖；不得暴晒雨淋，宜储存在温度不超过40℃、通风良好和干净的库房内，避免因环境温度和物理压力受到损害；与热源距离应保持在1m以上。

(4) 施工的环境温度不宜低于5℃，在低于0℃的环境下施工时，现场应采取升温措施。施工时不宜与其他工种交叉作业，所有地面留洞应在填充层施工前完成。

(5) 施工过程中，应防止油漆、沥青或其他化学溶剂接触污染加热管和发热电缆的表面。发热电缆间有搭接时，严禁电缆通电。地板辐射采暖系统安装过程中，严禁人员踩踏加热管和发热电缆。

(6) 施工结束后应绘制竣工图，并应准确标注加热管、发热电缆敷设位置及地温传感器埋设地点。

2. 材料性能要求

（1）各类管材、管件、设备及附属制品必须符合国家或部门有关质量、技术要求。

（2）管材不得弯曲、锈蚀，无飞刺、重皮及凹凸不平等缺陷，各种连接管件不得有砂眼、裂纹、偏螺纹、乱螺纹、丝螺纹不全和角度不准等缺陷。

（3）各类阀门的规格、型号应符合设计要求，螺纹无损伤，铸造无毛刺、无裂纹，阀杆不得弯曲，手轮无损伤，开关灵活，必要时应进行强度和严密性试验。

（4）石棉橡胶垫、油麻、线麻、水泥、电焊条、气焊条等应符合设计及规范要求。

3. 施工工具与机具

（1）机具：套螺纹机、砂轮锯、摵弯机、砂轮机、电焊机、台钻、手电钻、电锤、电动水压泵等。

（2）工具：套螺纹板、套丝板、管钳、链钳、活扳手、手锯、锤子、大锤、錾子、捻凿、麻钎、压力案、台虎钳、克丝钳、螺钉旋具、电焊工具、气焊工具等。

（3）量具：水平尺、钢卷尺、线坠、焊口检测器、卡尺、小线等。

4.3.1 室内热水采暖系统安装

1. 工艺流程

室内热水采暖系统安装的工艺流程如图 4－19 所示。

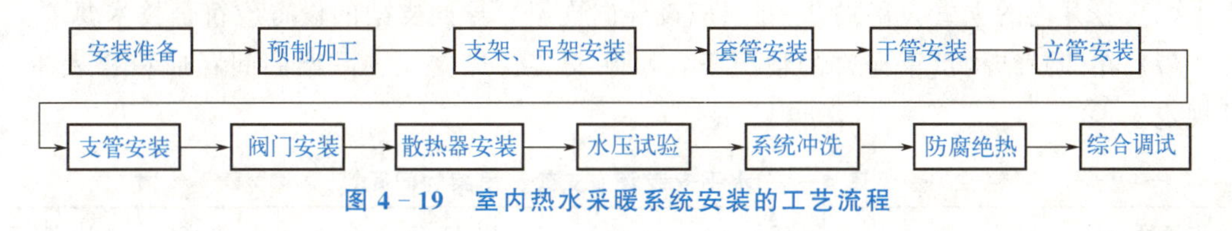

图 4－19 室内热水采暖系统安装的工艺流程

2. 安装准备

（1）根据施工方案，安排好现场工作场地、工作棚、料具库，在管道层、地下室、地沟内操作时，要接通低压照明灯。

（2）认真熟悉图纸，配合土建施工进度，做好各项预留孔洞、管槽，各种型钢托、吊卡架及预埋套管安装牢固。浇筑楼板孔洞、堵抹墙洞等工作应在土建装修工程开始前完成。

（3）按设计图纸画出管路位置、管径、预留口、坡向、阀门及支架位置等的施工草图，应说明干管起点、末端、拐弯、节点、预留口、坐标位置等。

3. 预制加工

（1）在预制加工前，根据施工草图及材料计划核查需用材料、设备的规格、型号、质量、数量，确认合格并准备齐全后运到现场。

（2）根据施工方案及施工草图，对管道、管件、支架、吊架等进行预制加工，对管道的加工包括切管、套螺纹、安装零件、调直、核对尺寸等。遇有补偿器时，应在预制时按规范要求做好预拉伸，并做好记录。

（3）加工好的成品应编号分类码放，以便使用。

4. 支架、吊架安装

供热管道应按设计或规范规定设置支架、吊架，特别是活动支架、固定支架的安装。安装支架、吊架前，先根据设计图纸放线定位，再把预制的支架、吊架按坡向、顺序依次放在型钢上，其安装要求如下。

（1）支架、吊架的安装应位置准确、平整牢固，与管道接触紧密。

（2）活动支架的滑动面应清洁、平整，其安装位置应从支承面中心向位移反方向偏移1/2位移值或符合设计文件规定。

（3）没有补偿器的管道应设置固定支架。固定支架的结构形式和固定位置应符合设计要求，并应在补偿器的预拉伸（或预压缩）前固定。

（4）U形活动支架一头套螺纹，在型钢托架上下各安一个螺母；U形固定支架两头套螺纹，各安一个螺母，靠紧型钢在管道上焊两块止动钢板。

（5）立管管卡安装，应先在立管位置中心的墙上画好卡位印记，其高度规定：层高3m及以下者为1.4m，层高3m以上者为1.8m，层高4.5m以上者平分三段载两个管卡；然后按印记剔孔洞。其直径、深度规定：双立管卡剔直径约60mm、深度不小于80mm的孔洞，单立管卡剔直径约60mm、深度为100～120mm的孔洞；用水冲净洞内杂物，用水泥砂浆填入洞深的一半，将预制好的ϕ10×170mm带燕尾单头丝棍插入洞内，用碎石卡牢找正，上好管卡后再用水泥砂浆填塞抹平。

（6）竖井内的立管，每隔2～3层应设导向支架。导向支架的设置应符合技术要求。

（7）在建筑结构负重允许的情况下，水平安装管道支架、吊架的间距应符合表4-4的规定。

表4-4 水平安装管道支架、吊架的间距

公称直径/mm		15	20	25	32	40	50	70	80	100	125	150	200	250
最大间距/m	L_1	1.5	2.0	2.5	2.5	3.0	3.5	4.0	5.0	5.0	5.5	6.5	7.5	8.5
	L_2	2.5	3.0	3.5	4.0	4.5	5.0	6.0	6.5	6.5	7.5	7.5	4.0	4.05

注：1. 本表适用于工作压力不大于2.0MPa，不保温或保温材料密度不大于200kg/m^{3}的管道系统。
2. L_1用于保温管道，L_2用于不保温管道。

（8）管道与设备连接处，应设独立支架、吊架。

（9）热水管道与支架、吊架之间应有绝热衬垫（采用承压强度能满足管道质量的不燃、难燃硬质绝热材料或经防腐处理的木衬垫），其厚度应不小于绝热层厚度，宽度应大于支架、吊架支承面的宽度，衬垫表面应平整，接合面的空隙应填实。

5. 套管安装

管道穿过墙壁和楼板应设置套管，穿外墙时要加防水套管。套管内壁应做防腐处理，套管管径比穿管大两号。套管应埋设平直，管接口不得设在套管内，出地面高度应保持一致。

穿墙套管两端与装饰面相平，穿楼板套管其顶部应高出装饰楼地面20mm。安装在卫生间、厨房内的套管其顶部应高出装饰面50mm，底部应与楼地面相平。穿墙套管与管道之间缝隙应用阻燃密实材料填实，穿楼板套管与管道之间缝隙应用阻燃密实材料和防水油膏填实，端面应光滑。

6. 干管安装

管道支架安好后安装吊卡。先把吊棍按坡向、顺序依次固定在建筑物上，吊环按支架间距位置套在管上，再把管抬起，穿上螺栓，拧上螺母，将管固定。安装托架上的管道时，先把管道就位在托架上，在第一节管上装好U形卡，然后安装第二节管，以后每节管均照此进行，最后紧固螺栓。

干管安装应从进户或分支路开始，装管前要检查管腔并清理干净。干管安装要求如下。

(1) 螺纹连接的管道，在螺纹处涂好铅油、缠好麻，慢慢转动入扣，用一把管钳咬住前节管件，用另一把管钳转动管至松紧适度，对准调直时的标记，要求螺纹外露2～3扣，无外露填料，安装完后清掉麻头。镀锌管道的镀锌层应注意保护，对局部破损处应做防腐处理。

(2) 法兰连接的管道，法兰面应与管道中心线垂直并同心。法兰对接应平行，其偏差不应大于其外径的0.15%，且不得大于2mm。连接螺栓长度应一致，螺母在同侧均匀拧紧，螺栓紧固后不应低于螺母平面。法兰的衬垫规格、品种与厚度应符合设计要求。

(3) 钢管焊接时，先选好管并调直，从第一节开始把管就位找正，对准管口使预留口方向准确，找直后点焊固定，校正、调直后施焊。

(4) 制作羊角弯时，应揻两个75°的弯头，在连接处锯出坡口，主管锯成鸭嘴形，拼好后立即点焊，找平、找正、找直后施焊。羊角弯接合部位的口径必须与主管口径相同，其弯曲半径应为管径的2～3倍。

(5) 分路阀门离分路点不宜过远，如分路处是系统的最低点，必须在分路阀门前加泄水丝堵。集气罐的进出水口应开在罐高1/3处，放风管应稳固，如不稳可装两个卡子，集气罐位于系统末端时，应装托架、吊卡。

7. 立管安装

核对各层预留洞位置正确后，将预制好的管道按编号顺序运到安装地点。检查立管的每个预留口标高、方向、半圆弯等是否准确、平整，有钢套管的先穿插到管上，然后按编号从第一节开始安装。安装时，将事先固定的管卡松开，把管旋入卡内拧紧螺栓，用吊杆、线坠从第一节管开始找好垂直度，扶正钢套管，最后填堵孔洞，预留口加好临时丝堵。

弯制弯管的弯曲半径，热弯不应小于管道外径的3.5倍，冷弯不应小于管道外径的4倍，焊接弯管不应小于管道外径的1.5倍，冲压弯管不应小于管道外径的1倍。弯管最大外径与最小外径之差不应超过管道外径的8%，管壁减薄率不应超过15%。

8. 支管安装

立管安装后，即可安装支管，但是必须在所接的设备安装定位后才可以连接。支管安装方法与立管相同。管道安装完，检查坐标、标高、预留口位置和管道变径等是否正确，然后找直，用水平尺复核坡度，合格后调整吊卡螺栓、U形卡，使其松紧适度，平正一致，摆正或安装好管道穿结构处的套管，并及时填堵孔洞，预留口加临时丝堵。

填堵孔洞时，用不低于结构强度的混凝土或水泥砂浆把孔洞堵严、抹平。为了不致因堵洞而使管道移位，造成立管不垂直，应派专人配合土建堵孔洞。堵楼板孔洞宜用定型模具或用木板支搭牢固后，先往洞内浇点水，再用C20以上的细石混凝土或M5.0水泥砂浆填平捣实。不得向洞内填塞砖头、杂物。

9. 阀门安装

阀门安装前，对于工作压力大于1.0MPa以及在主干管上起切断作用的阀门，应进行强度和严密性试验，合格后方准使用。其他阀门可不单独进行试验，可在系统试压中检验。强度试验的试验压力为公称压力的1.5倍，持续时间不少于5min，阀门的壳体、填充应无渗漏。严密性试验的试验压力为公称压力的1.1倍，试验压力在试验持续时间内保持不变，持续时间应符合表4-5的规定，以阀瓣密封面无渗漏为合格。

表4-5 阀门压力持续时间

公称直径 *DN*/mm	最短试验持续时间/s	
	金属密封	非金属密封
≤50	15	15
65～200	30	15

阀门的安装位置、高度、进出口方向应符合设计要求，连接应牢固紧密。安装在保温管道上的各类手动阀门，其手柄均不得向下。

10. 散热器安装

散热器的安装方式有明装和暗装。明装易于清除灰尘，布置简单，有利散热。对房间装饰要求较高的民用建筑或需要防止烫伤和磕碰的场所可加装饰罩暗装，加罩后散热器的散热量减少。散热器可以采用图4-20所示的6种连接方式。连接方式不同，其外表面温度分布不同，传热量也相应变化。

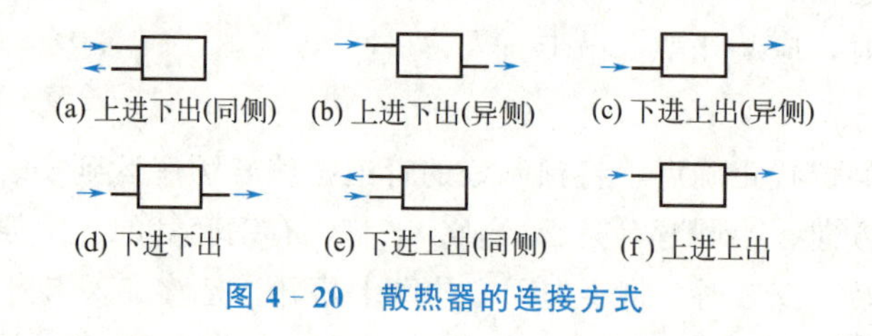

图4-20 散热器的连接方式

11. 水压试验

热水采暖系统的水压试验，包括单项试压、分区分层试压和系统试压。单项试压是在干管敷设完后，或隐蔽部位的管道安装完毕后，对该管道进行试压。分区分层试压是对相对独立的局部区域的管道进行试压。系统试压是在各分区管道与系统主、干管全部连通后，对整个系统的管道进行试压。凝结水系统采用充水试验，应以不渗漏为合格。

试压泵一般设在首层或室外管道入口处。试压前应将预留口堵严，关闭入口总阀门、所有泄水阀门及低处放风阀门，打开各分路阀门、主管阀门和系统最高处的放风阀门。试压时，打开水源阀门，往系统内充水，满水后放净冷风并将阀门关闭。检查全部系统，如有漏水处应做好标记，并进行修理。修好后再充满水加压复查，如管道不渗不漏，并持续到规定时间，压力降在允许范围内，则通知有关单位验收并办理验收记录。

分区分层试压要求稳压10min压力不得下降，降至工作压力后60min内压力不下降。系统试压的试验压力以最低点的压力为准（但最低点的压力不得超过管道与组成件的承受压力），要求稳压10min压力下降不得大于0.02MPa，降至工作压力后外观检查无渗漏。

锅炉安装

试压后，拆除试压泵和水源，把管道系统内水泄净。冬季施工期间竣工而又不能及时供暖的工程进行系统试压后，必须采取可靠措施把水泄净，以防冻坏管道和设备。

系统冲洗、综合调试的内容同建筑给排水工程施工工艺，防腐绝热的内容详见4.3.4节。

4.3.2 室内采暖系统安装质量控制

1. 散热器安装质量控制

1）主控项目

散热器组装后，以及整组出厂的散热器在安装之前应做水压试验。当设计无要求时，试验压力应为工作压力的1.5倍，但不小于0.6MPa，试验时间为2～3min，压力不降且不渗不漏为合格。

2）一般项目

（1）组对散热器平直度的允许偏差应符合表4-6的规定。

表4-6 组对散热器平直度的允许偏差

项次	散热器类型	每组片数	允许偏差/mm
1	长翼型	2～4	4
		5～7	6
2	铸铁片式	3～15	4
	钢制片式	16～25	6

（2）组对散热器的垫片应使用成品，组对后垫片外露不应大于1mm。当设计无要求时，垫片材质应选用耐热橡胶。

（3）散热器支架、托架安装位置应准确，埋设牢固。散热器支架、托架数量应符合设计或产品说明书要求，如设计未注明，则应符合表4-7的规定。

表4-7 散热器支架、托架数量

项次	散热器类型	安装方式	每组片数	上部支架、托架数	下部支架、托架数	合　计
1	长翼型	挂墙	2～4	1	2	3
			5	2	2	4
			6	2	3	5
			7	2	4	6

续表

项次	散热器类型	安装方式	每组片数	上部支架、托架数	下部支架、托架数	合　计
2	柱型 圆翼型	挂墙	3～8	1	2	3
			9～12	1	3	4
			13～16	2	4	6
			17～20	2	5	7
			21～25	2	6	8
3	柱型 圆翼型	带足落地	3～8	1	—	1
			9～12	1	—	1
			13～16	2	—	2
			17～20	2	—	2
			21～25	2	—	2

（4）散热器背面与装饰后的墙内表面的安装距离应符合设计或产品说明书要求，如设计未注明，应为30mm。

（5）为保证散热器安装垂直和位置准确，散热器安装允许偏差应符合表4-8的规定。

表4-8　散热器安装允许偏差

项次	项　目	允许偏差/mm	检验方法
1	散热器背面与墙内表面距离	3	尺量
2	与窗中心线或设计定位尺寸	20	尺量
3	散热器垂直度	3	吊线和尺量

（6）铸铁或钢制散热器表面的防腐及面漆应附着良好，色泽均匀，无脱落、起泡、流淌和漏涂等缺陷。

2. 系统辅助设备安装质量控制

1）主控项目

（1）水泵就位前的基础混凝土强度、坐标、标高、尺寸和螺栓孔位置必须符合设计规定。

（2）水泵试运转的轴承温升必须符合设备说明书的规定。

（3）敞口水箱的满水试验和密闭水箱（罐）的水压试验必须符合设计与相关规范规定。满水试验静置24h后观察，不渗不漏为合格。水压试验在试验压力下10min压力不降、不渗不漏为合格。

2）一般项目

（1）水箱支架、底座的尺寸及安装位置应符合设计规定，埋设平整牢固。

（2）水箱溢流管和泄放管应设置在排水地点附近，但不得与排水管直接连接。

（3）立式水泵的减振装置不应采用弹簧减振器。

(4) 室内给水设备安装的允许偏差应符合表 4-9 的规定。

表 4-9 室内给水设备安装的允许偏差

<table>
<tr><th>项次</th><th colspan="3">项　目</th><th>允许偏差/mm</th><th>检验方法</th></tr>
<tr><td rowspan="3">1</td><td rowspan="3">静置设备</td><td colspan="2">坐标</td><td>15</td><td>用经纬仪或拉线、尺量检查</td></tr>
<tr><td colspan="2">标高</td><td>±5</td><td>用水准仪、拉线和尺量检查</td></tr>
<tr><td colspan="2">垂直度（每米）</td><td>5</td><td>吊线和尺量检查</td></tr>
<tr><td rowspan="4">2</td><td rowspan="4">离心式水泵</td><td colspan="2">立式泵体垂直度（每米）</td><td>0.1</td><td>水平尺和塞尺检查</td></tr>
<tr><td colspan="2">卧式泵体水平度（每米）</td><td>0.1</td><td>水平尺和塞尺检查</td></tr>
<tr><td rowspan="2">联轴器同心度</td><td>轴向倾斜（每米）</td><td>0.8</td><td rowspan="2">在联轴器互相垂直的四个位置上用水准仪、百分表或测微螺钉和塞尺检查</td></tr>
<tr><td>径向位移</td><td>0.1</td></tr>
</table>

3. 低温热水地板辐射采暖系统安装质量控制

1) 主控项目

(1) 地面下敷设的盘管埋地部分不应有接头。

(2) 盘管隐蔽前必须进行水压试验。试验压力为工作压力的 1.5 倍，但不小于 0.6MPa，稳压 1h 内压力降不大于 0.05MPa 且不渗不漏为合格。

(3) 加热盘管弯曲部分不得出现硬折弯现象，曲率半径应符合下列规定：塑料管不应小于管道外径的 8 倍；复合管不应小于管道外径的 5 倍。

2) 一般项目

(1) 分、集水器型号、规格、公称压力及安装位置、高度等应符合设计要求。

(2) 加热盘管管径、间距和长度应符合设计要求，间距偏差不大于±10mm。

(3) 防潮层、防水层、隔热层及伸缩缝应符合设计要求。

(4) 填充层的作用在于固定和保护散热盘管，使热量均匀散出。为保证散热盘管完好和正常使用，填充层强度应符合设计要求。

4.3.3 室外供热管道安装

本工艺适用于民用建筑群（小区）饱和蒸汽压力不大于 0.8MPa、热水温度不超过 150℃的室外采暖及生活热水供应管道（包括直埋、地沟或架空管道）安装工程。

1. 直埋管道安装

1) 工艺流程

放线定位→砌井、铺底砂、挖沟→管道敷设→补偿器安装→水压试验→防腐绝热→填盖细砂→回填土夯实。

2) 操作要点

(1) 安装无地沟直埋管道时，应确保沿管线铺设位置无杂物，沟宽及沟底标高尺寸复核无误，方可进行安装。

(2) 根据设计图纸的位置进行测量、打桩、放线、挖沟、地沟垫层处理等。沟底要求找平夯实，以防管道弯曲受力不均。为便于管道安装，挖沟挖出的土应堆放在沟边一侧，土堆底边应与沟边留有0.6～1m的距离。

(3) 管道下沟前，应检查沟底标高、沟宽尺寸是否符合设计要求。保温管应检查保温层是否有损伤，如局部有损伤，应将损伤部位放在上面，并做好标记，便于统一修理。

(4) 先在沟边分段焊接管道，每段长度为25～35m。放管时，应用绳索套卷管段，将一端固定在地锚上，拉住另一端，用撬杠将管段移至沟边，放好木杠，慢速放绳，使管段沿木杠滑入沟内。拉绳不得少于两条，沟内不得站人。

(5) 沟内管道焊接前必须清理管腔，找平找直，焊接处要挖出操作坑，其大小要便于焊接操作。

(6) 阀门、配件、补偿器支架等，应在施工前按施工要求预先放在沟边沿线，并在试压前安装完毕。

(7) 管道水压试验应按设计要求和规范规定进行，办理隐检试压手续，试压后把水泄净。

(8) 管道防腐应预先集中处理，管道两端留出焊口距离，焊口处的防腐在试压完后再处理。

(9) 回填土时要在保温管四周填100mm厚细砂，再填300mm厚素土，人工分层夯实。管道穿越马路处埋深少于800mm时应做简易管沟，加盖混凝土盖板，沟内填砂处理。

2. 地沟管道安装

1) 工艺流程

放线定位→挖土方、砌管沟→卡架安装→管道安装→补偿器安装→水压试验→防腐绝热→盖沟盖板→回填土夯实。

2) 操作要点

(1) 在不通行地沟安装管道，应在土建垫层施工完毕后立即进行安装。

(2) 土建打好垫层后，按图纸标高进行复查并在垫层上弹出地沟中心线，按规定间距安放支座及滑动支架。支架安装应平直牢固。

(3) 应先在沟边分段连接管道，管道放在支座上时，应用水平尺找平找正。安装在滑动支架上时，要在补偿器拉伸并找正位置后才能焊接。

(4) 通行地沟的管道应安装在地沟的一侧或两侧，支架应用型钢制成，支架间距应不大于表4-10的要求。管道坡度应按设计规定确定。

表4-10 通行地沟的管道支架最大间距

管径/mm		15	20	25	32	40	50	70	80	100	125	150	200
间距/m	不保温	2.5	2.5	3.0	3.0	3.5	3.5	4.5	4.5	5.0	5.5	5.5	6.0
	保温	2.0	2.0	2.5	2.5	3.0	3.5	4.0	4.0	4.5	5.0	5.5	5.5

(5) 同一地沟内有多层管道时，安装顺序应从最下面一层开始，逐层向上安装。为便于焊接，焊接接口要选在便于操作的位置。

(6) 安装补偿器并安装支撑，按位置固定，与管道连接。

(7) 管道坐标、标高、坡度、甩口位置、变径等复核无误后，拧紧卡架螺栓，最后焊牢固定卡架处的止动板。

（8）冲水试压、防腐绝热后，应将管沟清理干净。

3. 架空管道安装

1）工艺流程

放线定位→卡架安装→管道安装→补偿器安装→水压试验→防腐绝热。

2）操作要点

（1）安装架空管道，应在搭好脚手架，装稳管道支架后进行。

（2）按设计规定的安装位置、坐标，量出支架上的支座位置，安装支座。

（3）支架安装牢固后架设管道。管道和管件应先在地面组装，长度以便于吊装为宜。

（4）吊装管道，可采用机械或人工起吊，绑扎管道的钢丝绳吊点位置应使管道不产生弯曲为宜。已吊装尚未连接的管段，要用支架上的卡子固定好。

（5）采用螺纹连接的管道，吊装后随即连接。采用焊接时，管道全部吊装完毕后再焊接。焊缝不允许设在支架和支座上，管道连接焊缝与支架间的距离应大于150mm。

（6）按设计和施工规定位置，分别安装阀门、集气罐、补偿器等辅助设备并与管道连接好。

（7）管道安装完毕，用水平尺在每段管上复核一次，找正调直，管道应在一条直线上。

（8）摆正或安装好管道穿结构处的套管，填堵管洞，预留口处应加好临时管堵。

（9）进行冲水试压、管道防腐绝热。注意做好保温层外的防雨、防潮等保护措施。

4.3.4 供热管道防腐与绝热

供热管道防腐可参照给排水管道防腐进行。施工时，应采取防火、防冻、防雨等措施，且不应在低温或潮湿环境下作业。明装部分的最后一遍色漆，宜在安装完毕后涂刷。

下面主要介绍供热管道绝热层和防潮层的铺设。

1. 管道绝热层的铺设

管道绝热层的施工，应符合下列规定。

（1）绝热产品的材质和规格应符合设计要求。

（2）管壳的黏结应牢固，铺设应平整，搭接应严密。绑扎应紧密，无滑动、松弛与断裂现象。管道阀门、过滤器及法兰部位的绝热结构应能单独拆卸。

（3）硬质或半硬质绝热管壳的搭接缝，保温时不应大于5mm，保冷时不应大于2mm，并用黏结材料勾缝填满。纵缝应错开，外层的水平接缝应设在侧下方。

（4）低温热水地板辐射采暖系统在地面铺设绝热层，地面应平整、干燥、无杂物，墙面根部应平直，且无积灰现象。直接与土壤接触或有潮湿气体侵入的地面，在铺设绝热层前应先铺一层防潮层。

2. 管道防潮层的铺设

管道防潮层的施工，应符合下列规定。

(1) 防潮层应紧密粘贴在绝热层上，封闭良好，不得有虚粘、气泡、褶皱、裂缝等缺陷。

(2) 立管的防潮层，应由管道的低端向高端敷设，环向的搭接缝应朝向低端，纵向的搭接缝应位于管道的侧面并顺水设置。

(3) 卷材防潮层采用螺旋形缠绕方式施工时，卷材的搭接宽度宜为30～50mm。

室内采暖系统是建筑内部的重要系统，尤其在冬季寒冷地区更为重要。相对蒸汽采暖系统，热水采暖系统的优点更为明显，在建筑采暖工程中多采用热水采暖系统。本项目重点介绍了热水采暖系统的基本形式、高层建筑热水采暖系统及分户热计量采暖系统。

室内采暖系统是依靠采暖设备、供热管道及其附件实现的，应针对不同设备的特性与应用加以学习，重点关注室内采暖系统的安装及供热管道的敷设，对管道材质及管件在系统中的作用也应有所了解。

一、简答题

1. 热水采暖系统有哪些特点？

2. 室内采暖系统由哪几个基本部分构成？室内采暖系统有哪些分类方式？

3. 垂直式热水采暖系统的管道布置有哪些具体形式？

4. 水平式热水采暖系统的管道布置有哪些具体形式？水平式系统与垂直式系统相比有哪些优点？

二、单选题

1. 低温水采暖系统是指供水温度（　　）的采暖系统。

A. ≥100℃　　B. ≤100℃　　C. <100℃　　D. >100℃

2. 管径（　　）的室内供热管道可以采用焊接。

A. ≤$DN32$　　B. ≥$DN32$　　C. >$DN32$　　D. <$DN32$

3. 组成地面的（　　）为保温材料时，该地面为保温地面。

A. 所有材料　　B. 一层材料　　C. 几层材料　　D. 两层材料

4. 通行地沟的净高为（　　）。

A. 1.8m　　B. 1.4m　　C. 1.2m　　D. 0.5m

项目5 建筑通风空调工程

项目导入

空气调节与通风的区别在于：空气调节系统（简称空调系统）往往经过室内空气的循环使用，将新风与回风混合后进行热湿处理和净化处理，再送入空调房间；而通风系统不循环使用回风，对送入室内的室外新鲜空气不做处理或仅做简单加热处理后直接排出，或根据需要对排风做除尘净化处理后排至室外。

思维导图

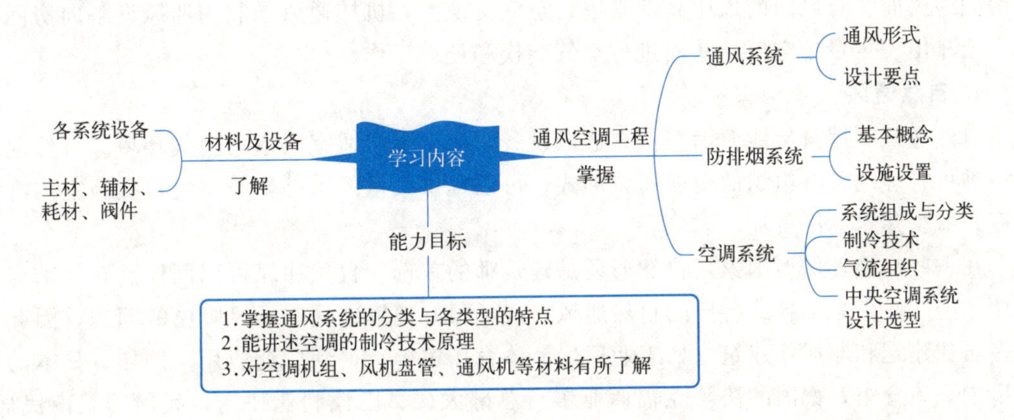

5.1 建筑通风

所谓通风，是指把建筑物内污浊的空气直接排出或经净化后排至室外，再把新鲜的空气补充进来，从而保持室内空气环境符合卫生标准。空气调节和通风有类似的作用，没有严格的区分，但是一般来说，空气调节还要考虑控制房间的热环境，因此送风要经过较为复杂的处理过程，对空气调节效果的要求也更为严格。

民用建筑通风包括从房间内排出污浊的空气和向房间内补充新鲜的空气两个方面。前者称为排风，后者称为送风或进风。为实现排风、送风而采用的一系列设备、装置和构件的总体，称为通风系统。

5.1.1 通风的形式

通风的形式包括自然通风和机械通风。自然通风是利用房间内外冷热空气的密度差异和房间迎风面、背风面的风压高低来进行空气交换的。机械通风是利用通风设备向房间内送入或排出一定量的空气，从而进行空气交换和处理工作。

1. 自然通风

自然通风利用自然能源而不依靠通风设备，即可维持适宜的室内空气环境。自然通风是一种可管理的、有组织的全面通风形式，可以提供大量的室外新鲜空气，提高室内舒适程度，减少建筑物冷负荷。

在一些提倡环保型国家，自然通风是建筑师的首选。自然通风可以因地制宜，结合不同地区的气候，采用各式各样的自然通风方式，很好地解决夏季通风降温的问题，因此在许多居住建筑和非居住建筑（如工业厂房、体育场馆等）得到广泛应用。例如，日本的大阪市中央体育馆，德国的法兰克福商业银行总部大楼、巴伐利亚住宅，我国的皖南民居、广西体育馆等，都是利用自然通风降温，改善室内环境的范例。

自然通风是在自然压差作用下，使室内外空气通过建筑物围护结构的孔口流动，实现通风换气。根据压差形成的机理，自然通风可以分为热压作用下的自然通风、风压作用下的自然通风及热压与风压共同作用下的自然通风。

1）热压作用下的自然通风

热压是由于室内外空气温度不同而形成的重力压差。如图 5－1 所示，这种以室内外温度差引起的压力差为动力的自然通风，称为热压作用下的自然通风。热压作用产生的通风效应又称为“烟囱效应”。“烟囱效应”的强度与建筑高度和室内外温差有关。一般情况下，建筑物越高，室内外温差越大，“烟囱效应”越强烈。

2）风压作用下的自然通风

如图 5－2 所示，当风吹过建筑物时，建筑物迎风面一侧的压力升高，相对于原来的大气压力而言产生了正压；背风面一侧产生涡流，并且在两侧的空气流速增加，压力下降，相对于原来的大气压力而言产生了负压；建筑物在风压作用下，正压侧进风，负压侧排风，这就是风压作用下的自然通风。通风强度与正压侧与负压侧的开口面积及风力大小有关。

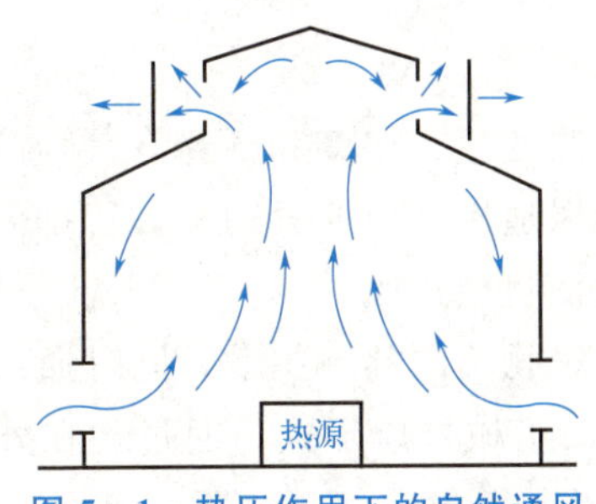

图 5-1 热压作用下的自然通风

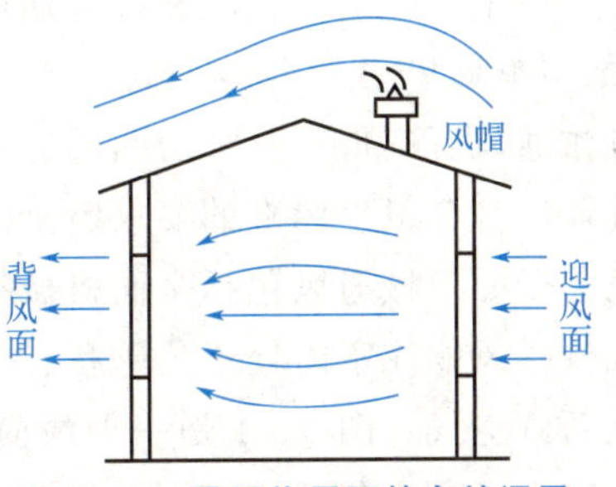

图 5-2 风压作用下的自然通风

风压作用下的自然通风与风向有着密切的关系。由于风向的转变，原来的正压区可能变为负压区，原来的负压区可能变为正压区。而风向是不受人的意志所控制的，且大部分城市的平均风速较低，因此风压作用下的自然通风的不确定因素过多，无法真正应用风压作用原理来设计有组织的自然通风。

3）热压与风压共同作用下的自然通风

热压与风压共同作用下的自然通风可以简单地认为是热压与风压作用效果的叠加。设有一建筑，室内温度高于室外温度，当只有热压作用时，室内空气流动如图 5-1 所示。当热压与风压共同作用时，在下层迎风面一侧进风量增加，而下层背风面一侧进风量减少，甚至可能出现排风；上层背风面一侧排风量增加，上层迎风面一侧排风量减少，甚至可能出现进风；在中和面附近迎风面一侧进风，背风面一侧排风，如图 5-3 所示。

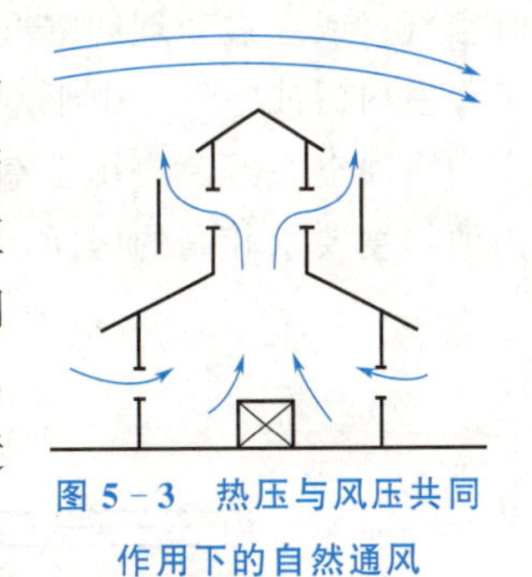
图 5-3 热压与风压共同作用下的自然通风

实测及原理分析表明：对于高层建筑，在冬季（室外温度低）时，即使风速很大，上层迎风面的房间仍然是排风的，此时热压起主导作用；层高较低的建筑，风速受邻近建筑的影响很大，风压对建筑的作用也因此受到影响。

2. 机械通风

依靠风机所产生的压力迫使空气流动，进行室内外空气交换的通风形式称为机械通风。与自然通风相比，机械通风有了风机的保证，能克服较大的阻力，还可以将风机和一些阻力较大、能对空气进行加热、冷却、加湿、干燥和净化处理的设备用风道连接起来，组成一个机械通风系统，把经过处理达到一定质量和数量的空气送到一定地点。机械通风具有以下特点。

（1）送入房间内的空气可以首先被加热或冷却、加湿或除湿。

（2）从房间排出的空气可以实现净化和除尘，保证建筑物附近的空气不被污染。

（3）能够满足卫生标准和生产上所要求的房间内特定空气条件的需要。

（4）可以将新鲜空气按照需要送到房间内的任何地点，同时也可将室内污浊的空气和有害气体从产生地点直接排到室外。

(5) 通风量一年四季都可以得到保证，不受外界气候的影响，必要时根据房间内需要还可任意调节换气量。

按作用范围不同，机械通风可分为全面机械通风、局部通风和混合通风。选用的依据是室内有害物产生及扩散的情况和各种通风形式的功能特点。

1) 全面机械通风

全面机械通风可实现对整个房间的通风换气，改变温、湿度和稀释有害物的浓度，使房间内空气环境符合卫生标准的要求。全面机械通风适用于门窗紧闭、自行排风或送风有困难的情况。全面机械通风包括全面机械排风和全面机械送风。

全面机械排风能使室内处于负压状态，保证有害物不向邻室扩散，同时通过门窗向室内自由补充新鲜空气。图 5-4 是一种最简单的全面机械排风形式，通过装在外墙上的轴流式风机把室内污浊空气排至室外，室内形成负压（室内空气压力低于室外大气压力），在负压作用下室外新鲜空气经窗户流入室内，补充排风，稀释室内污浊空气。这种通风形式可防止室内有害物流入相邻房间，适用于室内空气较为污浊的房间，如厨房、卫生间等。

全面机械送风要求对室内送风进行过滤、加热等处理，不让室外空气自由进入室内，以保持室内处于正压状态，空气由门窗等自由排出。图 5-5 利用了离心式风机把室外新鲜空气（或经过处理的空气）经送风口和风道直接送到指定地点，对整个房间进行换气，稀释室内污浊空气。由于室外空气不断送入，室内空气压力升高形成正压，在正压作用下室内污浊空气经窗户排至室外。这种通风形式可防止周围房间的空气流入室内，适用于室内清洁度要求较高的房间，如旅馆的客房、医院的手术室等。

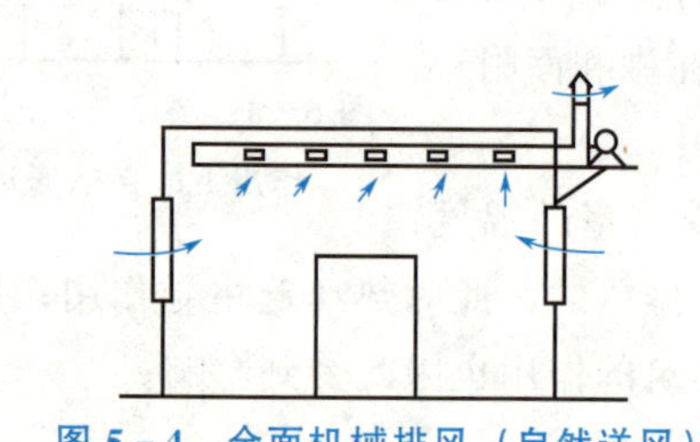
图 5-4　全面机械排风（自然送风）

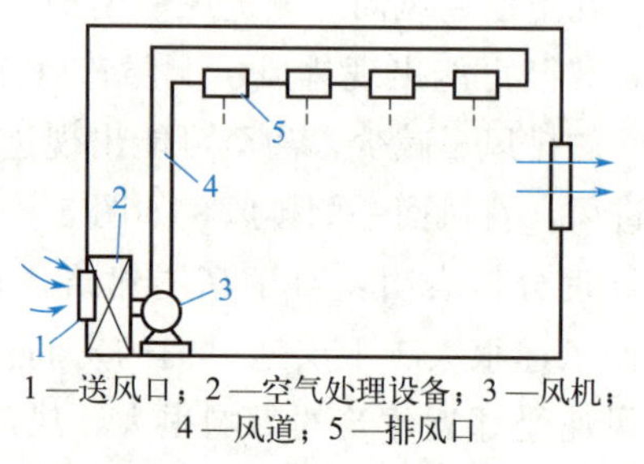

1—送风口；2—空气处理设备；3—风机；4—风道；5—排风口

图 5-5　全面机械送风（自然排风）

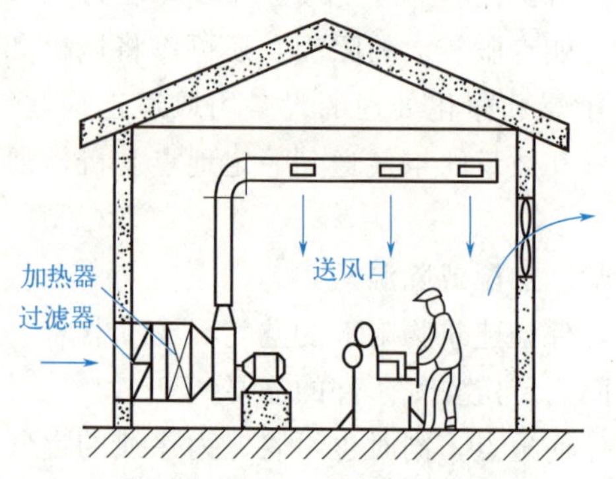

图 5-6　全面机械通风（机械送风、机械排风）

图 5-6 是同时设有机械排风和机械送风的全面机械通风形式。室外空气根据需要进行过滤和加热等处理后送入室内，室内污浊空气由风机排至室外。这种通风形式效果较好，适用于有害物分布面积广以及某些不适合采用局部通风的场合，在民用建筑中广泛采用。但全面机械通风系统所需风量大，设备较为庞大；当要求通风的房间面积较大时，会有局部通风不良的死角。

2）局部通风

局部通风是只使室内局部地点保持良好的空气环境，或在有害物产生的局部地点设置排风装置，不让有害物在室内扩散而直接排出的一种通风形式。局部通风包括局部排风和局部送风。

局部排风可将有害物在产生的地点就地排除，以防止其扩散，适用于有害物仅在几个固定地点产生的情况。图 5－7 是一个局部排风系统，在有害物发生地点设置局部排风罩，尽可能把有害物源密闭，通过风机抽风把污染气流直接排至室外。在寒冷地区设置局部排风系统的同时，还需设置热风采暖系统。

局部送风可将新鲜空气或经过处理的空气送到房间的局部地点，以改善该局部区域的空气环境，适用于人的工作地点固定，室内有害物面积大且产生、扩散不易控制的情况。局部送风一般用于高温车间内局部工作地点的夏季降温。如图 5－8 所示，局部送风系统送出经过处理的冷却空气，使工人的操作地点保持良好的工作环境。

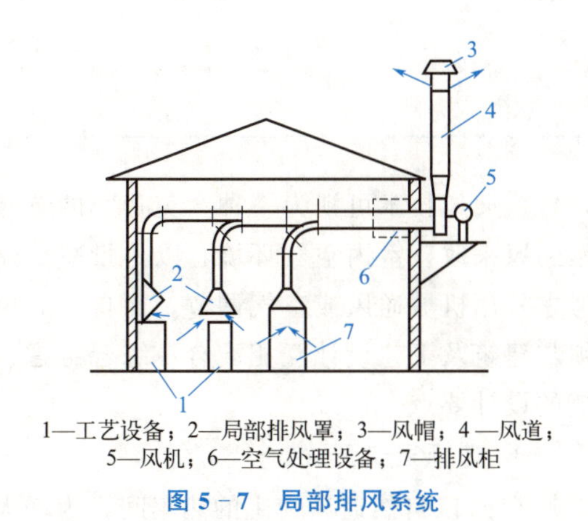

1—工艺设备；2—局部排风罩；3—风帽；4—风道；
5—风机；6—空气处理设备；7—排风柜

图 5－7　局部排风系统

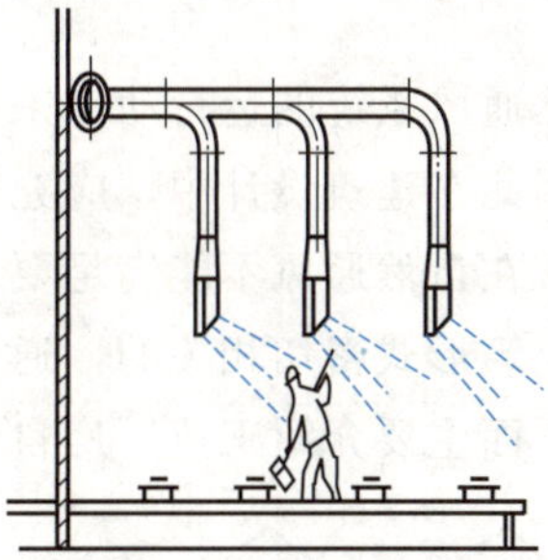

图 5－8　局部送风系统

3）混合通风

混合通风是由局部排风、局部送风、全面机械排风和全面机械送风四种基本通风形式任意组合而成的。混合通风一般由全面机械送风和局部排风组成，适用于门窗需要紧闭，局部排风量又较大的场合。

特别提示

建筑内部的通风条件对生活在建筑内部的人们的健康、舒适度有重要影响。通风（或空调）的目的主要有以下几个方面。

（1）保证排除室内空气污染物。室内空气污染物多种多样，有从室外带入的污染物，如工业燃烧和汽车尾气排放的二氧化氮、二氧化硫、臭氧等，也有室内产生的污染物，如室内装饰材料散发的挥发性有机化合物、人体新陈代谢产生的二氧化碳、家用电器产生的臭氧、厨房油烟等。污染物可以散发到空间各处，在室内形成一定的污染物分布，大量污染物在空气中存在会对人体健康产生不利影响，而对房间进行通风则可以带走室内空气污染物。

(2) 保证室内人员的热舒适。研究表明，热舒适和室内环境有很大关系。经过一定处理（除热、除湿）的空气经过空调系统送到室内，可以满足室内人员对温度、湿度、风速等的要求，从而保证了人员的热舒适。

(3) 满足室内人员对新鲜空气的需要。即使是在有空调的房间，如果没有新风的保证，人们长期处于密闭的环境内，也容易产生胸闷、头晕、头痛等一系列症状，即“病态建筑综合征”。因此必须保证房间的通风，使新风量达到一定的要求，才能保证室内人员的身体健康。

以上列举的诸种通风目的，需要合理的气流组织形式才能实现。好的通风系统不仅要给室内提供一个健康、舒适的环境，而且要使初始投资和运行费用都比较低。因此，根据室内环境的特点和需求，采取最恰当的通风系统和气流组织形式，实现室内通风优质高效运行，就显得尤为重要。

5.1.2 自然通风系统的设计要点

自然通风系统的运行动力来自自然界，这一通风技术可视为一种“免费”的自然冷却技术。因此在建筑设计中，应充分利用自然通风来改善室内空气环境，以尽量减少建筑能耗，只有在自然通风不能满足要求时，才考虑采用机械通风或空气调节。而自然通风的效果是与建筑形式密切相关的，通风设计必须与建筑及工艺设计互相配合、综合考虑、统筹安排。下面主要介绍工业厂房自然通风系统的设计要点。

1. 选择建筑形式

(1) 以自然通风为主的热车间，为增大进风面积，应尽量采用单跨厂房。多跨厂房应将冷、热跨间隔布置，使冷跨位于热跨中间，避免热跨相邻，如图 5－9 所示。冷跨天窗送风，热跨天窗排风。

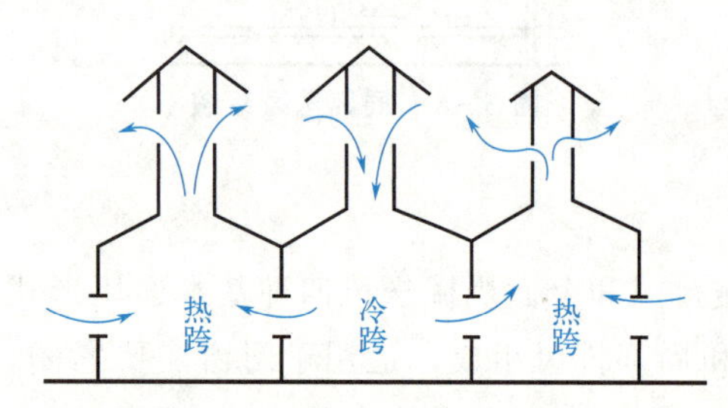

图 5－9　多跨厂房的自然通风

(2) 采用可有效利用“穿堂风”的建筑形式。如果迎风面和背风面的外墙开孔面积占外墙总面积的 25%以上，那么在风力作用下，室外气流能横贯整个车间，形成“穿堂风”。穿堂风具有一定的风速，有利于散热。在我国南方的冷加工车间和一般民用建筑中广泛利用穿堂风，有些热车间也把穿堂风作为车间的主要降温措施。图 5－10 所示的开敞式厂房是应用穿堂风的主要建筑形式之一，主要热源应布置在夏季主导风向的下风侧。

(3) 余热量较大的厂房尽量采用单层结构，其四周不宜有坡屋面建筑。有些生产车间（如铝电解车间）为降低工作区温度，稀释有害物浓度，其厂房采用双层结构，如图 5－11 所示。车间的主要工艺设备（电解槽）布置在上层，两侧的楼板上设置四排连续的送风格子板，室外新鲜空气由侧窗和楼板的送风格子板直接进入工作区。这种双层结构自然通风量大，工作区温升小，能有效改善车间中部的劳动条件。

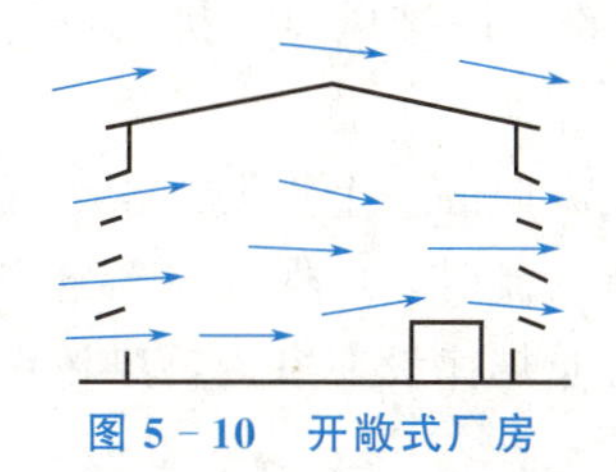
图 5－10 开敞式厂房

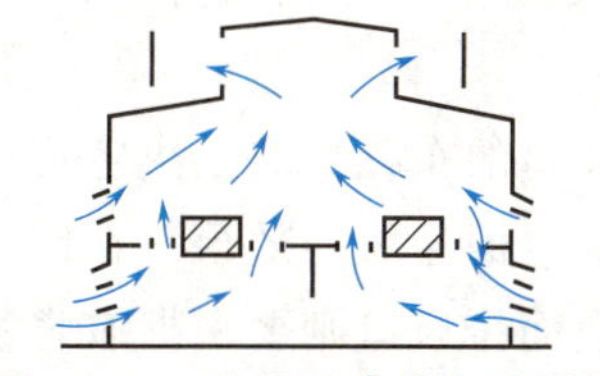
图 5－11 双层厂房的自然通风

2. 厂房总平面布置

（1）确定厂房总平面的方位时，应避免大面积的围护结构受西晒的影响，尽量将厂房纵轴布置成东、西向，尤其是在南方炎热地区。

（2）以自然通风为主的厂房，送风面应与夏季主导风向成 60°～90°角，一般不宜小于 45°角。

（3）为了保证自然通风的效果，厂房周围特别是在迎风面一侧不宜布置过多的高大附属建筑物、构筑物。

3. 送、排风窗设计

（1）为了提高自然通风的降温效果，应尽量降低送风窗离地面的高度，其高度一般不宜超过 1.2m，南方炎热地区可取 0.6～0.8m。但在集中供暖地区，自然通风的送风窗离地面的高度应设在 4m 以上，以便室外气流到达工作区前能与室内空气充分混合。

（2）送风窗最好采用阻力小的立式中轴窗和对开窗，以便将气流直接导入工作区。

（3）不需要调节天窗开启程度的热车间，可以采用不带窗扇的避风天窗，但应考虑防雨措施。

5.1.3 通风系统的主要设备和构件

前面介绍的自然通风系统，其设备、装置比较简单，只需要送、排风窗以及附属的开关装置。其他各种通风系统，包括机械通风系统和管道式自然通风系统，则由较多的设备和构件所组成。在这些通风系统中，除了输送空气的风道以及机械通风系统使用的风机，一般还包括如下组成部分：全面机械排风系统尚有室内排风口和室外排风装置，局部排风系统尚有局部排风罩、空气处理设备，送风系统尚有室外送风装置、送风处理设备及室内送风口等。下面仅就一些主要设备和构件作简要介绍。

1. 室内送、排风口

百叶式送风口实物图

室内送、排风口分别是将一定量的空气按一定速度送到室内，和将室内空气吸入排风管的构件。室内送、排风口一般应满足下列要求：风口风量应能调节，阻力小，风口尺寸尽可能小。民用建筑中的送、排风口形式还应与建筑外观相配合。

在工业厂房中，往往需要向一些工作地点供应大量的空气，但又要求送风口附近的风速迅速降低，以避免影响操作人员。能满足这种要求的大型送风口，通常称为空气分布器。送风口及空气分布器的类型很多，其构造和性能可查阅

国家标准图集10K121。全面机械排风系统应设置室内排风口。排风口的类型较少，通常做成百叶式。

室内送、排风口的布置情况是决定通风气流方向的一个重要因素，而气流的方向是否合理，将直接影响全面通风的效果。在组织通风气流时，应保证将新鲜空气直接送到工作地点或洁净区域，而排风口则要根据有害物的分布规律设在室内污染浓度最大的地方，具体做法如下。

(1) 排除余热和余湿时，应采取下送上排的气流组织方式，即将新鲜空气直接送到房间下部的人员所在区域，吸收余热和余湿后流向房间上部，由设在上部的排风口排出。

(2) 全面机械通风系统中，排风口的位置应根据下述不同的情况来确定：污染气体比空气轻时，应从上部排出；污染气体比空气重时，宜从上部和下部同时排出。送风口则不论上述哪一种情况，一律将新鲜空气送至人员所在区域。

(3) 对于采用局部排风排除粉尘和有害气体而又没有大量余热的车间，用以补偿局部排风的机械送风系统，宜将新鲜空气送至房间上部。

2. 风道

1) 风道材料

风道材料一般应该满足下列要求：价格低廉，尽量就地取材；防火性能好；便于加工制作；内表面光滑、阻力小。部分风道材料还应满足防腐性能好、保温性能强等特殊要求。

目前我国常用的风道材料有薄钢板、硬聚氯乙烯塑料板、胶合板、纤维板、矿渣石膏板、砖及混凝土等。一般风道多用薄钢板，输送腐蚀性气体的风道采用涂刷防腐漆的钢板或硬聚氯乙烯塑料板，需要与建筑结构相配合的场合也可采用以砖和混凝土等材料制作的风道。

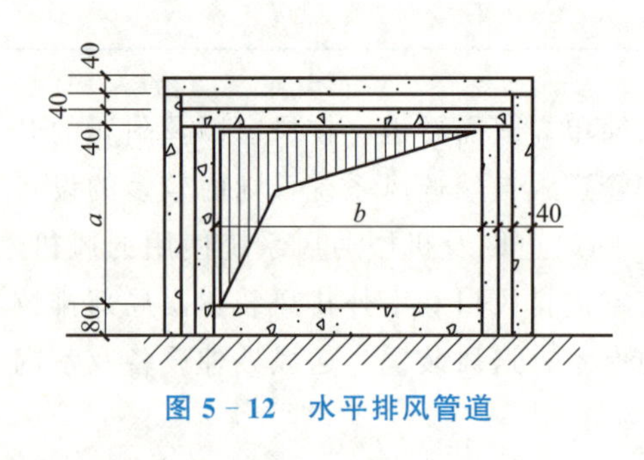

图5-12 水平排风管道

设在阁楼里和不供暖房间里的水平排风管道，可采用下列材料：当排风的湿度正常时，采用40mm厚的双层矿渣石膏板（图5-12）；当排风的湿度较大时，采用40mm厚的双层矿渣混凝土板；当排风的湿度很大时，可用镀锌薄钢板或涂漆良好的普通薄钢板，外面加设保温层。

2) 风道截面

一般情况下，风道截面以圆形、矩形为主。风道截面积可按下式计算。

$$A=\frac{L}{3600v} \tag{5-1}$$

式中 A——风道截面积（m^2）；

L——通风量（m^3/h）；

v——风道内风速（m/s）。

要确定风道截面积，必须事先选定风道中空气的流速。一般情况下，流速大则风道截面积小，可以节省风道材料，减少占用空间，但系统阻力增加，风机能耗增加，系统噪声大；反之则情况相反。因此，风道内风速的选择要综合考虑上述诸因素后确定，一般可按表5-1选择。除尘通风系统的风速一般为12～18m/s，以防粉尘在管道中沉降。

表5-1 风道内风速

单位：m/s

风道类型	风道材料	
	钢板、塑料板	砖、混凝土
干管	6～14	4～12
支管	2～8	2～6

3）风道布置

在居住和公共建筑中，垂直的砖风道最好砌筑在墙内，但为避免结露和影响自然通风的作用压力，一般不允许设在外墙内，而应设在间壁墙内，相邻两个排风或送风竖风道的间距不得小于1/2砖，排风与送风竖风道的间距应不小于一砖。

如果墙壁较薄，可在墙外设置贴附风道，如图5-13所示。当贴附风道沿外墙设置时，需在风道壁与墙壁之间留40mm宽的空气保温层。

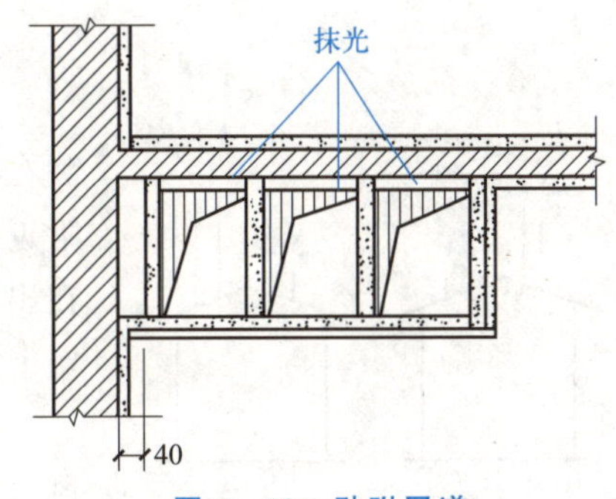

图5-13 贴附风道

各楼层性质相同的房间的排风竖风道，可以在顶部（阁楼、最上层的走廊或房间顶棚上）汇合在一起，对于高层建筑尚需符合建筑防火的规定。

工业通风系统在地面以上的风道通常采用明装，风道用支架支承，沿墙壁及柱子敷设，或者用吊架吊在楼板或桁架的下面（风道距墙较远时），布置时应力求缩短风道的长度，但应以不影响生产过程和与各种工艺设备不相冲突为前提。此外，对于大型风道还应尽量避免影响采光。

3. 室外送、排风装置

1）室外送风装置

室外送风装置是通风和空调系统采集新鲜空气的入口。根据送风的位置，室外送风装置可采用竖风道的送风塔，也可采用设在建筑物围护结构上的屋顶式送风装置（图5-14）或外墙式送风装置（图5-15）。

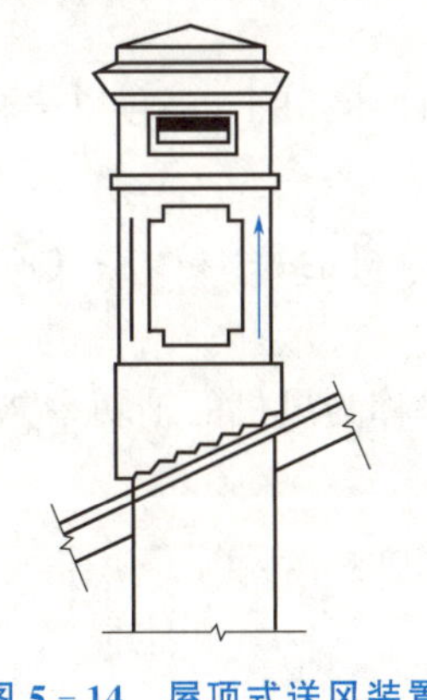
图5-14 屋顶式送风装置

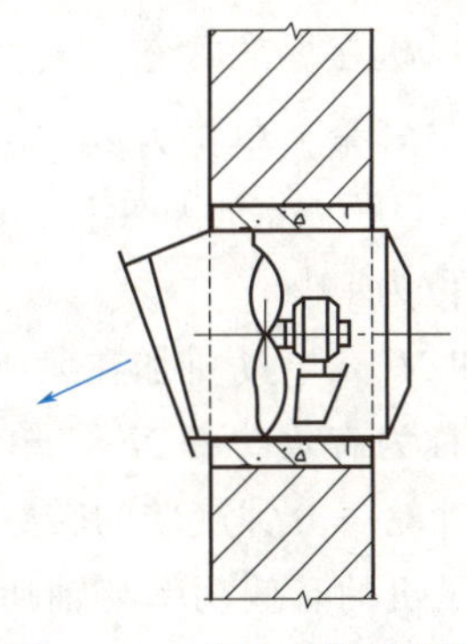
图5-15 外墙式送风装置

室外送风装置的位置应满足以下要求。

(1) 室外送风装置应设置在室外空气较为洁净的地点，在水平和垂直方向上都应远离污染源。

(2) 送风口下缘距室外地坪的高度不宜小于 2m，并须装设百叶格，以免吸入地面粉尘和污物，同时可避免雨、雪的侵入。

(3) 用于降温的通风系统，其室外送风装置宜设在背阴的外墙侧。

(4) 送风口的标高应低于周围的排风口，且宜设在排风口的上风侧，以防吸入排风口排出的污浊空气。当进、排风口的水平间距小于 20m 时，送风口应比排风口低至少 6m。

(5) 屋顶式送风装置应高出屋面 0.5～1.0m，以免吸进屋面上的积灰和被积雪埋没。

室外新鲜空气由送风装置采集后直接送入室内通风房间或送风室，根据用户对送风的要求进行预处理。机械送风系统的送风室多设在建筑物的地下层或底层，也可以设在室外送风装置内侧的平台上。

2）室外排风装置

室外排风装置是排风管道的出口，经常做成风塔形式装在屋顶上，且要求排风口高出屋面 1m 以上，以免污染附近空气环境。为防止雨、雪或风、砂等倒灌入排风口，在出口处应设有百叶格或风帽。机械排风时也可直接在外墙上开口作为排风口。

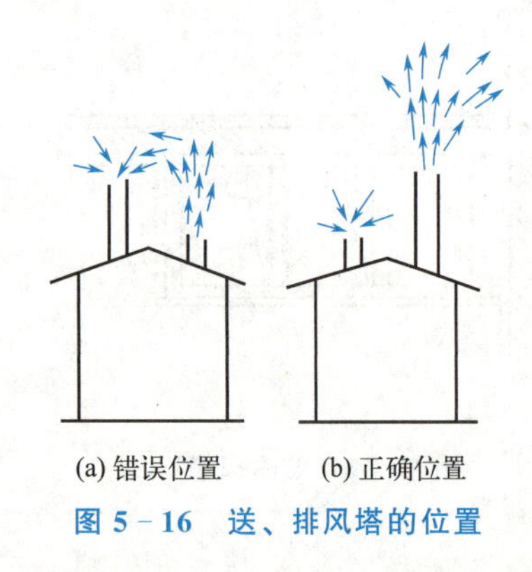

图 5－16　送、排风塔的位置

当送、排风塔都设在屋顶上时，为避免送风口吸入排风口排出的污浊空气，它们之间的距离应尽可能远些，通常送、排风塔的水平距离应大于 10m，且送风口应低于排风口，如图 5－16 所示。在特殊情况下，如排风污染程度较轻，则水平距离可以小些，此时排风口应高于送风口 2.5m 以上。

4. 风机

风机是输送气体的机械设备，在通风和空调系统中，常用的风机有离心式和轴流式两种形式，这里仅介绍离心式风机。离心式风机的工作原理与离心水泵相同，主要借助叶轮旋转时产生的离心力而使气体获得压能和动能。离心式风机的主要性能参数如下。

(1) 风量 L：风机在标准状态（大气压力 $P_0=101325$Pa，温度 $T=20$℃）下工作时，单位时间内输送的空气量，单位为 m^3/h。

(2) 全压 H：风机在标准状态下工作时，通过风机的每 $1m^3$ 空气所获得的能量，包括压能与动能，单位为 kPa。

(3) 功率 N 和 N_x：电动机加在风机轴上的功率称为风机的轴功率 N，空气通过风机后实际得到的功率称为有效功率 N_x，单位为 kW。

(4) 转数 n：叶轮每分钟旋转的转数，单位为 r/min。

(5) 效率 η：风机的有效功率与轴功率的比值。

5. 空气处理设备

为防止大气污染和回收气体中的有用物质，排风系统在将空气排入大气前，应根据实际情况采取必要的空气净化、回收和综合利用措施。

使空气中的粉尘与空气分离的过程，称为含尘空气的净化或除尘。常用的除尘设备有旋风除尘器、湿式除尘器、过滤式除尘器等。

消除有害气体对人体及其他方面的危害，称为有害气体的净化。常用的净化设备有各种吸收塔、活性炭吸附器等。

在有些情况下，由于受各种条件限制，不得不把未经净化或净化不够的废气直接排入高空，通过在大气中的扩散进行稀释，使降落到地面的有害物质的浓度不超过规定标准，这种处理方法称为有害气体的高空排放，也是一种空气处理措施。

5.2 建筑防排烟

建筑发生火灾时，及时扑灭火灾，防止火灾蔓延，减少人员和财产损失是非常重要的。为此，建筑内应设置防排烟系统，以减少火灾烟气的生成量，控制烟气蔓延，及时排除烟气，提高逃生通道的能见度，保证室内人员安全疏散以及消防人员顺利实施救火。防排烟系统设计是建筑防火设计的一个重要组成部分。

防排烟系统设计的基本内容包括：防火和防烟分区划分，防排烟设施的设置，排烟量、加压送风量的确定，以及防排烟方式的选择等。防排烟系统设计应与建筑设计、消防设计、采暖及通风空调设计合作协调进行，结合建筑的用途、平立面组成、单元组合、可燃物数量及室外气象条件等因素综合考虑，提出经济合理的防排烟系统设计方案。

5.2.1 建筑防排烟基本概念

1. 建筑分类和耐火等级

根据《建筑设计防火规范（2018年版）》（GB 50016—2014）的规定，依据建筑使用功能、危险性、疏散和扑救难度等对民用建筑进行分类，见表5-2。

表5-2 民用建筑分类

名称	高层民用建筑		单、多层民用建筑
	一类	二类	
住宅建筑	建筑高度大于54m的住宅建筑（包括设置商业服务网点的住宅建筑）	建筑高度大于27m，但不大于54m的住宅建筑（包括设置商业服务网点的住宅建筑）	建筑高度不大于27m的住宅建筑（包括设置商业服务网点的住宅建筑

续表

名称	高层民用建筑		单、多层民用建筑
	一类	二类	
公共建筑	1. 建筑高度大于 50m 的公共建筑 2. 建筑高度 24m 以上部分任一楼层建筑面积大于 1000m^2 的商店、展览、电信、邮政、财贸金融建筑和其他多种功能组合的建筑 3. 医疗建筑、重要公共建筑、独立建造的老年人照料设施 4. 省级及以上的广播电视和防灾指挥调度建筑、网局级和省级电力调度建筑 5. 藏书超过 100 万册的图书馆、书库	除一类高层公共建筑外的其他高层公共建筑	1. 建筑高度大于 24m 的单层公共建筑 2. 建筑高度不大于 24m 的其他公共建筑

《建筑设计防火规范（2018 年版）》（GB 50016—2014）中将民用建筑的耐火等级划分为一、二、三、四级，并且对不同耐火等级建筑相应构件的燃烧性能和耐火极限作出具体规定，见表 5-3。

表 5-3　不同耐火等级建筑相应构件的燃烧性能与耐火极限　　单位：h

构件名称		耐火等级			
		一级	二级	三级	四级
墙	防火墙	不燃性 3.00	不燃性 3.00	不燃性 3.00	不燃性 3.00
	承重墙	不燃性 3.00	不燃性 2.50	不燃性 2.00	难燃性 0.50
	非承重外墙	不燃性 1.00	不燃性 1.00	不燃性 0.50	可燃性
	楼梯间和前室的墙、电梯井的墙、住宅建筑单元之间的墙和分户墙	不燃性 2.00	不燃性 2.00	不燃性 1.50	难燃性 0.50
	疏散走道两侧的隔墙	不燃性 1.00	不燃性 1.00	不燃性 0.50	难燃性 0.25
	房间隔墙	不燃性 0.75	不燃性 0.50	难燃性 0.50	难燃性 0.25
柱		不燃性 3.00	不燃性 2.50	不燃性 2.00	难燃性 0.50
梁		不燃性 2.00	不燃性 1.50	不燃性 1.00	难燃性 0.50

(单位：h) 续表

构件名称	耐火等级			
	一级	二级	三级	四级
楼板	不燃性 1.50	不燃性 1.00	不燃性 0.50	可燃性
屋顶承重构件	不燃性 1.50	不燃性 1.00	可燃性 0.50	可燃性
疏散楼梯	不燃性 1.50	不燃性 1.00	不燃性 0.50	可燃性
吊顶（包括吊顶格栅）	不燃性 0.25	难燃性 0.25	难燃性 0.15	可燃性

注：1. 除《建筑设计防火规范（2018年版）》(GB 50016—2014) 另有规定外，以木柱承重且墙体采用不燃材料的建筑，其耐火等级应按四级确定。

2. 住宅建筑构件的耐火极限和燃烧性能可按现行国家标准《住宅设计规范》(GB 50096—2011) 的规定执行。

2. 防火和防烟分区

防火分区的作用在于发生火灾时，可将火势控制在一定的范围内，以利于消防救火，减少火灾损失。防烟分区的作用在于发生火灾时，其与排烟设施共同作用，对火灾烟气进行阻隔及排除，以利于人员安全逃生。

防火和防烟分区的划分属于建筑专业的工作内容，但通风专业了解和掌握建筑防火和防烟分区的划分方法，有利于合理设置建筑防排烟设施，进行防排烟系统设计。

1) 防火分区

防火分区无论是对民用建筑还是对工业建筑都是很有效的防火措施。防火分区标准见表5-4。

表5-4 不同耐火等级建筑的允许建筑高度或层数、防火分区最大允许建筑面积

名　称	耐火等级	防火分区的最大允许建筑面积/m^2	备　注
高层民用建筑	一、二级	1500	对于体育馆、剧场的观众厅，防火分区的最大允许建筑面积可适当增加
单、多层民用建筑	一、二级	2500	
	三级	1200	—
	四级	600	—
地下或半地下建筑（室）	一级	500	设备用房的防火分区最大允许建筑面积不应大于1000m^2

注：1. 表中规定的防火分区最大允许建筑面积，当建筑内设置自动灭火系统时，可按本表的规定增加1.0倍；局部设置时，防火分区的增加面积可按该局部面积的1.0倍计算。

2. 裙房与高层建筑主体之间设置防火墙时，裙房的防火分区可按单、多层建筑的要求确定。

建筑防火分区一般分为水平防火分区和垂直防火分区。水平防火分区是指在同一水平

面内，利用防火分隔设施将建筑平面分为若干个防火分区，阻止水平方向的火灾蔓延。垂直防火分区是指用楼板等构件将结构上、下层分隔，阻止火焰沿建筑内各种竖向通道向上一层蔓延，避免火灾向上扩散。

水平防火分隔设施主要有防火墙、防火门、防火窗、防火卷帘、防火幕和防火水幕等，建筑墙体在客观上也发挥着水平防火分隔的作用。垂直防火分隔设施主要有楼板、避难层、防火挑檐、功能转换层等。建筑内的电缆井、管道井等竖井，除井壁材料和检查门有防火要求外，对于建筑高度不超过 100m 的高层建筑，其井内应每隔 2～3 层在楼板处用相当于楼板耐火极限的不燃烧体作防火分隔；对于建筑高度超过 100m 的高层建筑，应在每层楼板处作相应的防火分隔。

2）防烟分区

为了将烟气控制在一定范围内，利用防烟隔断将一个防火分区划分成多个小区，称为防烟分区。防烟分区是对防火分区的细分，防烟分区的作用是有效控制火灾产生的烟气流动，但单靠防烟分区是无法防止火灾扩散的，它必须与防排烟设施共同作用才能有效排除烟气、控制火灾。

根据《建筑设计防火规范（2018 年版）》（GB 50016—2014）的规定，设置排烟设施的走道及净高不超过 6m 的房间，要求划分防烟分区；不设排烟设施的房间（包括地下室）和走道，不划分防烟分区。防烟分区可通过挡烟垂壁、隔墙或从顶棚下突出不小于 500mm 的梁来划分。挡烟垂壁是用不燃材料制成的，从顶棚下垂不小于 500mm 的固定或活动挡烟设施，活动挡烟垂壁利用感温、感烟或其他控制设备，在火灾时能自动垂落。

一般每个防烟分区采用独立的排烟系统或垂直排烟道（竖井）进行排烟。如果防烟分区的面积过小，会使排烟系统或垂直排烟道数量增多，提高系统和建筑造价；如果防烟分区的面积过大，则使高温的烟气波及面积加大，受灾面积增加，不利于安全疏散和扑救。因此规定每个防烟分区的建筑面积不宜超过 $500m^2$，且不应跨越防火分区。当设有自动灭火系统时，面积可增加一倍。

5.2.2 建筑防排烟设施的设置

建筑防排烟设施的设置部位应与防烟分区一致，且不能跨越防火分区，应根据《建筑设计防火规范（2018 年版）》（GB 50016—2014）等相关规范的要求进行设计。一般作为疏散通道的防烟楼梯间、消防电梯间前室等应设置防烟设施，以防止烟气窜入为主要设计目的；对于其他房间和走廊间则应设置排烟设施，以快速排除火灾烟气，不阻碍人员逃生为主要设计目的。通过防排烟设施的设置，为人员逃生自救建立起一条无烟无焰的安全通路。

1. 高层建筑防排烟设施的设置部位

（1）一类高层建筑和建筑高度超过 32m 的二类高层建筑中，长度超过 20m 的内走道应设置排烟设施，无直接自然通风时应设置机械排烟设施；有直接自然通风，但长度超过 60m 的内走道应设置机械排烟设施；面积超过 $100m^2$，经常有人停留或可燃物较多的地上无窗房间或设固定窗的房间，均应设置机械排烟设施。

（2）高层建筑的中庭应设排烟设施，不具备自然排烟条件或净空高度超过 12m 的中庭应设置机械排烟设施。

（3）高层建筑中经常有人停留或可燃物较多的地下室应设排烟设施。对于不能设置外开窗、通风井进行自然排烟的房间，当房间总面积超过 $200m^2$ 或单个房间面积超过 $50m^2$，且经常有人停留或可燃物较多时，应设置机械排烟设施。

（4）对高层民用建筑不具备自然排烟条件的防烟楼梯间、消防电梯间前室或合用前室，应设置独立的机械加压送风设施；当防烟楼梯间采取自然排烟措施时，对不具备自然排烟条件的前室则应设置独立的机械加压送风设施。机械加压送风的防烟楼梯间和合用前室，宜分别独立设置机械加压送风系统。

（5）建筑高度超过 100m 的公共建筑，应设置避难层（间）。如果是封闭的避难层（间），则应设置独立的机械加压送风设施。

2. 非高层民用建筑、工业建筑防排烟设施的设置部位

（1）防烟楼梯间及其前室、消防电梯间前室或合用前室应设置防烟设施。对于不具备自然排烟条件的防烟楼梯间、消防电梯间前室或合用前室应设置机械加压送风设施；对于设置自然排烟设施的防烟楼梯间但不具备自然排烟条件的前室，应设置独立的机械加压送风设施。防烟楼梯间与合用前室的机械加压送风系统宜分别独立设置。

（2）公共建筑中经常有人停留或可燃物较多的房间建筑面积大于 $300m^2$ 的地上房间、商店营业厅、展览建筑的展览厅及长度大于 20m 的内走道，均应设置排烟设施。

（3）建筑中庭应设置排烟设施。

（4）设置在一、二、三层且房间建筑面积大于 $100m^2$，或设置在四层及四层以上或地下、半地下的娱乐场所，应设置排烟设施。

（5）房间总建筑面积大于 $200m^2$ 或一个房间建筑面积大于 $50m^2$，且经常有人停留或可燃物较多的地下、半地下建筑或地下室、半地下室，应设置排烟设施。

（6）地下商店应设置防烟与排烟设施。

（7）建筑中长度大于 40m 的疏散走道应设置排烟设施。

（8）丙类厂房中建筑面积大于 $300m^2$ 且经常有人停留或可燃物较多的地上房间，高度大于 32m 的高层厂房中长度大于 20m 的内走道，任一层建筑面积大于 $5000m^2$ 的丁类厂房，以及占地面积大于 $1000m^2$ 的丙类仓库，应设置排烟设施。

上述各项要求设置防排烟设施的部位，如果不具备自然排烟条件，则应设置机械防排烟设施。因此在进行建筑防排烟系统设计时，必须先了解上述部位是否具备对外开窗、对外开口的自然排烟条件，再确定是否设置机械防排烟设施。

5.2.3 建筑排烟

建筑排烟与建筑通风中排风的做法和原理类似。根据所利用的动力，建筑排烟可以分为自然排烟和机械排烟两种方式。

由于自然排烟方式简单、经济，宜优先采用，而对性质重要、功能复杂的高层建筑和超高层建筑，或无自然排烟条件的其他建筑，应采用机械排烟方式。建筑高度不大于 50m

的公共建筑、厂房、仓库和建筑高度不大于100m的住宅建筑，其靠外墙的防烟楼梯间及其前室、消防电梯间前室和合用前室，宜采用自然排烟方式。

1. 自然排烟

自然排烟有两种方式。一种是室内自然排烟，即在室内设置对外开口或可开启外窗，利用火灾时室内热气流的浮力或室外风力的作用进行自然排烟。另一种是设置竖井自然排烟，即在高层建筑的适中位置设置专用的排烟竖井，并在各层设置排烟口（排烟口应设置在上部，发生火灾时能自动或手动打开），依靠火灾时室内产生的热压和室外气流的风压形成的“烟囱效应”进行自然排烟。

室内自然排烟可以利用建筑物的阳台、凹廊进行排烟，如图5-17所示，阳台为不封闭式，凹廊设置可对外开启的窗；也可利用靠外墙的防烟楼梯间、消防电梯间前室或合用前室，设置直接向外开启的窗进行排烟，如图5-18所示；还可以设置专用排烟口排烟。

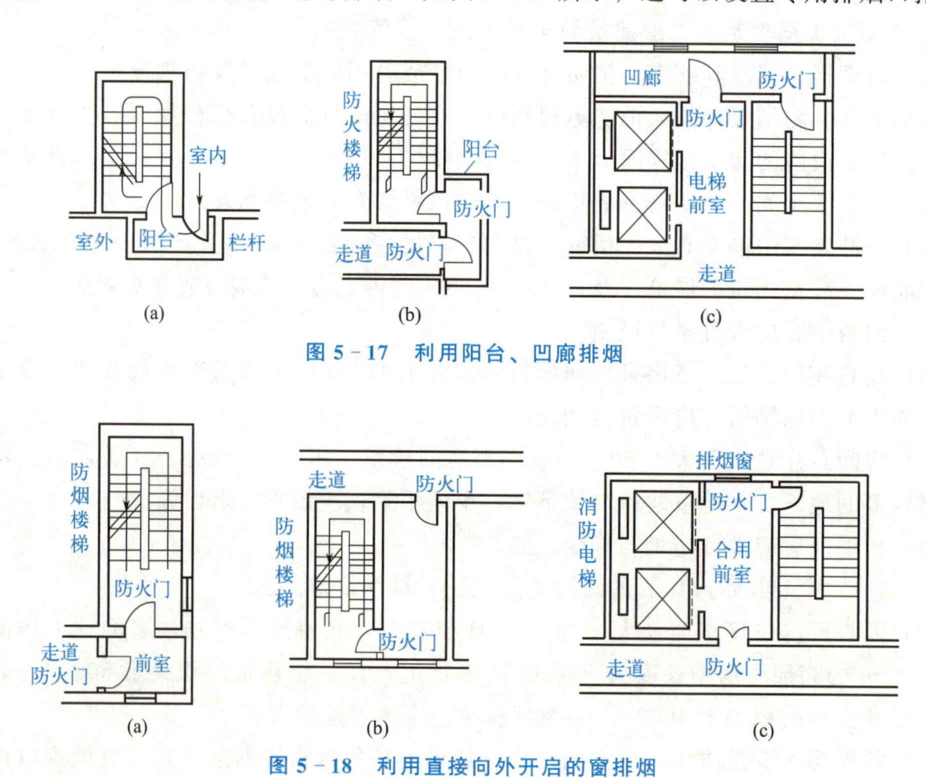

图5-17　利用阳台、凹廊排烟

图5-18　利用直接向外开启的窗排烟

自然排烟窗的开窗面积可按如下规定选择。

（1）防烟楼梯间前室、消防电梯间前室可开启外窗面积不小于2.0m^2，合用前室不小于3.0m^2。

（2）靠外墙的防烟楼梯间每5层可开启外窗的面积之和不小于2.0m^2。

（3）长度不超过60m的内走道可开启外窗面积不小于走道面积的2%。

（4）需排烟的房间，可开启外窗面积不小于该房间面积的2%。

（5）净空高度小于12m的中庭，可开启的天窗或高窗的面积不小于该中庭地板面积的5%。

2. 机械排烟

机械排烟是使用排烟风机进行强制排烟的排烟方式。根据补风方式的不同，机械排烟也有两种方式。一种是机械排烟、自然补风的方式，即依靠建筑本身自然补风的排烟方式，适合大型建筑空间的烟气控制。另一种是上部机械排烟、下部机械送风的方式，其在空间上部设置的排烟口火灾时能敞开，并在建筑下部进行机械送风，以提高室内压力，将火灾烟气排至室外，这种方式多适用于性质重要、对防排烟设计较为严格的高层建筑或大型建筑空间的烟气控制。

1）机械排烟系统的设计

（1）走道排烟系统。走道排烟系统根据自然通风条件和走道长度设置。高层建筑层数多、高度高，为保证排烟系统的可靠性，走道排烟一般设计成竖向排烟系统，即在建筑内靠近走道的适当位置设置竖向排烟管道，每层靠近顶棚的位置设置排烟口，如图5－19所示。

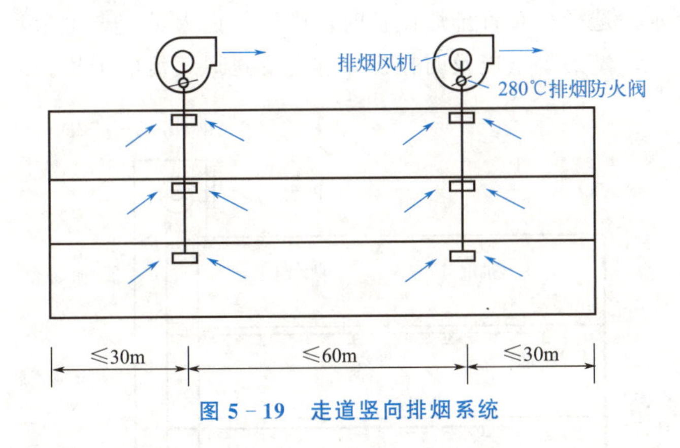

图5－19 走道竖向排烟系统

（2）房间排烟系统。房间排烟系统宜按防烟分区设置。当需要排烟的房间较多，且竖向布置有困难时，可将几个房间组合设一个排烟系统，每个房间设排烟口，即水平排烟系统。

（3）中庭排烟系统。连通二层或多层楼层且顶部封闭的筒体空间称为中庭。中庭一般设有采光窗。中庭排烟系统是把中庭作为着火层的一个大排烟道，排烟口设置在中庭的顶棚上，或设在紧靠中庭顶棚的集烟区，排烟口的最低标高设在中庭最高部分门洞的上端；在中庭上部设置排烟风机，使着火层保持负压，从而有效地控制烟气和火灾，如图5－20所示。中庭较低部位送风有困难时，可采用机械送风，补充风量按不小于排风量的50%考虑。高度超过6层的中庭，或二层以上与居住场所相通时，宜从上部补充新鲜空气。

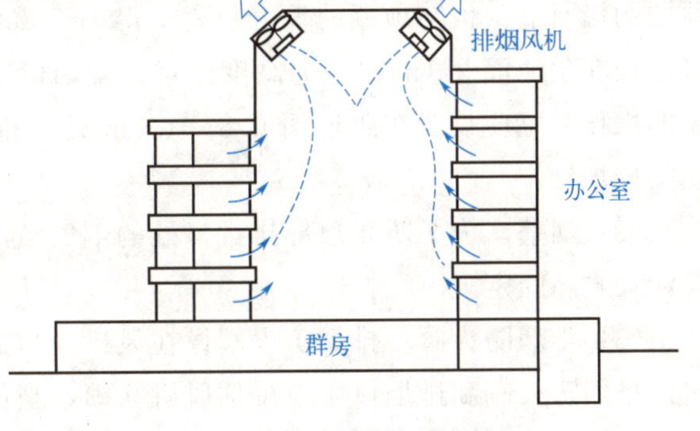

图5－20 中庭排烟系统

2）排烟量

排烟量与建筑防烟分区的划分、机械排烟系统的部位等因素有关。机械排烟系统的排烟量标准见表5－5。

表 5-5 机械排烟系统的排烟量标准

条件和部位		换气次数/(次/h)	排烟量标准
走道 房间	担负一个防烟分区或室内净高大于 6.0m 且不划分防烟分区	—	防烟分区面积每 $1m^2$ 不小于 $60m^3/h$，且单台风机排烟量不应小于 $7200m^3/h$
	担负两个及两个以上防烟分区	—	按最大防烟分区面积每 $1m^2$ 不小于 $120m^3/h$
中庭	体积≤$17000m^3$	6	—
	体积>$17000m^3$	4	$102000m^3/h$

排烟面积可根据机械排烟系统的排烟量、排烟速度（$v\leqslant 10m/s$）计算确定。

3）排烟设备布置

机械排烟系统由排烟口、烟壁、排烟防火阀、排烟管道、排烟风机和排烟出口等组成，如图 5-21 所示。选择和布置排烟设备时，应以保证人员安全疏散和气流组织合理为前提，同时确保进入前室的烟气能及时排出，避免受送风气流的干扰。

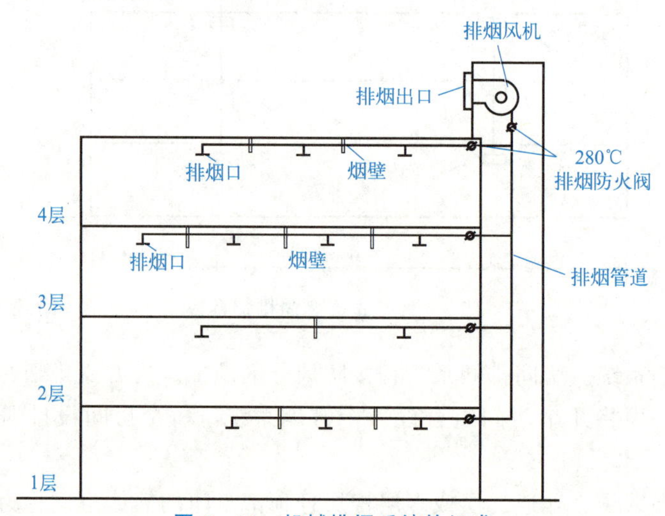

图 5-21 机械排烟系统的组成

（1）排烟口。排烟口宜设置在防烟分区中心部位，至该防烟分区最远点的水平距离不应超过 30m。排烟口设置在排烟区域的空间上部，可以设置在顶棚上，也可以设置在靠近顶棚的墙面上，但与顶棚的垂直距离不得小于 800mm。如果室内净高超过 3.0m，则排烟口可设在距地面 2.1m 以上的高度位置。排烟口应设有手动或自动开启装置，手动开启装置的操作部位应设置在距地面 0.8～1.5m 处。排烟口平时关闭，火灾发生时仅开启着火层的排烟口。

（2）烟壁。为了防止顶部排烟口处的烟气溢流，在排烟口一侧的上部应设烟壁。烟壁有活动式和固定式。

（3）排烟防火阀。排烟防火阀设在风机入口总管及支管上，其在 280℃时应能自动关闭。排烟防火阀和排烟口应与排烟风机联锁，当任一排烟防火阀和排烟口开启时，排烟风机能立即启动。

(4) 排烟管道。管材宜采用镀锌钢板或冷轧钢板，钢板厚度不应小于1.0mm，也可采用混凝土或石棉制品。安装在吊顶内的排烟管道应用非燃材料做保温层，并应与可燃物保留不小于150mm的距离。

(5) 排烟风机。排烟风机可采用普通钢制离心式风机或专用排烟轴流式风机。排烟风机应设置在机械排烟系统最高排烟口的上部，风机外壳与墙壁或其他设备间的距离不应小于600mm，安装在混凝土或型钢基础上。排烟风机应有备用电源，并能自动切换。

(6) 排烟出口。排烟出口宜采用1.5mm厚的钢板或具有相同耐火等级的材料制作。排烟出口的位置，应根据建筑物所处的条件（风向、风速、周围建筑物及道路状况等）来考虑，即排出的烟气不能影响周围建筑物及环境，也不能妨碍人员避难和扑救火情，更不能使排出的烟气再被通风或空调设备吸入。此外，必须避开有燃烧危险的部位。当排烟出口设在室外时，应固定牢固而不脱落，且应采取防止雨水、虫鸟等进入的措施。

5.2.4 建筑防烟

防烟设施与排烟设施是有区别的。排烟设施是将建筑空间内或走廊内的火灾烟气和燃烧形成的热气流及时排除，阻隔火灾烟气，提高疏散通道的能见度，避免人员在逃生过程中被火灾烟气熏倒而窒息死亡。而防烟设施是对防烟楼梯间、消防电梯间前室及封闭避难层（间）等部位进行加压送风，利用风机产生的气流和压力差来控制烟气流动方向，阻止火灾烟气侵入，形成安全的无烟无焰的垂直疏散通道，以便人员安全疏散和消防人员救火。建筑防烟也称机械加压送风防烟。

1. 机械加压送风量

高层民用建筑在不具备自然排烟条件的防烟楼梯间、消防电梯间前室及合用前室，或采用自然排烟措施的防烟楼梯间但不具备自然排烟条件的前室，应进行机械加压送风防烟。

机械加压送风量通常以火灾发生时，疏散通道能维持必要的正压值，火灾层疏散通道门洞能保持一定的风速为理论依据。但是，建筑构件及建筑施工的质量缺陷、设计资料不完整、设计参数不明确等原因将会影响风量计算的准确性，因此对机械加压送风量规定了取值范围。高层建筑的机械加压送风量见表5-6。

表5-6 高层建筑的机械加压送风量 单位：m^3/h

<table>
<tr><th rowspan="2">序号</th><th rowspan="2" colspan="2">机械加压送风部位</th><th colspan="2">机械加压送风量</th></tr>
<tr><th>系统负担层数<20层</th><th>系统负担层数20～32层</th></tr>
<tr><td>1</td><td colspan="2">仅对防烟楼梯间加压送风（前室不送风）</td><td>25000～30000</td><td>35000～40000</td></tr>
<tr><td rowspan="2">2</td><td rowspan="2">对防烟楼梯间及其前室分别加压送风</td><td>楼梯间</td><td>14000～18000</td><td>18000～24000</td></tr>
<tr><td>前室</td><td>10000～14000</td><td>14000～20000</td></tr>
<tr><td rowspan="2">3</td><td rowspan="2">对防烟楼梯间及合用前室分别加压送风</td><td>楼梯间</td><td>16000～20000</td><td>20000～25000</td></tr>
<tr><td>合用前室</td><td>12000～16000</td><td>18000～22000</td></tr>
</table>

（单位：m^3/h）续表

序号	机械加压送风部位	机械加压送风量	
		系统负担层数＜20层	系统负担层数20～32层
4	仅对消防电梯间前室加压送风	15000～20000	22000～27000
5	仅对消防电梯间前室或合用前室加压送风（防烟楼梯间自然排烟）	22000～27000	28000～32000

注：1. 表中送风量按开启 1.6m×2.0m 的双扇门确定。当采用单扇门时，送风量应乘以 0.75 的系数计算；当有 2 个或 2 个以上出入口时，送风量应乘以 1.50～1.75 的系数计算。开启门时，通过门的风速不宜小于 0.75m/s。
2. 送风量上下限选取按层数、风道材料、防火门漏风量等因素综合考虑确定。

对于封闭避难层（间）的机械加压送风量，该避难层的净面积每平方米不应小于 $30m^3/h$。其他非高层建筑的机械加压送风量不应小于表 5-7 的规定。

表 5-7　非高层建筑的最小机械加压送风量　　单位：m^3/h

条件和部位		最小机械加压送风量
前室不送风的防烟楼梯间		25000
防烟楼梯间及其合用前室分别加压送风	防烟楼梯间	16000
	合用前室	13000
消防电梯间前室		15000
防烟楼梯间自然排烟，前室或合用前室加压送风		22000

注：表中送风量按开启 1.5m×2.1m 的双扇门确定。当采用单扇门时，送风量宜按表列数值乘以 0.75 确定；当前室有 2 个或 2 个以上门时，送风量应按表列数值乘以 1.50～1.75 确定。开启门时，通过门的风速不应小于 0.70m/s。

建筑防烟楼梯间、消防电梯间前室及合用前室的机械加压送风量可以由计算确定，有关的计算方法在相关设计手册中都有介绍，但计算结果一般均小于上述表中所列数值。

2. 机械加压送风系统的设计

机械加压送风系统的设计要点如下。

（1）采用机械加压送风的防烟楼梯间内的正压值应为 40～50Pa，防烟楼梯间前室、消防电梯间前室、合用前室、封闭避难层（间）内的正压值应为 25～30Pa。

（2）防烟楼梯间和合用前室的机械加压送风系统宜分别独立设置。

（3）防烟楼梯间前室或合用前室应每层设置加压送风口。加压送风口宜每隔 2～3 层设一个风口，风口采用自垂式百叶风口或常开式百叶风口。采用常开式百叶风口时，应在加压风机的压出管上设止回阀。采用常闭式风口时，发生火灾时只开启着火层的风口。风口应设手动或自动开启装置，并应与加压风机联锁，手动开启装置宜设在距地面 0.8～1.5m 处。

（4）剪刀楼梯间可合用一个风道，其送风量按两个楼梯间计算，送风口应分别设置。

（5）机械加压送风系统中送风口的风速不宜大于 7.0m/s。

（6）加压送风空气，可通过走廊或房间的外窗、竖井等自然排出，也可通过走廊的机械排烟装置排出。

(7) 加压送风管道应采用密实而不漏风的非燃烧材料。采用金属风道时，其风速不应大于 20m/s；采用非金属风道时，其风速不应大于 15m/s。

(8) 加压风机可采用轴流式风机或中、低压离心式风机，风机位置应考虑供电条件、风量分配均衡及新风入口不受火、烟威胁等确定。加压风机必须从室外吸气，采气口应远离排烟口，且应低于排烟口和其他排气口，以保证进气的清洁。

(9) 机械加压送风系统的控制方式一般为消防控制中心远程控制和就地控制相结合的形式。消防控制中心设有自动和手动两套集中控制装置，当建筑某部位发生火灾时，通过火灾报警系统将火情传至消防控制中心，随即通过远程控制系统（自动或手动）开启加压送风口，同时开启加压风机。

表 5-8 为机械加压送风系统方案及其评价。

表 5-8 机械加压送风系统方案及其评价

机械加压送风系统方案	图 示	方案评价
对防烟楼梯间及其前室分别加压	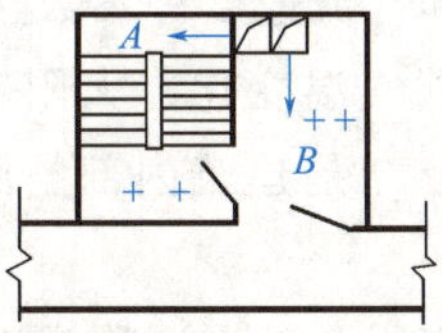 A ++ B ++	防烟效果好（首选方案）
对防烟楼梯间及有消防电梯间的合用前室分别加压	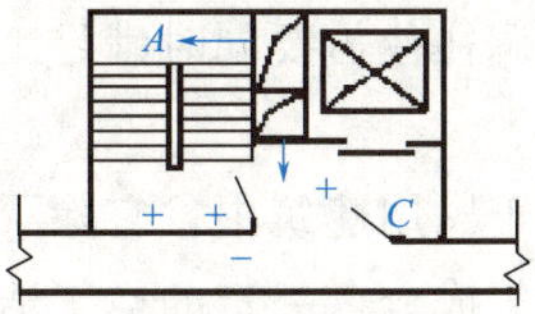 A ++ + C −	防烟效果好（首选方案）
仅对防烟楼梯间加压（前室不加压）	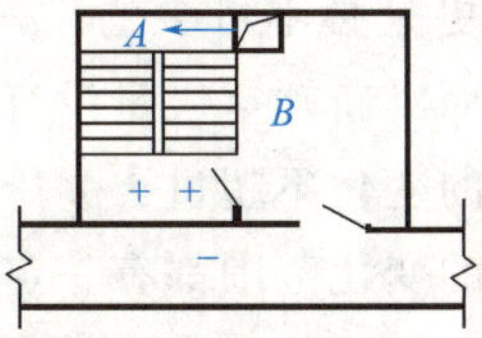 A B ++ −	防烟效果一般（有条件的选用方案）
仅对消防电梯间前室加压	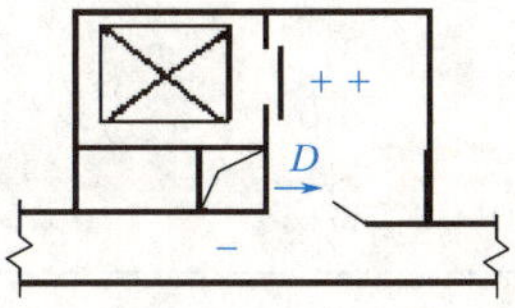 ++ D −	防烟效果一般（若能维持正压为 50Pa，则效果较好）
仅对消防电梯间前室及合用前室加压（防烟楼梯间自然排烟）	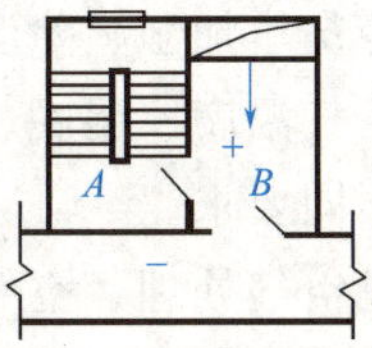 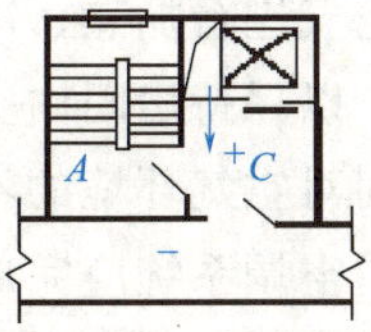 + A B − ; A +C −	防烟效果不理想（不可取方案，酌情选用）

注：1. 图示中 A 为防烟楼梯间；B 为防烟楼梯间前室；C 为防烟楼梯间与消防电梯间合用前室；D 为消防电梯间前室。

2. 图示中"++""+""−"表示各部位静压力的大小。

作为建筑防火设计之一的防排烟系统设计还应与建筑消防系统综合设计，协调配合，共同完成防火灭火的职能。防排烟系统应与建筑消防系统实现联动控制，在设置防排烟系统的区域发生火灾时，探测器应联动控制有关防烟分区的电动阀、排烟窗及排烟口，启动排烟风机，关闭相关防烟分区内的通风空调系统，并将反馈信号送回消防中心。消防控制室可以设置手动装置直接控制风机的启动及停止，并反馈状态信号。因此，通风专业在进行防排烟系统设计时，还应提出系统控制工艺流程、控制方式及控制方案，此方案将作为自控专业进行消防系统电气自控设计的依据。

5.3 建筑空调工程

空气调节（空调）是为满足生产、生活需求，改善劳动卫生条件，用人工的方法使室内空气温度、相对湿度、洁净度和气流速度等参数达到一定要求的技术。对这些参数产生干扰的来源主要有两个：一是室外气温变化、太阳辐射通过建筑围护结构对室温的影响，以及外部空气带入室内的有害物；二是建筑内部空间的人员、设备与工艺过程产生的热、湿与有害物。

一般把为生产或科学实验过程服务的空调称为工艺性空调，而把为保证人体舒适度的空调称为舒适性空调。工艺性空调往往需要同时满足工作人员的舒适度要求，因而二者又是关联的、统一的。

舒适性空调目前已普遍应用于民用建筑中，它除了要使空气保持一定的温湿度，还要保证足够的新鲜空气、适当的空气成分、一定的空气洁净度以及一定范围的空气流速。对于现代化生产来说，工艺性空调更是必不可少的。一般来说，工艺性空调对空气温湿度、洁净度的要求比舒适性空调高，而对新鲜空气量没有特殊的要求。例如，精密机械加工业与精密仪器制造业要求空气温度的变化不超过±0.1～0.5℃，相对湿度变化不超过±5%；电子工业对空气温湿度和洁净度的变化范围都有一定要求；纺织工业对空气湿度环境的要求较高；药品工业、食品工业以及医院的病房、手术室则不仅要求一定的空气温湿度，还要控制空气清洁度与含菌数。

5.3.1 空调系统的组成

空调系统的任务是对空气进行加热、冷却、加湿、除湿和过滤等处理，然后将经过处理的空气输送到各个房间，以保持房间内空气温度、湿度、洁净度和气流速度稳定在一定的范围内，以满足各类房间对空气环境的不同要求。

一般来说，一个完整的空调系统应完成空气处理、空气输送、空气分配及空气调节四个基本环节。空调系统可以看成由冷热源、供冷与供热管网、空调用户系统三大部分组成。

1. 冷热源

冷热源是由各种设备及管道组成的制备冷量或热量的系统，是空调系统的心脏。

热源主要包括局部锅炉房、区域锅炉房和热电厂。锅炉燃烧用的燃料可以是煤、油、气，即燃煤锅炉、燃油锅炉和燃气锅炉。此外，还可利用电能、太阳能、地热、核能、热泵等进行制热。

冷源可分为天然冷源和人工冷源。天然冷源主要是指地道风、深井水，其特点是节能、造价低，但受各种条件限制，不是任何地方都能应用。人工冷源主要是指各种制冷机组，用于制备低温冷水。

2. 供冷与供热管网

供冷与供热管网是将冷热源制备的冷量、热量输送到用户的管道系统。

3. 空调用户系统

空调用户系统由管路系统与末端装置组成，是冷量、热量的分配调节系统。

5.3.2 空调系统的分类

根据不同的分类方法，空调系统可分为多种类型。空调系统的选择，应根据建筑物的用途、规模、使用特点、负荷变化情况、室外气候条件和室内参数要求等因素，通过经济技术比较确定。在满足使用条件要求的前提下，尽量做到一次投资省、系统运行经济和减少能耗。

1. 按空气处理设备的设置情况分类

1）集中式系统

集中式系统的所有空气处理设备集中设置在专用的空调机房内，空气经处理后由送风管送入空调房间，如图 5－22 所示。室外空气（新风）和来自空调房间的一部分循环空气

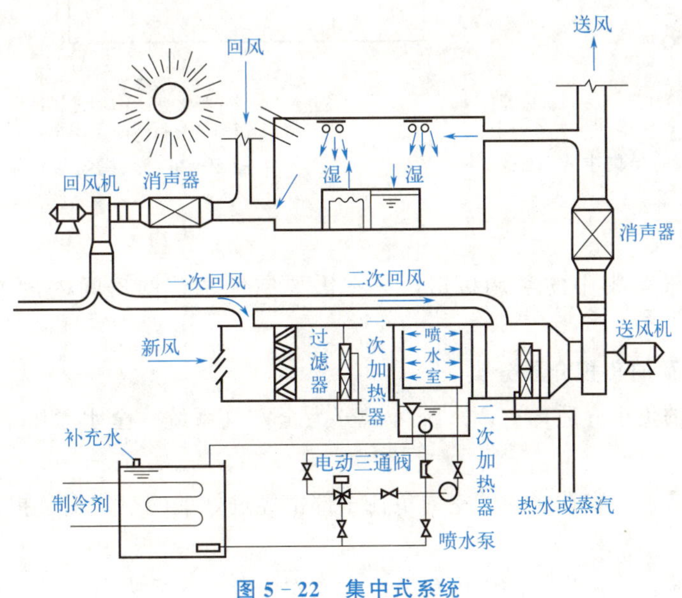

图 5－22 集中式系统

（回风）进入空气处理室，经混合后进行过滤除尘、冷却减湿（夏季）或加热加湿（冬季）等处理，然后由风机送入各空调房间。送入室内的空气吸收了余热、余湿（冬季为供热、加湿）及其他有害物后，通过排风设备排至室外，为节约能量，由回风管吸收部分回风循环使用。在室内外各种干扰因素发生变化时，为保证室内空气参数不超过允许的波动范围，对集中式系统必须进行运行调节。运行调节有手动和自动两种方式。

通常只有面积很大的单个空调房间（如影剧院、体育馆、会堂以及大型的展览厅、餐厅、舞厅、商场、会议室、阅览室等），或者室内空气设计状态相同、热湿比和使用时间也大致相同，且不要求单独调节的多个房间，才采用集中式系统。宾馆式建筑和多功能综合大楼的中央空调系统，一般设有中央机房，集中放置冷热源及附属设备。

2）半集中式系统

半集中式系统将各种非独立式的空调机组分散布置，而将生产冷、热水的冷水机组、热水器和输送冷、热水的水泵等设备集中设置在中央机房内。

典型的半集中式系统设置风机盘管和独立的新风系统，如图 5－23 所示。风机盘管分散设置在各个空调房间内，新风机可集中设置，也可分区设置，但都通过新风送风管向各个房间输送经新风机预处理的新风。风机盘管机组如图 5－24 所示。因此，半集中式系统兼有集中式系统的特点。客房、办公室、中小型会议室、贵宾房等常用设置风机盘管和新风系统的半集中式系统。

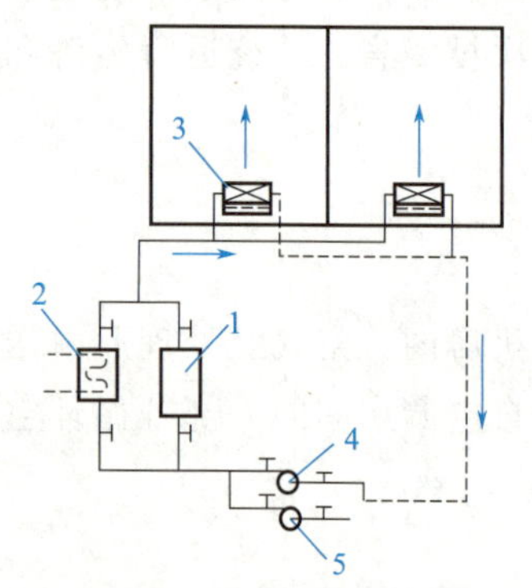

1—热水锅炉；2—水冷却器；3—风机盘管；
4—冬季用水泵；5—夏季用水泵

图 5－23　典型的半集中式系统

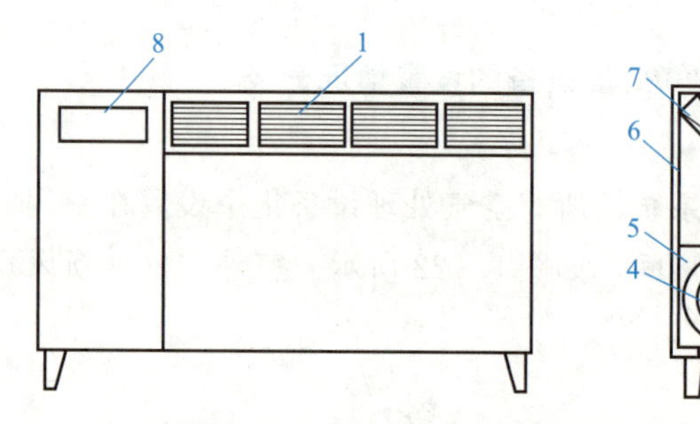

1—送风口；2—凝水盘；3—过滤器；4—新风机；
5—吸声材料；6—箱体；7—盘管；8—调节器

图 5－24　风机盘管机组

3）分散式系统

分散式系统没有集中的空调机房，只在需要空气调节的房间内设置独立的房间空调器。

2. 按室内负荷的负担介质分类

按室内负荷的负担介质，空调系统可以分为全空气系统、全水系统、空气-水系统和冷剂式系统。

（1）全空气系统：空调房间的室内负荷全部由经过处理的空气来负担。集中式系统就属于全空气系统。

（2）全水系统：空调房间的室内负荷全靠水作为冷热介质来负担。这种系统不能解决房间的通风换气问题，通常不单独采用。

(3) 空气-水系统：负担室内负荷的介质既有空气又有水。风机盘管＋新风系统的半集中式系统就属于空气-水系统。这种系统既解决了全水系统无法通风换气的问题，又克服了全空气系统风管截面大、占用建筑空间多的缺点。

(4) 冷剂式系统：空调房间的室内负荷由制冷剂直接负担。分散式系统就属于此类系统。

3. 按风管中风速分类

按风管中的风速，空调系统可以分为低速空调系统和高速空调系统。

(1) 低速空调系统：系统主风管的风速低于15m/s，风机与消声装置之间的风管风速可采用8～10m/s。民用建筑的舒适性空调大多采用低速空调系统，其风管风速不宜大于8m/s。

(2) 高速空调系统：一般指系统主风管的风速高于15m/s的系统。

4. 按处理空气的来源分类

按处理空气的来源，空调系统可分为全新风系统、混合式系统和再循环式系统。

(1) 全新风系统，一般也称直流式系统，如图5-25(a) 所示。

(2) 混合式系统，可分为一次回风式和二次回风式系统，如图5-25(b) 和 (c) 所示。集中式系统多为一次回风式、无再热的定风量系统。

(3) 再循环式系统，一般也称封闭式系统，如图5-25(d) 所示。

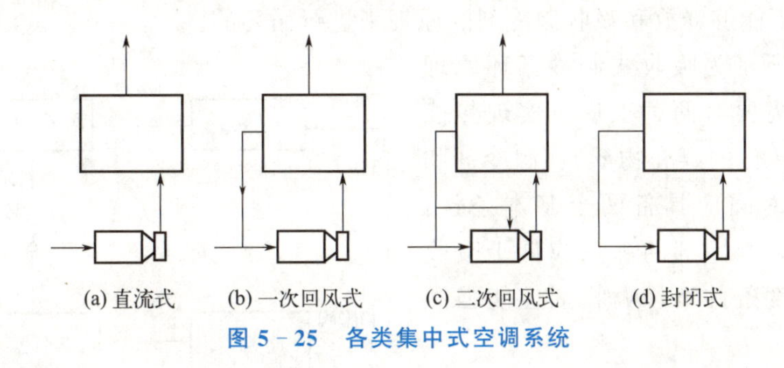

图5-25 各类集中式空调系统

5.3.3 空调制冷技术

空调制冷技术包括压缩式制冷、吸收式制冷和蒸汽喷射式制冷。本节主要介绍舒适性空调常用的压缩式制冷和吸收式制冷。

1. 压缩式制冷

压缩式制冷利用液体汽化时要吸收热量这一物理特性，通过制冷剂的热力循环，以消耗一定量的机械能作为补偿条件来达到制冷的目的。

压缩式制冷机组由制冷压缩机、冷凝器、膨胀阀和蒸发器四个主要部件组成，并用管道连接，构成一个封闭的循环系统。制冷剂在压缩式制冷机组中历经蒸发、压缩、冷凝和节流四个基本热力过程，如图5-26所示。在蒸发器中，低压低温的制冷剂液体吸取其中

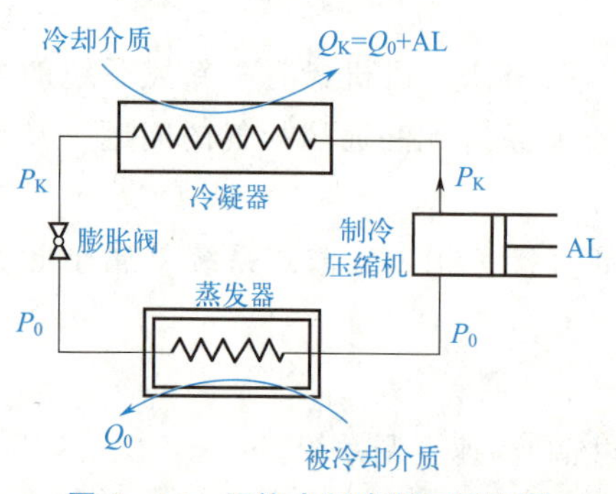

图 5-26　压缩式制冷循环原理图

被冷却介质（如冷冻水）的热量，蒸发成为低压低温的制冷剂蒸气［制冷量（即每小时吸收的热量）Q_0］；低压低温的制冷剂蒸气被制冷压缩机吸入，并压缩成为高压高温气体（压缩机消耗机械能AL）；接着进入冷凝器中被冷却水冷却，成为高压液体［放出热量 Q_K（$Q_K=Q_0+AL$）］；再经膨胀阀节流减压后，成为低温低压的液体，最终回到蒸发器中吸收被冷却介质（冷冻水）的热量而气化。如此不断地循环，液态制冷剂不断从蒸发器中吸热而获得冷冻水，从而作为空调系统的冷源。

由于冷凝器中所使用的冷却介质（水或空气）的温度比被冷却介质（水或空气）的温度高得多，因此上述制冷过程实际上就是从低温物质夺取热量而传递给高温物质的过程。正如水从低处流向高处需要通过水泵消耗电能才能实现一样，热量不可能自发地从低温物体转移到高温物体，故必须消耗一定量的机械能 AL 作为补偿条件。

2. 吸收式制冷

吸收式制冷和压缩式制冷的机理相同，都是利用液态制冷剂在一定压力和温度下吸热气化而制冷，但在制冷机组中促使制冷剂循环的方法与前者有所不同。压缩式制冷以消耗机械能（即电能）作为补偿，而吸收式制冷以消耗热能作为补偿，它是利用二元溶液在不同压力和温度下能够释放和吸收制冷剂的原理来进行循环的。

图 5-27 所示为吸收式制冷循环原理图。该系统中需要有两种工质（实现热能和机械能相互转化的媒介物质）：制冷剂和吸收剂。工质对间应具备两个基本条件：在相同压力下，制冷剂的沸点应低于吸收剂；在相同温度条件下，吸收剂应能强烈吸收制冷剂。

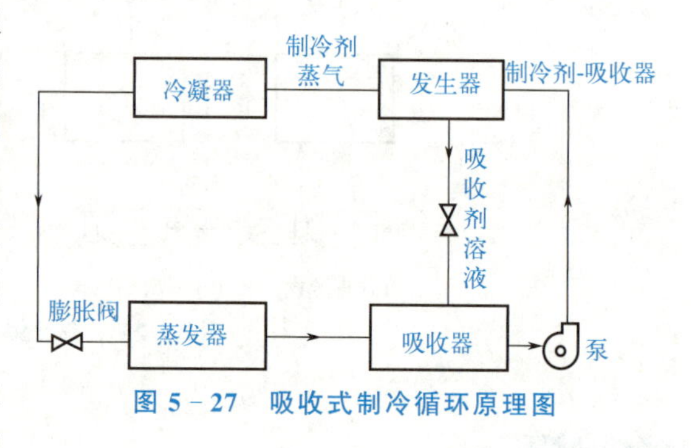

图 5-27　吸收式制冷循环原理图

目前空调系统中实际应用的工质对主要有两种：氨（制冷剂）-水（吸收剂）和水（制冷剂）-溴化锂（吸收剂），相应的制冷机组称为氨吸收式制冷机组和溴化锂吸收式制冷机组。氨吸收式制冷机组构造复杂，热力系数较低，因此使用较少，仅适用于合成橡胶、化纤、塑料等有机化学工业的空调制冷系统中。溴化锂吸收式制冷机组构造简单，热力系数高，且溴化锂无毒无味、性质稳定，在大气中不会变质、分解和挥发，近年来在我国较广泛地应用于高层旅馆、饭店、办公等建筑的空调制冷系统中。

5.3.4 空气处理设备

空气处理是空调系统中必不可少的过程。空气处理可以分成热湿处理和净化处理两大类。其中热湿处理是最基本的处理方式，空气热湿处理过程可分为加热、冷却、加湿、除湿四个最简单的单一过程。空气净化处理过程则包括除尘、消毒、除臭、离子化等过程。

在实际的空气处理过程中，有些过程往往不能单独实现，因此实际的空气处理过程都是上述单一过程的组合。例如，夏季室内最常用的降温过程就是冷却与除湿过程的组合，喷水室内的等焓加湿过程则是加湿与冷却过程的组合。

1. 空气处理的基本手段

（1）加热：采用表面式空气加热器、电加热器加热空气，可实现单纯的加热过程。如果用温度高于空气温度的水喷淋空气，则可在加热空气的同时使空气的湿度升高。

（2）冷却：采用表面式空气冷却器或用温度低于空气温度的水喷淋空气，均可使空气温度下降。如果表面式空气冷却器的表面温度高于空气的露点温度，则不会改变空气湿度；如果所用喷淋水的水温低于空气的露点温度，则空气在冷却过程中还会被除湿；如果喷淋水温高于空气的露点温度，则空气在冷却过程中还会被加湿。

（3）加湿：单纯的加湿过程可通过向空气中加入干蒸汽来实现。此外，利用喷水室喷循环水也是常用的加湿方法，通过直接向空气喷入水雾（高压喷雾、超声波雾化），可实现等焓加湿。

（4）除湿：可采用表面式空气冷却器、向空气中喷冷水、液体吸湿或固体吸湿等方法来进行除湿。

① 液体吸湿是利用某些盐类水溶液对空气中水蒸气的强烈吸收作用来进行除湿的，根据要求的空气处理过程（冷却、加热或等温），用一定浓度和温度的盐水喷淋空气。

② 固体吸湿是利用固体吸湿剂吸收空气中的水蒸气以达到除湿目的。固体吸湿剂有两种类型：一种是具有吸附性能的多孔性材料，如硅胶（SiO_2）、铝胶（Al_2O_3）等，吸湿后材料的固体形态并不改变，由于吸附过程近似为等焓过程，故空气在干燥过程中温度会升高；另一种是具有吸收能力的固体材料，如氯化钙（$CaCl_2$）等，吸湿后材料由固态逐渐变为液态，最后失去吸湿能力。当固体吸湿剂失去吸湿能力时，需对其进行“再生”处理，即用高温空气将吸附的水分带走（对硅胶），或用加热蒸煮法使吸收的水分蒸发掉（对氯化钙）。

2. 空气处理的基本设备

空气处理设备即对空气进行加热、冷却、加湿、除湿及净化的设备。下面对一些基本设备做简要介绍。

1）喷水室

在集中式空调系统中，空气与水直接接触的喷水室得到普遍应用。它的优点是能够实现多种空气处理，且有一定的空气净化能力。

图5-28所示为喷水室构造示意图，在喷水室横断面上均匀分布着许多喷嘴，冷冻水经喷嘴呈水珠状喷出，充满整个喷水室。被处理的空气经前挡水板进入喷水室，与室内水珠接触进行热、湿交换，从而改变了空气状态。经水处理后的空气由后挡水板析出所夹带的水珠，再进行其他处理，最后在通风机的作用下送入空调房间。

2）表面式换热器

在集中式空调系统中，除了用喷水室对空气进行热、湿处理，还可用表面式换热器对空气进行加热、冷却、除湿处理。常用的表面式换热器中设置有肋片，肋片能改善换热效

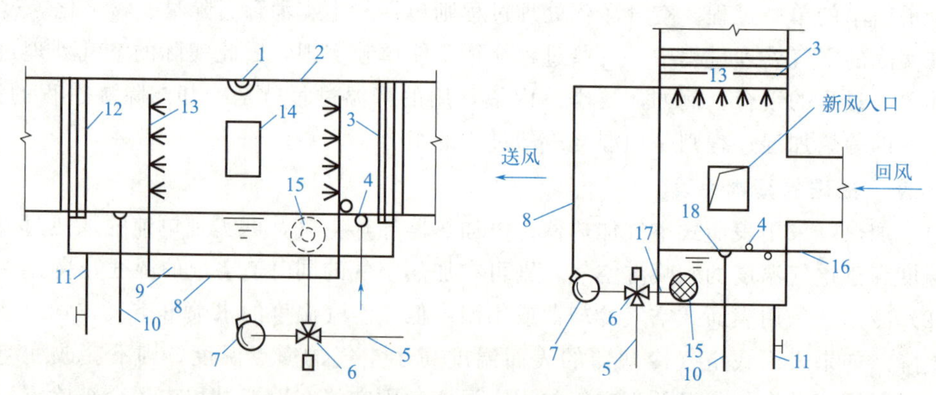

1—防水灯；2—外壳；3—后挡水板；4—浮球阀；5—冷水管；6—三通混合阀；7—水泵；8—供水管；
9—底池；10—溢水管；11—泄水管；12—前挡水板；13—喷嘴与排管；14—检查门；
15—滤水器；16—补水管；17—循环水管；18—溢水器

图 5－28　喷水室构造示意图

果，增大换热面积。

常用的表面式换热器有空气加热器和空气冷却器。空气加热器用热水或蒸汽作热媒，空气冷却器用冷水或制冷剂作冷媒。按所用冷媒的不同，空气冷却器又分为水冷式和直接蒸发式两种，水冷式以冷冻水为冷媒，而直接蒸发式直接利用制冷剂的汽化来冷却空气。

3）电加热器

电加热器也是一种空气加热处理设备。电加热器利用电流通过电阻丝发热来加热空气，具有加热均匀、热量稳定、效率高、结构紧凑和控制方便等优点，适用于小型的空调系统以及对恒温要求较高的空调系统的精调节。图 5－29 所示为抽屉式电加热器。

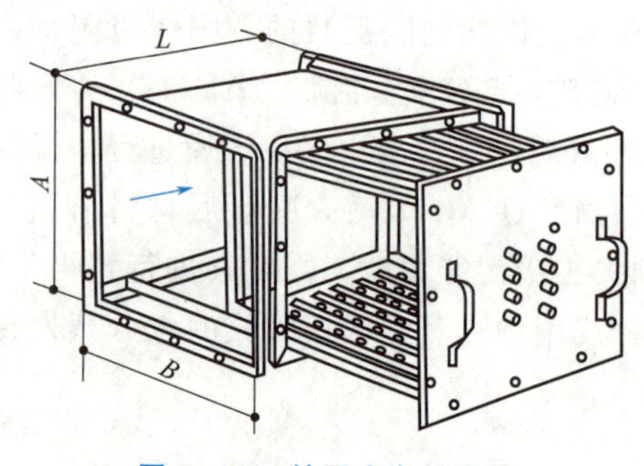

图 5－29　抽屉式电加热器

4）冷冻除湿机

冷冻除湿机是一种冷冻除湿设备，其原理是当空气温度降低到空气露点温度以下时，空气中的水分被冷凝出来，从而降低含湿量。冷冻除湿机的优点是除湿性能稳定、可连续使用、管理方便。

5）空气净化设备

在空调系统中，必须设置各种形式的空气净化设备，保证经处理后的空气有一定的洁净度。最常见的空气净化处理是除尘。对送风的除尘处理，通常使用空气过滤器。

图 5－30 所示为金属网格浸油空气过滤器。它是由数层波浪式的金属网格叠配而成的，每层网格的孔径不同，靠近进气面的孔径最大，靠近出风面的孔径最小。每个金属网格上都浸有黏性油，当含尘气流以一定速度通过波浪式网格时，由于多次曲折运动，灰尘被捕获且被油粘牢，从而达到除尘过滤的目的。但这种空气过滤器的清洗和浸油操作比较麻烦，在工程上还常采用自动清洗浸油过滤器和以聚酯泡沫塑料板作过滤层的空气过滤器。

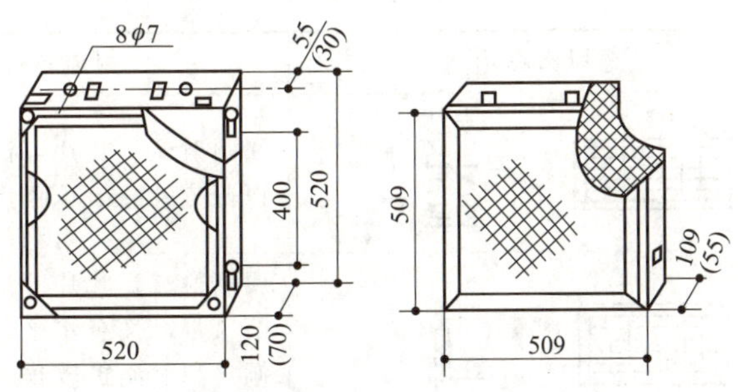

图 5-30　金属网格浸油空气过滤器

5.3.5 空调房间气流组织

气流组织，是指在空调房间内为实现某种特定的气流流型，以保证空调效果和提高空调系统的经济性而采取的一些技术措施。气流组织设计的任务是合理组织室内空气的流动，使工作区空气的温度、湿度、气流速度和洁净度能更好地满足工艺要求及人们的舒适度要求。

不同用途的空调系统对气流组织有着不同的要求。恒温恒湿空调系统，主要是使工作区内保持均匀而稳定的温湿度，满足区域温差（区域温差是指工作区内无局部热源时，由气流引起的不同地点的温差）、基准温湿度及其允许波动范围的要求。有高度净化要求的空调系统，主要是使工作区内保持应有的洁净度和室内正压。对空气流速有严格要求的空调系统，则应主要保证工作区内的气流速度符合要求。

1. 气流组织的影响因素

空调房间气流组织是否合理，不仅直接影响房间的空调效果，而且影响空调系统的能耗。影响气流组织的因素很多，包括送风口的形式、数量和位置，回风口的形式和位置，以及室内的各种振动等。

1）送风口

根据空调精度、气流流型、送风口安装位置以及建筑装饰等方面的要求，可选用不同形式的送风口。常用的送风口有如下几种。

（1）侧送风口：送风口向房间横向送出气流。常用的侧送风口见表 5-9。侧送风口各孔口的送风速度不够均等，风量也不易调节均匀，因此多用于一般精度要求的空调系统中。

表 5-9　常用的侧送风口

送风口形式	送风口图示	射流特性及应用范围
孔口格栅送风口		属圆射流，用于一般空调系统
单层百叶送风口	平行叶片	属圆射流，叶片可活动，能根据冷、热射流调节送风的上、下倾角，用于一般空调系统

续表

送风口形式	送风口图示	射流特性及应用范围
双层百叶送风口	对开叶片	属圆射流，叶片可活动，内层对开叶片用以调节风量，可用于较高精度的空调系统
三层百叶送风口		属圆射流，叶片可活动，有对开叶片可调节风量，又有水平、垂直叶片可调上、下倾角和射流扩散角，可用于较高精度的空调系统
带调节板的活动百叶送风口	调节板	属圆射流，通过调节板调整风量，可用于较高精度的空调系统
带出口隔板的条缝形送风口		属平面射流，常设于工业车间截面变化均匀的送风管道上，用于一般空调系统
条缝形送风口		属平面射流，常配合静压箱（兼作吸声箱）使用，也可作为风机盘管、诱导器的出风口，用于一般精度的民用建筑空调系统

（2）散流器：由上向下送风的一种送风口，一般暗装在顶棚上。根据空调房间的大小，可装一个或几个散流器。

用散流器送风的气流流型有两种：一种是平送流型，气流从散流器流出后贴附顶棚从四周流入室内，气流与室内空气更好地混合后进入工作区，一般要求建筑层高较低；另外一种是下送流型，气流从散流器流出后直接向下扩散进入室内，使工作区被罩在送风气流之中，一般要求建筑层高较高。

常用的散流器见表5-10。散流器的外形有圆形、矩形和方形，安装高度有底部与顶棚平齐或凸出顶棚，扩散角度有可调角度或固定角度。

表5-10　常用的散流器

散流器类型	散流器图示	气流流型
盘式散流器		属平送流型，可贴吸声材料，能起消声作用
直片式散流器	调节板 风管 均流器 扩散圈	属平送流型或下送流型，降低扩散圈在散流器中的相对位置可得平送流型，反之则可得下送流型

续表

散流器类型	散流器图示	气流流型
流线型散流器		属下送流型，适用于净化空调系统
送吸式散流器		属平送流型，可将送、回风口结合在一起

(3) 孔板送风口：空气经过开圆形或条缝形小孔的孔板送风口而进入室内，孔板可用胶合板、硬塑料板或铝板制作。孔板送风口能起到稳压作用，空气由风管进入稳压层后，再靠稳压层内的静压作用经孔口均匀送入空调房间，其特点是送风均匀，流速衰减快。

(4) 喷射式送风口：采用圆形喷口，喷口噪声低、射程长，为提高送风灵活性，可使用既能调方向又能调风量的喷口。大型的生产车间、体育馆、电影院通常采用喷射式送风口。

2) 回风口

回风口的形状和位置根据气流组织要求而定。若设在房间下部，为避免灰尘和杂物被吸入，最简单的方法就是在孔口上装金属网，回风口下缘与地面的距离不应小于150mm。

2. 气流组织形式

按照送、回风口位置的相互关系和气流方向，气流组织形式一般可分为以下几种。

1) 上送风下回风

上送风下回风是最基本的气流组织形式。空调送风由位于房间上部的送风口送入室内，而回风口设在房间的下部。图 5-31(a) 和 (b) 所示为采用侧送风口的单侧上送风和双侧上送风，下回风。图 5-31(c) 所示为散流器上送风，下回风。图 5-31(d) 所示为孔板送风口上送风，下回风。

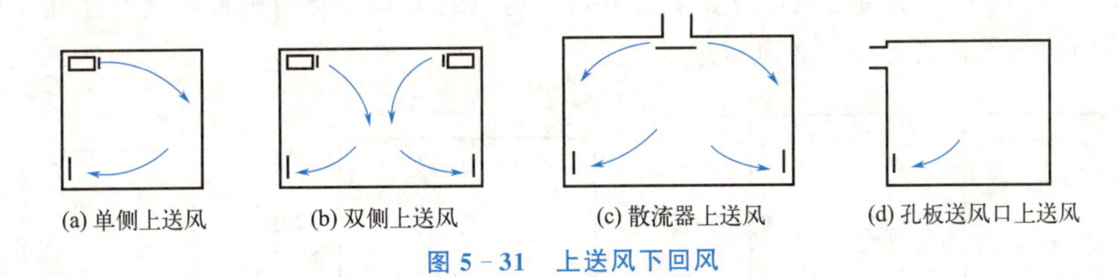

(a) 单侧上送风　(b) 双侧上送风　(c) 散流器上送风　(d) 孔板送风口上送风

图 5-31　上送风下回风

上送风下回风形式的送风在进入工作区前已经与室内空气充分混合，易于形成均匀的温度场和速度场，能够形成较大的送风温差，降低送风量。

2) 上送风上回风

上送风上回风的气流组织形式有图 5-32 中所示的三种常见布置方式。图 5-32(a) 所示为单侧上送风，上回风，送回风管叠置在一起，明装于室内，气流由上部送下，经过工作区后回流向上进入回风管。如房间进深较大，可采用双侧外送风或双侧内送风，如图 5－32(b) 和 (c) 所示。

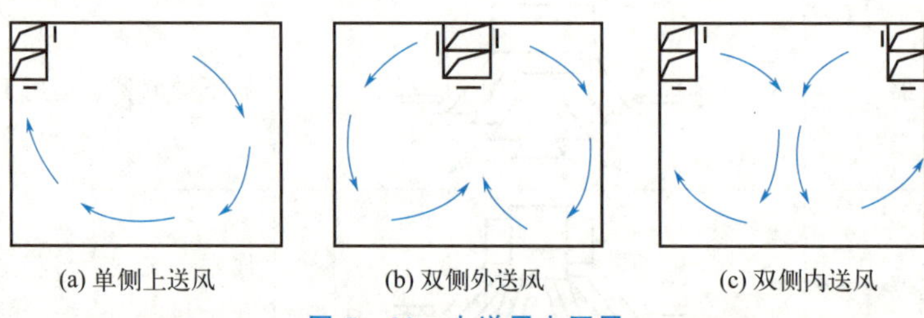

(a) 单侧上送风　(b) 双侧外送风　(c) 双侧内送风

图 5－32　上送风上回风

若房间净高足够，还可设吊顶将风管暗装，如图 5－33 所示，或采用送吸式散流器，如图 5－34 所示。这两种布置方式适用于有一定美观要求的民用建筑。

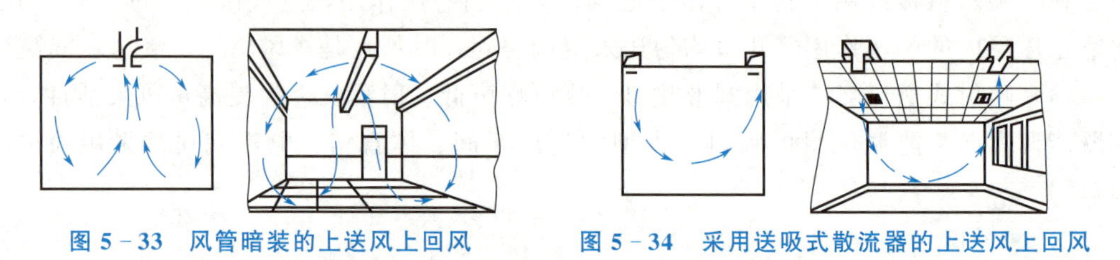

图 5－33　风管暗装的上送风上回风　　**图 5－34　采用送吸式散流器的上送风上回风**

3）中送风

某些高大空间的空调房间，如采用上送风的形式需要大量送风，耗冷（热）量也大，此时可采用在房间高度的中部位置上安装侧送风口或喷射式送风口的中送风形式。中送风形式是把房间下部作为空调区，上部作为非空调区，具有显著的节能效果。

图 5－35(a) 所示为中送风下回风形式，图 5－35(b) 进一步增设顶部排风。

4）下送风

图 5－36(a) 所示为地面均匀送风，上部集中排风。这种方式的送风直接进入工作区，它常用于空调精度要求不高，人员暂时停留的场所，如会场和影剧院等。

图 5－36(b) 所示为送风口设在窗台下垂直送风的形式。使用这种形式既能在工作区形成均匀的气流，又避免了送风口过于分散。

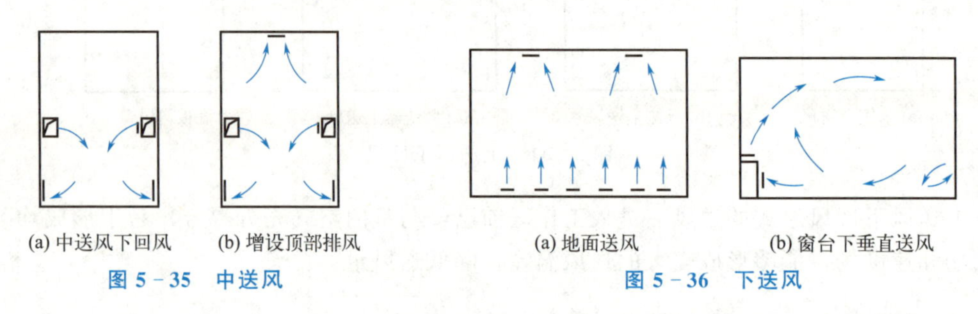

(a) 中送风下回风　(b) 增设顶部排风　(a) 地面送风　(b) 窗台下垂直送风

图 5－35　中送风　　**图 5－36　下送风**

此外，虽然回风口对气流组织的影响较小，但对局部地区仍会带来一些影响。在对净化、温湿度及噪声无特殊要求的情况下，可利用中间走廊回风，以简化回风系统。

5.3.6 中央空调系统设计选型

在进行空调系统设计时，必须先正确计算出室内与室外空气计算参数，估算出房间和系统的空调负荷，才能进行空调设备的选型和机房布置。中央空调机房是整个中央空调系统的冷（热）源中心，同时又是整个中央空调系统的控制调节中心。中央空调机房一般由冷水机组、冷水泵、冷却水泵、冷却塔、集水器、分水器、定压装置及水处理设备等组成（如果考虑冬季运行送热风，还包括中央空调热源、热水泵等）。

1. 计算参数

室外空气计算参数可在《民用建筑供暖通风与空气调节设计规范》（GB 50736—2012）附录的室外空气计算参数表中查取。室内空气计算参数如下。

（1）夏季空调房间室内温度为24～28℃，高级民用建筑或人员停留时间较长的建筑可取低值，一般建筑或人员停留时间短的建筑应取高值；相对湿度为40%～65%；室内风速应不大于0.3m/s。

（2）冬季空调房间室内温度为18～22℃，高级民用建筑或人员停留时间较长的建筑可取高值，一般建筑或人员停留时间短的建筑应取低值；相对湿度为40%～65%，使用条件无特殊要求时，可不受此相对湿度限制；室内风速应不大于0.2m/s。

对温度和相对湿度的要求，常用“空调基数”和“允许波动范围”来表示。前者是要求保持的室内温度和相对湿度的基准值，后者是允许工作区内控制点的实际参数值偏离基准值的差值。例如，温度 T_n =20℃±0.5℃，相对湿度 Ψ_n =50%±5%，其中20℃和50%是空调基数，±0.5℃和±5%是允许波动范围。

2. 空调负荷的估算

在选择空调设备时，我们会碰到这样的情况：一座大楼要选多大的机组才能满足空调要求，这就要求对这座大楼进行空调负荷估算。

1）需考虑的负荷

下面仅列出夏季需要考虑的空调冷负荷。

（1）透过玻璃窗的日射得热引起的冷负荷，其影响因素包括窗的有效面积、有无外遮阳、朝向。

（2）围护结构瞬变传热引起的冷负荷，包括外墙、屋面、玻璃窗等围护结构引起的冷负荷。

（3）内部热源引起的冷负荷，包括各种工艺设备、电气设备、照明设备以及人体散热引起的冷负荷。

（4）渗透进入的空气引起的冷负荷。

2）估算方法

（1）综合指标法。空调负荷的计算比较烦琐，可以通过综合指标法进行估算。综合指标是按整幢建筑全部建筑面积折算出的每平方米建筑面积所需的冷（热）负荷，用于粗略估算空调系统冷（热）源设备的安装容量。表5-11列出了夏季空调冷负荷综合指标的经验数据，供参考。

表 5－11　夏季空调冷负荷综合指标的经验数据

建筑类型	冷负荷/(W/m^2)	冷负荷/[kcal/(h·m^2)]
宾馆、招待所	95～115	80～100
旅馆	140～175	120～150
办公大楼	110～140	95～120
综合大楼	130～160	110～140
百货大楼	140～175	120～150
医院	110～140	95～120
普通电影院	260～350	225～300
综合影剧院	290～385	250～330
大会堂	190～290	160～250
体育馆（比赛厅）	280～470	240～400

(2) 分类指标法。分类指标法即按房间使用功能分类概算。表 5－12 列出了各类房间夏季空调按空调面积折算的安装冷负荷分类指标的经验数据，供参考。

表 5－12　各类房间夏季空调冷负荷分类指标的经验数据

房间类型	冷负荷/(W/m^2)	冷负荷/[kcal/(h·m^2)]
客房（标准型）	105～145	90～125
一般办公室	140～175	120～150
一般会议室	175～290	150～250
中餐厅	350～465	300～400
西餐厅、酒吧	230～350	200～300
音乐厅、舞厅	290～410	250～350
商场	230～340	200～290
发廊、美容厅	230～350	200～300
大型营业厅	200～290	170～250
门厅（大堂）	175～290	150～250
走廊	70	60

用各分类指标 q_i 分别乘以相应类型房间的空调面积 A_i（顶层房间宜加大 20%～25%），得各房间的空调冷负荷，这就是选择房间末端空气处理设备（如水冷柜、风机盘管）冷量的参考数值。再将各房间的空调冷负荷全部相加，所得总和就是整幢建筑的空调负荷。考虑各类房间的同期使用率等情况，将计算负荷乘以 0.84～0.86 的修正系数，得到冷水机组总安装容量的概算值，即

$$Q_0=(0.84\sim0.86)\sum q_iA_i \tag{5-2}$$

用分类指标法估算完毕后，将概算值 Q_0 除以总建筑面积，折算成综合指标，校核估

算是否适当。若折算所得综合指标偏大，应调整分类指标。

3. 主机选型

1）冷水机组选型

冷水机组是中央空调系统的心脏，正确选择冷水机组，不仅是空调系统设计成功的保证，而且对系统的运行也会产生长期影响。选择冷水机组时应考虑下列因素：建筑用途，冷水机组的性能和特征，当地水源（包括水量、水温和水质）、电源和热源（包括热源种类、性质和规格），建筑全年空调负荷的分布规律，初投资和运行费用，等等。

不同类型建筑的空调系统可按下列要求选择冷水机组。

（1）对有合适热源特别是有余热或废热的场所或电力缺乏的场所，宜采用吸收式冷水机组；无专用机房位置或空调改造加装工程的，可考虑选用模块式冷水机组。

（2）民用建筑一般采用氟利昂压缩式制冷机组或溴化锂吸收式制冷机组；生产厂房及辅助建筑一般采用氟利昂或氨压缩式制冷机组，也可采用溴化锂吸收式或蒸汽喷射式制冷机组。

拓展讨论

氟利昂排放到大气中会导致臭氧含量下降，破坏臭氧层，同时具有显著的温室效应，加速全球变暖。党的二十大报告提出，积极回应各国人民普遍关切，为解决人类面临的共同问题作出贡献。因此从大气环境保护的角度考虑，应尽量少用氟利昂类制冷剂，请思考在我国使用替代制冷剂的可能性。

（3）大型集中空调系统，宜选用结构紧凑、占地面积小，压缩机、冷凝器、蒸发器、电动机和自控元件都装在同一框架上的冷水机组。

（4）小型全空气空调系统，宜采用直接蒸发式压缩冷凝机组；对有合适热源特别是有余热或废热的场所或电力缺乏的场所，宜采用吸收式制冷机组。

选择的空调制冷机组台数不宜过多，一般以2～4台为宜，一般不考虑备用，应与空气调节负荷变化情况及运行调节要求相适应。对于制冷量为580～1750kW［$(5\sim15)\times10^5$kcal/h］的制冷机房，当选用活塞式或螺杆式制冷机组时，不宜少于2台；大型制冷机房，当选用制冷量不小于1160kW（1×10^6kcal/h）的1台或多台离心式制冷机组时，宜同时设1台或2台制冷量较小的离心式、活塞式或螺杆式等压缩式制冷机组。技术经济比较合理时，制冷机组可按热泵循环工况使用。

2）中央空调热源选型

从技术角度看，要使中央空调系统冷热水兼容，其循环水量无论是冷水还是热水，都应是一致的。中央空调热源可按下列要求进行选择。

（1）有蒸汽源的建筑，可选用热交换器，使一台（组）锅炉能实现多种用途，提高锅炉的使用效率，简化系统。

（2）没有蒸汽源的建筑，可选用中央空调热水机组，一般选用2～3台为宜。

（3）在有余热或废热的场所，以及电力缺乏或电力增容困难而燃料供应相对充足的场所，可选用吸收式冷水机组供热水。这一方式可实现一机多用，不但能降低初始投资，还能简化系统、减小机组占地面积、解决电力增容等难题，长远来看还不受氟利昂类制冷剂禁用的影响。

(4) 在冬季室外气温不会太低，且建筑适合安装风冷式冷水机组的情况下，可选用热泵式冷水机组。

4. 冷（热）水泵选型

1）冷（热）水泵配置

每台冷水机组（或热水器）应配置1台冷（热）水泵。考虑维修需要，宜有备用泵，并预先接在管路系统中，可随时切换使用。例如，有2台冷水机组，常配置3台冷水泵，其中一台为可切换使用的备用泵。若冷水机组蒸发器或热水器有足够的承压能力，可将它们设置在水泵的压出段上，有利于安全运行和维护保养。若蒸发器或热水器承压能力较小，则应将它们设置在水泵的吸入口上。

暖通空调一般选用管道泵。管道泵的优点是体积小、质量轻，进出水均在同一直线上，安装方便，占地少；采用机械密封，性能好，不泄漏，效率高，耗电少，噪声小。

2）水泵参数选择

(1) 水泵流量。水泵流量应为冷水机组额定流量的1.1～1.2倍（单台工作时取1.1，2台并联工作时取1.2）。当流量较大时，应考虑多台泵并联运行，并联台数不宜超过3台。多台泵并联运行时，应尽可能选择同型号水泵。

(2) 水泵扬程。水泵扬程应为它承担的供回水管网最不利环路的总水压降的1.1～1.2倍。最不利环路的总水压降，包括冷水机组蒸发器的水压降 P_1、该环路中并联的各台空调末端设备中水压损失最大的一台的水压降 P_2、该环路中各种管件的局部水压降与沿程压降之和。冷水机组蒸发器和空调末端设备的水压降，可根据设计工况从产品样本中查知；环路管件的局部损失及环路的沿程阻力损失应由水力计算求出，也可大致取每100m管长的沿程阻力损失为5mH_2O。设最不利环路的总长（即供回水管管长之和）为 L，则冷（热）水泵最大扬程 H 可按下式估算：

$$H \leqslant P_1 + P_2 + 0.05L(1+K)(mH_2O) \tag{5-3}$$

式中 K——最不利环路中局部阻力当量长度总和与直管总长的比值，当最不利环路较长时，取0.2～0.3；当最不利环路较短时，取0.4～0.6。

(3) 静压值。选泵时，必须考虑系统静压对泵体的作用，注意水泵壳体和填料的承压能力及轴向推力对密封和轴封的影响。高层建筑水系统采用闭式循环时，系统静压大大超过系统克服沿程摩阻和局部阻力损失所需的压力，在选用水泵时应注明所承受的静压值，必要时由制造厂家做特殊处理。

5. 冷却水泵与冷却塔选型

1）冷却水泵和冷却塔配置

通常1台冷水机组配置1台冷却水泵，且应设备用泵。例如，2台冷水机组常设3台冷却水泵，其中一台为备用泵，并预先连接在冷却水管路系统中，可切换使用。为利于安全运行和维护保养，冷水机组的冷凝器宜设在冷却水泵的压出段上。冷却水泵的吸入段应设过滤器。

以便于调节控制冷水机组运行为原则，冷却塔的配置可以是1台冷水机组对应1台冷却塔，也可以是同时投入运行和同时撤出运行的几台冷水机组共用1台冷却塔。

2）冷却水系统管径的确定

1台冷水机组配置1台冷却塔和1台冷却水泵时，冷却水系统管径可按冷却塔的进、出水接管管径确定。1台冷却塔与几台冷水机组对应时，各台冷水机组的冷却水进、出水管管径应与该冷水机组冷凝器冷却水接管管径相同，冷却塔的进、出水管管径与冷却塔的进、出水接管管径相同。

多台冷却塔并联运行时，应设进水干管和出水干管。进水干管的流量为各冷却塔流量之和，流速约为0.8m/s，管路流速还可在表5-13中选取，根据流速可计算出进水干管所需内径。为使各冷却塔出水量均衡，可用连通管（又称均压管或平衡管）将各冷却塔的接水盘连接起来，并使连通管的管径与进水干管的管径相同；或者冷却塔的出水干管采用比进水干管大二号的集管。

表5-13 《室外给水设计标准》（GB 50013—2018）推荐的流速

管径/mm	进水管流速/（m/s）	出水管流速/（m/s）
$D<250$	1.0～1.2	1.5～2.0
$250\leqslant D<1000$	1.2～1.6	2.0～2.5
$D\geqslant 1000$	1.5～2.0	2.0～3.0

室内的冷却水管及室外暗装的冷却水管不需要保温。在较炎热的地区和日照较强烈的地方，对室外明装的冷却塔出水管宜保温。保温材料采用带有网格线铝箔贴面的玻璃棉时，其厚度可取25mm。

3）冷却水泵的选择

冷却水泵流量应为冷水机组冷却水量的1.1倍。冷却水泵扬程应为冷水机组冷凝器水压降 P_1、冷却塔开段高度 Z、管道沿程损失及管件局部损失四项之和的1.1～1.2倍。P_1 和 Z 可从产品样本中查得；管道沿程损失和管件局部损失应由水力计算求出，在估算时，管道沿程损失可取每100m管长为5mH$_2$O，管件局部损失可取5mH$_2$O。设冷却水系统供回水管总长为 L，则冷却水泵扬程 H 可按下式估算：

$$H=P_1+Z+5+0.05L(\mathrm{mH_2O}) \tag{5-4}$$

4）冷却塔的选择

选择冷却塔主要依据冷却循环水量，初选的冷却塔的名义流量应满足冷水机组要求的冷却水量，同时塔的进水、出水温度应分别与冷水机组冷凝器的出水、进水温度相一致。冷却塔的冷却能力与室外空气计算参数密切相关，相同的塔在不同的气象条件下，其冷却能力即冷却水量是不同的。因此在非标准情况下，应根据各计算参数，参照厂家提供的设计选型表修正选型。

根据冷却塔安装位置的高度和周围环境的噪声要求，进一步确定是选用普通型、低噪声型还是超低噪声型，以最小限度满足噪声要求为准。

如果系统对冷却循环水的水质要求很高，或冷却塔周围的空气污染较严重，含尘浓度较高，则有必要考虑选用密封冷却塔（蒸发式冷却塔）。如不选用集水型冷却塔，则需制作冷却水池，冷却水池的容量应以冷却水泵运转10min抽不完为原则。

选择冷却塔后，应校核所选塔的结构尺寸、运行重量是否符合现场安装条件。冷却塔的冷却能力应留有10%～20%的余量。

6. 集水器与分水器选型

冷水机组（或热水器）生产的冷（热）水首先送入供水集管（分水器），再经与供水集管相连的各子系统或分区的供水干管向各子系统或各区供水；各子系统或各区的空调回水，由与回水集管（集水器）相连的各回水干管先回流至回水集管，再送入各冷水机组（或热水器）。集水器与分水器安装在中央空调机房内，各子系统或各区的供回水干管及其上的调节截止阀都在机房内与供回水集管连接，以便于安装和维修操作。

供回水集管的管径，按管中水的流速大致控制在1.0～1.5m/s范围内确定。流量特别大时，允许增大流速，但最大不宜超过4m/s。供回水集管的管长由所需连接的管接头个数、管径及间距确定。两相邻管接头中心线间距宜为两管外径+120mm，两边管接头中心线距集管端面宜为两管外径+60mm。供回水集管底部应设排污管接头，一般选用*DN*40。

7. 定压装置及水处理设备

1）膨胀水箱选型

膨胀水箱是用来贮存系统的膨胀水量，稳定系统压力的定压装置。高位膨胀水箱视空调系统的大小，有效容积取0.5～1.0m^3，水箱应加盖和保温。低位膨胀水箱通常由膨胀罐、补水泵等组成，利用罐内气体的可压缩性调节水量，其作用等同于高位水箱，系统压力高时贮存水量，压力低时释放水量，并根据压力的变化控制水泵的启停，以实现连续供水的目的。

膨胀水箱可根据产品样本提供的数据进行选型。补水泵的流量主要取决于整个系统的渗漏水量，对于闭式系统，不宜大于总循环水量的1%。

2）水处理设备选型

冷却水空调系统一般选用电子水处理仪、内磁水处理仪、被膜罐等水处理设备。热水空调系统除了可选用上述三种，最常用的是钠离子软化水装置，应根据补水量进行选取。软化水箱的容积以补水泵10～15min抽不完为准。

8. 机房布置

机房的布置与设计是一项综合性的工作，必须与建筑、结构、给排水、电气等专业密切配合。机房布置要点如下。

(1) 机房应尽可能靠近冷负荷中心布置。有地下室的宜设在地下室，也可另建。设在地下室时，应设机械通风，小型机组按换气次数每小时3次计算通风量。

(2) 机房内设备力求布置紧凑，以节约占用的建筑面积，但应保证以下间距：主要通道和操作通道宽度大于1.5m；非主要通道宽度大于0.8m；兼作检修用的通道宽度，应根据设备的种类及规格确定；制冷机突出部分与配电盘之间距离大于1.5m；制冷机突出部分相互间距离大于1.0m；制冷机与墙面之间距离大于0.8m；溴化锂吸收式制冷机侧面突出部分之间距离大于1.5m，其一侧与墙面之间距离大于1.2m。

(3) 布置壳管式换热器冷水机组和吸收式冷水机组时，应考虑有清洗或更换管簇的可能，一般是在机组一端留出与机组长度相当的空间。当无足够的位置时，可将机组长度方向的某一端直对相当高度的采光窗或直对大门。

(4) 机房应采用二级耐火材料或不燃材料建造，并有良好的隔声性能。

(5) 机房高度（净高）应根据设备情况而定。采用吸收式冷水机组时，设备顶部距屋顶或楼板的距离不得小于1.2m。

(6) 机房内主机间宜与水泵间、控制室隔开，并根据具体情况设置维修间、贮藏室及卫生间等。

9. 空调末端设备选型

干球温度和湿球温度

1) 新风机

(1) 新风机进风参数：由室外夏季计算干球温度和湿球温度确定。

(2) 新风机所需风量：规范允许送风管有不大于10%的漏风损失，因此所需风量 L_W 应由各台新风机各自承担的送风房间所需总新风量增加10%确定。不论每人占房间面积多少，新风量按不小于30m^3/(h·人) 采用，对于人员密集的建筑物，每人所占面积较小，但人员停留时间很短，可分别按吸烟或不吸烟情况，新风量以7～15m^3/(h·人) 计算。

(3) 新风机所需冷量：新风机所需冷量 Q_W 可按下式计算。

$$Q_W = 1.2L_W(H_W - H_N) \tag{5-5}$$

式中 H_W、H_N——分别为室外和室内空气的焓值。

(4) 新风机所需机外余压：由算得的新风送风管路最不利管段总压力损失增加10%确定，或按每米管长平均压力损失为5～10Pa (0.5～1.0mmH_2O) 乘以最不利管段总长估算。

2) 风机盘管

(1) 风机盘管进风参数：新风直入式系统，风机盘管只处理回风，因此其进风参数就是室内空气设计状态的干球温度和湿球温度。

(2) 风机盘管所需冷量：风机盘管所需冷量 Q_F 可按下式计算。式中 Q_0 的计算见前述分类指标法。

$$Q_F = Q_0 - Q_W = Q_0 - 1.2L_W(H_W - H_N) \tag{5-6}$$

(3) 风机盘管所需风量：风机盘管直接安装在室内，要求噪声小，因此风机转速不能太高，机外余压小，通常不接风管或只能接很短的一段风管送风。若单侧送风，要求的送风水平射程不能大于6m，即只适用于进深小于6m的房间。

3) 空调柜（机）

空调柜（机）选型时，需要确定送风状态点，估算冷负荷，确定房间通风量。

舒适性空调无空调精度要求，对送风温度也无严格限制，为减少能耗，通常省去空调柜（机），在规范允许的送风温差范围内，尽量加大送风温差，取房间热湿比线与90%相对湿度线的交点作为送风状态点。当送风高度不大于5m时，送风温差不宜大于10℃；当送风高度大于5m时，送风温差不宜大于15℃。

房间冷负荷 Q_0 的估算见前述分类指标法。房间通风量 L 按下式计算。

$$L = nV \tag{5-7}$$

式中 n——换气次数，舒适性空调房间（高大房间除外）的换气次数不宜小于5次/h；

V——房间容积。

5.4 建筑通风空调工程常用材料及阀件

5.4.1 主材

建筑通风空调工程中的主材主要是指制作风管（道）和风管配件的材料。主材的选择需要根据风管的类型确定。在风管系统施工完成后，还应进行严密性检验，同时根据风管类型检查风管的漏风量。

1. 金属板材

金属板材是制作风管和风管配件的主要材料。其表面应平整光滑，厚度应均匀一致，无凹凸及明显的压伤现象，不得有裂纹、结疤、砂眼、夹层和刺边等缺陷，但允许有紧密的氧化铁薄膜。常用的金属板材有普通钢板、镀锌薄钢板、铝及铝合金板、不锈钢板和塑料复合钢板等。

1）普通钢板

普通钢板俗称黑铁皮，其厚度一般为 0.5～2.0mm。普通钢板具有良好的机械强度和加工性能，价格比较便宜，在通风工程中应用最为广泛；但其表面较易生锈，故在应用前应进行刷油防腐。

根据风管系统工作压力的大小，空调系统中的风管系统分为高、中、低压三类，低压系统的工作压力不超过 500Pa，中压系统的工作压力介于 500～1500Pa 之间，高压系统的工作压力大于 1500Pa。在一般的通风空调系统中，加工风管所采用的钢板厚度应按设计要求选用，若无设计要求时，可按表 5－14 选用。

表 5－14 钢板风管板材厚度　　单位：mm

风管直径 D 或边长 b	圆形风管	矩形风管		除尘系统风管
		中、低压系统	高压系统	
D（b）≤320	0.50	0.5	0.75	1.50
320＜D（b）≤450	0.60	0.6	0.75	1.50
450＜D（b）≤630	0.75	0.6	0.75	2.00
630＜D（b）≤1000	0.75	0.75	1.00	2.00
1000＜D（b）≤1250	1.00	1.00	1.00	2.00
1250＜D（b）≤2000	1.20	1.00	1.20	按设计
2000＜D（b）≤4000	按设计	1.20	按设计	按设计

注：1. 螺旋风管的钢板厚度可适当减小 10%～15%。
2. 排烟系统风管的钢板厚度可按高压系统确定。
3. 特殊除尘系统风管的钢板厚度应符合设计要求。
4. 该表不适用于地下人防与防火隔墙的预埋管。

2）镀锌薄钢板

镀锌薄钢板是在普通薄钢板表面镀锌制成的，因其表面呈银白色，故又称白铁皮。镀锌薄钢板厚度为0.5～2.0mm，通风空调工程中的常用厚度为0.5～1.5mm，镀锌层的厚度应不小于0.02mm。镀锌薄钢板表面镀锌层有良好的防腐性能，故使用时一般不需做防腐处理，适用于制作不受酸雾作用的潮湿环境中使用的风管。镀锌薄钢板的表面应光滑洁净，且有镀锌特有的结晶花纹，但不得有大面积的白花、锌层粉化等严重损坏现象。施工时，应注意不破坏镀锌层，以免腐蚀钢板。

3）铝及铝合金板

通风空调工程中所用铝板多用纯铝制作，有退火和冷作硬化两种加工方法。铝板的加工性能好，有良好的耐腐蚀性，但纯铝的强度低，使其用途受到限制。铝合金板以铝为主，加入一种或几种其他元素制作而成，具有较高的机械强度，质轻，塑性及耐腐蚀性能好，易于加工成型。铝及铝合金板在摩擦时不易产生火花，因此常用于通风工程中的防爆系统。

铝板风管和配件板材厚度可按表5-15选用。加工时，应注意保护材料的表面，不得出现划痕等，划线时应采用铅笔或色笔。

表5-15 铝板风管和配件板材厚度 单位：mm

圆形风管直径或矩形风管长边长	铝板厚度
100～320	1.0
360～630	1.5
700～2000	2.0
2000～4000	按设计

4）不锈钢板

不锈钢板又称不锈耐酸钢板，其表面有铬元素形成的钝化保护膜，起隔绝空气，保护钢材不被氧化的作用。不锈钢板表面光洁，具有较高的强度和硬度，韧性大，可焊性强，在空气、酸及碱性溶液或其他介质中有较高的化学稳定性，因此多用于化学工业输送含腐蚀性介质的通风系统中。但其表面的钝化膜一旦被破坏，其耐腐蚀性就会大大降低，因此为了不影响不锈钢板的表面质量，特别是它的耐腐蚀性能，在不锈钢板的加工和存放过程中都应特别注意，避免板材表面产生划痕、刮伤和凹穴等。加工时不得使用铁锤敲打，避免破坏合金元素的晶体结构，否则在被铁锤敲击处会出现腐蚀中心，产生锈斑并蔓延，破坏其表面的钝化膜。

不锈钢板风管和配件板材厚度可按表5-16选用。

表5-16 不锈钢板风管和配件板材厚度 单位：mm

圆形风管直径或矩形风管长边长	不锈钢板厚度
100～500	0.5
500～1120	0.75
1120～2000	1.0
2000～4000	1.2

5）塑料复合钢板

塑料复合钢板是在普通薄钢板的表面上喷一层0.2～0.4mm厚的软质或半硬质塑料膜。这种复合板既有普通薄钢板的切断、弯曲、钻孔、铆接、咬口、折边等加工性能和较高的机械强度，又有较好的耐腐蚀性能，因此常用于防尘要求较高的空调系统和－10～70℃下耐腐蚀系统的风管。

2. 非金属板材

在通风空调工程中，常用的非金属板材是玻璃钢和硬聚氯乙烯板。

1）玻璃钢

玻璃钢是由玻璃纤维与合成树脂组成的一种轻质、高强的复合材料，具有较好的耐腐蚀性、耐火性，且成型工艺简单。玻璃钢是一种新型建筑材料，由其制成的风管、配件和部件等广泛应用于纺织、印染等生产车间含有腐蚀性气体和大量水蒸气的通风系统中。

玻璃钢风管及配件一般在玻璃钢厂用模具生产。将管壁制成夹层，中间采用聚苯乙烯、聚氨酯泡沫塑料、蜂窝纸等材料填充，可制成保温玻璃钢风管。玻璃钢风管及配件制品的内外表面应平整光滑，外表面应整齐、美观、无裂纹、厚度均匀、边缘无毛刺，不得有气泡、分层现象。法兰与风管、配件应形成一个整体，并与风管轴线成直角，法兰平面的不平度允许偏差不应大于2mm。中、低压系统有机玻璃钢风管板材厚度可按表5-17选用。

表5-17　中、低压系统有机玻璃钢风管板材厚度　　单位：mm

风管直径 D 或矩形风管长边长 b	板材厚度
D（b）≤200	2.5
200＜D（b）≤400	3.2
400＜D（b）≤800	4.0
800＜D（b）≤1250	4.8
1250＜D（b）≤2000	6.2

玻璃钢风管在安装和运输时，应注意不得碰撞和扭曲，并严禁敲打、撞击，以防止复合层的破坏、脱落及界皮分层等。安装前，应将风管和配件存放在安全的地方，且不得露天暴晒。

2）硬聚氯乙烯板

硬聚氯乙烯板又称硬塑料板，具有一定的机械强度、弹性以及良好的耐腐蚀性和化学稳定性，便于加工成型，因此在通风工程中得到广泛应用。但硬聚氯乙烯板的热稳定性较差，一般在－10～60℃时使用。硬聚氯乙烯板表面应平整、光滑、无伤痕，厚度应均匀，不得含有气泡和未塑化杂质，颜色为灰色，允许有轻微的色差、斑点及凹凸等。塑料风管和配件板材厚度可按表5-18选用。

表5-18　塑料风管和配件板材厚度　　单位：mm

圆形风管		矩形风管	
风管直径	板材厚度	风管长边长	板材厚度
100～300	3	120～320	3

(单位:mm)续表

圆形风管		矩形风管	
360～630	4	400～500	4
700～1000	5	630～800	5
1120～2000	6	1000～1250	6
		1600～2000	8

3. 型钢

在通风空调工程中，除了采用板材加工制作风管和配件，还需要大量的型钢，用来制作风管法兰、支架和部件的框架等。常用的型钢有扁钢、角钢、圆钢、槽钢等。型钢外观应全长等形、均匀，无裂纹和气泡，无严重的锈蚀现象。

4. 其他材料

在通风空调工程中，常用的其他材料主要包括用于砌筑各种风道的砖、石、混凝土等。目前，越来越多的新材料在通风空调系统中得以应用，如复合型酚醛风管、纤维织布风管等，它们质量轻，安装便捷，只是由于造价高等原因没有上述材料应用普遍。

5.4.2 辅助及消耗材料

1. 辅助材料

1）垫料

垫料主要用于风管法兰接口连接、空气过滤器与风管的连接以及通风、空调器各处理段的连接等部位作为衬垫，以保持接口处的严密性。它具有不吸水、不透气和弹性好的特点，厚度一般为3～5mm，空气洁净系统的法兰垫料厚度不小于5mm，一般为5～8mm。

工程中常用的垫料有橡胶板、石棉绳、石棉橡胶板、乳胶海绵板、闭孔海绵橡胶板、耐酸橡胶板、软聚氯乙烯塑料板和新型密封垫料等，可根据风管壁厚、所输送介质的性质及要求的密闭程度来选用。

(1) 橡胶板。常用的橡胶板除在－50～150℃内有极好的弹性外，还具有良好的不透水性、不透气性、耐酸碱性和电绝缘性，以及一定的扯断强力和耐疲劳强力。其厚度一般为3～5mm。

(2) 石棉绳。石棉绳是由矿物中石棉纤维加工编制而成的，可用于空气加热器附近的风管及输送温度大于70℃的排风系统，一般使用直径为3～5mm。石棉绳不宜作为一般风管法兰的垫料。

(3) 石棉橡胶板。石棉橡胶板可分为普通石棉橡胶板和耐油石棉橡胶板两种，应按使用对象的要求来选用。石棉橡胶板的弹性较差，一般不作为风管法兰的垫料，但高温（大于70℃）排风系统的风管可采用石棉橡胶板作为风管法兰的垫料。

(4) 闭孔海绵橡胶板。闭孔海绵橡胶板是由氯丁橡胶经发泡成型的，构成闭孔直径小而稠密的海绵体。其弹性介于一般橡胶板和乳胶海绵板之间，用于要求密封严格的部位。闭孔海绵橡胶板常用于空气洁净系统的风管、设备等连接的垫片。

（5）其他材料。以橡胶为基料，添加补强剂、增黏剂等填料，配制而成的浅黄色或白色黏性胶带，可用作通风空调风管法兰密封的垫料。这种新型密封垫料与金属、多种非金属材料均有良好的黏附能力，并具有密封性好、使用方便、无毒无味等特点。另外，8501型阻燃密封胶带也是一种专门用于风管法兰密封的新型垫料，多年来已被市场认可，使用相当普遍。

2）螺栓和螺母

螺栓和螺母用于风管法兰的连接和通风设备与支架的连接，一般为六角螺栓和六角螺母配套使用。六角螺栓按产品等级（精度）分为A、B、C三个等级。A级和B级适用于表面光洁、对精度要求较高的机械、设备，C级适用于表面比较粗糙、对精度要求不高的钢（木）结构、机械和设备。六角螺栓按螺纹的长短分为部分螺纹和全螺纹两种，通常采用部分螺纹螺栓，在要求较长螺纹长度的场合下可采用全螺纹螺栓。螺栓的规格以螺栓的公称直径×螺杆长度表示。

3）铆钉

在通风空调工程中，铆钉主要用于板材与板材、风管或部件与法兰之间的连接。常用的铆钉有抽芯铆钉、半圆头铆钉和平头铆钉等。

2. 消耗材料

消耗材料主要是指在通风空调工程的加工制作和施工过程中使用，但安装完成后又无原形存在，即在工程中被消耗掉的材料。工程中使用的氧气、乙炔气、锯条、焊条等，都属于消耗材料。

5.4.3 常用阀件

1. 常用阀门

1）截止阀

工作原理：借助改变阀瓣与阀座间的距离（即流体通道截面的大小），达到开启、关闭和调节流量大小的目的。

特点：结构简单，严密性好，制造维修方便，但阻力较大。

应用：一般用于严密性要求较高的管道中。

2）闸阀

工作原理：利用闸板的升降达到开启、关闭的目的。

特点：结构简单，阀体较短，阻力小，安装无方向要求。

应用：适用于要求全开或全闭，不要求调节开度大小，且不经常开关的管道。

3）蝶阀

工作原理：靠圆盘形的阀芯围绕固定轴旋转而达到开启、关闭的目的。

特点：构造简单，轻巧，开关迅速，但严密性较差。

应用：适用于低压冷、热水管道中，目前发展很快，有替代闸阀的趋势。

4）止回阀

工作原理：靠流体流动的动压和冲力自动开启和关闭，只允许介质向一个方向流动，有严格的安装方向性。

开关方式：升降式（只能用在水平管道上）和旋启式（既可用在水平管道上，也可用在垂直管道上）。

应用：一般用在水泵出口或其他只允许介质单向流动的管道上。

5）浮球阀

工作原理：通过塔盘水位变化升降浮球，控制阀芯启闭，从而自动补给冷却水。

应用：空调系统中，浮球阀用于冷却塔自动补水。

6）自动排气阀

空调水系统中常会存有一定量的空气，这些空气一般积存在系统管道的最高点或Ω型管段上部，形成气囊，阻碍管内水的流动。自动排气阀就是用于把管内积存空气放掉的阀门。

工作原理：利用一个密度小于水的浮子随着阀体内水位的升降而升降，从而驱动杠杆、密封垫等执行机构自动地进行阻水排气。

7）电动二通阀（电磁阀）

电动二通阀（电磁阀）一般装在风机盘管回水管上，配合温控器通、断冷冻水。

8）比例积分调节阀

比例积分调节阀一般装在风冷柜的回水管上，配合温控器控制冷冻水流量的大小。

9）压差旁通阀

压差旁通阀用于空调水系统分、集水器之间，维持分、集水器压力差在一定范围内。当末端用水量少、压力差超过设定值时，压差旁通阀打开，冷冻水直接从分水器进入集水器。

2. 其他配件

1）过滤器

过滤器用于过滤水管路中的杂质异物（如砂子、锈块等），对水泵及冷水机组的蒸发器、冷凝器等起保护作用。常用过滤器有GL型和Y型。过滤网采用不锈钢冲孔网板制成，也可加衬不同规格的不锈钢编织网。

在中央空调系统中，过滤器一般装在冷冻水泵、冷却水泵吸入口前，让循环水在经过水泵加压进入冷水机组前得到过滤。过滤器应水平安装，严格单向，且要考虑拆装滤芯的空间位置。

2）除污器

除污器的作用与过滤器一样，用于清除和过滤管路中的杂质和污垢，以保证系统内水质洁净，减少阻力，防止堵塞。常用除污器有立式直通除污器、卧式直通除污器和卧式角通除污器，其安装同过滤器。除污器现主要用于采暖系统，在空调系统中逐渐被过滤器所取代。

3）压力表

空调水系统中常用的压力表为弹簧管式压力表，构成压力表装置。压力表装置还包括表弯管和切断阀。表弯管根据压力表安装位置的不同有圆圈形和U形。切断阀是为了保护、更换压力表而设的，常用球阀或闸阀。

装设位置：冷水机组冷冻水、冷却水出入口，水泵出入口，风冷柜出入水口，分、集水器上。

作用：显示水系统各处的压力大小及各部分阻力损失，帮助保持整个系统的热力平衡。

4）温度计

空调水系统一般采用带金属套的玻璃管温度计，也可采用双金属温度计。温度计的安装位置一般随压力表（水泵出入口一般不装）。其安装形式有装在水平管道上和装在立管上两种。

5）水流开关

水流开关通过水流压力推动铜叶片，使两个常开触点接通，而这两触点串接到压缩机启动控制电路上，从而达到启闭目的。水流开关一般装在冷水机组的冷却水、冷冻水出水口上，或水冷柜的冷却水出口上，起保护作用。

6）橡胶软接头（避震喉）

顾名思义，橡胶软接头（避震喉）就是装在水泵等设备的进出水管道上阻隔震动的接头。工程中常用的有（单球）避震喉、双球避震喉、风机盘管专用避震喉。

项目小结

本项目介绍了民用建筑的通风形式，重点阐述了建筑防排烟和建筑空调工程的内容，包括防排烟系统和空调系统的关键技术和系统设计，并对通风空调工程中常用的材料、设备和构件等进行了简要介绍。

思考与练习

一、简答题

1. 通风与空气调节的区别是什么？
2. 防火分区及防烟分区的设施有哪些？
3. 为什么要设置防火阀？
4. 防烟楼梯间、前室的正压送风口应如何布置？
5. 通风空调工程中的常用材料及阀件有哪些？

二、单选题

1. 为了提高自然通风的降温效果，应尽量降低进风侧窗离地面的高度，一般不宜超过（　　）m。

A. 1.2　　B. 1　　C. 0.8　　D. 1.5

2. 对高层民用建筑不具备自然排烟条件的防烟楼梯间、消防电梯间前室或合用前室，应设置独立的（　　）。

A. 机械加压送风设施　　B. 自然排烟措施
C. 机械排烟系统　　D. 消防喷淋系统

3.（　　）具有较好的加工性能，便于卷成圆形、咬口等，适合加工成圆形风管。

A. 冷轧钢板　　B. 热镀锌钢板　　C. 热轧钢板　　D. 不锈钢板

项目6 建筑通风空调施工图与施工工艺

项目导入

识读通风空调施工图，一般按照介质的流动方向，识读工艺图（原理图）、风管系统图和各层、各房间平面图。建筑通风空调工程施工工艺包括通风设备与空气处理设备的安装、风管及其他管路系统的预制与安装、自控系统的安装、系统调试及工程试运行四大部分的内容。

思维导图

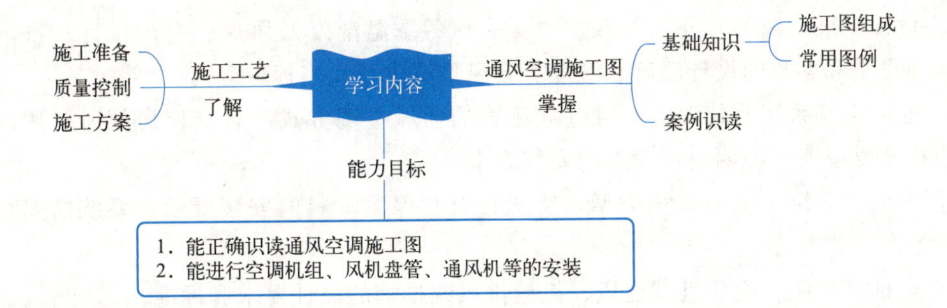

6.1 建筑通风空调施工图识读

6.1.1 通风空调施工图的组成

通风空调施工图包括图纸目录、设计施工说明、平面图、剖面图、系统图、工艺图、详图、材料（设备）表等。

(1) 图纸目录：列出本项工程新绘制的图纸、所选用的标准图纸以及重复利用的图纸等的编号及名称。

(2) 设计施工说明：一般包括建筑概况、设计标准、通风空调系统及其设备、空调水系统、防排烟系统、空调冷冻机房等部分内容。

① 建筑概况：介绍建筑面积、空调面积、建筑高度和使用功能，以及对通风空调工程的要求。

② 设计标准：说明室外气象参数、夏季和冬季温湿度及风速、室内设计标准（即各空调房间夏季和冬季的设计温度、湿度、新风量要求及噪声标准等）。

③ 通风空调系统及其设备：对整栋建筑的通风空调方式和各空调房间所采用的空调设备进行简要说明，说明空调设备的安装要求。

④ 空调水系统：说明系统类型，所选管材和保温材料的安装要求，系统防腐、试压和排污要求。

⑤ 防排烟系统：说明机械送风、机械排风或排烟的设计要求和标准。

⑥ 空调冷冻机房：说明冷冻机组、水泵等设备的规格、型号、性能、台数及其安装要求。

(3) 平面图：表示各层和各房间的通风（包括防排烟）空调系统的风道、水管、阀门、风口和设备的布置情况，并确定它们的平面位置。通风空调施工图的平面图包括风（水）系统平面图、空调机房平面图、制冷机房平面图等。

(4) 剖面图：主要表示设备和管道的高度变化情况，并确定设备和管道的标高、距地面高度、相互间的垂直间距。

(5) 风管系统图：表示风管系统在空间位置上的情况，并反映干管、支管、风口、阀门、风机等的位置关系，还标有风管尺寸和标高。系统图与平面图结合可说明系统全貌。

(6) 工艺图（原理图）：一般反映空调制冷站制冷原理和冷冻水、冷却水的工艺流程，使施工人员对整个水系统或制冷工艺有全面了解。工艺图（原理图）可不按比例绘制。

(7) 详图：上述图中未能反映清楚的内容，又无国家或地区标准图集的，则用详图进行表示。例如，同一平面图中多管交叉安装，须用节点详图表达清楚各管在平面和高度上的位置关系。

(8) 材料（设备）表：列出材料（设备）名称、规格、性能参数、技术要求、数量等。

6.1.2 通风空调施工图常用图例

通风空调施工图中，水（汽）管道、风道及其阀门和附件的图例内容较多，可查阅国家标准《暖通空调制图标准》（GB/T 50114—2010）的有关内容，本节主要介绍风道代号。

风道代号应按表 6-1 表示。对于自定义风道，应在相应图面中另行说明。

表 6-1 风道代号

序号	代号	管道名称
1	SF	送风管
2	HF	回风管
3	PF	排风管
4	XF	新风管
5	PY	消防排烟管
6	ZY	加压送风管
7	P（Y）	排风排烟兼用风管
8	XB	消防补风管
9	S（B）	送风兼消防补风管

注：一、二次回风，回风管代号可附加“1”“2”区别。

6.1.3 通风空调施工图识读案例

识读通风空调施工图时，应先阅读设计施工说明，对整个工程建立起全面的概念，然后识读工艺图（原理图），了解水系统的工艺流程后，再识读风管系统图，按顺序识读各层、各通风空调房间、制冷站、空调机房等的平面图。注意按介质的流动方向进行识读，原理图、系统图、平面图相互结合交叉阅读，能达到较好效果。

下面识读某商住楼通风空调施工图，见附录 2。

1. 风系统

(1) 施工图中所注风管标高：圆形风管为管中标高，矩形风管为管顶标高，h 指本层地面标高。

(2) 风管管材选用：新风系统及空调系统的所有送（回）风管均采用镀锌钢板，保温材料为 30mm 厚玻璃棉。

(3) 所有垂直及水平风管必须设置支架、吊架或托架，其构造形式根据现场情况选定，详见国家标准图集 19K112。

(4) 矩形风阀长边不小于 320mm 时，采用多叶对开调节阀；长边小于 320mm 时，采用钢制蝶阀。圆形风阀均采用钢制蝶阀。

(5) 风机进出口均设置软接头，材料选用不燃且严密的帆布。

(6) 送风口型号：顶送为 HG-11C 型方形散流器，配 HG-28 型调节阀；回风口型号：HG-5 型可开侧壁百叶风口，配 HG-70 型过滤器。风机盘管送（回）风管规格见表 6-2，未注明支风管规格均为 320mm×320mm。

表 6-2 风机盘管送（回）风管规格表　　单位：mm×mm

风机盘管	送风管	送风口	回风口
42CE003	630×120	200×200	630×200
42CE004	800×120	250×250	800×200
		2×(200×200)	
42CE005	800×120	2×(200×200)	800×200
42CE006	1000×120	320×320	1000×200

2. 水系统

(1) 图中所注标高均以管中心为准，h 指本层地面标高。

(2) 水管全部选用镀锌钢管，水管管路系统低处设 $DN25$ 泄水阀，高处设 $DN20$ 自动排气阀，凝结水管坡度不小于 0.003。

(3) 除设备本身配带的阀门外，$DN \geqslant 32$mm 的采用活塞阀，$DN \leqslant 25$mm 的采用截止阀，过滤器选用 Y 型过滤器。

(4) 所有空调供（回）水管道及凝结水管均需保温，保温材料选用 30mm 厚岩棉。

(5) 管道支架、吊架及托架的具体形式和安装位置根据现场情况选定，详见国家标准图集 05R417-1。

(6) 管道安装完毕应进行水压试验，经试压合格后，应对系统反复冲洗，直到排出水中不含泥沙、铁屑等杂质，且水色不浑浊为合格。冲洗前应先除去过滤器上的过滤网，待冲洗完后再装上。管道系统冲洗时水流不得流经所有设备。

(7) 所有风机盘管及未注明管道管径均为 $DN20$；风机盘管顶距板顶为 700mm。

(8) 所有穿墙、穿楼板的水管，均应事先预埋钢套管，套管直径比所穿管直径大 2 号。

其他未说明者按相关规范规定执行和调试。

6.2 建筑通风空调工程施工工艺

本施工工艺适用于建筑内通风系统及空调系统的安装工程。建筑通风空调工程施工工艺包括通风设备与空气处理设备的安装、风管及其他管路系统的预制与安装、自控系统的安装、系统调试及工程试运行四大部分的内容。

工艺流程：施工准备→风管及部件加工→风管及部件的中间验收→风管系统安装→风管系统严密性试验→空调设备及空调水系统安装→风管系统测试与调整→空调系统调试→竣工验收→空调系统综合效能测定。

6.2.1 施工准备

施工准备工作对于一个项目的顺利施工以及工程施工的成本管理都具有非常重要的意义，应注意抓好施工准备工作。

1. 施工技术准备

1）调查工作

(1) 气象调查。掌握气象资料，制定雨雪、大风等天气条件下的相应施工措施，对施工周期长、施工人员多的大型项目更应重视这一点。

(2) 各种材料、配件和技术条件的调查。由于安装工程施工所需的材料、配件品种多、数量大，故应对各种材料的价格、质量、品种、供货情况等进行详细调查，为结合工程施工图纸和施工方案制订合理的材料供应计划做好准备。

(3) 施工现场情况的摸底调查及落实。施工现场的水源、电源均对施工有较大影响，应依据工地现场的实际情况，与建设单位或其他施工单位联系落实水源、电源等的供应情况，包括水源、水量、压力、接管地点，以及供电点、供电量、接线距离等，要求挂表的应做好准备。

2）图纸自审和会审

工程项目部应组织相关技术人员认真学习图纸，各工种施工技术人员应熟悉本工种的有关图纸，并结合现场勘察进行自审，以便掌握图纸中细节并发现问题，做好施工前的技术准备。

组织各工种的施工队伍共同学习施工图纸，由技术人员给施工队伍按分部工程（冷冻及冷却水管道安装分部工程、通风安装分部工程、电气控制安装分部工程、设备安装分部工程）分别进行必要的技术交底工作，并商定各工种之间的施工配合事宜，有需要时及时组织相关技术培训。通过学习图纸内容，施工队伍应了解施工要求，明确工艺流程和设计中采用的新材料及相应的新工艺。

与建设单位、相关施工单位及设计单位一起进行图纸会审。由设计单位进行交底，相关单位应理解设计意图及施工质量标准，准确掌握设计图纸中的细节，以便正确无误地开展施工，同时做好与其他施工单位（土建、装修、电气、消防）的沟通和协调工作。

3）编制施工组织设计

认真编制该工程的施工组织设计，确定施工方案，作为工程施工的指导性文件。

4）编制施工图预算和施工预算

由预算部门根据施工图、预算定额、施工组织设计、施工定额等文件，编制施工图预算和施工预算，作为施工作业计划编制、施工任务单和限额领料单签发的依据。

2. 物资条件准备

(1) 安装材料准备。根据施工组织设计中的施工进度计划和施工预算中的工料分析，编制工程所需的材料需用量计划，作为备料、供料、确定仓库和堆场面积及组织运输的依据。根据材料需用量计划，做好材料的申请、订货和采购工作，使计划得到落实。组织材料按计划进场，并做好保管工作。

(2) 构配件的加工准备。根据施工进度计划及施工预算所提供的各种构配件数量，做好加工、翻样工作，并编制相应的需用量计划。

(3) 施工机具准备。根据施工组织设计中确定的施工方法、施工机具、设备的要求和数量，以及施工进度的安排，编制施工机具需用量计划，组织施工机具需用量计划的落实，确保机具、设备按期进场。

3. 现场准备

为保证施工控制网的精确性，工程施工时应设测量控制网，各控制点均应为半永久性的坐标点和水平基准点，必要时应设保护措施，以防破坏，并与土建测量控制网控制和校正的建筑物轴线、标高等相一致，确保施工质量。

4. 施工队伍准备

根据工程的施工管理组织机构建立项目经理部，确定施工管理层，选择高素质的施工队伍。根据工程特点和施工进度计划的要求，确定施工阶段的劳动力需用量计划。施工队伍进场后，应做好施工人员的生活后勤保障工作，对人员衣、食、住、行、医等应予全面考虑，同时到当地劳动部门、公安部门及时办理有关手续。

5. 通信准备

对于一些较大的工程，如高层建筑工地，应配备适当数量的对讲机等通信设备。

6. 生活设施准备

现场应设置部分施工人员宿舍、食堂及临时卫生间等，尽可能使生活污水经化粪池处理后排出。生活用电、用水由分支管线接入生活区。其他生活临建可考虑在附近租用民宅。

7. 施工部署

根据工程特点、施工图纸、招标范围及相关资料，结合现场勘察和类似工程的施工经验，对整个工程进行施工部署。应充分利用有限的时间和空间，争取按计划提前完工。例如，协调好土建与安装的关系，控制好各项安装工程的插入点，安装与土建之间、安装与安装之间做到协调配合、有条不紊。

GB 50243—2016

6.2.2 通风空调工程施工质量控制

1. 质量管理及检验标准

《建筑给水排水及采暖工程施工质量验收规范》(GB 50242—2002)

《制冷设备、空气分离设备安装工程施工及验收规范》(GB 50274—2010)

《通风与空调工程施工质量验收规范》(GB 50243—2016)

《风机、压缩机、泵安装工程施工及验收规范》(GB 50275—2010)

《机械设备安装工程施工及验收通用规范》(GB 50231—2009)

2. 质量控制体系

通风空调工程施工阶段质量控制体系如图 6-1 所示。

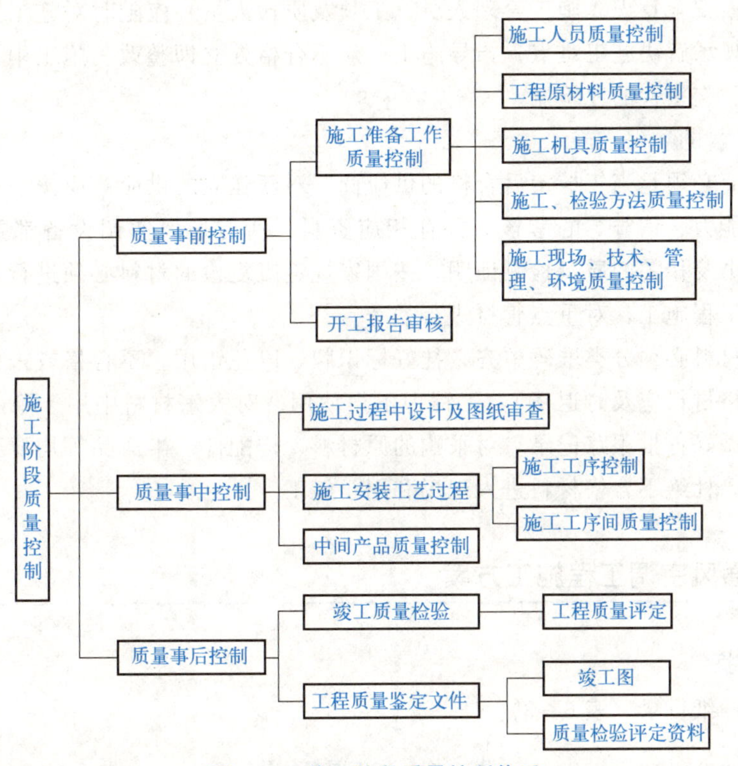

图 6-1 施工阶段质量控制体系

3. 质量保证技术措施

1) 施工计划的质保措施

在编制进度计划等控制计划时，应充分考虑人、材、物及任务量的平衡，合理安排施工工序和施工计划，合理配备各施工段上的操作人员，合理调拨材料机具，合理安排各工序的交叉作业时间。

2) 施工技术的质保措施

发放图纸后，内业技术人员会同施工工长先对图纸进行深化、熟悉，提出施工图纸中的问题、难点、错误，并在图纸会审及技术交底时予以解决。深化图纸时，本专业所有预留预埋深化都应深化到土建图纸中，以便土建施工时检查监督，防止漏埋、错埋。对质量难以控制的施工部位或新的施工工艺应进行深入研究，并编制相应的作业指导书或施工方案用以指导施工。

做好施工技术交底，可采用三级交底模式：第一级为项目技术负责人就本工程施工流程安排、质量要求及主要施工工艺向项目全体管理人员、施工工长、质检人员进行交底；第二级为施工工长向施工班组进行各项专业工种的技术交底；第三级由施工班组向工人交底。交底必须有记录。

3）施工操作中的质保措施

每个进入现场的施工人员均要求达到一定的技术等级，尤其是电焊工、水暖工、通风工必须进行操作培训并严格考核，持证上岗，对不合格者坚决调离。加强质量教育，提高施工人员的质量安全意识。施工管理人员（工长及质检人员）应随时对施工人员的工作进行检查，并在现场解决施工难点，指导施工，对不合格处立即整改。施工中，各工序应坚持自检、互检、交接检的三检制。

4）施工材料的质保措施

材料供应商必须是当年核定后合格的供应商，对新建立的供应商应按公司程序文件要求进行资质、能力、信誉等的考核，并存相应资料。所有通风空调设备都要有产品合格证、使用说明书及相关的质量检测证明，按国家规定应复检的材料必须进行复检，复检合格后方能用于工程施工，对重点管材进行抽查。

所有进场材料必须分类堆码整齐，挂好标识牌，以免错用。不合格或未检材料应标识清楚（且不合格材料应及时退场），工程中不得使用。对大宗材料中用于隐蔽工程的材料必须由责任人做好各批跟踪记录。对采购的原材料、构配件、半成品等均要建立完善的验收及送检制度，杜绝不合格材料进入现场和用于施工。

6.2.3 通风空调工程施工方案

1. 编制依据

（1）施工图纸目录（表6－3）。

表6－3　施工图纸目录

序号	图纸名称	图纸编号	出图日期	备注
1	通风平面图			
2	排烟平面图			
…				

（2）主要施工规范、规程、标准图集（表6－4）。

表6－4　主要施工规范、规程、标准图集

序号	类别	名称	编号
1	国家	《民用建筑供暖通风与空气调节设计规范》	GB 50736—2012
		《公共建筑节能设计标准》	GB 50189—2015
2	行业		

续表

序号	类别	名称	编号
3	地方		
4	企业		

2. 工程概况

（1）土建工程概况（表6-5）。

表6-5 土建工程概况表

序号	项目		内容	
1	建筑功能		公共建筑	
2	建筑特点		智能化设计	
3	建筑面积/m^2		总建筑面积：	占地面积：
			地下建筑面积：	地上建筑面积：
4	建筑层数		地上____层	地下____层
5	建筑层高/m		地下部分：人防层____、设备层____	
			地上部分：首层____、标准层____、顶层____	
6	建筑高度/m		建筑总高____、室内外高差____、檐口____	
7	结构形式	基础结构	筏板式基础	
		主体结构	框剪结构	
		屋顶结构	现浇结构	
8	结构断面尺寸	外墙厚度/mm	300	
		内墙厚度/mm	200	
		楼板厚度/mm	100、200、300	

（2）空调、通风系统工程概况（表6-6）。

表6-6 空调、通风系统工程概况表

序号	系统编号		服务范围	空调、通风方式
1	冷热源		2台直燃型溴化锂吸收式机组，总冷负荷____kcal/h，总热负荷____kcal/h	
2	空调	X-1	首层	风机盘管+新风
		X-2	×层～××层	风机盘管+新风
3	冷冻水	L-1	首层	空调机组所需冷冻水
		L-2	×层～××层	新风机组及风机盘管所需冷冻水
4	冷却水	LQ-1	2台直燃机的冷却水均由2台冷却塔冷却后循环使用，冷却水温为30～32℃，冷却塔安装在18层屋顶	

续表

序号	系统编号		服务范围	空调、通风方式
5	补水	B－1	自来水经软化处理后进入软水箱，由2台补水泵向冷水系统补水	
6	排烟	PY－1	地下2层	双速排烟风机
		PY－2	其他层	新风机组
7	正压送风	SY－1	前室正压送风	管道式斜流风机，设在顶层机房内，每层设正压送风口，火灾时由消防中心启动送风机
		SY－2	合用前室正压送风	

3. 施工安排

（1）施工管理组织机构（图6－2）。

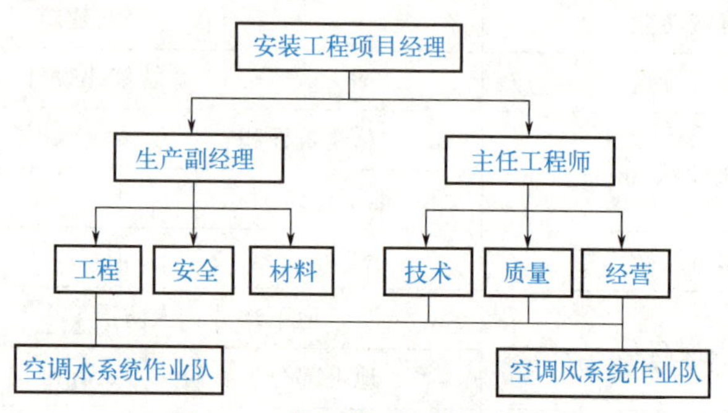

图6－2　施工管理组织机构图

（2）施工总体安排。通风空调工程根据施工过程的情况，分为以下四个施工阶段。

① 结构施工阶段（预留孔洞和预埋件）。

② 安装阶段（设备及管道安装）：风管安装、空调机组安装、新风机组安装、风管保温、水管安装、风机盘管安装。在结构施工阶段、分段验收后，及时组织队伍插入系统管道的安装。

③ 试运行及调试阶段：阀门单项水压试验，风机盘管安装前的单项水压试验及三试运转，送风机、排风机单机试运转，设备层及管道井内空调水管单项水压试验，管道系统水压试验，管道冲洗，各层送风管在建筑吊顶前的漏风试验，空调系统冬季供暖调试和夏季制冷调试试验。

④ 竣工验收阶段。

（3）与其他专业的协调配合要点。预埋套管、预留孔洞，在结构施工时必须派专业人员跟班作业，严禁以后乱剔凿。所有在吊顶内的风管、水管必须在吊顶前检验试验完毕。须考虑大型设备吊装、就位的运输问题，如需预留施工洞，应与结构专业提前协商，设备安装就位后土建方可封堵。

风（水）管与其他专业管道发生交叉碰撞时，要在图纸会审时提出，与其他专业共同协商解决。风管安装必须与土建、电气、水暖专业配合好，如安装位置与电缆桥架、电管、水管有冲突，应首先考虑风管安装，其次考虑水暖安装，最后为电气管线安装。各楼层风管安装遵循下列原则：先地下，后地上，尽量沿楼层向上走；先安装立管，后安装水平管；先安装干管，后安装支管；先安装空调系统风管，后安装送（排）风和防排烟系统风管。

4. 施工准备

（1）施工机具计划。空调水专业施工机具计划表见表6-7，通风专业施工机具计划表见表6-8，调试测量仪器计划表见表6-9。

表6-7 空调水专业施工机具计划表

序号	机具名称	规格型号	单位	数量	备注
1	交流电焊机	××	套	××	
2	台式钻床	××	套	××	
3	电动试压泵	××	台	××	
4	电动套丝机	××	台	××	
5	手动试压泵	××	台	××	

表6-8 通风专业施工机具计划表

序号	机具名称	规格型号	单位	数量	备注
1	龙门剪板机	××	台	××	如风管在工厂加工，则不需准备相关机具
2	联合咬口机	××	台	××	
3	合缝机	××	台	××	
4	台钻	××	台	××	
5	卷圆机	××	台	××	
6	折方机	××	台	××	
7	拉铆枪	××	把	××	

表6-9 调试测量仪器计划表

序号	机具名称	规格型号	单位	数量	备注
1	温湿度检测仪器	××	套	××	
2	风速检测仪	××	套	××	
3	通风检漏灯	××	台	××	
4	弹簧式压力表	××	台	××	
5	漏风量检测仪器	××	台	××	
6	电压表	××	台	××	

（2）主要材料、设备采购计划。主要材料、设备明细表见表6-10。

表6-10 主要设备、材料明细表

序号	名称	规格型号	数量	进场时间	备注
1	冷冻机组	××	××		
2	冷冻水泵	××	××		

续表

序号	名称	规格型号	数量	进场时间	备注
3	冷却水泵	××	××		
4	空调补水泵	××	××		
5	软化水箱	××	××		
6	软化水设备	××	××		
7	电子水处理设备	××	××		
8	冷却塔	××	××		
9	风机盘管	××	××		
10	空调机组	××	××		
11	新风机组	××	××		
12	加压送风机	××	××		
13	排风排烟风机	××	××		
14	钢管	××	××		
15	镀锌板风管	××	××		

（3）劳动力计划。劳动力计划表见表6-11。

表6-11　劳动力计划表

序号	施工阶段	工种	数量	备注
1	结构施工	水暖	××	
2	安装	水暖	××	
		通风	××	
		电焊	××	
3	调试	水暖	××	
		通风	××	
4	竣工	水暖	××	
		通风	××	

5. 主要施工方法

在结构施工阶段，随结构施工进度安排人员加工各种预埋件及制作木盒。通风空调的地下室管道设备多，故在地下室墙体和顶板绑筋及合模前，需要派人仔细放置各种预埋件及木盒，穿外墙时须做防水套管，合模前组织技术人员进行检查验收，要求不得遗漏、错位。

留孔洞按设计要求施工，设计无要求时按规范规定施工。套管一般比管道规格大1～2号，内壁做防腐处理或按设计要求施工。托架、吊架、卡架制作及间距要求按相关规程规定。固定支架的制作与安装按设计详图。

预留孔洞、预埋件的位置、标高必须符合设计要求。预留孔洞时由土建配合，通过钢筋工、木工、专业工长、专业质检员四道程序，确保无误后方可施工。

6. 质量标准与验收

（1）通风机安装质量标准见表6-12。

表6-12　通风机安装质量标准

项次	项目		允许偏差	检验方法
1	中心线的平面位移		10mm	经纬仪或拉线和尺量检查
2	标高		±10mm	水准仪或拉线和尺量检查
3	皮带轮轮宽中心平面偏移		1mm	在主、从动轮端面拉线尺量检查
4	传动轴水平度		纵向0.2‰ 横向0.3‰	在轴或皮带轮0°和180°的两个位置上，用水平仪检查
5	联轴器	两轴芯径向位移	0.05mm	用百分表圆周法或塞尺四点法检查
		两轴线倾斜	0.2‰	

（2）风（水）管安装质量标准见表6-13。

表6-13　风（水）管安装质量标准

序号	分项工程	质量要求	项目	标准值	允许偏差mm/m	
					规范标准	目标标准
1	风管安装					
2	水管安装					
3	机组安装					
4	盘管安装					

（3）阀门试验：主控阀门逐个进行编号、试压，填写试验单，试验压力为该阀门公称压力的1.5倍；其他阀门按不同进场日期、批号、厂家每类抽检10%（且不少于1个）进行试压，试压标准同主控阀门，合格后分类填写试验单。

7. 各项管理措施

（1）进度控制措施。在项目部统一指挥下，密切协调各工种，组织多个施工小组，精密配合土建工序扩大工作面，加速施工进程。认真做好施工组织设计，精心安排施工工序搭接，做到主体交叉作业、穿插施工，缩短工序间隔时间，提高工程进度。根据土建施工进度，按季度、月份、周进行详细施工形势分析，及时调整施工工序搭接和劳动力、技术力量安排，使其适应总体进度的需要。

（2）成品保护措施。风管成品必须码放在平整、无积水、宽敞的场地，码放整齐、合理，并按系统编号，便于装运，不与其他材料、设备等混放在一起，并有防雨雪措施。风管搬运、装卸要轻拿轻放，防止损坏成品。风管下料要使用不产生划痕的画线工具，操作要使用木锤或有胶皮套的锤子，不得直接使用铁锤。镀锌铁皮要保证表面光滑洁净，放在宽敞干燥的隔潮木头垫架上叠放整齐。

法兰用料分类码放，露天放置必须采取防雨雪措施，以减少生锈现象。风口成品要采取防护措施，保护装饰面不受损伤。防火阀执行机构要做好保护，防止执行机构受损或丢失。风机盘管及空调机组运到现场后要妥善保管，码放整齐，有防雨雪措施。

（3）现场安全文明施工措施。所有施工人员必须树立“安全第一”的思想，认真贯彻执行安全技术规程，防止事故发生。未受过正规安全教育的工人不得上岗或直接参与施工。班组长、安全员应每天进行安全交底，每周开展安全教育，每月进行安全检查，及时制定安全措施。进入现场必须戴安全帽，扣好帽带。施工结束后要做到“活完脚下清”。注意保护本专业及其他专业的成品及设备，做到文明施工。

（4）环境保护措施。生活区保持整洁，宿舍、食堂干净卫生。电钻、电锤等噪声较大的机具尽量避免在居民休息时间使用。施工现场保持整洁、卫生、无污物、无污水，生活垃圾集中堆放、集中清理，设有专人管理的垃圾站，施工垃圾及时清理。现场定人、定时打扫，严禁在施工现场大小便。

（5）冬季施工措施。冬季施工要注意防火、防冻、防风、防滑、防煤气中毒。各种水压试验必须在采暖条件下进行，风机盘管水压试验后随即将水排放干净，以防冻坏管道设备。怕冻材料设备要放入有采暖的库房保管，如8501阻燃密封胶带等均需采取防冻措施，材料设备随用随取。

项目小结

本项目主要介绍了建筑通风空调工程的施工图识读与施工工艺的内容。在识图时，我们要清楚整个系统工程的施工工艺。建筑通风空调工程的工艺流程包括：施工准备→风管及部件加工→风管及部件的中间验收→风管系统安装→风管系统严密性试验→空调设备及空调水系统安装→风管系统测试与调整→空调系统调试→竣工验收→制冷空调系统综合效能测定。通过对通风空调工程施工图基础知识的学习，结合对施工工艺流程的了解，我们可以对建筑通风空调工程有更加深入的认识。

思考与练习

一、简答题

1. 风管系统图中的常见标注“ϕ200”和“400×250”分别代表什么含义？
2. 列举风管连接方式中的三种常见工艺，并说明其适用场景。
3. 在空调水系统中，膨胀水箱的主要功能是什么？
4. 在施工图中，“$H=3.500$”标注在风管旁表示什么？

二、单选题

1. 中压系统（500Pa＜P≤1500Pa）的镀锌钢板风管，当长边尺寸为800mm时，最小板材厚度应为（　　）。

A. 0.5mm　　B. 0.75mm　　C. 1.0mm　　D. 1.2mm

2. 下列哪种风管材料适用于腐蚀性环境？（　　）

A. 普通镀锌钢板　　B. 有机玻璃钢

C. 酚醛复合板　　D. 聚氨酯铝箔复合板

3. 风管支吊架的最大间距通常由（　　）决定。

A. 风管长度　　B. 风管材质和厚度

C. 风管截面形状　　D. 风管安装高度

在线答题

项目 7 建筑电气工程

项目导入

电能可以方便地转换为机械能、热能、光能、声能等，作为信息载体，电的传输速度快、容量大、控制方便，广泛地应用于照明、电话、电视、广播音响、计算机等领域。建筑电气是以电能、电气设备和电气技术为手段，创造、维持并改善建筑内部空间环境的一门学科。利用电工学、电子学及计算机科学等的理论和技术，在建筑内部人为地创造并保持理想的环境，以充分发挥建筑功能的一切电工、电子、计算机设备和系统，统称为建筑电气系统。

思维导图

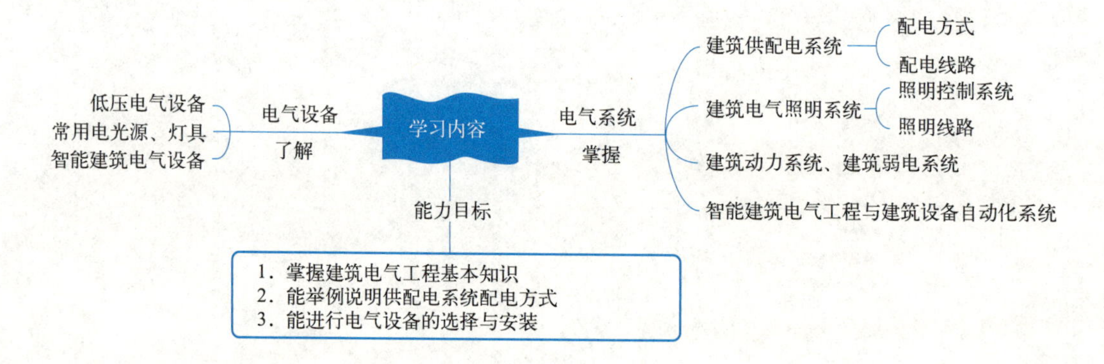

7.1 建筑电气工程基本知识

7.1.1 建筑电气的含义和作用

建筑电气的基本含义：建筑物及其附属建筑的各类电气系统的设计与施工，以及所用产品、材料与技术的生产与开发的总称。建筑电气的主要功能是输送和分配电能、应用电能及传递信息，为人们提供舒适、便利、安全的建筑环境。

最近的30年是建筑电气步入高科技领域的30年，不仅原有的配电系统如照明、供电等方面技术不断更新，而且电子技术、自动控制技术与计算机技术也迅速进入建筑电气设计与施工的范畴，与之相适应的新技术与新产品也正以极快的速度被开发和应用，并且在不断地更新。我国建筑物已向着超高层和现代化的方向不断发展，智能建筑不断涌现，使得建筑内部电能应用的种类和范围日益增加和扩大。建筑电气对于整个建筑物功能的发挥、建筑布置和构造的选择、建筑艺术的体现、建筑管理的灵活性以及建筑安全的保证等方面，都起着重要的作用。

7.1.2 建筑电气设备

根据电气设备在建筑中所起的作用，建筑电气设备包括如下内容。

1. 创造环境的设备

对居住者的直接感受影响较大的环境因素有光、温湿度、空气和声音等，这些环境条件部分或全部由建筑电气所创造。根据所创造环境的不同，建筑电气设备分为如下几类。

(1) 创造光环境的设备。在人工采光方面，无论是以满足人们生理需要为主的视觉照明，还是以满足人们心理需要为主的气氛照明，均是依靠电气照明才得以完成的。

(2) 创造温湿度环境的设备。为使室内温湿度不受外界自然条件的影响，可采用空调设备，而空调设备的工作也是依靠消耗电能才得以完成的。

(3) 创造空气环境的设备。补充新鲜空气，排除臭气、烟气、废气等有害气体，可采用通风换气设备，通风换气设备的工作则需要电动机输入电能。

(4) 创造声音环境的设备。可以通过广播系统形成背景音乐，将悦耳的乐曲或所需的声响送入相应的房间、门厅、走廊等建筑空间。

显然，在进行相应建筑电气设计时，应依据设计要求达到某一建筑环境标准。但是，人们的工作性质、生活习惯、文化程度等的不同会形成对各环境因素的不同要求，很难对建筑环境的各因素给出一个定量的标准值。建筑电气设备往往是根据适用于一般情况下的数据，再结合实际情况加以修改，从而作为设计依据的。

2. 提供方便性的设备

方便人们生活和工作是建筑设计的重要目的之一。增加相应的建筑电气设备是实现这一目的的主要措施。

（1）居住者和使用者生活和工作所必需的设备。例如，满足生活基本需要的给排水设备，其中增压设备等都是由电动机拖动而运转的；进行垂直运输的电梯；保证随时随地使用的各种电插座，由此可接入所需要的各种用电设备。

（2）缩短信息传递时间的系统。例如，满足个人交换信息使用的电话系统；满足个别人和群体、多用户间沟通信息的广播系统；供各用户统一时间的辅助电钟和显示器系统；用于迅速传递火灾信息的报警系统；随时监测用户的人身和财产安全状况的防盗报警系统。

以上设备的设置均应与建筑物的功能、等级相适应。设备不是装得越多越方便，应力求以最少的数量取得最大的效果。只有与建筑设计密切配合，才能充分发挥这些设备的作用。

3. 增强安全性的设备

（1）保护人身与财产安全的设备。如自动排烟设备、自动灭火设备、消防电梯、事故照明设备等。

（2）提高设备和系统本身可靠性的设备。如备用电源，过电流、欠电压、接地等多种保护方式所使用的设备等。

4. 提高控制性能和管理性能的设备

建筑物交付使用后，其使用寿命、维修费用、设备更新费用、能源（光、热、电等）消耗费用和管理费用等并没有一个准确的定量标准，而完全由建筑物的控制性能和管理性能决定。增设提高控制性能和管理性能的设备，可以延长建筑物的使用寿命，降低各项费用。如各种局部自动控制系统，包括消火栓、消防泵自动灭火系统，自动空调系统等。当考虑控制方案时，应树立对建筑物进行整体控制的观点，设置中心调度室，把局部控制通过集中调度合理地协调统一起来。

5. 提供生产工艺、办公设备、日用电器的电能的设备

电能已成为现代社会必不可少的能源，提供电能的设备也是建筑物必要和重要的组成部分。随着建筑电气的作用和地位日益增强和提高，建筑设计人员、施工人员和运行维护人员对建筑电气设备和系统也越来越重视。

7.1.3 建筑电气系统的分类

从电能的供入、分配、输送和消耗使用的过程来看，全部建筑电气系统可分为建筑供配电系统和建筑用电系统两大类。而根据用电设备的特点和系统中所传送能量的类型，又可将建筑用电系统分为建筑电气照明系统、建筑动力系统和建筑弱电系统三种类型。

1. 建筑供配电系统

接受电力系统输入的电能，并进行检测、计量、变压，然后向建筑物各用电设备分配

电能的系统称为建筑供配电系统。建筑供配电系统设计主要包括电能的生产和输配、电力负荷的分级及供电要求、供电电源及电压级别的选择、常用供电方式及系统接线方式、线路及电气设备的选择等。

2. 建筑电气照明系统

应用可以将电能转换为光能的电光源进行采光，以保证人们在建筑物内从事正常的生产和生活活动，以及满足其他特殊需要的照明设施，称为建筑电气照明系统。建筑电气照明系统由电气系统和照明系统组成。

电气系统由电源、导线、控制和保护设备及各种照明灯具组成，其本身属于建筑供配电系统的一部分。照明系统是指光能的产生、传播、分配、消耗和吸收的系统，一般由电光源、控制器、室内空间、建筑内表面、建筑形状和工作面等组成。电气和照明是相互独立又紧密联系的两套系统，连接点就是灯具。

3. 建筑动力系统

应用可以将电能转换为机械能的电动机拖动水泵、风机、电梯等机械设备运转，为整个建筑物提供舒适、方便的生产和生活条件而设置的各种系统，统称为建筑动力系统，如采暖、通风、制冷、给排水、运输等系统。维持这些系统工作的机械设备基本上是靠电动机拖动的，因此可以说，建筑动力系统实质上就是向电动机配电，并对电动机进行控制的系统。因电动机类型不同，电动机拖动的设备运转要求不同，故对建筑动力系统的配电方法和控制要求也各不相同。

4. 建筑弱电系统

强电和弱电

建筑弱电系统是建筑电气的重要组成部分。在电气应用技术中，人们习惯将建筑物的动力、照明等输送能量的电力称为“强电”，其处理对象是能源，特点是电压高、电流大、功率大、频率低，主要考虑的问题是减少损耗、提高效率及安全用电。而把传输信号、进行信息交换的电能称为“弱电”，其处理对象主要是信息，特点是电压低、电流小、功率小、频率高，主要考虑的问题是信息传递的效果，如信息传递的保真度、速度、广度和可靠性等。

建筑弱电系统主要包括火灾自动报警与灭火系统、电话通信系统、建筑广播音响系统、共用天线电视系统、安全防范系统、计算机网络系统、办公自动化系统等。

以上仅对建筑电气系统进行了简要介绍，详细内容见后续章节。实际建筑物内的用电设备和电气系统还有很多，随着生产和生活水平的不断提高，建筑电气的应用范围和规模不断扩大，建筑和电气的关系日益加深和紧密。

7.1.4 电力系统的组成

电力是现代工业的主要动力。电力供应一旦中断，就可能使整个社会生产和生活陷入瘫痪。因此，每位受现代教育并即将从事工程技术工作的人，不仅要学会如何用电，而且有必要对电力的生产、输送、分配和使用的全过程有所了解。

火力、水力、核能等发电厂将各种类型的能量转化为电能，然后经变电→送电→变电→配电，将电能分配到各个用电场所。由于电力不能大量储存，其生产、输送、分配和

消耗都是在同一时间内完成的，因此必须把发电厂、电力网及电能用户等有机地联结成一个整体，即电力系统。

1. 发电厂

发电厂是将自然界蕴藏的各种一次能源转换为电能（二次能源）的工厂。根据所利用的一次能源的不同，发电厂可分为火力发电厂、水力发电厂、原子能发电厂、风力发电厂、地热发电厂、太阳能发电厂等类型。目前我国接入电力系统的发电厂主要是火力发电厂和水力发电厂。

2. 电力网

电力网是电力系统的重要组成部分，它包括变电站、配电所及各种电压等级的电力线路。

1）变电站

变电站是接受电能、变换电压的场所。为了实现电能的经济输送和满足用电设备对电压的要求，需要对发电机发出的电压进行多次变换。根据变压任务的不同，变电站可分为升压变电站和降压变电站两大类。

（1）升压变电站：将发电厂生产的 6～10kV 的电能升高至 35kV、110kV、220kV、500kV 等高压，以利于远距离输电，一般建立在发电厂厂区内。

（2）降压变电站：将高压电网送过来的电能降至 6～10kV 后，分配给用户变压器，再降至 380V 或 220V，供建筑物或建筑工地的用电设备使用，一般建立在电能用户的中心地点。

2）配电所

配电所是单纯用来接受和分配电能而不改变电压幅值的场所。一般变电站和配电所建在同一地点。

3）电力线路

电力线路包括配电线路和输电线路。通常把发电厂生产的电能直接分配给用户，或由降压变电站分配给 10kV 及以下用户的电力线路称为配电线路；把电压在 35kV 及以上的高压电力线路称为输电线路。

因为火力发电厂多建在燃料产地，水力发电厂则建在水力资源丰富的地方，这些大型的发电厂一般都距离电能用户较远，所以需要用各种不同电压等级的电力线路，作为发电厂、变电站和电能用户之间联系的纽带，使发电厂生产的电能源源不断地输送给电能用户。

3. 电能用户

在电力系统中，一切消耗电能的用电设备均称为电能用户。用电设备按其用途可分为动力用电设备（如电动机）、工艺用电设备（如电解、冶炼、电焊设备）、电热用电设备（如电炉、干燥箱）以及生活与照明用电设备等，它们能分别将电能转换为机械能、热能和光能等不同形式，以适应生产和生活的需要。

从发电厂到电能用户的送电过程如图 7－1 所示。

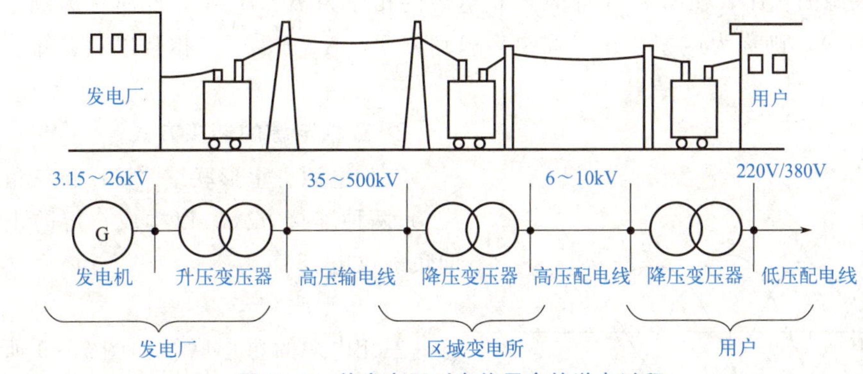

图 7-1　从发电厂到电能用户的送电过程

7.1.5 单相与三相交流电

随着时间按正弦规律变化的电动势、电压和电流统称为正弦交流电，简称交流电，其波形如图 7-2 所示。交流电的交变情况，可由最大值（电流最大值 I_m、电压最大值 U_m 和电动势最大值 E_m）、频率、初相三个参数确定，这三个参数称为正弦交流电的三要素。

1. 三相对称电动势的产生

三相对称电动势是由三相交流发电机产生的，图 7-3 所示是一简化的三相交流发电机的结构原理图。图中 1 是定子，定子铁心中嵌入三个绕组，L1、L2、L3 是绕组的首端，X、Y、Z 是绕组的尾端，其几何形状、尺寸和匝数完全相同，但在空间的位置互差 120°。图中 2 是转子，转子是一对磁极，所产生的磁感应强度在定子表面呈正弦规律变化。

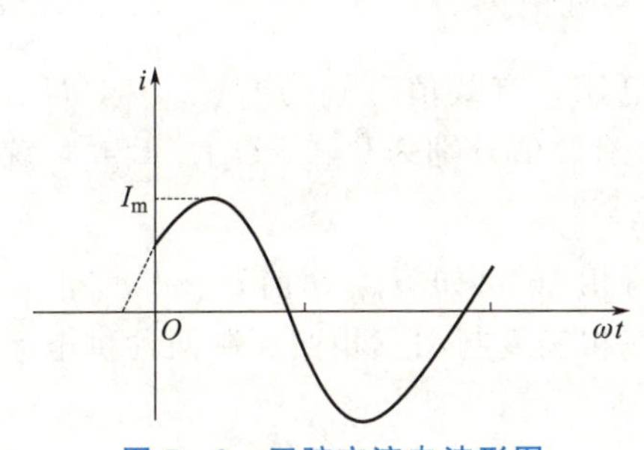

图 7-2　正弦交流电波形图

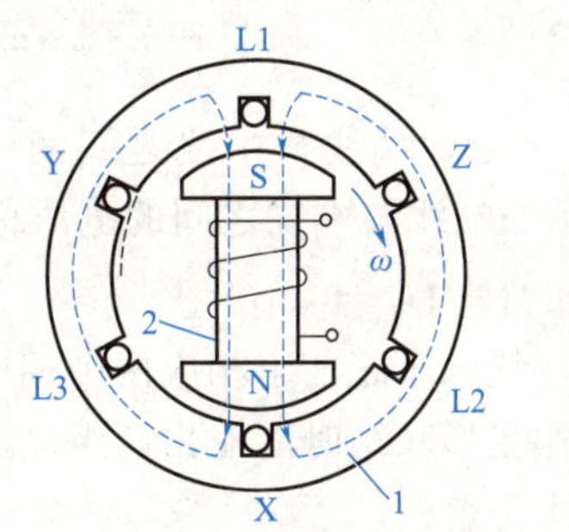

图 7-3　三相交流发电机的结构原理图

当转子由原动机驱动以角速度 ω 沿顺时针方向匀速旋转时，三个绕组中就产生了三个最大值相等、频率相同、相位互差 120°的三相对称电动势。设它们的参考方向都是从尾端指向首端，并以 e_A 为参考正弦量，则有

$$\left.\begin{aligned} e_A &= E_m \sin\omega t \\ e_B &= E_m \sin(\omega t - 120°) \\ e_C &= E_m \sin(\omega t + 120°) \end{aligned}\right\}$$

将上式用波形图表示，如图 7-4 所示。三相对称电动势依次到达同一值的先后次序

称为三相电源的相序，在图 7-4 中，三相电源的相序为 A-B-C，此时称为顺序；若相序为 C-B-A，则称为逆序。在工程中为识别方便，A、B、C 三相常以黄、绿、红对应色标表示。

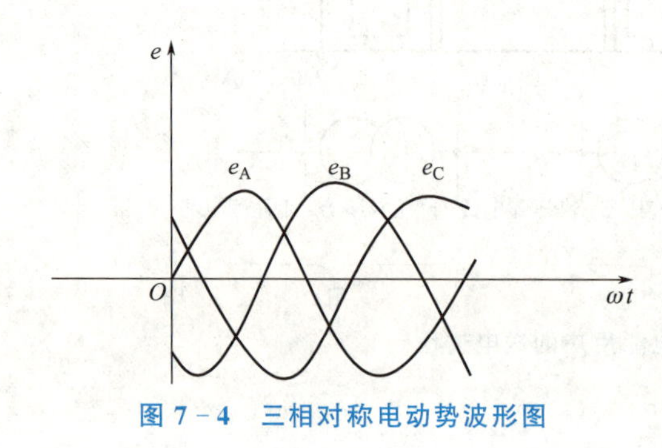

图 7-4　三相对称电动势波形图

2. 三相电源的连接方式

三相电源有星形联结（Y）和三角形联结（△）两种连接方式，以构成一定的供电系统向负载供电。

1）星形联结

三相电源的星形联结如图 7-5 所示，把三相电源的三个绕组的尾端连在一起，成为一个公共点，称为中性点，简称中点，中点接地时称为零点。从中性点引出的输电线称为中性线，简称中线，从零点引出的输电线称为零线，用 N 表示。从三个绕组的首端 L1、L2、L3 分别引出的三根输电线称为端线，俗称火线。

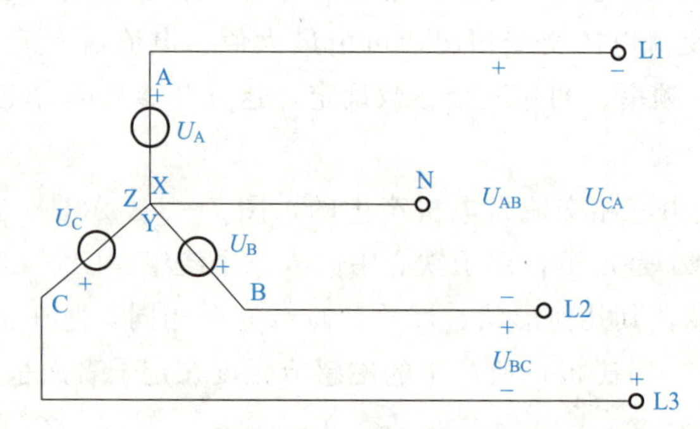

图 7-5　三相电源的星形联结

如图 7-5 所示，端线与中线之间的电压称为相电压，有效值分别为 U_A、U_B、U_C，统一用 U_P 表示。端线与端线之间的电压称为线电压，有效值分别为 U_{AB}、U_{BC}、U_{CA}，统一用 U_L 表示，且有 $U_L=\sqrt{3}U_P$。

在相位上，线电压超前于相应两个相电压中的先行相 30°，如 U_{AB} 超前 U_A 30°。

三相电源作星形联结时能输出两组电压，可构成三相三线制和三相四线制两种供电系统，因而应用十分普遍。

2）三角形联结

三相电源的三角形联结如图 7-6 所示，依次将每一相绕组的尾端与次一相绕组的首端连在一起，构成一个闭合三角形。从三个连接点上分别引出三根端线，构成三相三线制供电系统。由图 7-6 可见，三相电源作三角形联结时，线电压等于相电压，故只能输出一种电压。

由于接反或设计制造等原因，易产生“环流”，故三角形联结在低压配电系统中很少采用。

3. 三相负载的连接方式

三相负载的连接方式也有星形联结和三角形联结两种，使用哪一种接法要根据负载的

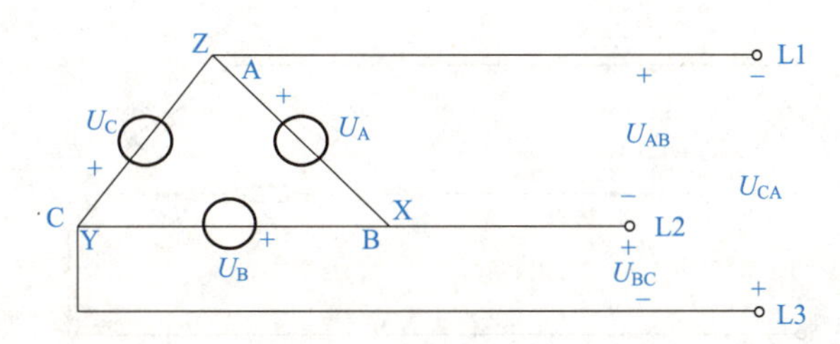

图 7-6 三相电源的三角形联结

额定电压和电源来决定，其原则就是使每相负载实际承受的电压等于每相的额定电压。

1）星形联结

三相负载作星形联结时，如果负载不对称，则必须接成三相四线制，即三相负载 Z_A、Z_B、Z_C 分别接到电源各端线与中线之间，如图 7-7 所示。在三相四线制电路中，由于中线的存在，三相负载均承受对称的相电压，从而保证负载正常工作。

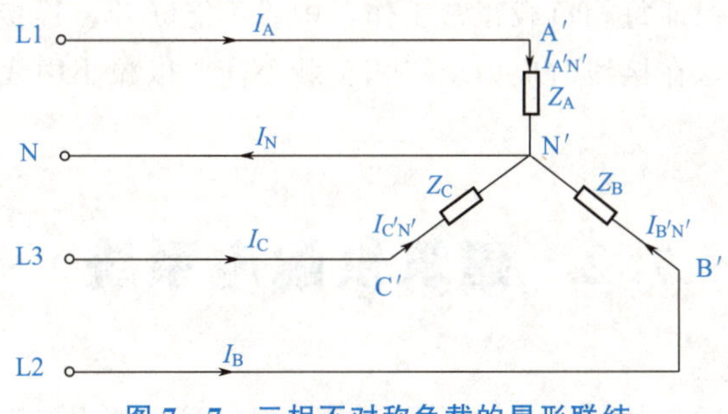

图 7-7 三相不对称负载的星形联结

通过各相负载的电流称为相电流，有效值分别为 $I_{A'N'}$、$I_{B'N'}$、$I_{C'N'}$，统一用 I_P 表示。通过每根端线的电流称为线电流，有效值分别为 I_A、I_B、I_C，统一用 I_L 表示，显然线电流等于相电流。通过中线的电流称为中线电流，用 I_N 表示，其参考方向规定为从负载中点 N' 指向电流中点 N。由于三相不对称负载总是力求较均匀地分配三相电源，故中线电流一般很小。

三相负载作星形联结时，如果负载对称，将使中线电流等于零，故中线可省去，构成三相三线制。

2）三角形联结

如果三相负载的额定电压等于电源线电压，则必须采用三角形联结，构成三相三线制，即各相负载依次接到两端线之间，如图 7-8 所示。

三相负载作三角形联结时，线电流有效值分别为 I_A、I_B、I_C，相电流有效值分别为 $I_{A'B'}$、$I_{B'C'}$、$I_{C'A'}$。若三相负载是对称的，则 $I_L = \sqrt{3} I_P$，在相位上，线电流滞后于相应两个相电流中的后续相 30°。

4. 三相四线制供电方式

由于在日常生活中经常遇到三相负载不对称的情况，为了保证负载能正常工作，在低压配电系统中，通常采用三相四线制供电方式，即三根相线，一根中线，四根输电线。三

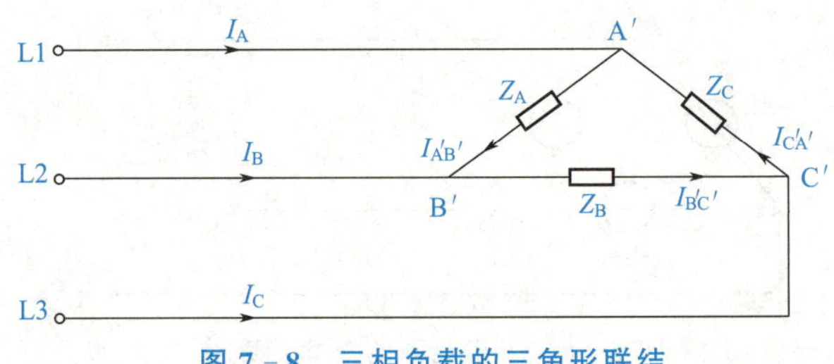

图 7-8 三相负载的三角形联结

相四线制可以输出两种电压：线电压与相电压。我国的三相四线制供电系统中，送至负载的线电压一般为 380V，相电压则为 220V。

中线的作用是使三相星形联结的不对称负载的相电压保持对称，从而保证每相负载在额定电压下正常工作。负载在额定电压下工作是满载（额定工况），为负载的最佳工况；高于额定电压为超载，易损坏设备、缩短使用寿命；低于额定电压为轻载，负载不能正常工作甚至不工作。为了保证每相负载正常工作，中线不能断开，连接应牢固，且不允许接入开关或保险丝。另外，在接线时应力求三相负载平衡，以减小中线电流。

7.2 建筑供配电系统

工业与民用建筑一般是从城市电力网取得高压 10kV 或低压 380V/220V 作为电源供电，然后将电能分配到各用电负荷处进行配电的。电源与负荷用各种设备（变压器、变配电装置和配电箱）、各种材料和元件（导线、电缆、开关等）连接起来，即组成了建筑供配电系统。本节主要介绍低压配电系统。

7.2.1 电源引入方式

建筑用电属于电力系统的一部分，低压配电系统的供电线路包括低压电源引入线及主接线等，常以引入线（通常为高压断路器）为系统与电力网的分界。

根据建筑物内的用电量大小和用电设备的额定电压数值等因素，电源的引入方式可以分为以下三种。

（1）建筑物较小或用电设备的容量较小，而且均为单相低压用电设备时，可由电力系统柱上变压器引入单相 220V 的电源。

（2）建筑物较大或用电设备的容量较大，但全部为单相和三相低压用电设备时，可由电力系统的柱上变压器引入三相 380V/220V 的电源。

（3）建筑物很大或用电设备的容量很大，虽全部为单相和三相低压用电设备，但从技术和经济因素考虑，应由变电站引入三相高压 6kV 或 10kV 的电源经降压后供用电设备使用，并且在建筑物内设置变压器，布置变电室。当建筑物内有高压用电设备时，应引入高压电源供其使用，同时装置变压器，满足低压用电设备的电压要求。

7.2.2 建筑供电方案选择

供配电系统的运行统计资料表明，系统中各个环节以电源对供电可靠性的影响最大，其次是供配电线路等其他因素。建筑供电方案设计时，应根据建设单位要求，由设计者根据工程负荷容量，区分各个负荷的级别和类别，确定供电方案，并经供电部门同意。

(1) 三级负荷：可由单电源供电，如图7-9(a) 所示。

(2) 二级负荷：一般应从上一级变电站的两段母线上引出双回路进行供电，保证当变压器或线路发生常见故障而中断供电时，能迅速恢复供电，如图7-9(b) 所示。

(3) 一级负荷：为保证供电的可靠性，对于一级负荷应由两个独立电源供电，如图7-9(c) 所示。即当双路独立电源中任一电源发生故障或停电检修时，都不至于影响另一个电源的供电。

对于一级负荷中特别重要的负荷，除双路独立电源外，还应增设第三电源或自备电源(如发电机组、蓄电池) 作为备用电源，如图7-9(d) 所示。根据用电负荷对停电时间的要求确定备用电源的接入方式。蓄电池为不间断电源，也称UPS。柴油发电机组为自备应急电源，适用停电时间为毫秒级。当允许中断供电时间为1.5s或0.6s以上时，可采用带自动投入装置的专用馈电线路接入。当允许15s以上中断供电时间时，可采用快速自动启动柴油发电机组。

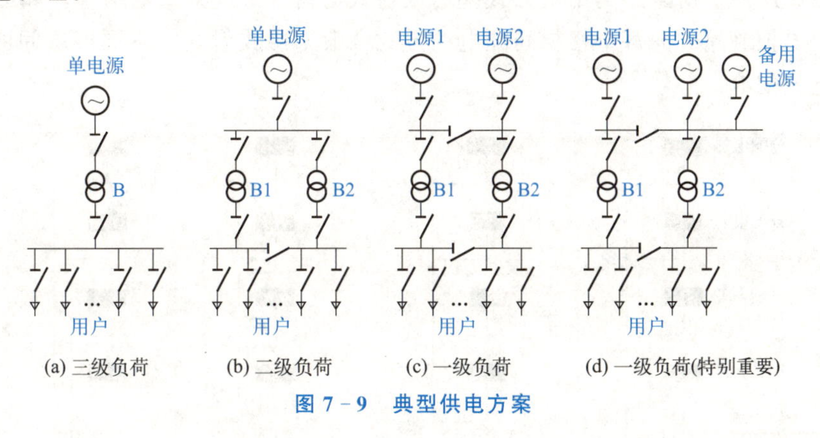

图7-9 典型供电方案

7.2.3 建筑低压配电方式

常见的建筑低压配电方式有放射式、树干式、链式和混合式四种。

1. 放射式

由总配电柜（箱）直接供电给分配电箱或负载的配电方式称为放射式，如图7-10(a) 所示。放射式的优点是各个负荷独立受电，因而故障范围一般仅限于本回路；各分配电箱与总配电柜（箱）之间为独立的干线连接，各干线互不干扰，当某线路发生故障需要检修时，只需切断本回路而不影响其他回路，同时回路中电动机启动引起的电压波动对其他回

路的影响也较小。缺点是所需开关和线路较多，系统灵活性较差。

放射式配电方式适用于设备容量大、要求集中控制的设备，要求供电可靠性高的重要设备配电回路，以及有腐蚀性介质和爆炸危险等场所的设备。

2. 树干式

树干式是从总配电柜（箱）引出一条干线，各分配电箱都从这条干线上直接接线，如图 7-10(b) 所示。树干式的优点是投资省、结构简单，施工方便，易于扩展；缺点是供电可靠性较差，干线任一处发生故障，都有可能影响到整条干线，故障影响的范围较大。

树干式配电方式常用于明敷设回路，容量较小、对供电可靠性要求不高的设备。

3. 链式

链式也是在一条供电干线上连接多个用电设备或分配电箱，与树干式不同的是，其线路的分支点在用电设备上或分配电箱内，即后面设备的电源引自前面设备的端子，如图 7-10(c) 所示。链式的优点是线路上无分支点，适合穿管敷设或电缆线路，节省有色金属；缺点是线路或设备检修及线路发生故障时，相连设备全部停电，供电可靠性差。

链式配电方式适用于暗敷设线路，供电可靠性要求不高的小容量设备，一般串联的设备不宜超过 3～4 台，总容量不宜超过 10kW。

4. 混合式

在实际工程中，照明供配电系统往往不是单独采用某一种形式的配电方式，而多数是混合式的，这种配电方式可根据负荷的重要程度、负荷的位置、设备的容量等因素综合考虑。如一般民用住宅所采用的配电方式多为放射式与树干式或链式的结合，如图 7-10(d) 所示。总配电柜（箱）向每个楼梯间配电的方式一般采用放射式，不同楼层间的配电箱为树干式或链式配电。

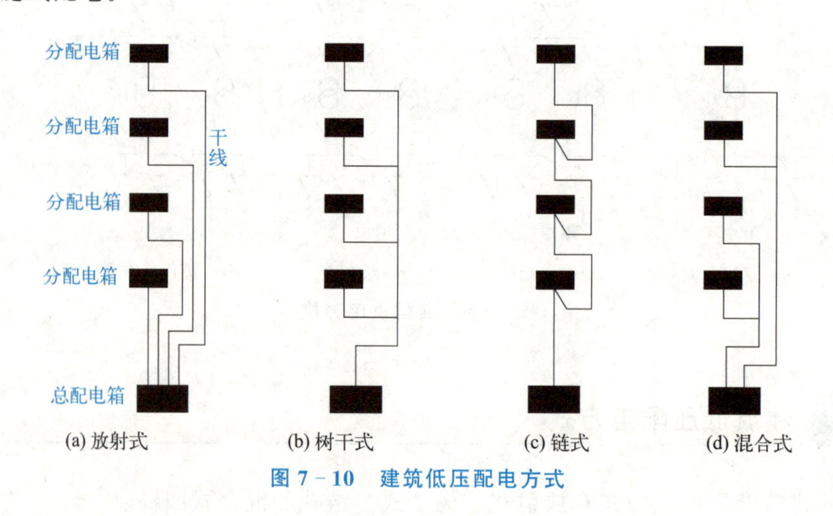

图 7-10　建筑低压配电方式

7.2.4 建筑低压配电线路

建筑低压配电系统的配电线路由配电装置（配电盘）和配电线路（干线及分支线）组成。

1. 配电盘

在整个建筑内部的公共场所和房间内设有大量配电盘，配电盘内装有其所管范围内的全部用电设备的控制和保护设备，作用是接受和分配电能。

1）配电盘的布置

（1）从技术性方面考虑，应保证每个分配电箱的各相供电负荷均衡，其不均匀程度小于30%，在总盘的供电范围内，各相供电负荷的不均匀程度小于10%。

（2）从可靠性方面考虑，供电总干线中的电流一般为60～100A。每个配电盘的单相分支线不应超过6～9路；每路分支线上设一个空气开关或熔断器；每支路所接设备（如灯具和插座等）总数不宜超过20个（最多不超过25个），花灯、彩灯、大面积照明灯等回路除外。

（3）从经济性方面考虑，配电盘应设置在用电负荷的中心，以缩短配电线路，减少电压损失。一般规定，单相配电盘供电半径为30m，三相配电盘供电半径为60～80m。各层配电盘的位置应在建筑中的相同平面位置处，以利于配线和维护，且应设置在操作维护方便、干燥通风、采光良好处，并注意不要影响建筑美观和结构合理的配合。

2）盘面设备布置及尺寸

根据盘内设备的类型、型号和尺寸，应结合供电工艺情况对设备进行合理布置。按照设计手册的相应规定确定各设备之间的距离，则可确定盘面的布置和尺寸。为方便设计和施工，应尽量采用设计手册中推荐的典型盘面布置方案。

2. 配电线路

1）架空线路

当市电为架空线路时，建筑物的电源宜采用架空线路引入方式。架空线路的优点是设备材料简单，成本低，容易发现故障，维护方便；缺点是易受外界环境的影响，供电可靠性较差，影响环境整洁美观等。架空线路主要由导线、电杆、横担、绝缘子和线路金具等组成。

2）电缆线路

当市电为地下电缆线路时，电源引入采取地下电缆引入方式。电缆线路的优点是不受外界环境影响，供电可靠性高，不占用土地，有利于环境美观；缺点是材料和安装成本高。在低压配电线路中广泛采用电缆线路。

电缆主要由线芯、绝缘层、护套三部分组成。电缆根据用途不同，可分为电力电缆、控制电缆、通信电缆等；根据电压不同，可分为低压电缆、高压电缆两种。目前在低压配电系统中常用的电力电缆有YJV（交联聚乙烯绝缘、聚氯乙烯护套）电力电缆和VV（聚氯乙烯绝缘、聚氯乙烯护套）电力电缆等，一般优选YJV电力电缆。

电缆敷设有直埋、电缆沟、排管、架空等方式。直埋电缆必须采用有铠装保护的电缆，埋设深度不小于0.7m。电缆敷设应选择路径最短、转弯最少、受外界因素影响小的路线。地面上在电缆拐弯处或进建筑物处要埋设标示桩，以备日后施工维护时参考。

7.2.5 变配电室

变配电室是从电力系统接受电能、变换电压及分配电能的场所。

1. 变配电室的位置

变配电室的位置应尽量接近电源侧，并靠近用电负荷的中心。应考虑进出线方便、顺直且距离短、交通运输和检修方便。尽量避开多尘、振动、高温、潮湿的场所和有腐蚀性气体、爆炸、火灾危险等场所的正上方或正下方，尽量设在污染源的上风向。不应贴近卫生间、浴室或生产过程中地面经常潮湿和容易积水的场所，应根据规划适当考虑发展的可能性。

2. 变配电室的组成与布置原则

变配电室一般包括高压配电室（一般指 6～10kV 高压开关室）、变压器室、低压配电室（一般指 20kV 或 35kV 站用变出线的 400V 配电室）和控制室（或值班室），有时需设置电容器室。配电室的形式有独立式、附设式、杆架式等。根据配电室本身有无建筑物以及该建筑物与用电场所间的相互位置关系，附设式又分内附式和外附式。其布置原则如下。

（1）具有可燃性油的高压开关柜宜单独布置在高压配电室内，但当高压开关柜的数量少于 5 台时，可与低压配电屏置于同一房间。不具有可燃性的高、低压配电装置和非油浸电力变配电器及非可燃性油浸电容器，可置于同一房间内。

（2）有人值班的变配电室应单独设值班室，独立值班室与高压配电室应直通户外或通向走廊。只设有低压配电室时，值班室可与低压配电室合并设置，但应保证值班人员工作的一面或一端到墙的距离不应小于 3.0m。

（3）独立配电室宜单层布置。当采用二层布置时，变压器应设在首层，二层配电室应有吊装设备和吊装平台式吊装孔。

（4）各室之间及各室内部应合理布置，布置应紧凑合理，便于设备的操作、巡视、搬运、检修和试验，并应考虑发展的可能性。

3. 变配电室对建筑物的要求

（1）有可燃性油的油浸电力变配电器室，应按一级耐火等级建筑设计；非燃或难燃介质的电力变压器室、高压配电室、高压电容器室的耐火等级应为二级或二级以上，低压配电室和低压电容器室的耐火等级不应低于二级。

（2）变压器室的门窗应具有防火耐燃性能，门一般采用防火门，通风窗应采用非燃材料。变压器室及配电室门宽宜大于设备的不可拆卸宽度再加 0.3m，高度应高于设备的不可拆卸高度再加 0.3m。变压器室、配电室、电容器室的门应外开并装弹簧锁，对设置电气设备的相邻房间设门时，应装双向开启门或门向低压方向开启。

（3）高压配电室和电容器室窗户下沿距室外地面高度宜不低于 1.8m。其临街面不宜开窗，所有自然采光窗不能开启。

（4）配电室长度大于 8.0m 时，应在房间两端设两个出口，二层配电室楼上的配电室至少应有一个出口通向室外平台或通道。

(5) 变配电室的所有门窗，当开启时不应直通具有酸、碱、粉尘、蒸汽和噪声污染严重的相邻建筑物。门、窗、电缆沟等应能防止雨、雪以及鼠、蛇类小动物进入屋内。

7.2.6 低压配电系统的分类

1. 照明配电系统

照明配电系统的特点是按建筑物的布局选择若干配电点。一般情况下，在建筑物形成的每个沉降与伸缩区内设1～2个配电点，其位置应使照明支路线长不超过40m，如条件允许最好将配电点选在负荷中心。建筑物为平房时，一般按所选的配电点连接成树干式配电系统。

多层建筑可在底层设进线电源配电箱或总配电室，其内设置可切断整个建筑物照明供电的总开关和3只单相电度表，供紧急事故或维护干线时切断总电源和计量建筑用电用。建筑物每层均设置照明分配电箱，分配电箱三相负荷应基本平衡。分配电箱内设照明支路开关及便于切断各支路电源的总开关，考虑短路和过流保护，均采用空气开关或熔断器。每个支路开关应注明负荷容量、计算电流、相别及照明负荷的所在区域。当支路开关不多于3个时，也可不设总开关。应考虑设置漏电保护装置。

以上所述为一般照明的配电系统，当有事故照明时，需与一般照明的配电分开，另按消防要求自成系统。

如图7－11所示为一公寓楼宿舍内的配电箱配电系统图。配电箱进线引至底层配电柜，经宿舍配电箱后引出4条支路，分别是照明、插座、热水器、空调支路。

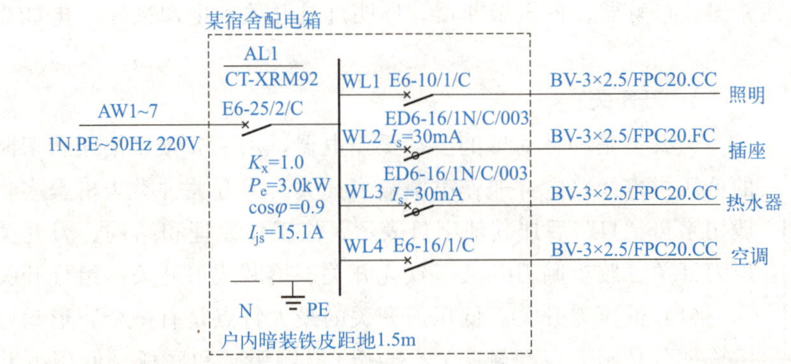

图7－11　某宿舍配电箱配电系统图

2. 动力配电系统

动力负荷的电价有两种，即非工业电力电价及照明电价。动力负荷按使用性质分为多种，如建筑设备（电梯、自动门等）、建筑设备机械（水泵、通风机等）、各种专业设备（炊事、医疗、实验设备等）。动力负荷的配电需按电价、使用性质归类，按容量及方位分路。对集中负荷，采取放射式配电干线；对分散负荷，采取树干式配电，依次连接各个动力负荷配电盘。

多层建筑当各层均有动力负荷时，宜在每层的每个伸缩与沉降区中心设置动力配电点，并设分、总开关，供检修或紧急事故切断电源用。电梯设备的配电，一般直接由总配电装置引至屋顶机房。图 7 - 12 所示为某动力控制中心的动力配电系统图。

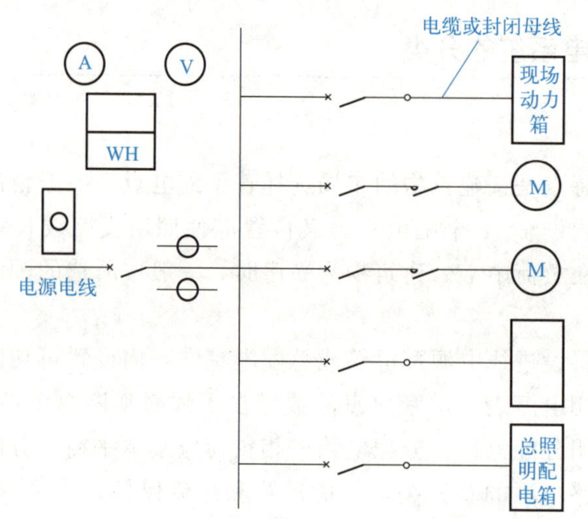

A—额定电流表；V—额定电压表；WH—电能表；M—电动机

图 7 - 12　某动力控制中心的动力配电系统图

7.2.7　常用低压电气设备

低压电气设备通常是指电压在 1000V 以下的电气设备。建筑中常用的低压电气设备有刀开关、低压断路器、接触器、低压熔断器、照明灯具开关和电源插座、电能表、低压配电柜等。

1. 刀开关

刀开关是一种简单的手动操作电器，用于非频繁接通和切断容量不大的低压供电线路，并兼作电源隔离开关。刀开关种类规格繁多，其型号一般用字母“H”后加其他字母表示。按工作原理和结构，刀开关可分为低压刀开关、胶盖闸刀开关、铁壳开关、熔断式刀开关、组合开关等。

(1) 低压刀开关。低压刀开关的最大特点是有一个刀形动触头，基本组成部分是闸刀（动触头）、刀座（静触头）和底板。低压刀开关按操作方式分为单投和双投开关；按极数分为单极、双极和三极开关；按灭弧结构分为带灭弧罩和不带灭弧罩开关。低压刀开关常用于不频繁地接通和切断交流和直流电路，刀开关装有灭弧罩时可以切断负荷电流。常用型号有 HD 和 HS 系列。

(2) 胶盖闸刀开关。胶盖闸刀开关是普通情况下使用的一种刀开关，又称开启式负荷开关。其闸刀装在瓷质底板上，每相附有保险丝、接线柱，用胶木罩壳盖住闸刀，以防止切断电源时电弧烧伤操作者。胶盖闸刀开关价格便宜，使用方便，在建筑中广泛使用。三相胶盖闸刀开关在小电流配电系统中用来接通和切断电路，也可用于小容量三相异步电动机的全压启动操作。单相双极胶盖闸刀开关用在照明电路或其他单相电路中，其中熔丝提供短路保护。常用型号有 HD 和 HS 系列。

(3) 铁壳开关。铁壳开关主要由刀开关、熔断器和铁制外壳组成，又称封闭式负荷开关。其在刀闸断开处有灭弧罩，断开速度比胶盖闸刀开关快，灭弧能力强，并具有短路保护。铁壳开关适用于各种配电设备，供不频繁手动接通和分断负荷电路使用，包括用作感应电动机的不频繁启动和分断。常用型号有 HH3、HH4、HH12 等系列。

(4) 熔断式刀开关。熔断式刀开关也称刀熔开关，熔断器装于刀开关的动触片中间。它的结构紧凑，可代替分列的刀开关和熔断器，通常装于开关柜及电力配电箱内。主要型号有 HR3、HR5、HR6、HR11 系列。

(5) 组合开关。组合开关是一种多功能开关，可用来接通或分断电路，切换电源或负载，测量三相电压，控制小容量电动机正、反转等，但不能用作频繁操作的手动开关。主要型号有 HZ10 系列等。

近几年来，我国已生产出较为先进的新型隔离开关，如 PK 系列可拼装式隔离开关和 PG 系列熔断器多极开关。它们的外壳采用陶瓷等材料制成，耐高温、抗老化、绝缘性能好，产品体积小、质量轻，可采用导轨进行拼装，电寿命和机械寿命都较长。它们可代替前述的小型刀开关，广泛用于工矿企业、民用建筑等场所的低压配电线路和控制电路中。

2. 低压断路器

低压断路器又称低压空气开关或自动空气开关。低压断路器具有良好的灭弧性能，它能带负荷通断电路，可以用于电路的不频繁操作，同时又能提供短路、过负荷和失压保护，是低压供配电线路中重要的开关设备。

低压断路器主要由触头系统、灭弧系统、脱扣器和操作机构等部分组成，如图 7-13 所示。它的操作机构比较复杂，主触头的通断可以手动，也可以电动。低压断路器一般应垂直安装，以避免其内部机械部件运动不够灵活。接线时上端接电源线，下端接负载线。有些低压断路器自动跳闸后需先将手柄向下扳，再向上推才能合闸，若直接向上推则不能合闸。

低压断路器按用途可分为配电用断路器、电机保护用断路器、直流保护用断路器、发电机励磁回路用灭磁断路器、照明用断路器、漏电断路器等，按分断短路电流的能力可分为经济型、标准型、高分断型、限流型、超高分断型等。下面介绍常见的几种低压断路器。

(1) 万能式断路器。万能式断路器又称框架式自动空气开关，它可以带多种脱扣器和辅助触头，操作方式多样，装设地点灵活。常用型号有 AE（日本三菱）、DW12、DW15、ME（德国 AEG）等系列。

(2) 塑料外壳式断路器。塑料外壳式断路器又称装置式自动空气开关，它的全部元件都封装在一个塑料外壳内，在壳盖中央露出操作手柄，用于手动操作。其种类繁多，在民用低压配电线路中用量很大。常用型号有 DZ13、DZ15、DZ20、C4.5、C65 等系列。

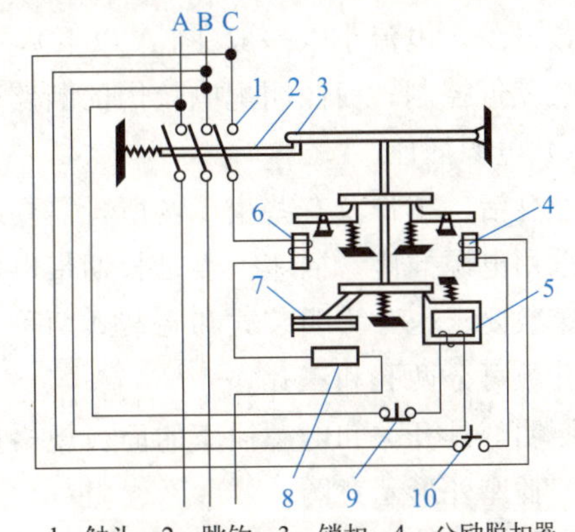

1—触头；2—跳钩；3—锁扣；4—分励脱扣器；5—欠电压脱扣器；6—过电流脱扣器；7—双金属片；8—热元件；9—常闭按钮；10—常开按钮

图 7-13 低压断路器的结构原理

(3) 漏电断路器。漏电断路器又称漏电保护器，是在断路器上加装漏电保护器件，当低压线路或电气设备上发生人身触电、漏电和单相接地故障时，漏电断路器便快速自动切断电源，保护人身和电气设备的安全，避免事故扩大。漏电断路器按动作原理可分为电压型、电流型和脉冲型，按结构可分为电磁式和电子式，按漏电保护方式可分为低压电网的总保护和低压电网的分级保护。其型号是在原有型号上再加字母“L”，表示漏电保护型。如DZ15L-60系列。

3. 接触器

接触器是利用电磁吸力来使触头动作的开关，它可以用于需要频繁通断操作的场合。接触器按电流类型不同分为直流接触器和交流接触器，建筑中常用的是交流接触器。目前常见的交流接触器型号有CJ12、CJ20、B、LC1-D等系列。

低压熔断器实物图

4. 低压熔断器

低压熔断器是一种简单、常用的保护电器，主要用作短路保护，在一定条件下也可起到过负荷保护的作用。当线路中出现故障时，低压熔断器中通过的电流大于规定值，熔体产生过量的热而被熔断，电路由此被分断。

常用的低压熔断器有瓷插式（RC1A）、密闭管式（RM10）、螺旋式（RL7）、填充料式（RT20）等多种类型。瓷插式灭弧能力差，只适用于故障电流较小的线路末端，其他几种类型的低压熔断器均有灭弧措施，分断电流能力比较强。密闭管式结构简单，螺旋式更换熔管时比较安全，填充料式的断流能力更强。

5. 照明灯具开关和电源插座

1）照明灯具开关

照明灯具开关用于对单个或多个灯具进行控制，工作电压为250V，额定电流有6A、10A等，有拉线式和翘板式等多种形式，翘板式又有明装和暗装、单极和多极、单控和双控之分。

对于影剧场、歌舞厅、大会场、大商场及车间厂房等大空间场所的照明，往往用一个开关控制较多的灯具，常采用断路器在照明配电箱内直接集中控制。而对于小空间房间，灯具数量少，电流小（一般在5A以下），为控制方便和节约用电，一般采用专用的照明灯具开关就近控制，而照明配电箱内的断路器只作配电之用。

2）电源插座

在生活、工作及有些生产场所，需要对大量的小型移动电器供电，对这类电器的供电一般采用电源插座。插座一般是长期带电的，在设计和使用时要注意。插座根据线路的明敷和暗敷要求也分为明装式和暗装式两种，按所接电源相数分为三相和单相两类，单相插座按孔数可分两孔和三孔。

照明灯具开关和电源插座的面板规格尺寸国家有统一标准。图7-14所示为部分面板开关、插座外形示意图。

3）接线要求

照明灯具开关应接于相线上。明装或暗装的翘板式开关，安装标高距地1.4m。拉线式开关，安装标高距地3.0m或距顶0.2m。

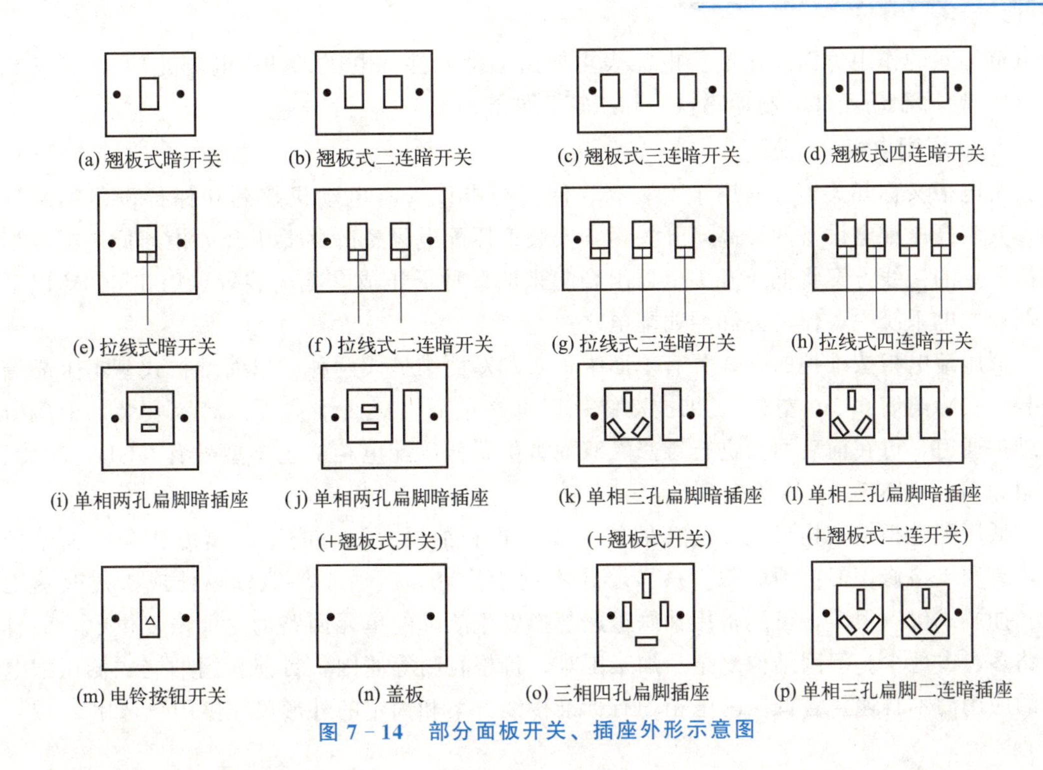

图 7-14 部分面板开关、插座外形示意图

明装插座，安装标高距地 1.8m。暗装插座，安装标高距地 0.3m 或 1.8m。插座导线连接方法：面向插座面板，单相两孔为左接零线，右接相线；单相三孔为左接零线，右接相线，上孔接保护线；三相四孔插座上面三孔接相线，底孔接零线或保护线。插座配线示意图如图 7-15 所示。

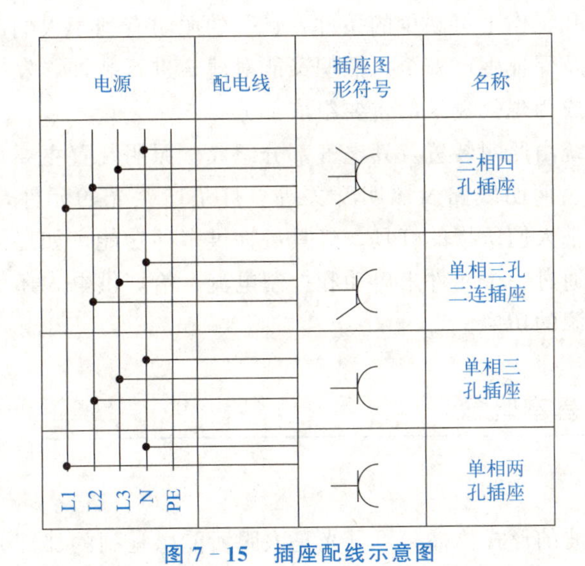

图 7-15 插座配线示意图

6. 电能表

电能表是用电管理中不可缺少的设备，凡需计量用电的地方均应设电能表。目前应用较多的是感应式电能表，它是利用固定的交流磁场与由该磁场在可动部分的导体中所感应

的电流之间的作用力而工作的。电能表主要由驱动元件（电压元件、电流元件）、转动元件（铝盘）、制动元件（制动磁铁）和积算元件等组成。

7. 低压配电柜

配电柜又称开关柜，是用于安装高、低压配电设备与电动机控制和保护设备的定型柜。安装高压配电设备的称高压开关柜，安装低压配电设备的称低压开关柜。低压配电柜是按一定的接线方案将低压开关电器组合起来的一种低压成套配电装置，用在500V以下的低压配电系统中，作动力和照明配电之用。

低压配电柜按维护的方式分有单面维护式和双面维护式两种。单面维护式基本上靠墙安装（实际离墙0.5m左右），维护检修一般都在前面。双面维护式是离墙安装，柜后留有维护通道，可在前后两面进行维修。双面维护式低压配电柜的主要型号有GGD、GDL、GHL、JK、MNS、GCS等系列。

低压配电柜按结构形式分为离墙式、靠墙式和抽屉式三种类型。离墙式为双面维护式，有利于检修，但占地面积大。靠墙式不利于检修，但适于场地较小处或扩建改建工程。抽屉式优点很多，可用备用抽屉迅速替换发生故障的单元回路而立即恢复供电，而且回路多、占地少。但因结构复杂、加工困难、价格较高等原因，目前我国抽屉式低压配电柜的应用尚不普遍。各低压配电柜均有标准接线方案和固定的外形尺寸供用户选用。

7.3 建筑电气照明系统

照明是人们生活和工作不可缺少的条件，良好的照明有利于人们的身心健康，保护视力，提高劳动生产率及保证生产安全。照明又能对建筑进行装饰，发挥和表现建筑环境的美感，因此照明已经成为现代建筑的重要组成部分。

建筑电气照明系统由照明装置及其电气部分组成。照明装置主要指灯具及其附件，电气部分指照明配电盘、照明线路及照明开关等。灯是产生光的元件，一般被装入一个设备，这个组合就是通常人们所指的灯具。灯具可提供多种功能，如提供物理遮挡、重新分配光线等。我们可以通过一个元件来启动和控制电流，给灯供电，还可以通过各种形式的照明控制设备进行电源的切换。

7.3.1 照明的基本概念

1. 光

光在空间以电磁波的形式传播。可见光是人眼所能感觉到的那部分电磁辐射能，它只是电磁波中很小的一部分，波长范围在380～780nm。波长小于380nm的叫紫外线，大于780nm的叫红外线。紫外线和红外线虽不能被视觉感知，但与可见光有相似特性。

在可见光区域内，不同波长亦呈现不同的颜色，波长从780nm向380nm变化时，光会显示出红、橙、黄、绿、青、蓝、紫7种不同的颜色，见表7-1。当然，各种颜色的波长范围不是截然分开的，而是由一个颜色逐渐减少，另一个颜色逐渐增多渐变而成的。

表7-1 光的颜色与波长

光的颜色	红	橙	黄	绿	青	蓝	紫
光的波长/nm	640～780	595～640	565～595	492～565	455～492	424～455	380～424

2. 光通量

光源在单位时间内，向周围空间辐射出使人眼产生光感觉的能量称为光通量，以字母 Φ 表示，单位是流明（lm）。

3. 发光强度

光源在给定方向上、单位立体角内辐射的光通量，称为在该方向上的发光强度，简称光强，以字母 I 表示，单位是坎德拉（cd）。光强是表示光源（物体）发光强弱程度的物理量。

4. 照度

被照物体表面单位面积上接收的光通量称为照度，以字母 E 表示，单位是勒克斯（lx）。照度只表示被照物体上光的强弱，并不表示被照物体的明暗程度。下面列举了生活中常见的照度范围，可帮助我们形成感性的认识。

（1）晴天阳光直射时照度约为10000lx，室内照度为100～500lx。

（2）满月晴空时月光下照度约为0.2lx。

（3）在40W白炽灯照射下，1m远处的照度为30lx。

（4）1lx照度下，人们仅能勉强辨识周围的物体，要区分细小的物体应提高照度。

（5）5～10lx照度下，人们阅读书籍比较困难，阅览室、办公室的照度一般要求不低于50lx。

合理的照度有利于保护人的视力，提高劳动生产率。《建筑照明设计标准》（GB 50034—2013）规定了常见民用建筑的照度标准。

5. 亮度

一个单元表面在某一方向上的光强密度称为亮度，用字母 L 表示，单位是坎德拉每平方米（cd/m^2）。亮度表示测量到的光的明亮程度，是一个有方向的量。当一个物体表面被光源（如一根蜡烛）照亮时，我们在物体表面上所能看到的就是光的亮度。

7.3.2 照明的分类和作用

1. 照明的分类

1）按光照的形式分类

（1）直接照明：绝大部分灯光直接照射到工作面上的照明形式。其特点是光效高、亮度大，构造相对简单，适用范围广，常用于对光照无特殊要求的整体环境照明和对局部地点需要高照度的局部照明。

（2）间接照明：光线通过折射、反射后再照射到被照射物体上的照明形式。其特点是光线柔和，没有很强的阴影，光效低，一般以烘托室内气氛为主，是装饰照明和艺术照明常用的形式之一。

(3) 混合照明：由直接照明和间接照明以及其他照明形式组合而成的照明形式，以满足多种不同的人工照明要求。

2) 按照明的用途分类

(1) 正常照明：正常工作时使用的照明。它一般单独作用，也可与事故照明、值班照明同时使用，但控制线路必须分开。

(2) 应急照明（事故照明）：在正常照明因故障熄灭后，可供事故情况下继续工作或安全通行、安全疏散的照明。应急照明宜布置在可能引起事故的设备、材料的周围以及主要通道入口。应急照明必须采用能瞬时点亮的可靠光源，一般采用白炽灯或卤钨灯。

(3) 警卫照明：承担一些特殊警卫任务的照明，如监狱的探照灯等。

(4) 值班照明：在非工作时间内，供值班人员使用的照明。值班照明可利用正常照明中能单独控制的一部分，或利用应急照明的一部分或全部作为值班照明。值班照明应该有独立的控制开关。

(5) 障碍照明：为了保证飞机在空中飞行或船只在水运航道中航行的安全，在高耸建筑物或构筑物的顶端或在水运航道的两边设置的照明，如航标灯等。

(6) 装饰照明：为美化、装饰或烘托某一特定空间环境而设置的照明。装饰照明一般由装饰性零部件围绕着电光源组合而成，具有优美的造型和华丽的外表，能起到美化环境或制造特殊氛围的效应。

(7) 艺术照明：通过运用不同的灯具、不同的投光角度和不同的光色，制造出一种特定的空间气氛的照明。

2. 照明在建筑装饰中的作用

电光源的迅速发展，使现代照明不但能提供良好的光照条件，而且可利用光的表现力对室内空间进行艺术加工。现代建筑物非常重视电气装饰对室内空间环境所产生的美学效果，以及由此对人们所产生的心理效应。一切居住、娱乐、社交场所的照明设计的主要任务便是艺术主题和视觉舒适性。

空间的不同效果，可以通过光的作用充分表现出来。室内空间的开敞性与光的亮度成正比，亮的房间感觉空间要大一点，暗的房间感觉空间要小一点。充满房间的无形漫射光，可使空间有无限的感觉，而直接光能加强物体的阴影和光影对比，打造空间的立体感。利用不同光的特性和亮度的不同分布，可以使室内空间显得比在单一性质的光照下更有生气。利用光的作用，还可以强调需要引起注意的地方，削弱次要地方。例如，许多商店为了突出新产品，对产品使用较高亮度的重点照明，而相应地削弱次要部位，以形成良好的空间主次关系。照明还可以使空间产生“实”与“虚”的效果。例如，台阶照明、家具底部照明能使物体与地面“脱离”，形成悬浮的效果而使空间更显空透、轻盈。

建筑装饰照明设计的基本原则是“安全、适用、经济、美观”。

(1) 安全。所谓安全性，主要是针对用电事故考虑的。一般情况下，线路、开关、灯具的设置都需要有可靠的安全措施。如配电盘和照明线路要有专人管理；电路和配电方式要符合安全标准，不允许超载；在危险地方要设置明显标志，以防止漏电、短路等火灾和伤亡事故发生。

(2) 适用。所谓适用性，是指能提供一定数量和质量的照明，保证规定的照度水平，满足工作、学习和生活的需要。灯具的类型、照度的高低、光色的变化等，都应与使用要求相一致。一般生活和工作环境需要稳定柔和的灯具，使人们能适应这种光照环境而不感到厌倦。

(3) 经济。照明设计的经济性有两个方面的含义：一是采用先进技术，充分发挥照明设施的实际效益，尽可能以较少的费用获得较好的照明效果；二是在确定照明设施时，要符合我国当前电力供应、设备和材料的生产水平。

(4) 美观。照明具有装饰房间、美化环境的作用，特别是装饰照明，更应有助于丰富空间的深度和层次，显示被照物体的轮廓，表现材质美，使色彩和图案更能体现设计意图，达到美的意境。但是，在考虑美观作用时应从实际出发，注意节约。对于一般性生产、生活设施，不能过度为了照明装饰的美观而花费过多的资金。

7.3.3 常用电光源

把电能转换为光能的设备称为电光源，有时简称为电灯。托马斯·爱迪生在1879年发明了白炽灯泡，电光源从此得以应用。电光源的应用对人类社会的发展产生了深远的影响。

按发光原理，电光源分为热辐射光源和气体放电光源两大类。

(1) 热辐射光源：利用电流将灯丝加热到白炽程度而产生热辐射发光的一种光源。例如，白炽灯和卤钨灯，都以钨丝为辐射体，通电后使之达到白炽程度而产生可见光。

(2) 气体放电光源：利用气体处于电离放电状态而产生可见光的一种光源。常用的气体放电光源有荧光灯、霓虹灯、氙灯、钠灯、荧光高压汞灯和金属卤化物灯等。气体放电光源具有发光效率高、使用寿命长的特点。气体放电光源一般应与相应的附件配套才能接入电源使用。

电光源的分类如图7-16所示。下面介绍几种建筑电气照明系统中的常用电光源。

1. 白炽灯

1) 构造

白炽灯一般由钨丝、支架、引线、玻璃泡和灯头等部分组成，如图7-17所示。

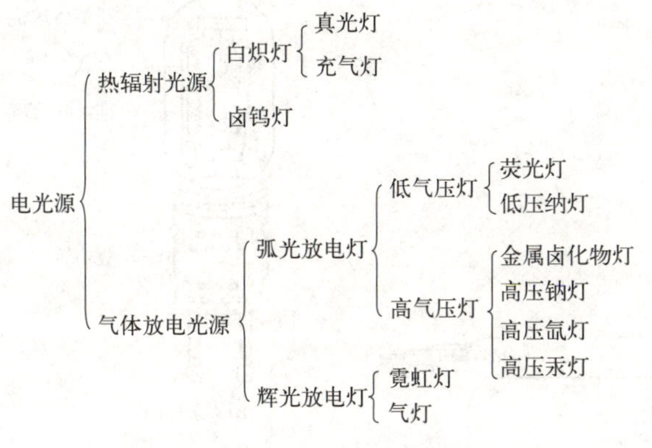

图7-16 电光源的分类

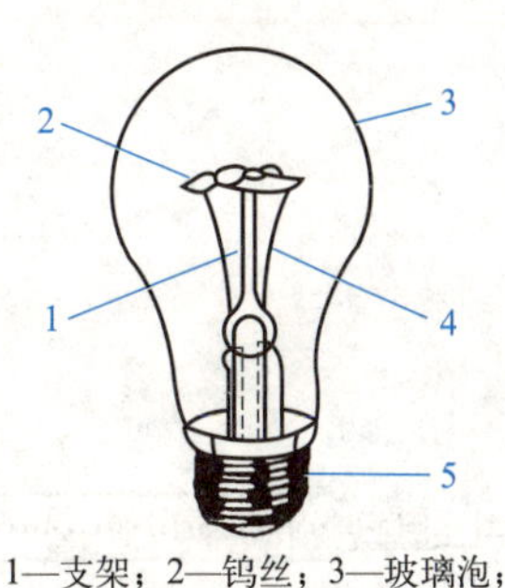

图7-17 普通白炽灯构造示意图

2）工作原理

白炽灯是靠电流将钨丝加热至白炽状态，利用热辐射而辐射出可见光的。为了防止钨丝氧化，常将大功率白炽灯抽成真空后冲入氩气或氮气等惰性气体。

3）特性

白炽灯具有紧凑小巧、使用方便、可以调光、能瞬间点燃、无频闪现象、显色性能好、价格便宜等优点，但光效低、光色较差、抗震性能不佳，平均寿命一般只有1000h。

4）应用

白炽灯的使用受环境影响很小，因而在过去广泛应用，通常用于工矿企业、剧场、宾馆、商店、酒吧以及日常生活的照明，特别是在需要直射光束的场合。现在因节能要求而逐渐被淘汰，由节能灯替代。

2. 卤钨灯

卤钨灯也属于热辐射光源，工作原理与普通白炽灯基本相同，但结构上有较大的差别，最突出的差别就是卤钨灯灯泡内所填充的气体含有部分卤族元素或卤化物。目前国内用的卤钨灯主要有两类：一类是灯内充入微量的碘化物，称为碘钨灯；另一类是灯内充入微量的溴化物，称为溴钨灯。

1）构造

卤钨灯是由灯丝（钨丝）、充入卤素的玻璃泡和灯头等构成。卤钨灯有双端、单端和双泡壳之分。图7-18所示为常用卤钨灯的构造。

图7-18(a) 所示为双端管状的典型结构。灯呈管状，功率为100～2000W，灯管的直径为8～10mm，长80～330mm，两端采用磁接头，需要时在磁管内还装有保险丝。这种灯主要用于室内外泛光照明。500W以上的大功率卤钨灯一般制成管状。为了使生成的卤化物不附在管壁上，必须提高管壁的温度，因此卤钨灯的玻璃管一般用耐高温的石英玻璃或高硅氧玻璃制成。

图7-18(b) 所示为单端引出的卤钨灯。这类灯的功率有75W、100W、150W和250W等多种规格，玻璃泡有磨砂的和透明的，灯头型号采用E27。

2）工作原理

当充入卤素物质的灯泡通电时，从灯丝蒸发出来的钨，在灯泡壁区域内与卤素化合，

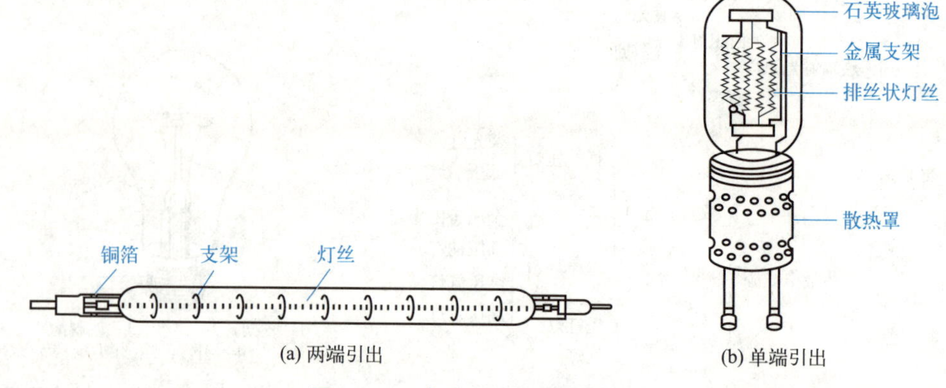

图7-18 常见卤钨灯构造示意图

形成一种挥发性的卤钨化合物。卤钨化合物在灯泡中扩散运动，当扩散到较热的灯丝周围区域时，卤钨化合物分解成卤素和钨，释放出来的钨沉积在灯丝上，而卤素再继续扩散到温度较低的灯泡壁区域与钨化合，形成卤钨循环，从而提高光效。

3）特性

卤钨灯与白炽灯相比，具有光效高、体积小、便于控制，且色温和显色性良好、寿命长、输出光通量稳定、输出功率大等优点。但由于其工作温度高，使用时要注意散热，不得采用电扇等人工冷却方式。另外，其抗震性能较差。卤钨灯安装时必须保持水平，倾斜角度不得大于4°，否则会严重影响寿命。

4）应用

卤钨灯广泛应用于大面积照明及定向投影照明场所。卤钨灯的显色性好，特别适用于电视播放照明、舞台照明以及摄影、绘图照明等；卤钨灯能够瞬时点燃，适用于要求调光的场所，如体育馆、观众厅等。

3. 荧光灯

荧光灯俗称日光灯，是一种低气压汞蒸气弧光放电光源。

1）构造

荧光灯由荧光灯管、镇流器和启辉器（启动器、跳泡）组成。荧光灯管的基本构造如图7－19所示，其典型外形如图7－20所示。

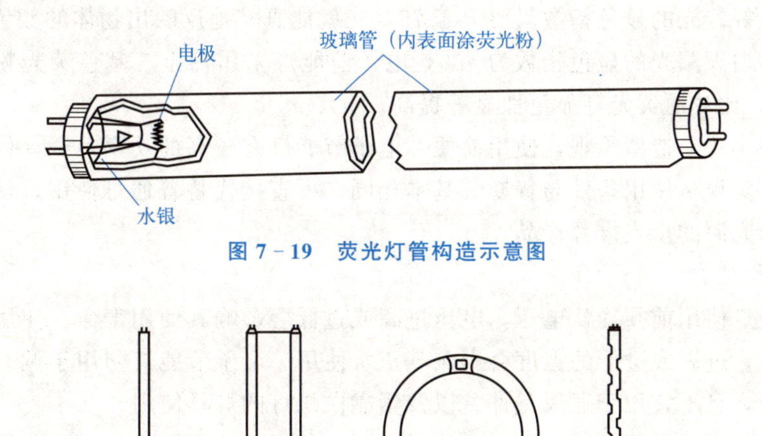

图7－19 荧光灯管构造示意图

(a) 直管 (b) U形管 (c) 圆形管 (d) 凹形管

图7－20 荧光灯管的四种典型外形

2）工作原理

荧光灯利用汞蒸气在外加电压作用下产生弧光放电时发出大量的紫外线和少许的可见光，再靠紫外线激励涂覆在灯管内壁的荧光粉，从而发出可见光。根据荧光粉化学成分的不同，荧光灯可以产生日光色、白色、蓝色、黄色、绿色、粉红色等不同的颜色。

荧光灯管是具有负电阻特性的放电光源，需要镇流器和启辉器才能正常工作。

3）特性

荧光灯具有结构简单、制造容易、光色好、光效高、平均寿命长和价格便宜等优点，其光效比白炽灯高3倍，寿命可达3000h。但是荧光灯在低温或高温环境下启动困难，另外由于有镇流器，功率因数较低，受电网电压影响很大，如电网电压偏移太大则会影响光效和寿命，甚至不能启动。

4）应用

荧光灯具有良好的显色性和光效，因此被广泛地应用于室内一般环境照明，如图书馆、教室、隧道、地铁、商店、办公室及其他对显色性要求较高的照明场所。开关频繁的室内场所以及室外不宜采用荧光灯。

4. 节能光源

节能光源包括电子节能灯、LED灯等，这里主要介绍电子节能灯。电子节能灯利用高频电子镇流器将50Hz的市电逆变成20～50kHz高频电压去点燃荧光灯，又称紧凑型荧光灯。

1）特性

（1）光效高。电子节能灯与普通灯相比，光效提高5～6倍，如11W节能灯的光通量相当于60W普通白炽灯。

（2）寿命长。普通白炽灯的额定寿命为1000h，电子节能灯寿命一般为5000h。

（3）显色好。光的显色指数只要大于75，光就能真实地反映出物体的颜色而不至于失真。白炽灯和白天阳光的显色指数为100，电子节能灯采用稀土三基色荧光粉，其显色指数为80左右，比普通荧光灯显色性显著提高。

（4）体积小巧，造型美观，使用简便。电子节能灯有较高的功率负载，体积小巧，造型美观。其灯头规格使用条件与普通灯基本相同，可直接代替普通灯使用，使用简便，为国际绿色照明光源的重点推荐产品。

2）使用与维护

电子节能灯使用前须确认电压，电压过高或过低会影响其使用寿命。使用环境温度应为－10～50℃，过高或过低的温度会影响其正常使用。电子节能灯勿用于调光、应急照明或密闭灯具中，且不宜用于通风条件差以及紧靠白炽灯的灯具使用。

如遇天气过冷或电压过低，电子节能灯出现启动不良的现象，不得让节能灯一直处于灯管发红的大电流启动状态，可迅速关闭后再次通电，往往二次通电后可以奏效。

安装或更换电子节能灯时，须切断电源以保证安全。更换时，应用手抓住塑料件，以保证人身安全及避免捏碎灯管。勿安装在潮湿或易受雨淋的场所。当发现电子节能灯出现自熄、闪烁时，应检查灯与灯座的接触性能及电源电压，如有异常则需要更换电子节能灯。

5. 高压汞灯

1）构造

高压汞灯主要由灯头、石英密封电弧管和玻璃泡组成。

2）工作原理

高压汞灯的主要部分是石英密封电弧管，是由耐高温的石英玻璃制成的管子，里面封装有钨丝制成的工作电极和启动电极，管中的空气被抽出，充有一定量的汞和少量的氩气，以达到保温的目的和避免外界对电弧管的影响。在它的外面还有一个硬质玻璃泡，工作电极装置在电弧管的两端，当合上开关以后电压即加在启动电极和工作电极之间，因其间距很小，两电极间气体被击穿，发生辉光放电，产生大量的电子和离子，在两个主电极尖的弧光发电，灯管起燃。

电弧管工作时，汞蒸气压力升高（2～6atm），高压汞灯由此得名。在高压汞灯玻璃泡的内壁涂以荧光粉，便构成荧光高压汞灯。涂荧光质主要是为了改善光色，还可以降低灯泡的亮度，因此用于照明的大多是荧光高压汞灯。

3）特性

高压汞灯具有光效高、抗震性能好、耐热、平均寿命长、节省电能等优点，其有效寿命可达5000h。但是存在尺寸较大、显色性差、不能瞬间点燃、受电压波动影响大等缺点。

4）应用

高压汞灯主要用于街道、广场、车站、施工场所等不需要分辨颜色的大面积场所的照明。高压汞灯的光色呈蓝绿色，缺少红色成分，因而显色性差，照到大多数物体上呈灰暗色，失真很大，故室内照明一般不采用。

高压汞灯不宜用于开关频繁和要求迅速点亮的场所。因为高压汞灯的再启动时间较长，所以灯熄灭后不能立刻启动，必须等待冷却以后，一般为5～10min后才能再次启动。

高压汞灯由于使用了一定量的汞，不利于环保，故已经逐步被钠灯取代。

6. 高压钠灯

钠灯是利用钠蒸气放电发光的气体放电灯，按钠蒸气的工作压力分为高压钠灯和低压钠灯，这里主要介绍高压钠灯。

1）构造

高压钠灯与高压汞灯相似，由灯头、玻璃泡、陶瓷电弧管等组成，并且需外接镇流器。高压钠灯的基本构造如图7-21所示。

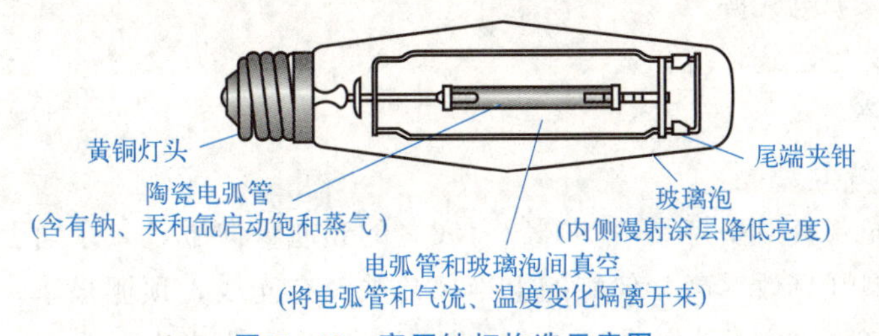

图7-21 高压钠灯构造示意图

2）工作原理

细而长的电弧管由半透明多晶氧化铝陶瓷制成，这种陶瓷在高温时具有良好抗钠腐蚀性能，而玻璃或石英玻璃在高温下容易受钠腐蚀。陶瓷电弧管在抽真空后除充入钠之外，还充入一定量的汞，以改善灯的光色和提高光效，管内封装一对电极。玻璃泡内抽成真空，并充入氩气。

当开关合上时，启动电流通过加热线圈和双金属片，加热线圈发热使双金属片角点断开，此时镇流器产生高压自感电动势，使电弧管击穿放电，启动后借助电弧管的高温使双金属片保持断开状态。高压钠灯从启动到正常稳定工作需4～8min，在这一过程中，灯光的光色在变化，起初是很暗的红白色辉光，很快变为亮蓝色，随后发出单一黄光，随着钠蒸气压力的增高，发出金白色光。高压钠灯还有电子触发器启动方式。

3）特性

高压钠灯具有光效高、寿命长、体积小、节省电能、紫外线辐射小、透雾性能好、抗震性能好等优点，平均寿命可达5000h。但存在着显色性能较差、启动时间长等缺点。

4）应用

高压钠灯适用于需要高亮度、高光效的大场所照明，如高大厂房、车站、广场、体育馆，特别是城市主要交通道路、飞机场跑道、沿海及内河港口的路灯照明。由于其不能瞬间点燃、启动时间长，故不宜作事故照明用。

7.3.4 灯具

灯具是一种控制电光源发出的光并进行再分配的装置，它与电光源共同组成照明器。但在实际应用中，灯具与照明器并无严格的界限。

1. 灯具的作用

（1）合理配光。即将电光源发出的光通量重新分配，以达到合理利用光通量的目的。

（2）限制眩光。在视野内出现很亮的光会产生刺眼感，这种刺眼的亮光称为眩光。眩光对视力危害很大，会引起不舒适感或降低视力。限制眩光的方法是使灯具有一定的保护角，并配合适当的安装位置和悬挂高度或者限制灯具的表面亮度。

（3）提高电光源的效率。灯具的效率是反映灯具的技术经济效果的指标，从一个灯具射出的光通量 F_2 与灯具电光源发出的光通量 F_1 之比，称为灯具的效率 n。因为 $F_2<F_1$，所以 $n<1$。

（4）固定和保护电光源。

（5）装饰和美化建筑环境。

2. 灯具的分类

1）按配光曲线分类

（1）直接配光（直射型灯具）：90%～100%的光通量向下，其余向上，即光通量集中在下半部。直射型灯具效率高，但灯的上半部几乎没有光线，顶棚很暗，与照明灯光容易形成对比眩光，又由于它的光线集中，方向性强，产生的阴影也较浓。

（2）半直接配光（半直射型灯具）：60%～90%的光通量向下，其余向上，向下光通量仍占优势。它能将较多的光线照射到工作面上，又使空间环境得到适当的亮度，阴影变淡。

（3）均匀扩散配光（漫射型灯具）：40%～60%的光通量向下，其余向上，向上和向下的光通量大致相等。这类灯具使用漫射透光材料制成封闭式灯罩，造型美观、光线柔和，但光的损失较多。

（4）半间接配光（半间接型灯具）：10%～40%的光通量向下，其余向上。这种灯具上半部用透明材料，下半部用漫射透光材料制成，由于上半部光通量的增加，增强了室内反射光的照明效果，光线柔和，但灯具的效率低。

（5）配光（间接型灯具）：0～10%的光通量向下，其余向上。这类灯具全部光线都由上半部射出，经顶棚反射到室内，光线柔和，没有阴影和眩光，但光损失大，不经济，适用于剧场、展览馆等。

按配光曲线分类的各种类型灯具的光通量分配情况如图7－22所示。

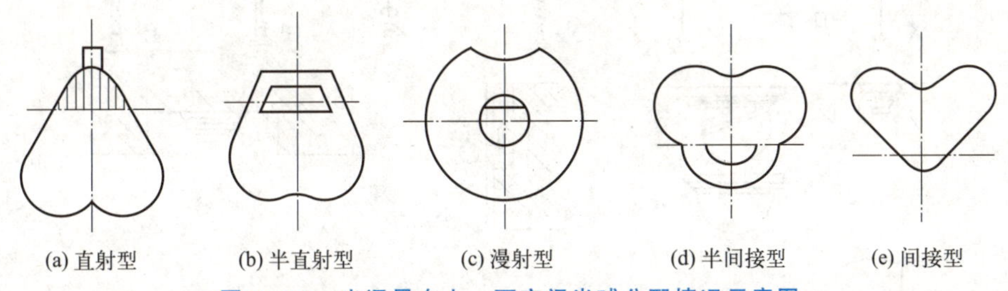

图7－22 光通量在上、下空间半球分配情况示意图

2）按结构特点分类

（1）开启型：其电光源与外界环境直接相通，如图7－23(a) 所示。

（2）闭合型：用透光罩把光源包合起来，但是罩内外空气仍能自由流通的透明灯具，如乳白玻璃球形灯等，如图7－23(b) 所示。这种灯具常用于天棚灯和庭院灯等。

（3）密闭型：透明灯具固定处有严密封口，内外隔绝可靠，如防水、防尘灯等，如图7－23(c) 所示。它可作为需要防潮、防水和防尘场所的照明灯具。

（4）防爆型：符合《爆炸性环境　第4部分：由本质安全型“i”保护的设备》(GB/T 3836.4—2021）的要求，能安全地在有爆炸危险性的场所中使用，如图7－23(d) 所示。

（5）安全型：用透光罩将灯具内外隔绝，在任何条件下，不会因灯具引起爆炸的危险，如图7－23(e) 所示。这种灯具使周围环境中的爆炸气体不能进入灯具内部，可避免由灯具正常工作中产生的火花而引起爆炸，适用于在非正常情况下有可能发生爆炸危险的场所。

（6）隔爆型：结构特别坚实，并且有一定的隔爆间隙，即使发生爆炸也不易破裂，如图7－23(f) 所示。它适用于在正常情况下有可能发生爆炸的场所。

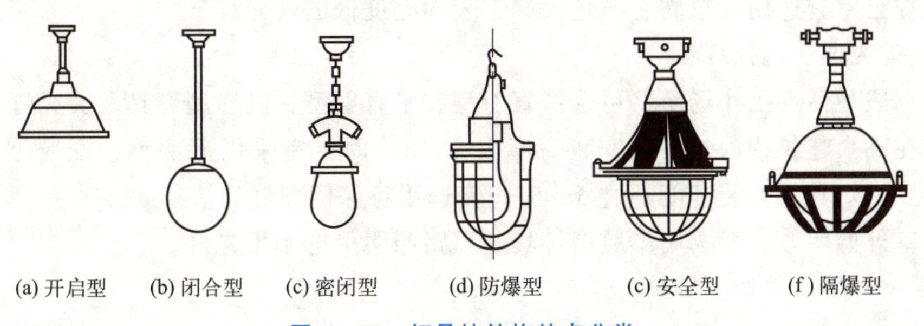

图7－23 灯具按结构特点分类

3）按安装方式

按安装方式，灯具可分为吊式（X）、固定线吊式（X1）、防水线吊式（X2）、人字线吊式（X3）、杆吊式（G）、链吊式（L）、座灯头式（Z）、吸顶式（D）、壁式（B）、嵌入式（R）、落地式、台式、庭院式、道路广场式等，如图 7 - 24 所示。

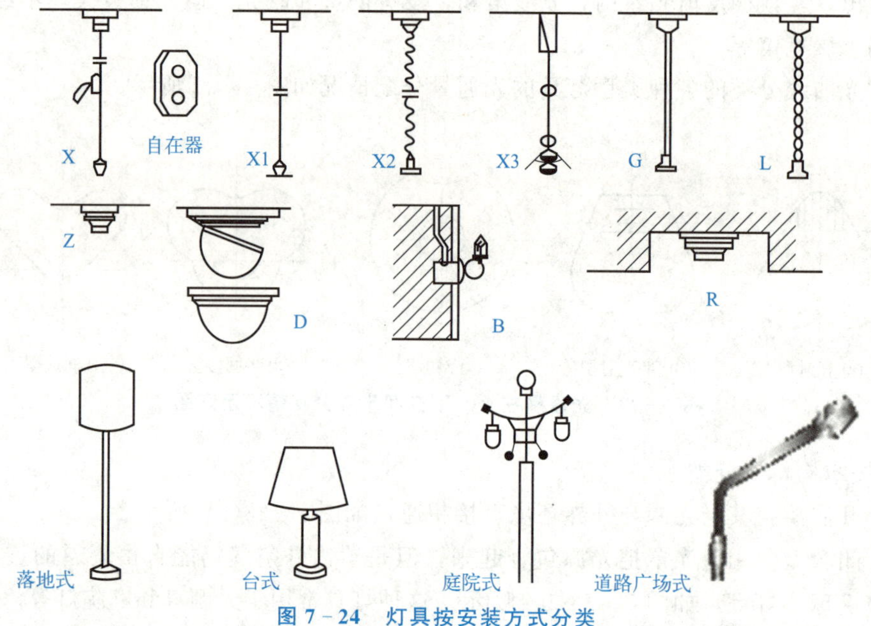

图 7 - 24 灯具按安装方式分类

3. 灯具的选择

照明灯具的选择是建筑电气照明系统设计的基本内容之一，应考虑以下几方面进行选择。

1）电光源的选择

根据建筑物各房间的特点、电源电压、不同照度标准、对光色和显色性的要求、对照明可靠性的要求、环境条件（温度、湿度等），考虑基建投资情况并结合长年运行费用（包括电费、更换光源费、维护管理费和折旧费等），确定电光源的类型、功率、电压和数量。一般可按照下列要求选用电光源。

（1）可靠性要求高的场所，可选用便于启动的白炽灯。

（2）高大的房间宜选用寿命长、效率高的电光源。

（3）办公室宜选用光效高、显色性好、表面亮度低的荧光灯。

2）按配光曲线选择灯具

（1）一般生活和工作场所，可选择直射型、半直射型、漫射型灯具及荧光灯。

（2）在高大建筑物内，灯具安装高度为 4～6m 时，宜采用深照型、配照型灯具，也可选用广照型灯具；安装高度超过 6m 时，宜选用特深照型灯具。

（3）室外照明，一般选用广照型灯具，道路照明可选用投光灯。

3）根据环境条件选择灯具

（1）在正常环境中，可选用开启型灯具。

(2) 在潮湿、多灰尘的场所，应选用密闭型防水、防潮、防尘灯。

(3) 在有爆炸危险的场所，可根据爆炸危险的级别适当地选择相应的防爆型灯具。

(4) 在有化学腐蚀的场所，可选用耐腐蚀性材料制成的灯具。

(5) 在易受机械损伤的环境中，应采用带保护网罩的灯具。

根据不同环境条件选择灯具时，应注重灵活、实用、安全。有关手册中会给出各种灯具的选型表，可供参考。

4) 与建筑物相协调

(1) 建筑物可分为古典式和现代式、中式和欧式等建筑艺术风格。若建筑物为现代式建筑艺术风格，其灯具可采用流线型等具有现代艺术的造型灯具，以求不破坏建筑物的艺术风格。

(2) 建筑物的结构形式有直线形、曲线形、圆形等。选择灯具时，要根据建筑结构的特征合理地选择和布置灯具，如在直线形结构的建筑物内，宜采用直管日光灯组成的直线光带或矩形布置，以突出建筑物的直线形结构特征。

(3) 建筑物按用途可分为民用建筑、工业建筑和其他用途建筑物等。在民用建筑照明中，可采用照明与装饰相结合的照明方式。而在工业建筑照明中，则以照明为主。

(4) 灯具的选择应与建筑特点、功能相适应。特别是临街建筑的灯光，应与周围环境相协调，以创造美丽和谐的城市夜景。由于建筑的多样性、环境的差异性和功能的复杂性，灯具选型是一项复杂的工作，但一般来说应考虑灯具的光、色、型、体和布置，合理运用光照的方向性、光色的多样性、照度的层次性和光点的连续性等技术手段，起到渲染建筑、烘托环境和满足各种不同需要的作用。如大阅览室中采用三相均匀布置的荧光灯，创造明亮、均匀而无闪烁的光照条件，以形成安静的读书环境；宴会厅以组合花灯或大吊灯为中心，配上高亮度的无影白炽灯，带来明朗华丽的活动气氛。

(5) 在民用建筑中，还常常利用各种灯具与结构构件的配合，制作成发光顶棚、光带、光梁、光檐、光柱，以及艺术壁灯、花吊灯等。它们就是利用建筑艺术手段，将电光源隐蔽起来，构成间接型灯具。这样可以增加电光源面积，增强光的扩散性，使室内眩光、阴影得以完全消除，光线均匀柔和，衬托环境气氛，形成舒适的照明环境。

此外，在选择灯具时还应考虑经济性。应选用效率高、使用寿命长和使用节能光源的灯具，降低运行成本。

4. 灯具的布置

照明灯具的合理布置是建筑电气照明系统设计的重要内容，是保证照明质量的重要技术措施。

照明灯具布置分为高度布置和水平布置。灯具的布置应以满足工作面上照度均匀，光线入射方向合理，不产生眩光和阴影为原则，并做到整齐美观，与建筑环境协调一致，满足建筑美学的要求。

1) 灯具的高度布置

灯具的悬挂高度 H = 房间高度 H_a − 灯具的垂度（灯具的悬挂长度），如图 7-25 所示。灯具的垂度应为 0.3～1.5m，一般取 0.7～1m，垂度过大易使灯具摆动，影响照明质量。

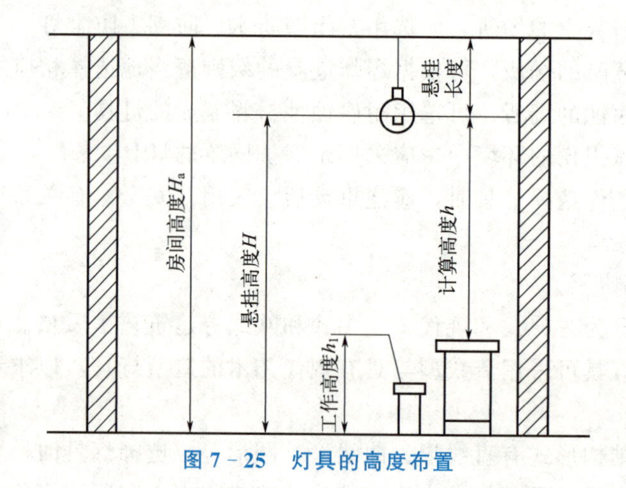

图 7-25　灯具的高度布置

一般房间的高度为 2.8～3.5m，考虑灯具的检修和照明的效率，悬挂高度一般为 2.2～3.0m。室内一般照明灯具的悬挂高度不能小于表 7-2 中的最低悬挂高度。确定灯具最低悬挂高度是为了防止灯具产生眩光，并考虑发生碰撞和发生触电危险的可能性。

表 7-2　室内一般照明灯具的最低悬挂高度

电光源种类	灯具形式	灯具保护角度	电光源功率/W	最低悬挂高度/m
白炽灯	搪瓷反射罩或镜面反射罩	10°～30°	≤100	2.5
			150～200	3.0
			300～500	3.0
	乳白玻璃漫射罩	—	≤100	2.0
			150～200	2.5
			300～500	3.0
高压汞灯	搪瓷或镜面深罩型	10°～30°	≤250	5.0
			≥400	6.0
荧光灯	—	—	<40	2.0
碘钨灯	搪瓷反射罩或铝抛光反射罩	≥30°	500	6.0
			1000～2000	7.0

2）灯具的水平布置

灯具的水平布置也称平面布置，一般分为均匀布置和选择布置两种形式。

（1）均匀布置。均匀布置是不考虑房间内和工作场所内的设备、设施的具体位置，只考虑房间内或工作场所内的照度均匀性，将灯具均匀排列。灯具均匀布置的常见方案有三种，分别是正方形、矩形和菱形布置，如图 7-26 所示。

（2）选择布置。灯具的选择布置是根据房间内或工作场所内的设备、设施部位有选择地确定灯具位置，以保证这些部位的照度达到要求。

灯具布置是否合理，主要取决于室内照度的均匀性。照度的均匀性又取决于灯具的间

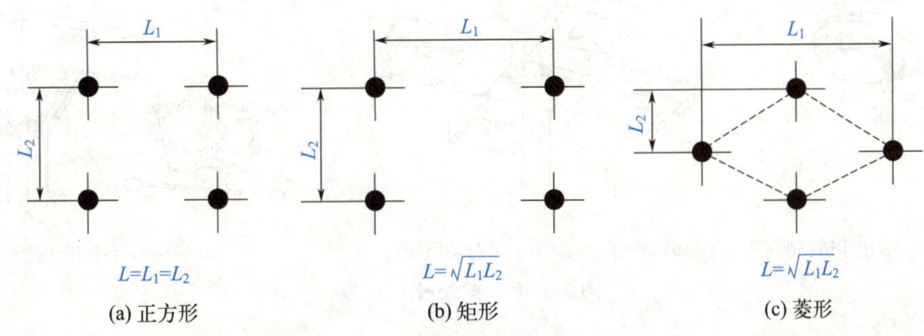

图 7－26 灯具均匀布置的三种方案

距 L 与其计算高度 h 的比值（距高比）是否合适。各种灯具都有各自的最大允许距高比，满足灯具的最大允许距高比，就能基本保证照度的均匀性。在灯具产品样本中标明了其最大允许距高比，可供参考。

5. 灯具的安装方式

（1）吸顶安装。大多数嵌入式灯具可以在顶棚的表面上吸顶安装，如图 7－27 所示。在博物馆、歌剧院、礼堂等场所，经常把灯具安装在导轨上，导轨本身可以是吸顶安装或者悬挂的。

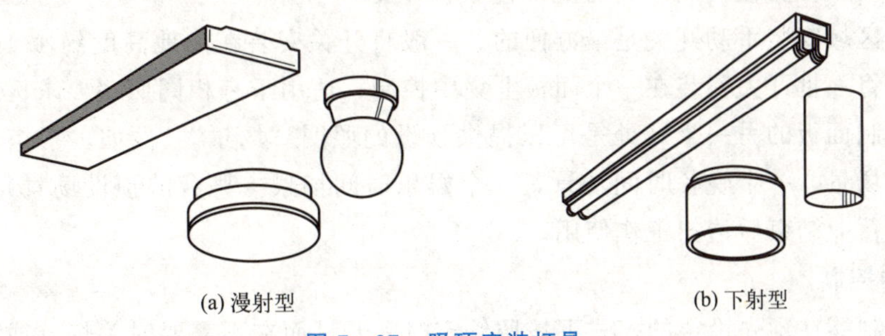

图 7－27 吸顶安装灯具

（2）悬挂安装。灯具（如枝形吊灯）采用悬挂安装，使得光线可以直接上射、下射、漫射或者是它们的组合，如图 7－28 所示。悬挂安装的装饰性高，光效高。

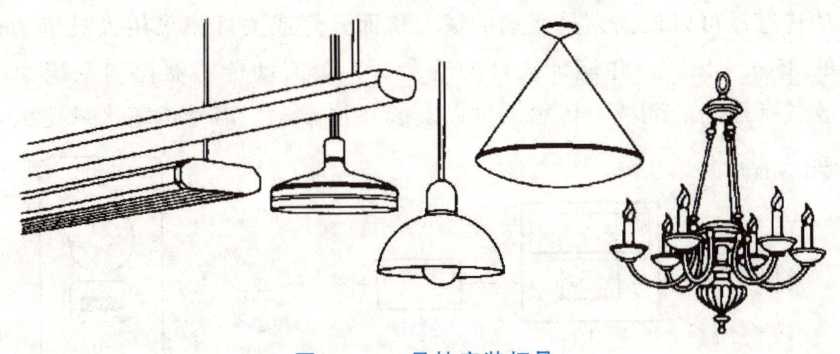

图 7－28 悬挂安装灯具

（3）杆装。杆装灯具常用于剧院或者室外，可以是装饰性的，但比较典型的是功能性灯具，如图 7－29 所示。

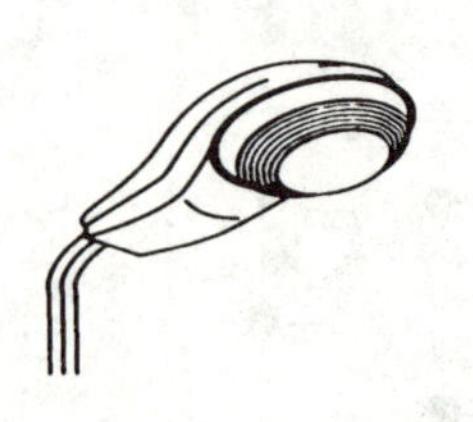

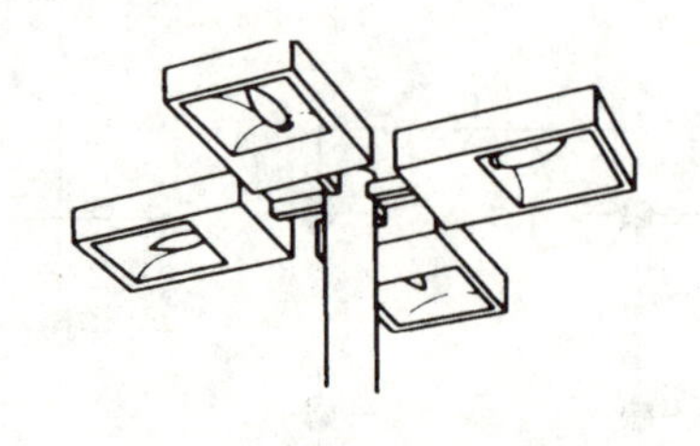

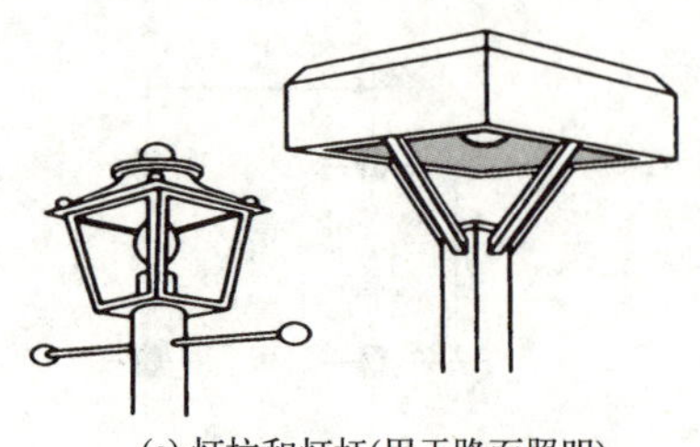

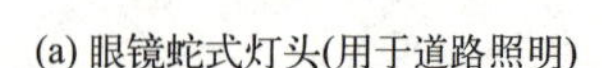

(a) 眼镜蛇式灯头(用于道路照明)　(b) 截光式灯具(用于停车场照明)　(c) 灯柱和灯杆(用于路面照明)

图 7－29　室外杆装灯具

7.3.5 照明控制系统

通过照明控制系统，人们可以在不同的时间、地点控制照明的数量和质量。控制照明的方式通常有以下几种。

1. 手动开关控制

几乎所有的照明控制系统中都会安装手动开关以控制照明，除了可以进行开、关操作，通常还可以进行调光。典型的手动开关是一个单极开关，用以连通或切断电路。如果电路需要在两个位置被控制，则需要设置双联开关。

在使用区域安装手动开关是最方便的。一般将开关安装在离地高度约 1.4m 且靠近入口处。可以将一批开关安装在一个面板上集中控制，适用于有相同照明要求区域的成组控制。集中控制面板的另一个好处是可以提供预设的照明“场景”。例如，餐馆可以预设一个午餐时间场景，一个晚餐时间场景，一个娱乐时间场景（舞台的预设场景），以及一个全开场景供营业结束后清扫工作使用。

2. 时钟控制

时钟控制能在预先设定的模式下按照给定时间开灯而在不需要时关灯（或调光到一个低照度水平）。时钟控制常用于景观照明、安全照明、路灯照明等。时钟控制可以是机械的或是电子的，时间计划可以基于一天、一周或者一年。

3. 人员流动传感器（运动传感器）控制

人员流动传感器可以根据人员流动的情况从而开灯或关灯。采用人员流动传感器能节省电能费用的 35%～45%，并能延长灯的寿命。人员流动传感器控制系统如图 7－30 所示。对于开放式有隔断的区域，传感器可以安装在顶棚上，信号覆盖区域更大，如小型开

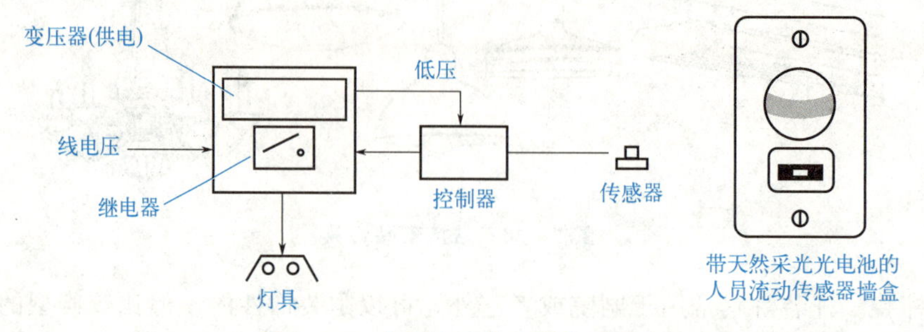

图 7－30　人员流动传感器控制系统

放式办公室、文档室、复印室、会议室等；对于私人办公室、住宅、卫生间等，传感器一般安装在墙上。

最常用的人员流动传感器是被动式红外传感器（PIR）和超声传感器。

PIR能够探测人体发出的红外热辐射。因此，PIR必须“看见”热源，它不能探测到角落或隔断背后的停留者。PIR使用一个多面透镜形成一个接近圆锥形的热感应区域，当一个热源从一个区域穿过进入另一个区域时，这个运动就能被探测到。这种方法有一些缺陷：传感器对垂直方向的运动探测不如对水平方向的敏感，离传感器越远，传感器灵敏度越低。

相对于PIR，超声传感器不是被动探测的，而是自身发出高频信号并探测反射声波的频率。这种探测器没有缺口间隙或盲点，能够探测到角落或隔断背后的停留者，灵敏度更高。但增强的灵敏度可能会导致空调送风系统或风的误触发，且价格较PIR昂贵。

4. 光电控制

光电控制使用光电元件（光电池）感知光线，当自然光对一个指定区域能提供充足的环境照明时，光电池便调低或关闭电光源。其原理是维持足够的照明数量而不管电光源是什么。光电控制除了可以根据自然光调节灯光，还可以在灯老化时维持照度水平。光电控制系统如图7-31所示。

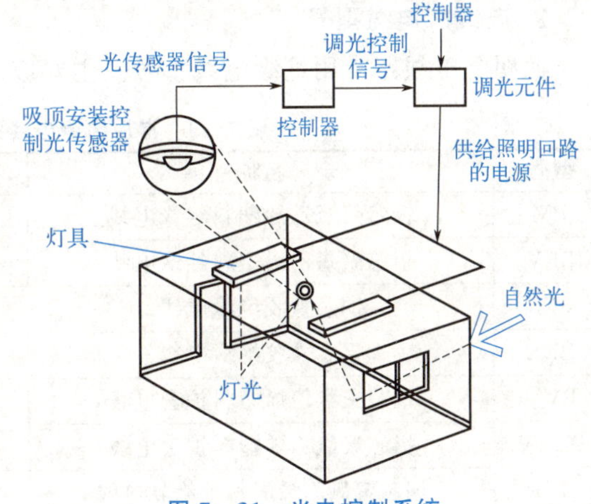

图7-31 光电控制系统

7.3.6 室内照明电线、电缆

在室内照明线路中，电线、电缆的导体材料一般为铜芯和铝芯。

1. 常用电线、电缆

（1）油浸纸绝缘电力电缆。油浸纸绝缘电力电缆有铅、铝两种护套。铅护套质软、韧性好、易弯曲、化学性能稳定、熔点低、便于制造及施工，但价贵、质重、膨胀系数较小，线芯发热时电缆内部产生的应力可能使铅包变形。铝护套质轻、成本低，但制造及施工困难。油浸纸绝缘电力电缆的优点是耐热能力强，允许运行温度较高，介质损耗低，耐电压强度高，使用寿命长；缺点是不能在低温场所敷设，且电缆两端水平差不宜过大，民用建筑内配电不宜采用。

（2）聚氯乙烯绝缘及护套电力电缆。该电缆的主要优点是制造工艺简单，没有敷设高差限制，质轻，弯曲性能好，接头制造简便，耐油、耐酸碱腐蚀，不延燃，价格便宜，因此普遍使用于民用建筑低压配电系统中。

（3）交联聚乙烯绝缘、聚氯乙烯护套电力电缆。该电缆性能优良，结构简单，制造工艺不复杂，外径小，质轻，载流量大，敷设水平高差不受限制；但是价格较贵，且有延燃缺点。

（4）橡胶绝缘电力电缆。其优点是弯曲性能好，耐寒能力强，特别适用于水平高差大和垂直敷设的场合，橡胶绝缘橡胶护套软电缆还可用于直接移动式电气设备；缺点是允许运行温度低，耐油性能差，价格较贵，一般室内配电使用不多。

(5) 塑料绝缘电线。该电线绝缘性能好，制造方便，价格便宜，可取代橡胶绝缘电线；缺点是对气候适应性能较差，低温时易变硬发脆，高温或日光下绝缘老化加快，不宜在室外敷设。

(6) 橡胶绝缘电线。根据玻璃丝或棉纱的货源情况配置编织层材料，现已逐步被塑料绝缘电线取代，一般不宜采用。

(7) 氯丁橡胶绝缘电线。氯丁橡胶绝缘电线有取代截面积在 $35mm^2$ 以下的普通橡胶绝缘电线的趋势。其优点是不易霉，不延燃，耐油性能好，对气候适应性能好，老化过程缓慢，适合在室外架空敷设；缺点是绝缘层机械强度较差，不适宜穿管敷设。

2. 电线、电缆型号

照明配电线路常用绝缘电线型号及主要应用范围见表 7－3。

表 7－3　常用绝缘电线型号及主要应用范围

型号	名称	主要应用范围
BV	铜芯聚氯乙烯塑料绝缘电线	户内明敷或穿管敷设
BLV	铝芯聚氯乙烯塑料绝缘电线	
BX	铜芯橡胶绝缘电线	户内明敷或穿管敷设
BLX	铝芯橡胶绝缘电线	
BVV	铜芯聚氯乙烯塑料护套电线	户内明敷或穿管敷设
BLVV	铝芯聚氯乙烯塑料护套电线	
BVR	铜芯聚氯乙烯塑料绝缘软电线	用于要求柔软电线的地方，可明敷或穿管敷设
BLVR	铝芯聚氯乙烯塑料绝缘软电线	
BVS	铜芯聚氯乙烯塑料绝缘双绞软电线	用于移动式日用电器及灯头连接线
RVB	铝芯聚氯乙烯塑料绝缘双绞软电线	
BBX	铜芯橡胶绝缘玻璃纺织电线	户内外明敷或穿管敷设
BBLX	铝芯橡胶绝缘玻璃纺织电线	

常用电力电缆型号及其含义见表 7－4。

表 7－4　常用电力电缆型号及其含义

类别	导体	内护套	特征	外护套
Z：油浸纸绝缘 V：聚氯乙烯绝缘 YJ：交联聚乙烯绝缘 X：橡胶绝缘	L：铝芯 T：铜芯 (一般不注)	Q：铅包 L：铝包 V：聚氯乙烯护套	P：滴干式 D：不滴流式 F：分相铜铅包式	02：聚氯乙烯套 03：聚乙烯套 20：裸钢带铠装 22：钢带铠装聚氯乙烯套 23：钢带铠装聚乙烯套 30：裸细钢丝铠装 32：细圆钢丝铠装聚氯乙烯套 33：细圆钢丝铠装聚乙烯套 41：粗圆钢丝铠装纤维外被 441：双粗圆钢丝铠装纤维外被

例如，ZQ22-10（3×70），表示油浸纸介质绝缘内铅包护套外钢带铠装铜芯电缆，耐压等级10kV，3芯，导线标称截面积为70mm^2。

VV22-1.0（3×95+1×50），表示聚氯乙烯绝缘与护套钢带铠装铜芯电缆，耐压等级1kV，4芯，相线三芯标称截面积为95mm^2，中线标称截面积为50mm^2。

7.4 常用建筑弱电系统

随着信息时代的到来，信息成为现代建筑不可缺少的内容，以处理信息为主的弱电系统已经成为建筑电气的重要组成部分，在建筑工程中的地位将越来越重要。

7.4.1 火灾自动报警与灭火系统

以传感器技术、计算机技术、电子通信技术等为基础的火灾自动报警与灭火系统，是一种新兴的高科技应用技术，是现代消防自动化工程的核心内容之一。该系统既能对火灾进行早期探测和自动报警，又能根据火情位置及时输出联动信号，控制消防设备灭火，实现检测、报警和灭火的自动化。

随着我国经济建设的发展，各种高层建筑对火灾自动报警与灭火系统提出了更高的要求。在工业厂房、宾馆、图书馆、科研楼和商场等场所，火灾自动报警与灭火系统已成为必不可少的建筑防灾设施。

1. 火灾自动报警与自动灭火的基本原理

1）火灾自动报警的基本原理

在系统中，控制器（报警控制器）通过探测器（探头）不断向监视现场发出巡测信号，监测现场的烟雾浓度、温度等，由探测器不断反馈给控制器，控制器再将输入的由烟雾浓度或温度转换而成的电信号与控制器内存储的正常整定值进行比较，判断火灾是否发生。当确认发生火灾时，则在控制器上首先发出声光报警，显示烟雾浓度、火灾区域或楼层房间号的地址编码，并打印报警时间、地址、烟雾浓度等，然后向火灾现场发出警铃或电笛报警，与此同时在火灾发生楼层的上下相邻层或火灾区域的相邻区域也发出报警信号，显示火灾区域。各应急疏散指示灯亮，指示疏散路线。

为了防止探测器失灵或火警线路发生故障，现场人员发现火灾也可以通过安装在现场的手动消防按钮和火灾报警电话直接向控制器传呼报警信号。另外，在目前的火灾报警产品中，一般把控制器和集中报警声光控制装置、打印和显示装置成套设计和组装在一起，称为火灾自动报警装置。

2）自动灭火的基本原理

在控制器的联动控制下，系统由具备自动洒水、自动喷射高效灭火剂等功能的成套装置执行灭火。当建筑物内某一监视现场（房间、走道、仓库、车间、楼梯等）发生火灾时，探测器确认着火后输出两路信号：一路信号报警，另一路信号则指令设于现场的执行器（继电器、电磁阀等）开启喷洒阀喷水或灭火剂灭火。

为了防止系统失控或执行器中元件、阀门失灵，在现场有关部位（消防水管、风门、风阀等）除设置起检测作用的触点外，还设有手动开关，用以手动报警并使执行器（或灭火器）动作，以便及时扑灭火灾。一般把继电器、接触器、信号显示器等集中在一个控制箱内，用以遥控检测各种灭火装置。

2. 火灾自动报警与灭火系统的组成

火灾自动报警与灭火系统由火灾自动报警控制系统、消防联动控制系统和自动灭火系统三大部分组成。

1）火灾自动报警控制系统

火灾自动报警控制系统是建筑设备自动化系统中一个非常重要的独立子系统。而建筑设备自动化系统是智能建筑三大体系之一。火灾自动报警控制系统的动作，既能通过建筑物中智能系统的综合网络结构实现，又可以在完全摆脱其他系统或网络的情况下独立工作。

火灾自动报警控制系统主要由火灾探测器、火灾报警控制器和火灾自动报警装置组成。火灾探测器将现场火灾信息（烟、温度、光）转换成电信号，传送至火灾报警控制器；火灾报警控制器对电信号经过运算处理后认定火灾，输出指令信号，一方面启动火灾自动报警装置，如声光报警等，另一方面启动消防联动装置，用以驱动各种灭火装置。

2）消防联动控制系统

消防联动控制系统主要由消防联动装置和联锁装置组成。消防联动控制系统可以控制自动灭火系统进行灭火，还可以控制事故广播、事故照明、消防给水、防排烟系统等展开工作。

3）自动灭火系统

自动灭火系统包括各种灭火装置。自动灭火系统通常可采用湿式消防系统（即水灭火系统）或干式消防系统。高层建筑中常用湿式消防系统，主要包括消火栓灭火系统和自动喷水灭火系统。

3. 火灾自动报警控制系统的形式

根据建筑物防火等级的不同，火灾自动报警控制系统可采用控制中心报警系统、集中报警系统和区域报警系统三种形式。

1）控制中心报警系统

如图 7－32 所示，集中火灾报警控制器设在有人值班的消防控制室内，其他报警装置及消防联动装置可采用分散就地控制和集中遥控两种方式，各装置工作状态的反馈信号，必须集中显示在消防控制室的监视屏或总控制台上，以便负担总体灭火的联络与调度职能。控制中心报警系统的探测区域可达数百甚至上千个，适用于规模大、需要集中管理的群体建筑及超高层建筑。

2）集中报警系统

集中报警系统如图 7－33 所示。该系统用的火灾报警控制器，对于一个建筑物内的消防控制室，数量不宜超过两台。

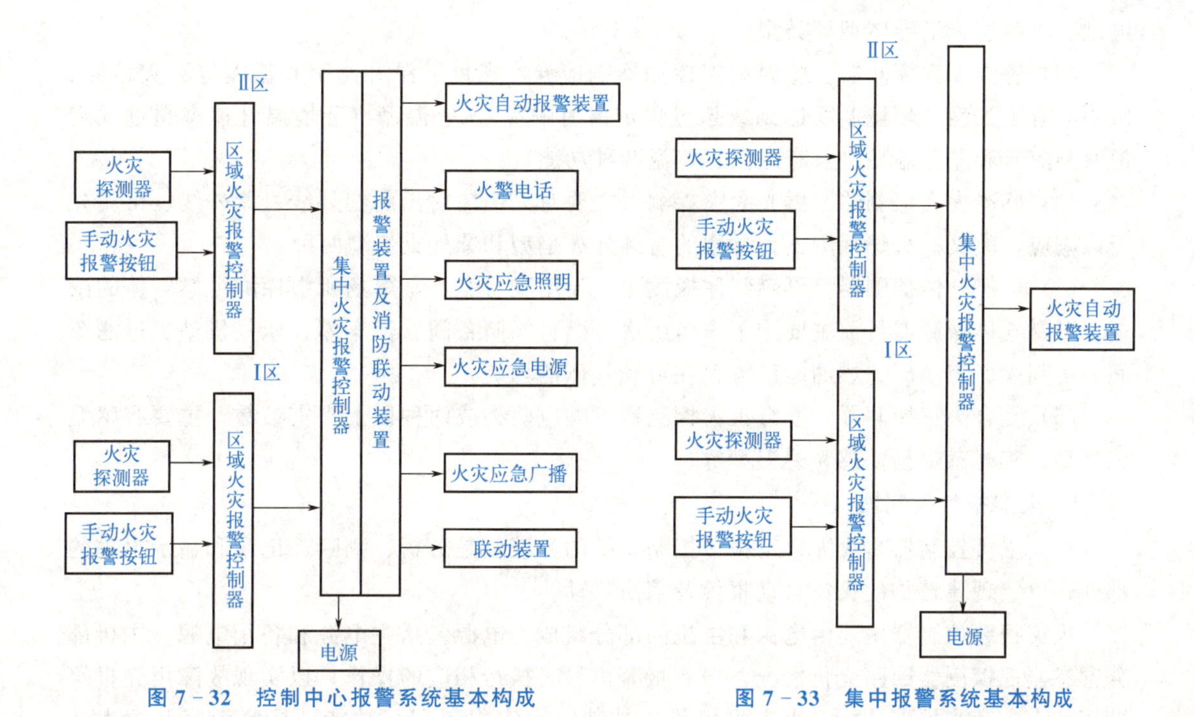

图 7-32 控制中心报警系统基本构成　　图 7-33 集中报警系统基本构成

3）区域报警系统

区域报警系统如图 7-34 所示。其保护对象仅为某一局部范围，在一个建筑物内只能有一个区域报警系统。

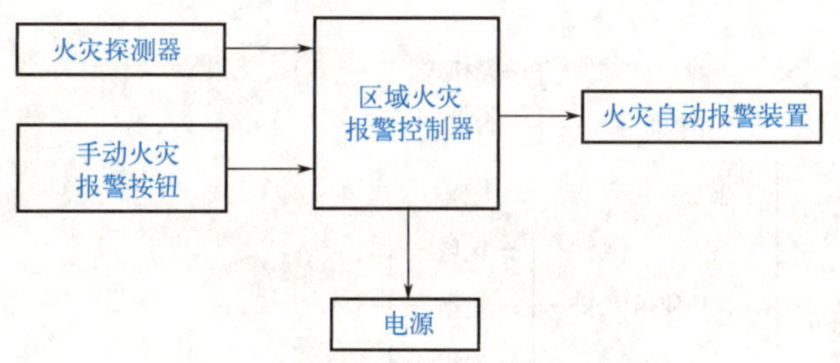

图 7-34 区域报警系统基本构成

4. 火灾探测器

火灾探测器是火灾自动报警控制系统最关键的部件之一，它是整个系统自动检测的触发器件，犹如系统的感觉器官，能不间断地监视和探测被保护区域火灾的初期信号。

根据火灾探测方法和原理，火灾探测器有感烟式、感温式、感光式、可燃气体探测式和复合式等主要类型。各种类型按其结构造型，又可分为点型和线型两大类。

（1）感烟火灾探测器。感烟火灾探测器对燃烧或热解产生的固体或液体微粒予以响应，用以探测火灾初期产生的气溶胶或烟粒子浓度。感烟火灾探测器又可分为离子型、光

电型、电容型、半导体型等类型。

(2) 感温火灾探测器。感温火灾探测器响应异常温度、温升速率和温差等火灾信号，常用的有定温型（环境温度达到或超过预定值时响应）、差温型（环境温升速率超过预定值时响应）和差定温型（兼有差温、定温两种功能）。

(3) 感光火灾探测器。感光火灾探测器主要对火焰辐射出的红外线、紫外线、可见光予以响应，故又称火焰探测器，常用的有红外火焰型和紫外火焰型两种。

(4) 可燃气体探测器。可燃气体探测器主要用于易燃、易爆场所中探测可燃气体的浓度。可燃气体探测器目前主要用于宾馆厨房、燃料气储备间、汽车库、压气机站、过滤车间、溶剂库、炼油厂、燃油电厂等存在可燃气体的场所。

(5) 复合火灾探测器。复合火灾探测器可响应两种或两种以上火灾参数，主要有感温感烟型、感光感烟型、感光感温型等。

5. 火灾报警控制器

火灾报警控制器是火灾自动报警控制系统的心脏，是分析、判断、记录和显示火灾的部件，以实现建筑物的火灾自动报警及消防联动。

火灾报警控制器主要由电源和主机两部分组成。电源包括主电源和备用电源。主机部分常态监视探测器回路变化情况，遇有报警信号时执行相应的操作，以实现故障声光报警功能、火灾声光报警功能、火灾报警优先功能、火灾报警记忆功能、报警消声及再生功能、时钟单元功能、输出控制功能等。

根据设计使用要求，火灾报警控制器分为区域火灾报警控制器、集中火灾报警控制器和通用火灾报警控制器。火灾报警控制器还可以按其结构、设计使用、技术性能和使用环境的要求来进行分类，如图 7－35 所示。

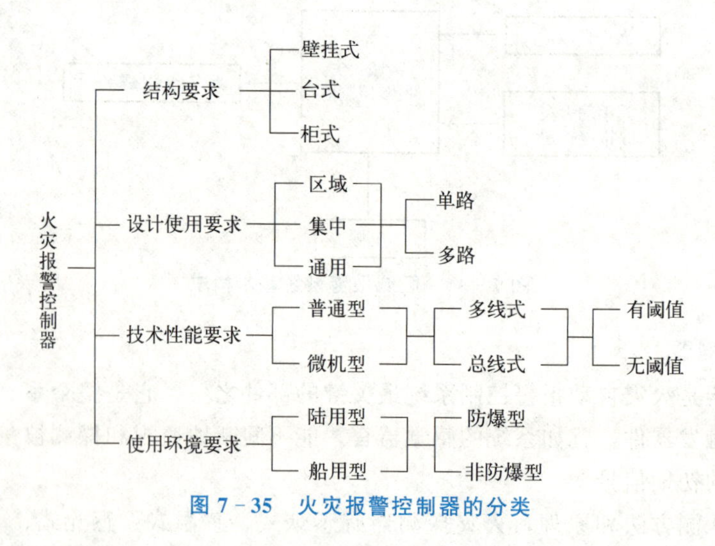

图 7－35　火灾报警控制器的分类

(1) 区域火灾报警控制器。区域火灾报警控制器用于火灾探测器的监测、巡检、供电与备电，接收监测区域内火灾探测器的报警信号，并转换为声光报警输出，显示火灾部位等。其主要功能有火灾信号处理与判断、声光报警、故障监测、模拟检查、报警计时、备电切换和联动控制等。

（2）集中火灾报警控制器。集中火灾报警控制器用于接收区域火灾报警控制器发送的火灾信号，显示火灾部位和记录火灾信息，协调联动控制和构成终端显示等，主要功能包括报警显示、控制显示、计时、联动联锁控制、信息传输处理等。

（3）通用火灾报警控制器。通用火灾报警控制器兼有区域和集中火灾报警控制器的功能，小型的可作为区域火灾报警控制器使用，大型的可以构成中心处理系统。其形式多样，功能完备，可按其特点构成各种类型的火灾自动报警模式。

6. 消防联动控制系统

消防联动控制系统必须执行《工程建设标准强制性条文》的有关规定。检测消防控制室向建筑设备监控系统传输、显示火灾报警信息的一致性和可靠性，检测与建筑设备监控系统的接口、建筑设备监控系统对火灾报警的响应及其火灾运行方式，应采用在现场模拟发出火灾报警信号的方式进行。

1）防排烟系统控制

对一般加压送风排烟的控制过程是：当发生火灾时，火灾探测器将探测到的火警信号发给报警控制器，报警控制器向防排烟控制器发出指令，由防排烟控制器输出相应的控制脉冲，通过防排烟控制总线开启或关闭相应的排烟口和送风口，同时启动排烟机、送风机；当经过送风口、排烟口的气流达到280℃时，安装在送风口、排烟口的熔断器熔断，关闭送风口、排烟口；关闭信号送至报警控制器，报警控制器再发出相应的指令到防排烟控制器，关闭相应的排烟机、送风机。

如果有空调设备，空调送风管道内的气流温度达到70℃时，防火熔断器动作，关闭防火阀。该关闭信号送至报警控制器，报警控制器发出相应指令到防排烟控制器，关闭空调机。上述动作也可在防排烟控制器上手动操作。

2）防火卷帘控制

防火卷帘是一种防火分隔物，在火灾严重时放下防火卷帘，可以挡住门窗，阻止火势蔓延。电动防火卷帘两侧设感烟、感温两种火灾探测器，以及声光报警装置和手动控制按钮（应有防误操作措施）。

电动防火卷帘采取两次控制下落方式，第一次由感烟火灾探测器控制下落，至距地1.5m（或1.2m）处停止，用以阻止烟雾扩散至另一防火区域；第二次由感温火灾探测器控制，继续下落到底，以阻止火势蔓延，并应分别将报警及动作信号送到消防控制室。

7.4.2 电话通信系统

电话通信系统由三部分组成，即电话交换机、电话传输系统和用户终端设备。任何建筑物内的电话均通过市话中继线连成全国乃至全球的电话网络。

1. 电话交换机

电话交换机是接通电话用户之间通信线路的专用设备，目前最先进的是程控用户交换机。现代化建筑大厦中的程控用户交换机可以完成建筑内部用户与用户之间的信息交换，内部用户通过公用电话网或专用数据网，还可以与外部用户实现话音及图文数据传输。程控用户交换机通过控制机配备各种不同功能的模块化接口，组成通信能力强大的综合数据

业务网。

程控用户交换机主要由话路系统、中央处理系统、输入输出系统三部分组成。预先把交换动作的顺序编成程序集中存放在存储器中，然后由程序自动执行控制交换机的交换连续动作，从而完成用户之间的通话。

2. 电话传输系统

电话传输系统分为有线传输（明线、电缆、光缆等）和无线传输（短波、微波中继、卫星通信等）两种方式。通信工程主要采用有线传输方式。

有线传输又分为模拟传输和数字传输两种。将信息转换成电流模拟量进行传输的方式为模拟传输，如普通电话交换机采用模拟语音信息传输。将信息按数字编码方式转换成数字信号进行传输的方式为数字传输，如程控用户交换机采用数字传输各种信息。

传输线路中分市话电线、电缆、双绞线、光缆等。常用市话电缆有 HQ 型低绝缘铅包市话电缆、HYQ 型聚氯乙烯绝缘铅包市话电缆。建筑物内的电话干线常采用 HPVV 型塑料绝缘塑料护套通信电缆，引至电话的配线常采用 RVS－2×0.5 塑料绝缘软绞线。双绞线是用于数字通信的双绞线缆。光缆是数据通信中传输容量最大、传输距离最长的新型传输媒体。

3. 用户终端设备

用户终端设备主要指电话机、传真机、计算机终端等。常用电话机有拨号盘式电话机、脉冲按键式电话机、双音多频（DTMF）按键式电话机、无绳电话机等，另外还有多功能电话机、扬声自动电话机、自动录音电话机、电视电话机及各种其他功能的电话机。

7.4.3 建筑广播音响系统

建筑广播音响系统一般可归纳为三种基本类型：公共广播系统、厅堂扩声系统、专用的会议系统。公共广播系统是面向公众区、宾馆客房等的广播音响系统，它具有播放背景音乐和紧急广播功能。厅堂扩声系统是指礼堂、剧场、体育场馆、歌舞厅、宴会厅、卡拉 OK 厅等的音响系统。专用的会议系统如同声传译系统等，该系统有其特殊要求。

建筑广播音响系统的基本组成如图 7－36 所示。

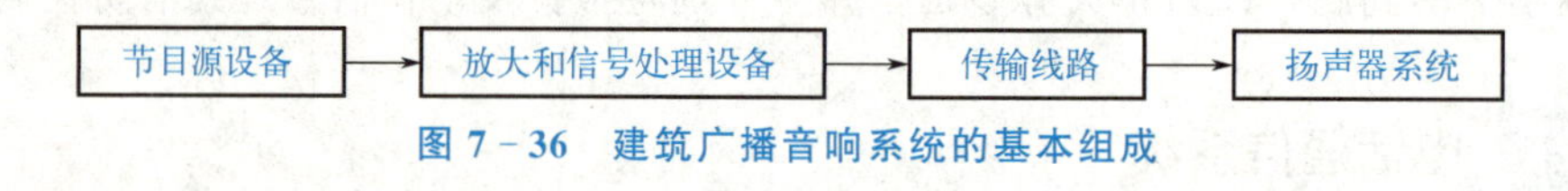

图 7－36　建筑广播音响系统的基本组成

(1) 节目源设备：通常由节目源和设备组成。节目源是指无线电广播（调频、调幅）、普通唱片、激光唱片（CD）和盒式磁带等。设备有 FM/AM 调谐器、电唱机、激光唱机和录音卡座，以及传声器（话筒）、电视伴音（影碟机、录像机和卫星电视的伴音）、电子乐器等。

(2) 放大和信号处理设备：整个广播音响系统的控制中心，包括调音台、前置放大器、功率放大器和各种控制器及音响加工设备等。

(3) 传输线路：由于系统和传输方式的不同，对传输线路有不同的要求。

（4）扬声器系统：音箱、扬声器箱均属于扬声器系统，包括封闭式音箱、倒相式音箱、号筒式音箱、声柱等。

7.4.4 共用天线电视系统

共用天线电视系统简称CATV系统。该系统指共用一组天线接收电视台电视信号，信号经过适当的技术处理后，由专用部件将信号合理地分配给各电视接收机。由于系统各部件之间采用了大量的同轴电缆作为信号传输线，故CATV系统又称电缆电视系统，是目前有线电视广泛应用的系统。

CATV系统的组成如图7-37所示，可归纳为接收天线、前端设备、传输分配网络和终端用户四个组成部分。

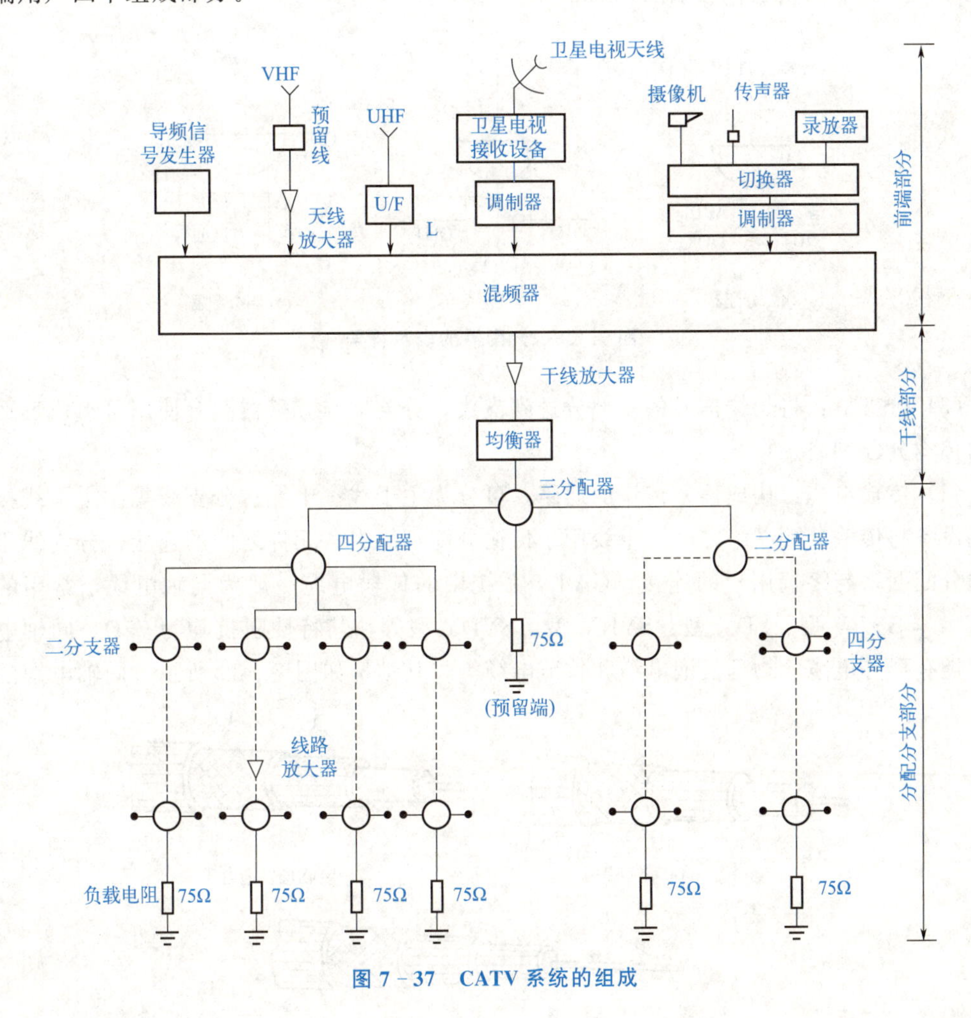

图7-37 CATV系统的组成

1. 接收天线

接收天线的作用是获得地面无线电视信号、调配广播信号、微波传输电视信号和卫星电视信号。

接收天线可分为引向天线、抛物面天线、环形天线和对数周期天线等。

2. 前端设备

前端设备主要包括天线放大器、干线放大器、混合器等。

天线放大器的作用是提高接收天线的输出电平，改善信噪比。干线放大器的作用是将干线信号电平放大，以补偿干线电缆的损耗，增加信号的传输距离。混合器的作用是将接收的多路信号混合在一起，合成一路输送出去，而且多路信号互不干扰。

3. 传输分配网络

传输分配网络由线路放大器、分配器、分支器和传输电缆等组成。

（1）线路放大器：补偿传输过程中因用户增多线路增长后的信号损失。

（2）分配器：将一路信号等分成几路来进行分配，常见的有二分配器、三分配器、四分配器。分配器的表示符号如图 7 - 38 所示。

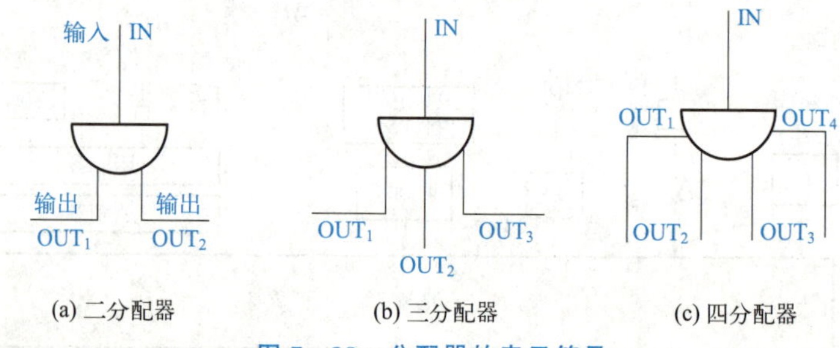

图 7 - 38　分配器的表示符号

（3）分支器：将干线信号的一部分送到支线，分支器与分配器配合使用可组成形形色色的传输分配网络。

（4）传输电缆：构成信号传输的通路，可分为主干线、干线、分支线等。主干线接在前端设备与传输分配网络之间；干线用于传输分配网络中各元件之间的连接；分支线用于传输分配网络与终端用户的连接。CATV 系统中的传输电缆一般为同轴电缆，常用的有 SYV 型、SYFV 型、SDV 型、SYKV 型、SYDY 型等，其特性阻抗均为 75Ω。同轴电缆的种类有藕芯电缆、物理发泡电缆和竹节电缆等，其结构如图 7 - 39 所示。同轴电缆的敷

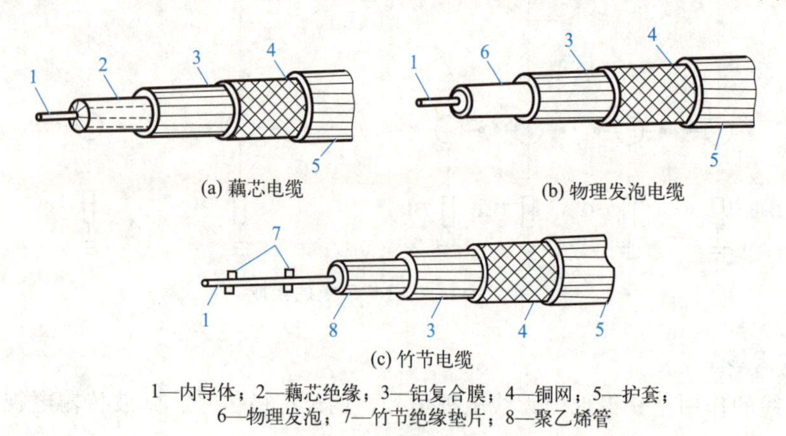

图 7 - 39　同轴电缆的结构

设应符合《有线电视广播系统技术规范》(GY/T 106—1999) 的有关规定。

4. 终端用户

终端用户又称为用户接线盒，是CATV系统供给电视机电视信号的接线器。

用户接线盒有单孔盒和双孔盒之分。单孔盒输出电视信号，双孔盒可同时输出电视信号和调频广播信号。

7.4.5 安全防范系统

安全防范系统包括电视监控系统、出入口控制系统、入侵报警系统、停车场（库）自动管理系统、巡更管理系统等，如图7-40所示。

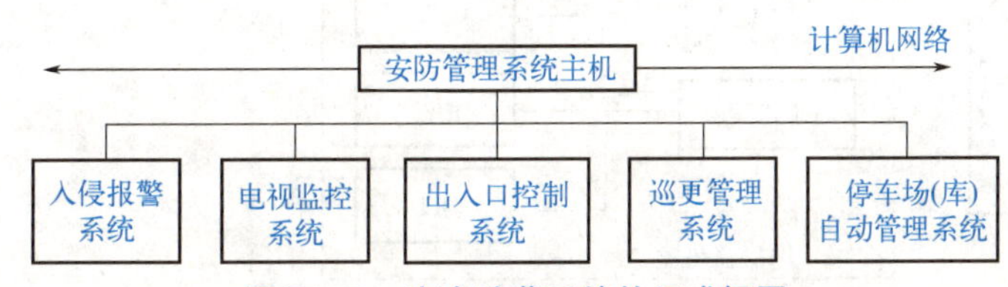

图7-40 安全防范系统的组成框图

1. 电视监控系统

办公大厦和高层宾馆酒店中常设置安保中心。安保中心配备数台至数十台闭路电视监视器，监视器的台数由建筑物的规模和安保级别决定，形成电视监控系统。安保中心通过电视监控系统可以随时观察大厦入口、主要通道、客梯轿厢和重点安保场所的动态。

电视监视系统接入安保系统并连通报警控制器，接到报警信号后迅速启动相应部位的摄像机复查。同时系统应配备长时间摄像机，记录所有摄像机的监视内容，以便随时复查。为了保证电视监控系统在大厦发生停电事故时仍能正常运行，必须配备不间断电源。

2. 出入口控制系统

在大楼重要区域的通行门、出入口通道、电梯厅等部位设置出入口控制装置，如门磁开关、电控锁、读卡器等，由控制中心对通行对象及通行时间等进行控制的系统为出入口控制系统。出入口控制系统必须同消防系统联动，确保发生火灾时能及时封锁有关通行门，并迅速开启消防通道及安全门。通道出入口控制系统如图7-41所示。

3. 入侵报警系统

建筑物的入侵报警系统由探测器、区域控制器和报警控制中心三大部分组成，如图7-42所示。

入侵报警系统中的探测器和执行设备用于进行小范围的探测，一旦有异常情况便可发出声光报警，同时向区域控制器发送信息。区域控制器负责接收由探测器发送来的信息，并向报警控制中心传送该区域内的报警情况。报警控制中心接收到区域控制器发送来的报警信号后，根据具体情况发出指令，采取相应的措施。

4. 停车场（库）自动管理系统

停车场（库）自动管理系统是为满足现代化停车场要求而设计的全自动管理系统，将

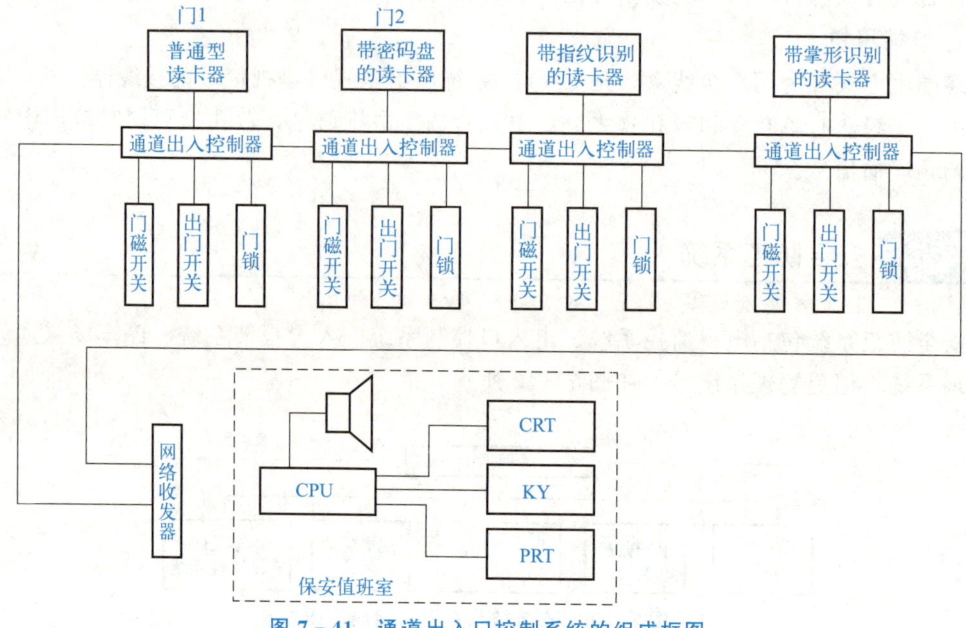

图 7-41 通道出入口控制系统的组成框图

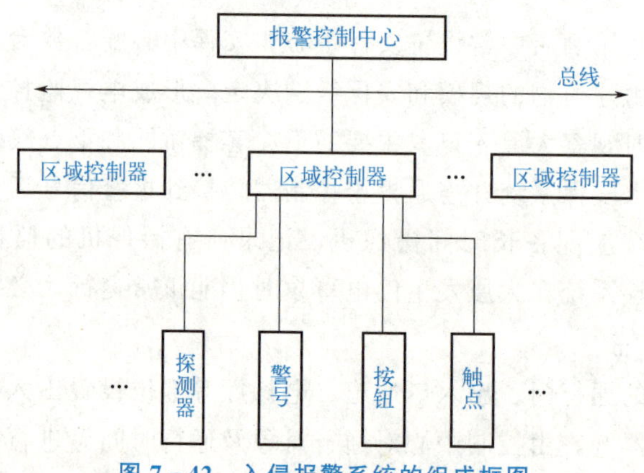

图 7-42 入侵报警系统的组成框图

国际先进的非接触技术、车辆检测技术、自动控制技术、计算机图像处理和管理技术融为一体，实现高效、安全、方便的停车场（库）管理。

大型停车场（库）自动管理系统主要由出入口控制系统、中央数据采集系统、监视系统等组成。一般停车场（库）自动管理系统主要由中央收费系统、入口管理站、出口管理站、自动车辆闸门、车路管制系统和车辆影像识别设备等组成。

系统应具备车辆信号感应、车位显示、出入口自动检索收费、闸门自动控制、车辆车牌号自动识别等功能。系统应同管理中心联网，用户向停车场管理部门办理交款手续，领取磁卡，卡上有停放层次、车位号和停车期限等密码。车库入口通道处设有一台读卡机、一台出票机、一台自动栅杆和一对车辆感应器。持磁卡者入库停车时，将磁卡划过读卡机，入口栅杆自动打开，允许车辆驶入。临时停车无磁卡者可在出票机前取票，票上印有进入的日期、时间、编号等，票取妥后栅杆自动打开，允许车辆驶入。车辆驶过栅杆后，车辆感应器会发出信号提示安全，并指示栅杆关闭。此为车辆进入时的停车场（库）自动管理系统流程，如图 7－43(a) 所示。车辆驶出的流程如图 7－43(b) 所示。

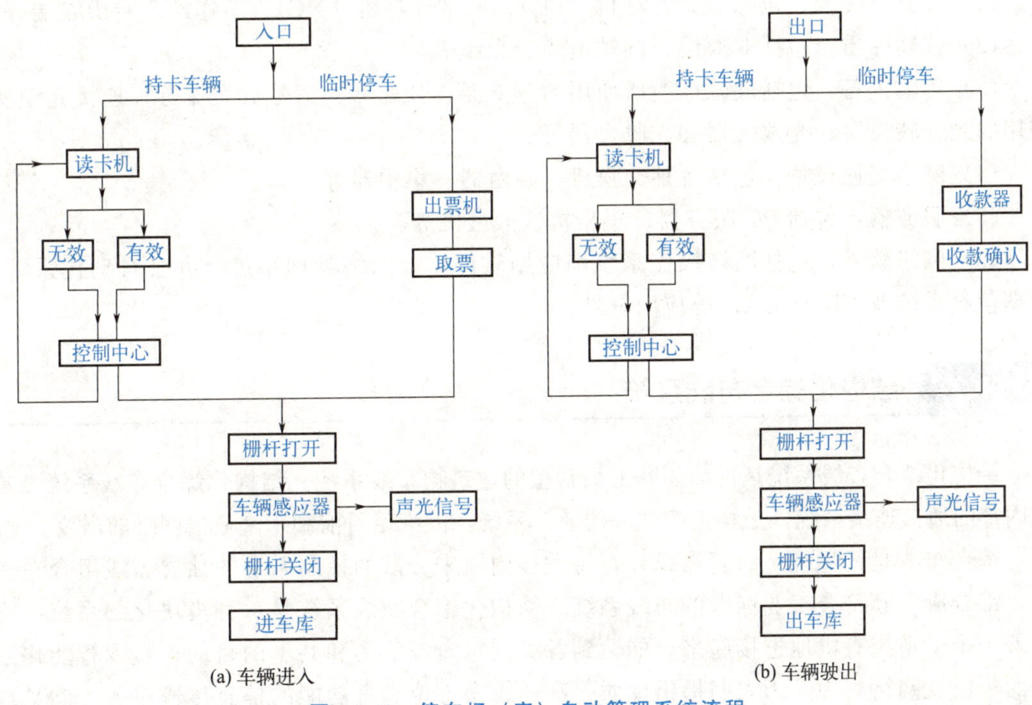

图 7－43 停车场（库）自动管理系统流程

5. 巡更管理系统

巡更管理系统可以用微处理机组成独立的系统，也可纳入建筑设备自动化系统。

巡更管理系统可按巡更路线编制巡更程序，输入计算机系统。巡更程序的编制应具有一定的灵活性，能及时对巡更路线、行动方向及各巡更点的到达时间进行合理的调整。

巡逻人员应根据巡更程序所规定的路线和时间到达规定的巡更点，不能迟到，更不能绕道。巡逻人员每抵达一个巡更点，必须按巡更信号箱卡的按钮，向计算机中心报到。管理中心可通过显示屏上的指示灯了解巡更线路上的情况。若巡逻人员因故未能在预定时间内到达规定的巡更点，则巡更程序中断，计算机会打印记录，以便查询，同时发出报警信号，显示出现异常情况的路线，管理中心应立即派人前往查处。

7.4.6 计算机网络系统

计算机网络是信息网络系统的内容之一。常见的计算机网络有局域网（LAN）、城域网（MAN）和广域网（WAN）。目前局域网（LAN）得到广泛应用。局域网是指一组计算机和其他设备相隔不远，允许用户相互通信和共享计算资源的计算机通信网。

计算机网络系统是应用计算机技术、通信技术、多媒体技术、信息安全技术和行为科学等先进技术和设备构成的信息网络平台。计算机网络系统是将分散的计算机连接在一起进行通信、信息交换和信息处理的集成系统，主要由计算机终端、传输介质、传输设备、网络交换设备、服务器和网络软件等组成。

（1）计算机终端：包括个人计算机（PC）、网络计算机（NC）、工作站、专用终端等。

（2）传输介质：包括双绞线、同轴电缆、光缆等。

（3）传输设备：包括同轴电缆所使用的分支器、分配器、信号放大器等，连接光缆所使用的光纤转换器、光放大器和光收发器等。

（4）网络交换设备：包括各种交换机、路由器、集中器等。

（5）服务器：包括 PC 服务器、小型机、大型机等。

（6）网络软件：包括网络操作系统和应用软件，如网络管理系统、办公自动化系统、管理信息系统及 ERP、CAD 等应用软件。

7.4.7 结构化综合布线系统

结构化综合布线系统是目前国际上最新型的建筑物布线系统。结构化综合布线系统是建筑内部的通信连接系统，是真正的“一线通”系统，能满足目前和未来通信网络的需要。

综合布线是经过统一的规划设计，将大楼内原来分散的控制系统的独立布线组合在一起，综合成一套符合工业标准的布线系统。结构化综合布线系统是一种模块化的系统，它将若干个子系统有机地连接起来，能达到各类信息资源汇集和共享的目的，实现智能化系统的集成及网络管理，为人们提供优质、高速、全方位、多功能的信息传输服务，满足现代管理的需要。结构化综合布线系统的特点如下。

（1）具有卓越的兼容性，可连接多种设备。

（2）通过灵活的跳线，方便用户移动、增加和变更设备连接，易于扩展。

（3）支持建筑自动控制、语音通信、数据通信和多媒体通信。

结构化综合布线系统中所使用的光缆、电缆、配线架及接口必须相同，以供数据、语音、图像、监控、安保、对讲、广播、消防报警等各类信息的传输。综合布线的垂直主干线采用光缆及铜芯双绞线，敷设在电气竖井中，通过各楼层的配线架对水平分支线实行管理。水平分支线采用铜芯双绞线，可提高网络的传输速率及抗干扰能力。为了实现各系统之间的智能化信息联络和交换，综合布线的信息接口应标准化、规范化，既能用作电话接口，又可用作图像显示及计算机终端。

信息插座安装在活动地板或地面上，安装要求执行《综合布线系统工程验收规范》（GB/T 50312—2016）的规定。接线盒应严密防水、防尘，光缆芯线终端的连接盒面板应有标志。建筑群子系统采用架空、管道、直埋敷设电缆、光缆的检测要求按照《通信线路工程验收规范》（GB 51171—2016）的相关规定执行。

《智能建筑工程质量验收规范》（GB 50339—2013）中要求，系统施工前应对交接间、设备间、工作区的建筑和环境条件进行检查，检查内容和要求应符合《综合布线系统工程验收规范》（GB/T 50312—2016）有关规定。

7.5 建筑防雷与接地

7.5.1 雷电的形成及危害

1. 雷电的形成

雷电现象是自然界大气层在特定条件下形成的。雷云对建筑物及大地自然放电的现象，称为雷击。雷击产生的破坏力极大，它对地面上的建筑物、电气线路、电气设备和人身都可能造成直接或间接的危害，因此必须采取适当的防范措施。

2. 雷电的危害

1）直击雷

直击雷就是雷云直接通过建筑物、地面设备或树木对地放电的过程。强大的雷电流通过被击物时产生大量的热量，凡是雷电流流过的物体，金属被熔化，树木被烧焦，建筑物被劈裂。尤其是雷电流流过易燃易爆物体时，还会引起火灾或者爆炸，造成建筑物倒塌、设备损坏以及人身伤害等重大事故。其后果在雷电危害的三种方式中最为严重。

2）感应雷

感应雷是附近有雷云或落雷所引起的电磁作用的结果，分为静电感应和电磁感应两种。静电感应是由于雷云靠近建筑物，使建筑物顶部由于静电感应积聚起极性相反的电荷，雷云对地放电后，这些电荷来不及扩向到大地，因而形成很高的对地电位，能在建筑物内部引起火花；电磁感应是当雷电流通过金属导体流向大地时，形成迅速变化的强大磁场，能在附近的金属导体内感应出电动势，而在导体回路的缺口处引起火花，导致火灾或爆炸，并危及人身安全。

3）雷电波侵入

雷电波侵入是由架空线路或金属管道遭受直接雷或感应雷所引起的，雷云放电所形成的高电压将沿着架空线路或金属管道进入室内，破坏建筑物和电气设备。据调查统计，供电系统中由于雷电波侵入而造成的雷害事故，占所有雷害事故的50%～70%，因此对雷电波侵入的防护应予足够的重视。

7.5.2 建筑物的防雷分类与特点

1. 建筑物的防雷分类

建筑物的防雷分类是根据建筑物的重要性、使用性质、发生雷电事故的可能性以及影响后果等来划分的。在建筑电气设计中，把民用建筑按照防雷等级分为三类。

1）第一类防雷民用建筑物

(1) 具有特别重要用途和重大政治意义的建筑物，如国家级会堂、办公机关建筑，大型体育馆、展览馆建筑，特等火车站，国际性的航空港、通信枢纽，国宾馆、大型旅游建筑等。

（2）国家级重点文物保护的建筑物。

（3）超高层建筑物。

2）第二类防雷民用建筑物

（1）重要的或人员密集的大型建筑物，如省、部级办公楼，省级大型的体育馆、博览馆，交通、通信、广播设施，商业大厦、影剧院等。

（2）省级重点文物保护的建筑物。

（3）19层及以上的住宅建筑和高度超过50m的其他民用建筑。

3）第三类防雷民用建筑物

（1）建筑群中高于其他建筑物或处于边缘地带的高度为20m以上的建筑物，在雷电活动频繁地区高度为15m以上的建筑物。

（2）高度超过15m的烟囱、水塔等孤立建筑物。

（3）历史上雷电事故严重地区的建筑物或雷电事故较多地区的重要建筑物。

（4）建筑物年计算雷击次数达到0.01次及以上的民用建筑。

因第三类防雷民用建筑物种类较多，规定也比较灵活，故应结合当地气象、地形、地质及周围环境等因素确定。

2. 现代建筑的防雷特点

现代工业与民用建筑大多采用钢筋混凝土结构，建筑物内的各种金属物体和电气设备种类繁多。例如，建筑物内的暖气、煤气、自来水等管道以及家用电器、电子设备越来越多，若以上设备不采取合适的防雷措施，易导致雷电事故。因此，在考虑防雷措施时，不仅要考虑建筑物本身的防雷，还要考虑到建筑物内部设备的防雷。

7.5.3 建筑防雷措施

对于工业与民用建筑，所采取的防雷措施主要取决于不同建筑物的防雷分类。对于第一类、第二类防雷民用建筑物，应有防直击雷和防雷电波侵入的措施；对于第三类防雷民用建筑物，应有防止雷电波沿低压架空线路侵入的措施，至于是否需要防直击雷，则应根据建筑物所处的环境特性、建筑高度及面积来判断。可见，民用建筑的防雷措施，原则上以防直击雷为主要目的。

1. 防直击雷的措施

防直击雷的装置一般由接闪器、引下线和接地装置三部分组成，统称为避雷装置。避雷装置的作用是将雷云电荷或建筑物感应电荷迅速引入大地，以保护建筑物、电气设备及人身免遭雷击，能有效防止直击雷的危害。其作用原理是接闪器接受雷电流后通过引下线进行传输，最后经接地装置使雷电流流入大地。

1）接闪器

接闪器是用来接受雷电流的装置。接闪器的类型主要有避雷针、避雷线、避雷带、避雷网和避雷器等。

(1) 避雷针：安装在建筑物突出部位或独立装设的针形导体，在发生雷击时能够吸引雷云放电保护附近的建筑物。避雷针一般用镀锌圆钢或镀锌钢管制成，其长度在1m以下时，圆钢直径不小于20mm；针长度为1～2m时，圆钢直径不小于16mm。钢管直径不小于25mm。烟囱顶上的避雷针，圆钢直径不小于20mm，钢管直径不小于40mm。

(2) 避雷线：一般采用截面积不小于35mm^{2}的镀锌钢绞线作为避雷线，架设在架空线路上方，用来保护架空线路免遭雷击。

(3) 避雷带：沿建筑物易受雷击的部位（如屋脊、屋角等）装设的带形导体，一般采用镀锌圆钢或扁钢制成。

(4) 避雷网：由屋面上纵横交错敷设的避雷带组成的网格形状导体，一般采用镀锌圆钢或扁钢制成。避雷网一般用于重要的建筑物防雷保护。高层建筑常把建筑物内的钢筋连接成笼式避雷网。

(5) 避雷器：用来防止雷电波沿线路侵入建筑物内，以免电气设备损坏。常用避雷器的类型有阀式避雷器、管式避雷器等。

《建筑电气工程施工质量验收规范》(GB 50303—2015) 中要求，建筑物顶部的避雷针、避雷带等必须与顶部外露的其他金属物体连成一个整体的电气通路，且与避雷引下线连接可靠。

2) 引下线

引下线是将雷电流引入大地的通道。引下线的材料多采用镀锌扁钢或镀锌圆钢。

引下线的敷设方式分为明敷和暗敷两种。明敷引下线应平直、无急弯，与支架焊接处油漆防腐，且无遗漏。明敷引下线应在引下线距地面上1.7m至地面下0.3m的一段加装竹管、塑料管或钢管保护，支持件的间距应均匀，水平直线部分间距为0.5～1.5m，垂直直线部分间距为1.5～3m，弯曲部分间距为0.3～0.5m。暗敷在建筑物抹灰层内的引下线应有卡钉分段固定。引下线的安装路径应短直，其紧固件及金属支持件均应采用镀锌材料，在引下线距地面1.8m处设断接卡子。

3) 接地装置

接地装置包括接地体和接地线。接地装置的作用是把引下线引下的雷电流迅速扩散到大地土壤中。接地体的材料多采用镀锌角钢或镀锌圆钢，接地线的材料选用镀锌扁钢。

2. 防雷电波侵入的措施

防止雷电波侵入的一般措施：凡进入建筑物的各种线路及金属管道均采用全线埋地引入的方式，并在入户处将其有关部分与接地装置相连接；当低压线全线埋地有困难时，可采用一段长度不小于50m的铠装电缆直接埋地引入，并在入户处将电缆的金属外皮与接地装置相连接；当低压线采用架空管线直接入户时，应在入户处装设阀式避雷器，该避雷器的接地引下线应与进户线的绝缘子铁脚、电气设备的接地装置连在一起。避雷器能有效防止雷电波由架空管线进入建筑物。

3. 防雷电反击的措施

建筑防雷还需考虑防止雷电流流经引下线产生的高电位对附近金属物体的反击。当避雷装置接受雷电流时，在接闪器、引下线和接地体上都会产生很高的电位，如果避雷装置与建筑物内外的电气设备、电线或其他金属管线之间的绝缘距离不符合要求，它们之间就会发生放电，该现象称为反击。反击会造成电气设备绝缘破坏、金属管道烧穿，甚至引起火灾和爆炸。防雷电反击的措施有以下两种。

(1) 在施工中将建筑物内的金属物体（含钢筋）与避雷装置的接闪器、引下线分隔开，并且保持一定的距离。

(2) 如果避雷装置与建筑物内的钢筋、金属管道分隔开有一定的难度，可将建筑物内的金属管道系统的主干管与邻近的避雷装置相连接，有条件时宜将建筑物内每层的钢筋与所有的防雷引下线连接。

7.5.4 建筑工地防雷

高层建筑施工工地的防雷问题值得重视。因为高层建筑施工工地四周的起重机、脚手架等高度高，木材堆积多，一旦遭受雷击，很容易引起火灾和造成事故，对施工人员造成生命危险。高层建筑施工期间应该采取如下防雷措施。

(1) 施工时应提前考虑防雷施工程序，为了节约钢材，应按照正式设计图纸的要求，首先做好全部接地装置。

(2) 在开始架设结构骨架时，应按图纸规定，随时将混凝土柱内的主筋与接地装置连接起来，以备施工期间柱顶遭到雷击时，使雷电流安全入地。

(3) 沿建筑物的四角和四边竖起的杉木脚手架或金属脚手架，应做数根避雷针，并直接接到接地装置上，保护全部施工面积，保护角可按 60°计算。针长最少应高出杉木30cm，在雷雨季节施工时，应随杉木的接高，及时加高避雷针。

(4) 施工用的起重机最上端必须装设避雷针，并将起重机下面的钢架连接于接地装置上，接地装置应尽可能利用永久性接地系统。

(5) 应随时使施工现场正在绑扎钢筋的各层构成一个等电位面，以避免人遭受雷击产生跨步电压的危险，由室外引来的各种金属管道及电缆外皮，都要在进入建筑物的进口处，就近接在接地装置上。

7.5.5 接地的类型和作用

在日常生活和工作中难免会发生触电事故。用电时人体与用电设备的金属结构（如外壳）相接触，如果电气装置的绝缘损坏，导致金属外壳带电，或者由于其他意外事故，使金属外壳带电，则会发生人身触电事故。为了保证人身安全和电气系统、电气设备的正常工作，采取保护措施是非常有必要的，最常用的保护措施就是保护接地或保护接零。

根据电气设备接地的作用，可将接地类型分为以下几种。

1. 工作接地

在正常情况下，为保证电气设备的可靠运行，并提供部分电气设备和装置所需要的相电压，将电力系统中的变压器低压侧中性点通过接地装置与大地直接相连，这种接地方式称为工作接地。

2. 保护接地

为了防止电气设备由于绝缘损坏而造成触电事故，将电气设备的金属外壳通过接地线与接地装置连接起来，这种保护人身安全的接地方式称为保护接地。其连接线称为保护线（PE）或保护地线和接地线。

3. 工作接零

单相用电设备为获取相电压而接的零线，称为工作接零。其连接线称中线（N）或零线，与保护线共用的称为保护中线（PEN）。

4. 保护接零

为了防止电气设备因绝缘损坏而使人身遭受触电危险，将电气设备的金属外壳与电源的中线（俗称零线）用导线连接起来，称为保护接零。其连接线也称为保护线（PE）或保护零线。

5. 重复接地

当线路较长或要求接地电阻值较低时，为尽可能降低零线的接地电阻，除变压器低压侧中性点直接接地外，将零线上一处或多处再进行接地，则称为重复接地。

6. 防雷接地

防雷接地的作用是将雷电流迅速安全地引入大地，避免建筑物及其内部电气设备遭受雷电侵害。

7. 屏蔽接地

由于干扰电场的作用会在金属屏蔽层上感应电荷，故将金属屏蔽层接地，使感应电荷导入大地，称屏蔽接地，如专用电子测量设备的屏蔽接地等。

8. 专用电子设备的接地

如医疗设备、电子计算机等的接地，即为专用电子设备的接地。

电子计算机的接地主要有直流接地（即计算机逻辑电路、运算单元、CPU 等单元的直流接地，也称逻辑接地）和安全接地。一般电子设备的接地有信号接地、安全接地、功率接地（即电子设备中所有继电器、电动机、电源装置、指示灯等的接地）等。

9. 接地模块

接地模块是近年来在施工中推广的一种接地方式。接地模块顶面埋深不小于0.6m，接地模块间距不应小于模块长度的3～5倍。接地模块埋设基坑，一般为模块外形尺寸的1.2～1.4倍，且在开挖深度内详细记录地层情况。接地模块应垂直或水平就位，不应倾斜设置，保持与原土层接触良好。接地模块应集中引线，用干线把模块接地并联且焊接成一个环路，干线的材质与接地模块焊接点的材质应相同，钢制的采用热浸镀锌扁钢，引出线不少于两处。

10. 建筑物等电位联结

建筑物等电位联结作为一种安全措施，多用于高层建筑和综合建筑中。建筑物等电位联结干线应从与接地装置有不少于2处直接连接的接地干线或总等电位箱引出，等电位联结干线或局部等电位箱间的联结线形成环行网路，环行网路应就近与等电位联结干线或局部等电位箱连接。支线间不应串联连接。

等电位联结的线路最小允许截面积：铜干线 $16mm^2$，铜支线 $6mm^2$；钢干线 $50mm^2$，钢支线 $16mm^2$。

7.5.6 低压配电保护接地系统

低压配电系统按保护接地形式分为TN系统、TT系统和IT系统。其中TN系统是我国广泛采用的中性点直接接地的形式，按照中线与保护线的组合情况，TN系统又分为TN-C系统、TN-S系统和TN-C-S系统。

1. TN-C系统

TN-C系统的中线（N）和保护线（PE）是共用的，该线又称为保护中线（PEN），如图7-44所示。其优点是节省了一条导线，但在三相负载不平衡或保护中线断开时会使所有用电设备的金属外壳都带上较高的电压。在一般情况下，如保护装置和导线截面选择适当，TN-C系统是能够满足要求的。

TN-C系统现在已经很少采用，尤其是在民用配电中已基本不允许采用。

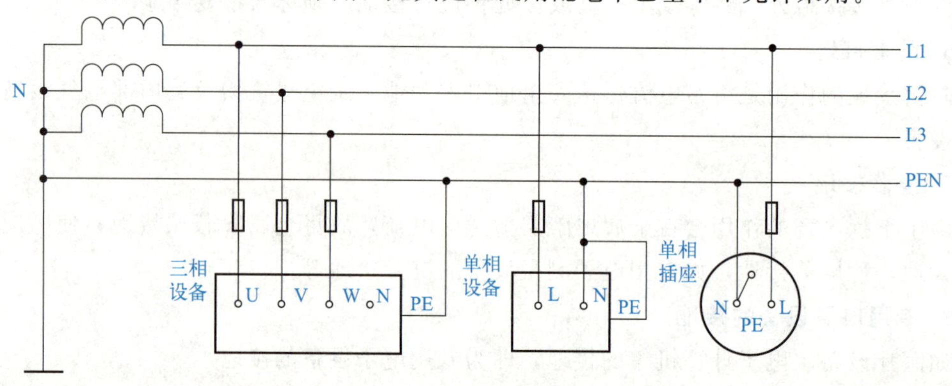

图7-44　TN-C系统

2. TN-S系统

TN-S系统的中线和保护线是分开的，如图7-45所示。其优点是保护线在正常情况下没有电流通过，因此不会对接在保护线上的其他设备产生电磁干扰。此外，由于中线与保护线分开，故中线断线也不会影响保护线的保护作用。但TN-S系统耗用的导电材料

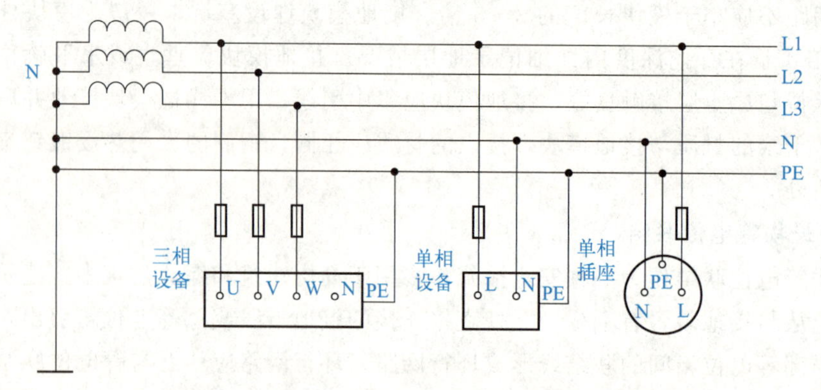

图7-45　TN-S系统

较多，投资较大。

TN－S系统是目前我国应用最为广泛的低压配电保护接地系统，新建的大型民用建筑和住宅小区大多采用该系统。

3. TN－C－S系统

TN－C－S系统中前一部分中线和保护线是合一的，而后一部分是分开的，且分开后不允许再合并，如图7－46所示。该系统兼有TN－C系统和TN－S系统的特点，常用于配电系统末端环境较差或用于对电磁抗干扰要求较高的场所。

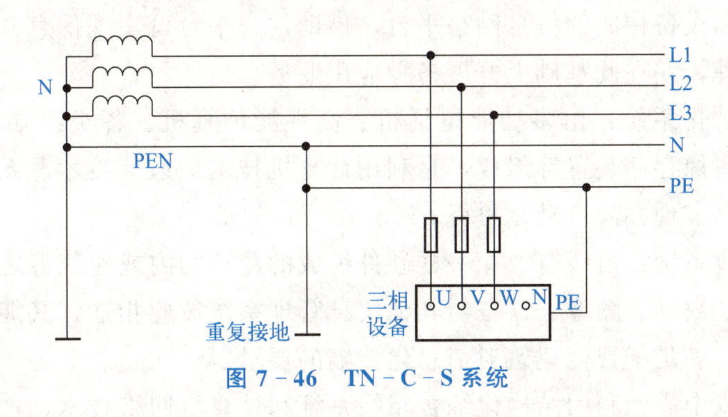

图7－46 TN－C－S系统

7.6 智能建筑电气工程与建筑设备自动化系统

7.6.1 智能建筑概述

1. 智能建筑的定义与特征

我国智能建筑专家、清华大学张瑞武教授对智能建筑提出了比较完整的定义：智能建筑（intelligent building），是指利用系统集成方法，将智能型计算机技术、通信技术、信息技术与建筑艺术有机地结合，通过对设备的自动监控、对信息资源的优化组合，所获得的投资合理、适应信息社会需要并且有安全、高效、舒适、便利和灵活特点的建筑物。

智能建筑的四大特征：建筑物自动化（BA）、通信自动化（CA）、办公自动化（OA）、布线综合化（GC）。

2. 智能建筑的系统组成

智能建筑由建筑设备自动化系统（building automation systen，BAS）、通信自动化系统（communication automation system，CAS）、办公自动化系统（office automation system，OAS）、综合布线系统（generic cabling system，GCS）、系统集成中心（system integration center，SIC）等组成。其中，建筑设备自动化系统、通信自动化系统和办公自动化系统为智能建筑的三大体系。

（1）建筑设备自动化系统：将建筑物或建筑群内的空调与通风、变配电、照明、给排水、热源与热交换、冷冻和冷却及电梯和自动化扶梯等系统，以集中监视、控制和管理为目的构成的综合系统。

（2）通信自动化系统：包括通信网络系统（communication network system，CNS）和信息网络系统（information network system，INS）。通信网络系统是建筑物内的语音、数据、图像传送的基础设施，通过通信网络可实现与外部通信网络（如公用电话网、综合业务数字网、计算机互联网、数据通信网及卫星通信网等）相连，确保信息通畅和实现信息共享。信息网络系统是应用计算机技术、通信技术、多媒体技术、信息安全技术和行为科学等先进技术和设备构成的信息网络平台，借助这一平台可实现信息共享、资源共享和信息的传递与处理，并在此基础上开展各种应用业务。

（3）办公自动化系统：由多功能电话机、高性能传真机、各类终端、PC、文字处理器、主计算机、声像存储装置等组成，是利用计算机技术、通信技术、系统科学及行为科学所打造的平台，实现办公自动化目标。

（4）综合布线系统：由线缆及相关联硬件组成的建筑物内或建筑群之间的信息传输通道，既能使语音、数据、图像、设备与其他信息管理系统彼此相连，又能使这些设备与外部通信网络连接，满足了智能建筑对信息化传输的要求。

（5）系统集成中心：利用结构化综合布线系统和计算机网络技术，把构成智能建筑的各个要素作为核心，将语言、数据和图像以及监控等信号，经过统一的筹划设计综合在一套结构化综合布线系统中，并以建筑物内外的综合布线系统和公共通信网络为桥梁，通过协调各类系统与局域网之间的接口和协议，把分离的设备、功能和信息有机连接成若干个整体，从而构成一个完整的系统，使资源高度共享、管理高度集中。

应该注意，这些系统是一个综合性的、有机联系的整体。这些系统中又包含各自的子系统，图 7－47 给出了某现代智能建筑三大体系的系统组成。

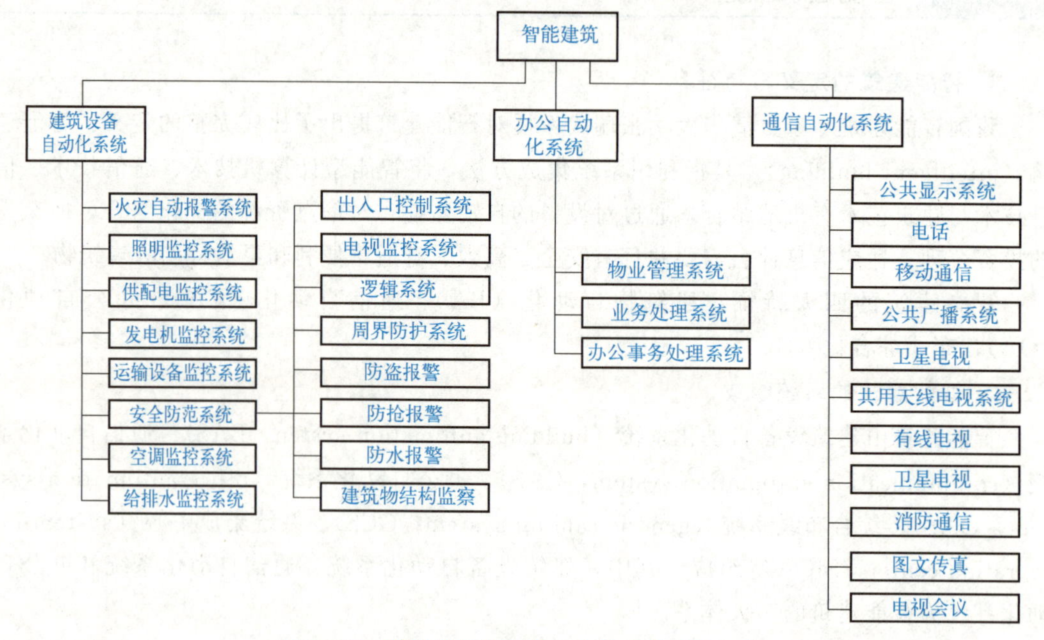

图 7－47　某现代智能建筑三大体系的系统组成

3. 智能建筑的发展

智能建筑的发展经历了四个阶段，图 7-48 形象地描述了智能建筑的演化过程和今后的发展方向。智能建筑将物联网、大数据、人工智能等新一代信息技术与传统建筑业深度融合，实现了传统建筑业的数字化转型和智能化升级，是数字经济与实体经济深度融合[1]的典型业态。当前，新一轮科技革命和产业变革深入发展，以智能建造为代表的建筑业新质生产力不断涌现，成为建筑业转型升级的发力方向。

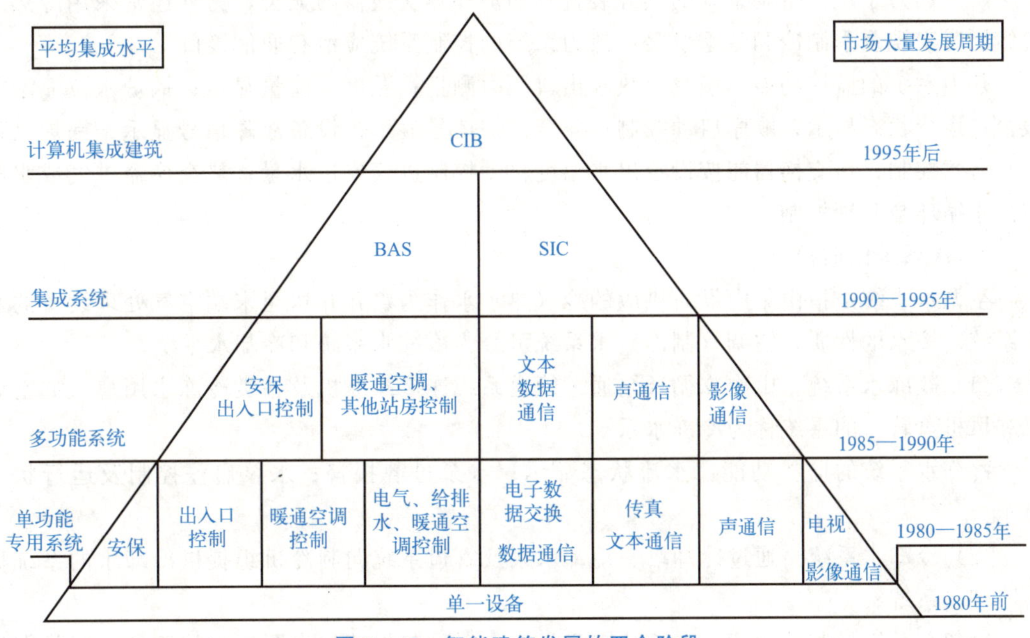

图 7-48　智能建筑发展的四个阶段

7.6.2 建筑设备自动化系统

建筑设备自动化系统（BAS）是智能建筑中的重要组成部分。BAS 的主要功能是对智能建筑中的各种设备实行综合自动化管理，以达到舒适、安全、可靠、经济、节能的目的，为用户提供良好的工作和生活环境，并保证各项设备处于最佳运行状态。

BAS 主要包括暖通空调监控系统、给排水监控系统、供配电监控系统、照明监控系统、交通监控系统、消防与安全防范系统等。

1. 暖通空调监控系统

在智能建筑中，空调系统的耗电量占全楼耗电量的 50%左右，其监控点数量通常占全楼监控点总数的 50%以上。由此可见，暖通空调监控系统在 BAS 中占有十分重要的地位。

1）空调系统的监控

（1）制冷系统。目前，无论采用压缩式制冷还是吸收式制冷，大多数制冷机组设备厂

---

[1] 党的二十大报告提出，加快发展数字经济，促进数字经济和实体经济深度融合，打造具有国际竞争力的数字产业集群。

家的产品均带有成套的自动控制装置，系统本身能独立完成监控与能量调节的功能。当与BAS相连接时，需考虑的是如何与BAS进行数据通信，以及机组成套控制系统包括哪些监控功能。制冷系统的控制系统应留有通信接口。

压缩式制冷系统的监控功能：启停控制和运行状态显示；冷冻水进出口温度、压力测量；过载报警；水流测量及冷量记录；运行时间和启动次数记录；制冷系统启停控制程序的设定；冷冻水旁通阀压差控制；冷冻水温度再设定；台数控制。

（2）热力系统。空调系统的热源装置有锅炉和热交换器两大类，另外还常采用冷热水机组同时实现夏季制冷和冬季供暖。热力系统的控制系统应留有通信接口。

热力系统的监控功能：蒸汽、热水出口压力测量；温度、流量显示；锅炉水位显示及报警；运行状态显示；顺序启动控制；安全保护信号显示；设备故障信号显示；锅炉（运行）台数控制；热交换器能按设定出水温度自动控制进气或进水量；热交换器进气或水阀与热水循环泵联锁控制。

2）水系统的监控

空调水系统是指由集中设备供应的冷（热）水作为媒介并送至末端空气处理设备的水路系统。按水的性质，空调（制冷）水系统可分为冷冻水系统和冷却水系统。

（1）冷冻水系统。由冷冻循环泵通过管道系统连接冷冻机及各类冷冻水用户（如空调机和风机盘管）的系统称为冷冻水系统。

冷冻水系统的监控功能：水流状态显示；水泵过载报警；水泵启停控制及运行状态显示。

（2）冷却水系统。通过冷却塔、冷却水泵及管道系统向制冷机组提供冷却水的系统称为冷却水系统。

冷却水系统的监控功能：水流状态显示；水泵过载报警；水泵启停控制及运行状态显示；冷却塔风机运行状态显示；进出口水温测量及控制；水温再设定；冷却塔风机启停控制；冷却塔风机过载报警。

（3）热水系统（略）。

3）空气处理系统的监控

智能建筑要求创造一个温湿度适宜并符合卫生标准的环境，因此需要空气处理系统对空气进行加热、冷却、加湿、干燥及净化处理等。

空气处理系统的监控功能：风机状态显示；送回风温度测量；室内温湿度测量；过滤器状态显示及报警；风道风压测量；启停控制；过载报警；冷热水流量调节；加湿控制；风门控制；风机转换控制；风机、风门、调节阀之间的联锁控制；寒冷地区换热站防冻控制；送回风机与消防系统的联动控制。针对不同等级的智能建筑，相应的空气处理系统可满足上述全部或部分的监控功能。

4）风系统的监控

办公大楼空调最早大多采用集中式定风量（CAV）系统，近年来在智能建筑内采用较多的是变风量（VAV）系统。

（1）CAV系统。CAV系统是为防止空调水管结露或滴水损坏设备而采用的全空气系统。

CAV系统的监控功能：空调机新风温湿度；空调机回风温湿度；送风机出口温湿度；

过滤器压差超限报警；防冻报警；送风机、回风机状态显示及故障报警；回水电动调节阀、蒸汽加湿阀开度显示。

(2) VAV系统。VAV系统具有节能及可分区调节等优点，在国外建筑中的应用非常普遍。建筑物内空调系统的耗电量很大，因而节能运行是BAS必须考虑的重要因素。

VAV系统的监控功能：系统总风量调节；最小风量控制；最小新风量控制；再加热控制。VAV系统的控制装置应有通信接口。

(3) 排风系统。排风系统根据空气流动的动力不同，可分为机械排风和自然排风两种。

排风系统的监控功能：风机状态显示；启停控制；过载报警。

5) 风机盘管的监控

风机盘管的控制通常包括风机转速控制和室内温度控制两部分。

风机盘管的监控功能：室内温度测量；冷、热水阀开关控制；风机变速及启停控制。风机盘管的监控原理如图7-49所示。

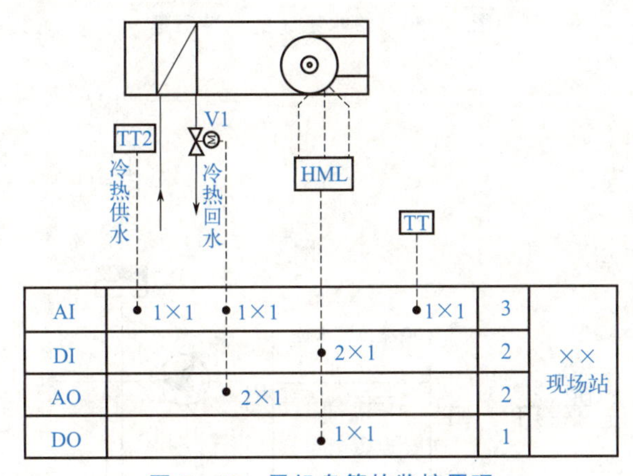

图7-49 风机盘管的监控原理

2. 给排水监控系统

给排水系统的监控和管理是由现场监控站和管理中心来实现的，最终目的是实现管网的合理调度。当用户用水量发生变化时，管网中各个水泵都能及时改变运行方式，实现泵房的最佳运行。给排水监控系统的功能是随时监控大楼给排水系统，并自动储水及排水；当系统出现异常情况或需要维护时，计算机将发出信号，以便值班人员及时处理。

给排水系统的监控功能：水泵的自动启停控制；水位测量、压力的测量与调节；用水量、排水量的计测；污水处理设备运转的监视、控制；水质监测；节水程序控制；故障及异常情况的记录等。图7-50、图7-51分别为给水系统和排水系统的监控原理。

3. 供配电监控系统

智能建筑用电设备种类很多，如电气照明设备、电梯设备、给排水设备、冷热源设备、洗衣房设备、厨房设备、暖通空调设备、消防用电设备以及弱电设备等。智能建筑BAS最主要的部分之一就是电力管理。建筑供配电系统的安全、可靠运行对于保证大楼内人身和财产安全，保证智能建筑各个系统的正常运行，具有非常重要的意义。

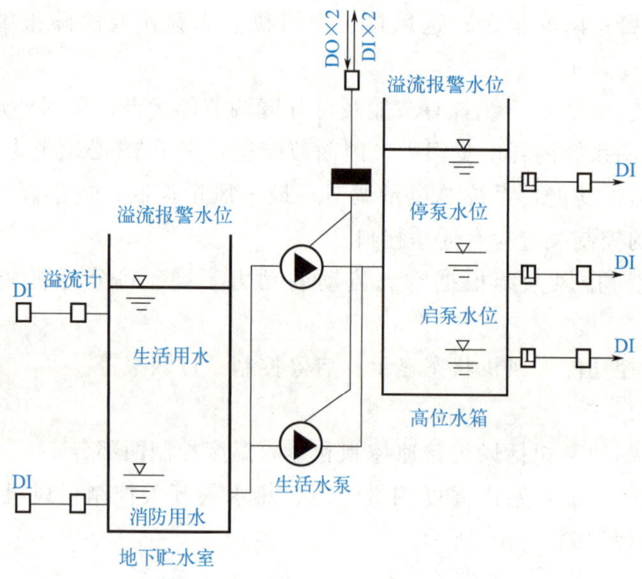

图 7－50　给水系统的监控原理

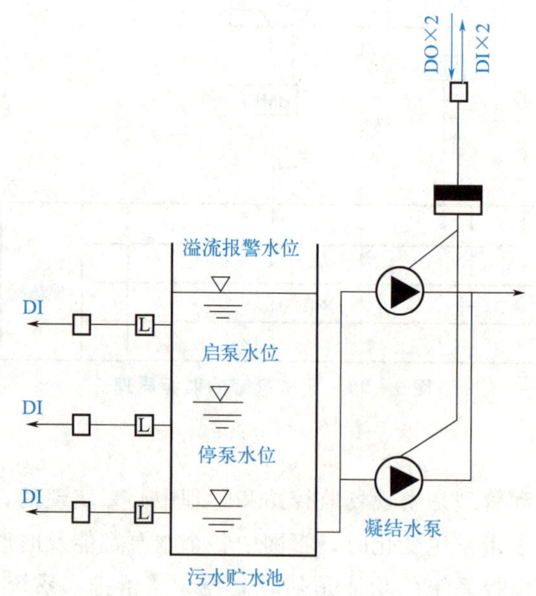

图 7－51　排水系统的监控原理

1）监控特点

智能建筑供配电监控系统的特点是由于用电量大，故要设室内变配电所，并且是两路电源供电。为了保证电力系统发生故障时不至于中断供电，必须设置紧急启动的柴油发电机组。同时需设置蓄电池电源，确保在火灾、地震等特殊情况下人员的安全疏散。为了防火的需要，应采用干式变压器和真空断流器。

2）监控功能

供配电监控系统的整体监控功能：供配电设备各高低压开关运行状况监视及故障报警；电源及主供电回路电流值显示；电源电压值显示；功率因数测量；变压器超温报警；

应急电源供电电流、电压及频率监视等。电力系统计算机辅助监控系统应留有通信接口。

高压配电系统的监控功能：高压进线三相电流、电压、功率因数、电能监测；变压器温度监测及超温报警；高压主开关运行状况监测及故障报警。

低压配电系统的监控功能：变压器二次侧出线三相电流、线电压监测；母联开关、各低压配电开关的分合状态及故障状态监测；备用电源的监测等。

4. 照明监控系统

在智能建筑中，照明的用电量仅次于空调的用电量，因此对照明系统的有效控制是节约能源的重要手段。智能建筑的照明包括三类：办公室照明、公共区域照明、泛光照明。照明监控系统采用模块化分布式控制结构，各模块独立完成各自的功能，并与通信网络连接起来。

照明监控系统的监控功能：庭院灯控制；泛光照明控制；门厅、楼梯及走道照明控制；航空障碍灯状态显示、故障报警。重要场所可设智能照明控制系统。

5. 交通监控系统

1）电梯监控系统

电梯是智能建筑的重要设备之一。智能建筑的电梯包括普通客梯、消防梯、观光梯、货梯以及自动扶梯等。智能建筑中的电梯少则几部，多则几十部。智能化控制的电梯系统对启动加速、制动减速、正反向运行、调速精度、调速范围和动态响应都有很高的要求。

按驱动电动机的电源，可将电梯分为直流电梯和交流电梯两大类。电梯的控制方式可分为手柄开关操纵电梯、按钮控制电梯、信号控制电梯、集选控制电梯、并联控制电梯、群控电梯等。

电梯监控系统的监控功能：按时间程序设定的运行时间表启停电梯；监视电梯运行状态、故障及紧急状况报警；多台电梯群控管理；配合消防系统协同工作；配合安全防范系统协同工作。在智能建筑中，电梯系统通常自带计算机控制系统，并且应留有与BAS相应的通信接口。

2）停车库自动管理系统

根据建筑设计规范，大型建筑物必须设置汽车停车库，以满足交通组织需要，保障车辆安全，方便公众使用。当停车库内的车辆超过50辆时，需考虑建立停车库自动管理系统（parking automation system，PAS），以提高车库管理的质量、效率与安全性。停车库自动管理系统的内容详见7.4.5节。

6. 消防与安全防范系统

1）火灾自动报警与灭火系统

火灾自动报警与灭火系统（fire alarm system，FAS）是保障智能建筑防火安全的关键。FAS作为BAS的一个子系统，在智能建筑中可与安全防范系统联网通信，既可向上级管理系统传递信息，又能与城市消防调度指挥系统、城市消防管理系统及城市综合信息管理网络联网运行，提供楼宇火灾及消防系统状况的有效信息。FAS设置可参见7.4.1节相关内容。

2）安全防范系统

安全防范是包括人力防范、物理防范（实体防范）和技术防范三方面的综合防范体系。对于保护建筑物目标来说，人力防范包括保安站岗、人员巡更、报警按钮、有线和无线内部通信等；物理防范包括周围栅栏、围墙、入口门栏等；技术防范则是以各种现代科学技术，运用技防产品、实施技防工程等手段，以各种技术设备、集成系统和网络来构成安全保证的屏障。电子化安防是建筑未来的发展趋势。

智能建筑的安全防范系统（security alarm system，SAS）是BAS的一个重要子系统。SAS应具备以下功能。

(1) 防范：包括对人身、财物或信息资源等的安全防护，防范必须放在首位。

(2) 报警：当发现安全受到破坏时，系统应能在安保中心和有关地方发出各种特定的声光报警信号，并把报警信号通过网络送到有关安保部门。

(3) 监视与记录：在发生报警的同时，系统应能迅速把出事的现场图像和声音传递到安保中心进行监视，并实时记录。

(4) 自检与防破坏：一旦线路遭到破坏，系统应发出报警信号；系统在某些情况下布防应有适当的延时功能，以免工作人员还在布防区域时就发出报警信号，造成误报。

根据系统应具备的功能，SAS通常由电视监控系统、出入口控制系统、入侵报警系统、巡更管理系统等组成，具体设置可参见7.4.5节相关内容。

7.6.3 智能建筑电气设备安装

智能建筑由于大量使用计算机、网络通信设备及其他各种自动化设施，因而对供电、配线、空调、照明、防火、楼层负重提出了一系列不同于常规建筑的新要求，如必须安排较多的弱电管线的空间和设备间，对建筑物的整体格局、平面设计、结构强度、墙体选材、管线走向等都应有新的考虑。

1. 对建筑物的要求

(1) 建筑物层高一般在4m左右，由于在地板及顶棚走线，室内净高要求不低于2.7m。

(2) 建筑室内地面宜防静电、防尘。开放办公室信息点较多，为了布置电缆，地面可以采用地毯下敷设扁平电缆、网络（模块）地板、架空地板或埋地线槽布线。

(3) 在大空间办公室，照明、空调、消防等设施按照模块化布置。办公室空间可以方便地分割，不需改装或需要很少改装，就能提供舒适的空调、良好的照明、良好的隔声等。由于智能建筑内办公室使用的办公自动化设备多，工作人员人均所占面积要高于一般的办公大楼，一般以每人占8～10m^2。

2. 安装空间

智能建筑的设施和技术要求会随社会发展和技术进步而不断变化，因而在建筑设计、施工中要预留较多的管道和设备空间。针对智能建筑的各种设备、线路和附件的安装，建筑设计应该考虑的安装空间如下。

(1) 通信设备间：用于安装通信网络配线设备，如电话总机、主接线架、备用电源等，宜处于干线子系统的中心位置，应有足够的面积。

(2) 电信竖井或弱电竖井：贯通整个建筑物，用于安装信息通信干线电缆。

(3) 计算机中心、信息中心、网络中心或办公自动化中心：用于安装大型计算机或网络交换机、服务器、各种存储器、打印机、绘图机及备用电源，可以设置在建筑物中心部位。

(4) 消防控制中心：用于安装消防报警设备、消防联动控制设备、事故广播设备、消防通信设备及备用电源等。消防控制中心一般设在一层或地下一层。

(5) 广播室：用于安装广播接收机、录音机、激光放音机、音频视频放大机、功率放大机、监听器、备用电源。广播室可以和消防控制中心设置在一起。

(6) 保安室：用于安装闭路电视监视系统的控制器及监视器、安保监控工作站、备用电源等。保安室一般设在一层或地下一层，可以和消防控制中心设置在一起。

(7) 建筑自动化系统控制中心：用于安装建筑自动化系统中央站、各种打印机、备用电源等。设计时可以将消防控制中心、保安室、广播室与建筑自动化系统控制中心联合在一起或合并成建筑物监控中心。建筑自动化系统控制中心一般设在一层或地下一层。

(8) 卫星电视室：用于安装电视接收机、视频放大机、录放像机、监视器、备用电源，设置在卫星电视接收天线附近。

(9) 天线的安装场地：常用的天线有甚高频天线、超高频天线、卫星电视接收天线等。天线一般安装在裙楼顶部或主楼顶，在信号传输方向不应该有阻挡物。

7.6.4 居住小区智能化系统实例

1. 工程概况

某居住小区的智能化系统工程包括：30栋高层、低层建筑，一个社区服务中心，一个幼儿园，总建筑面积为 $3\times10^5\mathrm{m}^2$。

2. 火灾自动报警与灭火系统

(1) 火灾自动报警装置。在消防控制中心安装有火灾自动报警装置主机，进行自动监控。在大型公共建筑内的设备用房、走道、前室、楼梯间等安装感烟探测器，在车库安装感温探测器，每户住宅安装煤气探测器。在住宅楼安装火灾自动报警装置分站，在建筑物各部位设综合报警控制板，上面有显示器、电铃、应急电话、应急插座等。

(2) 消防联动控制。在发生火灾时，自动控制灭火设备、防排烟设备、防火卷帘门、电梯、电源等相应动作。

(3) 火灾事故广播。在各种建筑物地下室、车库、设备用房、电梯前室、走廊设扬声器。

(4) 消防专用通信设备。设置独立的消防电话系统，在各种建筑物地下室、车库、设备用房、电梯前室、走廊、物业管理间、保安室等处设置消防电话终端或插座。

3. 安全防范系统

设立闭路电视监视系统、周界报警、人员出入控制设备、保安巡逻设备、对讲或可视对讲防盗门等多种安全防范设备。

(1) 闭路电视监视系统（CCTV）。在小区主要出入口、小区周围和重要大楼的主要出入口、停车场、大厅走廊、电梯中及其他主要区域均设有摄像机，在监控中心有多媒体监视器，实行24h监视。报警信号与摄像机联动，图像自动或手动切换，云台及摄像机镜头遥控。

（2）周界报警。在重要入口、窗口及其他敞开部位装置各种防范传感器，可以及时发现是否有闲杂人员非法进入。在各个住户处设置报警按钮，夜间与周界探照灯联动。

（3）人员出入控制设备。为了保障安全，在重要房间或出入口安装磁卡门锁系统。

（4）保安巡逻设备。在保安巡逻路线的建筑物各处设置保安巡逻设备，记录保安人员巡逻时间。记录器设在监控中心。

（5）对讲或可视对讲防盗门。其用于住户与来访者联络，采用对讲或可视对讲电话，具有遥控开门锁功能。在火灾时可以自动开启门锁。

4. 建筑设备自动化系统

建筑设备自动化系统对小区内变配电、动力、照明、暖通、给排水及电梯等设备实行监测控制，以达到优化管理、降低能耗和设备故障率的目的。

（1）在大型公共建筑内，为了实现节能和安全等目的，采用计算机控制系统，将变配电、动力、照明、暖通、给排水等的监测、控制、管理集中在监控中心（兼作消防控制中心）。监控内容如下。

① 变配电设备：监视、测量电压、电流等重要电气回路参数、开关状态，故障报警，并进行遥控操作等。

② 照明设备：控制小区的公共走道、大厅、停车库、花园等地的照明，按时间、日期、计划或室外日光进行自动开关，并监视开关的状态。

③ 暖通空调设备：监视、测量室内外的空气参数，按计划启停暖通空调设备，节能运行。

④ 给排水设备：监视水泵运行状态，对各种水池液位监测报警，对饮用水过滤杀菌设备进行监测控制。

⑤ 电梯设备：监视电梯运行状况，自动调度运行控制，记录运行时间。

（2）家庭自动化系统，实现对家电的自控和遥控。每户住宅的电表、水表和煤气表均采用远传式，可以将用户数据传到管理中心自动处理。每户住宅设家庭控制器，通过电话对空调机等家电进行自控和遥控。

5. 停车库自动管理系统

在大型公共建筑停车库内设停车库自动管理系统，可与建筑设备自动化系统联网。采用远距离非接触智能卡自动收费，在出入口设置读卡器、挡车器、系统控制器、计算机、收款机、显示屏等。

6. 通信设备

小区设有电话、有线广播、电视系统、公共显示和信息查询装置等多种通信设备。

（1）电话。采用市话直通方式，用户可以根据需要申请保密电话、传真、国内或国际长途电话等，也可接入因特网，开展电子邮件、语音传呼、网上教育、网上购物、股票操作、医疗服务等。每户住宅客厅、主卧室设电话终端插座。

（2）有线广播。在公共建筑内有一般的业务性广播和应急广播设备。在住宅电梯厅和内廊设扬声器。在室外设有扬声器，以便提供背景音乐和应急广播。播音控制设备设在监控中心。

（3）电视系统。在公共建筑屋顶装置电视天线和卫星天线，同时接入有线电视系统。

可自办节目，或提供双向交互式电视服务（VOD）。每户住宅客厅、主卧室设有电视插座。

(4) 公共显示和信息查询装置。在公共建筑内有信息服务设施，可以提供信息查询服务。信息查询台设置在公共建筑大厅，可显示和查询信息，如小区的住户分布情况、交通旅游情况、商业网点及商品价格、影视剧场信息等。在整个小区设电子布告牌。

7. 计算机网络系统

在公共建筑内设置计算机网络系统，可包括物业管理、居民信息管理、办公自动化、远程会议、数据通信和交换等内容。

每座住宅楼设网络交换机。每户住宅客厅、主卧室设置信息插座。

整个小区可以接入计算机网络系统。

8. 通用布线系统

在公共建筑内采用通用布线系统为电话和计算机网络通信服务。在各建筑物一层设主配线室，埋有电话和数据通信的电缆，并预埋了光缆的管道，以备将来可能引入光缆。在各层弱电竖井内设置通用布线的配线架，供局域网（LAN）和电话使用。

在每座住宅楼及每户住宅安装家用多媒体网络布线系统，支持家用视听娱乐系统、家庭自动化系统、因特网访问、家庭办公等，还可以接入外界的公共信息网，如CATV、因特网。

9. 住宅楼用户

户内一般设置有电话、计算机、电视等信息插座。其中，客厅设置电话、计算机、电视，电视插座边设置计算机插座是为了可以接入机顶盒（STB）供接收数字电视。在书房和卧室设置计算机和电视插座。卫生间设置同线电话。

另外，户内设置访客可视对讲系统的户内机。在每个窗口和阳台设置双鉴探测器，共6个，用于防备从窗口进入的不速之客。在户门上安装门磁开关，反馈门的开关状态。厨房设置煤气探测器，如果煤气泄漏会自动报警。在客厅安装感烟探测器，可预防火灾。在卧室和客厅安装报警按钮各一个。全部终端接入控制箱。每层设置一个接线箱，各户控制箱通过接线箱接到下一层和室外。电表、水表和煤气表计量的线路也接入控制箱。

如图7-52所示为住宅小区的物业管理系统。

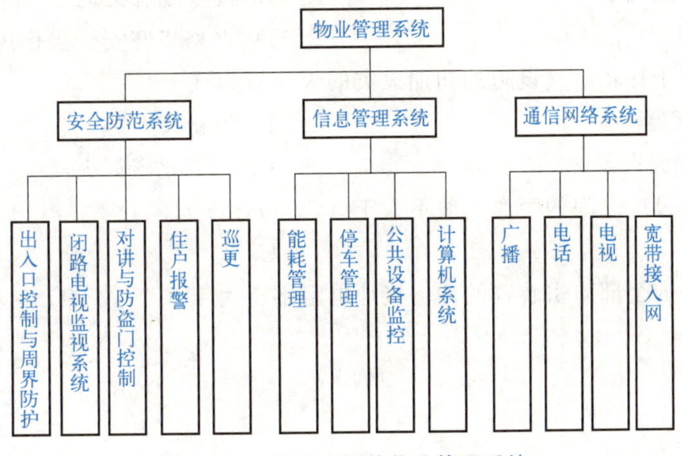

图7-52 住宅小区的物业管理系统

项 目 小 结

本项目首先讲述了建筑电气工程的基础知识，然后展开介绍了建筑供配电系统、建筑电气照明系统、建筑弱电系统等常见的建筑电气系统及其设备，以及建筑防雷与接地的内容。以上内容都是建筑电气工程中的重要组成部分。

利用系统集成方法，将智能型计算机技术、通信技术、信息技术与建筑艺术有机结合，通过对设备的自动监控、对信息资源的优化组合，所获得的投资合理、适应信息社会需要，并且安全、高效、舒适、便利、灵活的智能建筑如今已广泛应用，与智能建筑相关的电气工程内容同样应作为本项目的学习重点。

在线答题

思 考 与 练 习

一、简答题

1. 建筑电气的含义是什么？如何进行分类？
2. 交流电的三要素指什么？何谓三相四线制供电方式？
3. 灯具布置时应考虑哪些因素？
4. 照明按照其用途可以分为哪些类型？
5. 室内照明常用的电线、电缆有哪些？
6. 简述火灾自动报警与灭火系统的组成及工作原理。
7. 简述雷电的危害及建筑防雷措施。

二、单选题

1. 电源电压为380V，采用三相四线制供电，负载为额定电压220V的白炽灯，当负载（　　）时，白炽灯才能在额定状况下正常工程。

A. 星形联结　　B. 三角形联结　　C. 直接连接　　D. 不相连接

2. 预防触电最主要的措施是（　　）。

A. 装漏电保护器　　B. 接零或者接地

C. 装熔断器　　D. 严格恪守安全操作规程

3. 不适合用于扑救电气设施的初期火灾的灭火器为（　　）。

A. 泡沫灭火器　　B. 干粉灭火器

C. 四氯化碳灭火器　　D. 二氧化碳灭火器

4. 开关箱与设施之间的距离一般不大于（　　）m。

A. 1　　B. 2　　C. 3　　D. 4

5. 施工现场内全部防雷装置的冲击接地电阻不得大于（　　）Ω。

A. 4　　B. 12　　C. 20　　D. 20

项目 8 建筑电气施工图与施工工艺

项目导入

施工图是整个建筑工程设计的重要内容，是建设单位编制标底及施工单位编制施工图预算、进行投标和结算的依据，同时也是施工单位进行施工和监理单位进行工程质量监控的重要工程文件。如何正确识读和绘制电气施工图是本项目所要重点阐述的内容。

思维导图

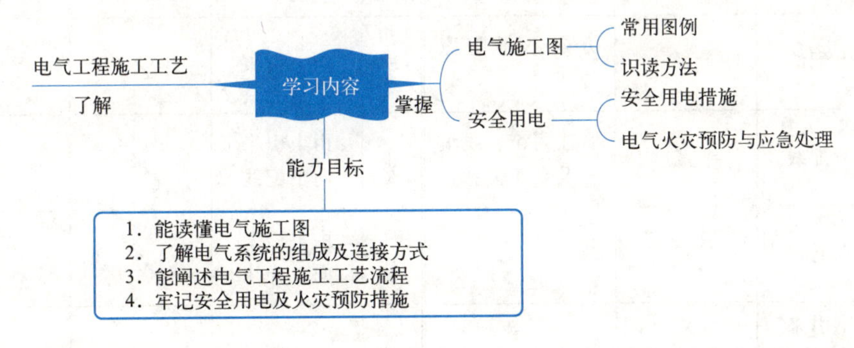

8.1 建筑电气施工图识读

8.1.1 建筑电气施工图常用图例

为了简化作图，国家有关标准制定部门和一些设计单位有针对性地对常见的材料构件、施工方法等规定了一些固定的画法式样，有的还附有文字符号标注。

下列图表是在实际电气施工图常用的一些图例画法，根据图例可以方便地读懂电气施工图。线路走向方式图形符号、灯具图形符号、照明开关在平面布置图上的图形符号、插座在平面布置图上的图形符号、接线原理图使用的图形符号分别见表 8－1～表 8－5。

表 8－1 线路走向方式图形符号

序号	名称	图形符号	说明	序号	名称	图形符号	说明
1	向上配线		方向不得随意旋转	5	由上引来		
2	向下配线		宜注明箱、线编号及来龙去脉	6	由上引来向下配线		
3	垂直通过			7	由下引来向上配线		
4	由下引来						

表 8－2 灯具图形符号

序号	名称	图形符号	说明	序号	名称	图形符号	说明
1	灯	⊗	灯或信号灯一般符号	7	吸顶灯		
2	投光灯			8	壁灯		
3	荧光灯		上图为三管荧光灯	9	花灯		
4	应急灯		自带电源的事故照明灯装置	10	弯灯		
5	气体放电灯辅助设施		用于与光源不在一起的辅助设施	11	安全灯		
6	球形灯	●		12	防爆灯		

表 8-3　照明开关在平面布置图上的图形符号

序号	名称	图形符号	说明	序号	名称	图形符号	说明
1	开关		开关一般符号	5	单级拉线开关		
2	单级开关		分别表示明装、暗装、密闭（防水）、防爆	6	单级双控拉线开关		
				7	单级双控开关		
3	双级开关		分别表示明装、暗装、密闭（防水）、防爆	8	带指示灯开关		
				9	定时开关		
4	三级开关		分别表示明装、暗装、密闭（防水）、防爆	10	多拉开关		

表 8-4　插座在平面布置图上的图形符号

序号	名称	图形符号	说明	序号	名称	图形符号	说明
1	插座		插座的一般符号，表示一个级	5	多孔插座		示出三个
2	单相插座		分别表示明装、暗装、密闭（防水）、防爆	6	三相四孔插座		分别表示明装、暗装、密闭（防水）、防爆
3	单相三孔插座		分别表示明装、暗装、密闭（防水）、防爆	7	带开关插座		带一单级开关
4	三级开关		分别表示明装、暗装、密闭（防水）、防爆	8	多拉开关		

表 8-5　接线原理图使用的图形符号

序号	名称	图形符号	说明	序号	名称	图形符号	说明
1	多级开关一般符号		动合（常开）触点	3	转换触点		先断后合
2	动断（常闭）触点		水平方向上开下闭	4	双向触点		中间断开

续表

序号	名称	图形符号	说明	序号	名称	图形符号	说明
5	动合触点		延时闭合	11	接触器 一般开关		
6	动合触点		延时断开	12	热继电器 一般符号		
7	动断触点		延时断开	13	有功功率表	Wh	
8	动断触点		延时闭合	14	无功功率表	Var	
9	隔离开关 一般符号			15	接触器一 般符号		在非动作位 置触点闭合
10	负荷开关 一般符号			16	接触器一 般符号		自动释放

电气图纸中的图例如果是由国家统一规定的，称为国标符号，由有关部委颁布的则称为部标符号。另外一些大的设计院还有其内部的补充规定，即所谓院标符号，或称之为习惯标注符号。目前，我国的全部电气产品、制图书刊均已采用现行标准符号。但如果电气图纸里采用了非标准符号，那么应列出图例。

8.1.2 建筑电气施工图的内容

施工图是建设单位编制标底及施工单位编制施工图预算进行投标和结算的依据，同时，它也是施工单位进行施工和监理单位进行工程质量监控的重要工程文件。

1. 施工图的深度

施工图主要是将已经批准的初步设计图，按照施工的要求予以具体化。施工图的深度应能满足下列要求。

(1) 根据图纸，可以进行施工和安装。

(2) 根据图纸，修正工程概算或编制施工预算。

(3) 安排设备、材料详细规格和数量的订货要求。

(4) 根据图纸，对非标产品进行制作。

2. 电气施工图的组成

(1) 图纸目录。列出新绘制的图纸、所选用的标准图纸或重复利用的图纸等的编号及名称。

(2) 设计总说明（即首页）。其内容一般包括施工图的设计依据；设计指导思想；本工程项目的设计规模和工程概况；电气材料的用料和施工要求说明；主要设备规格型号；采用新材料、新技术或者特殊要求的做法说明；系统图和平面图中没有交代清楚的内容，如进户线的距地标高、配电箱的安装高度、部分干线和支线的敷设方式和部位、导线种类和规格及截面积大小等内容。对于简单的工程，可在电气图纸上写成文字说明。

(3) 配电系统图。它能表示整体电力系统的配电关系或配电方案。从配电系统图中能够看到该工程配电的规格、各级控制关系、各级控制设备和保护设备的规格容量、各路负荷用电容量及导线规格等。

(4) 平面图。它表示建筑各层的照明、动力、防雷、电话等电气设备的平面位置和线路走向。它是安装电器和敷设支路管线的依据。根据用电负荷的不同而有照明平面图、动力平面图、防雷平面图、电话平面图等。

(5) 大样图。它是表示电气安装工程中局部做法的明细图，如舞台聚光灯安装大样图、灯头盒安装大样图等，详见国家标准图集 18D802。

(6) 二次接线图。它是表示电气仪表、互感器、继电器及其他控制回路的接线图，如加工非标准配电箱就需要配电系统图和二次接线图。

(7) 设备材料表。为了便于施工单位计算材料、采购电气设备、编制工程概（预）算和编制施工组织计划等，电气图纸上要列出设备材料表。表中应列出主要电气设备材料的规格、型号、数量以及有关的重要数据，要求与图纸一致，而且要按照序号编号。设备材料表是电气施工图中不可缺少的内容。

(8) 电气原理图、设备布置图、安装接线图等。

3. 内线工程和外线工程图纸

根据建筑物功能的不同，电气设计内容有所不同，通常可分为内线工程和外线工程两大部分。内线工程和外线工程使用的图纸如下。

(1) 内线工程：照明系统图、动力系统图、电话工程系统图、共用天线电视系统图、防雷系统图、消防系统图、防盗保安系统图、广播系统图、变配电系统图、空调配电系统图。

(2) 外线工程：架空线路图、电路线路图、室外电源配电线路图。

8.1.3 建筑电气施工图识读方法

要正确识读电气施工图，要做到以下几点。

(1) 要熟知图纸规格、图标、图线、比例、字体和尺寸标注方式等。

设计图纸的图幅尺寸有五种标准规格，分别是 A0、A1、A2、A3、A4。

图标一般放在图纸的右下角，其主要内容可能因设计单位的不同而有所不同，大致包括：图纸的名称、比例、单位、制图人、设计人、专业负责人、工程负责人、校对人、审核人、审定人、完成日期等。

工程图纸上标注的尺寸通常以毫米（mm）为单位，在总平面图和首层平面图上标明指北针。图形比例应该遵守国家制图标准。标准序列为：1∶1、1∶2、1∶5、1∶10、1∶20、1∶30、1∶50、1∶100、1∶150、1∶200、1∶500、1∶1000、1∶2000。普通照明平面图多采用 1∶100，特殊情况下，也可使用 1∶50 和 1∶200。大样图可适当放大比例。电气接线图可不按比例绘制示意图。

(2) 根据图纸目录，检查和了解图纸的类别及张数，应及时配齐标准图和重复利用图。

(3) 按图纸目录顺序识读施工图，对工程对象的建设地点、周围环境、工程范围有一个全面的了解。

(4) 读图时，应按先整体后局部、先文字说明后图样、先图形后尺寸等原则仔细阅读。

(5) 注意各类图纸之间的联系，以避免发生矛盾而造成事故和经济损失，如配电系统图和平面图可以相互验证。

(6) 认真阅读设计施工说明书，明确工程对施工的要求，根据材料清单做好订货的准备。

8.1.4 建筑电气施工图识读案例

下面识读某商住楼电气工程施工图，见附录 3。

1. 土建工程概况

本工程为一临街商住楼，共四层，其中底层为商场，二至四层为住宅，住宅部分共分三个单元，每单元为一梯两户，两户的平面布置是对称的。建筑物主体结构为底层框架结构，二层及以上为砖混结构，楼板为现浇混凝土楼板。建筑物底层层高为 4.50m，二至四层层高为 3.00m。

2. 电气设计说明

(1) 本工程电源采用三相四线制（380V/220V）供电，系统接地形式采用 TN－C－S 系统。进户线采用 VV22－1000－3×35＋1×16 电力电缆，穿焊接钢管 SC80 埋地引入至总电表箱 AW，室外埋深 0.7m。进户电缆暂按长 20m 考虑。

(2) 在电源进户处设置重复接地装置一组，接地极采用镀锌角钢∟50×50×5，接地母线采用镀锌扁钢－40×4，接地电阻不大于 4Ω。

(3) 室内配电干线，总电表箱 AW 至各层用户配电箱 AL 均采用 BV－2×16＋PE16 导线，AW 至底层 AL1－1、AL1－2 穿焊接钢管 SC32 保护，AW 至其他楼层 AL 穿 PC40 保护。

由用户箱引出至用电设备的配电支线，空调插座回路采用 BV－2×4＋PE4 导线穿 PC25 保护；其他插座回路采用 BV－2×2.5＋PE2.5 导线穿 PC20 保护；照明回路采用 BV－2×2.5 导线穿 PC16、PC20、PC25 保护。楼道照明由总电表箱单独引出一回路供电。

(4) 设备距楼地面安装高度：总电表箱底边 1.40m，用户配电箱底边 1.80m；链吊式荧光灯具 3.0m，软线吊灯 2.8m；灯具开关、吊扇调速开关 1.30m；空调插座 1.80m，厨房、卫生间插座 1.50m，普通插座 0.30m。

3. 主要设备材料表

主要设备材料表中的主要设备材料为该商住楼一个单元的数量，其余单元的均相同，表中的管线数量需按施工图纸统计计算。

4. 电气系统图

施工图中给出了商住楼三个单元组成中的一个单元的电气系统图，其余单元的均相同。电气系统图由配电干线系统图、电表箱系统图和用户配电箱系统图组成。

1）配电干线系统图

配电干线系统图表明了该单元电能的接受和分配情况，同时也反映出了该单元内电表箱、配电箱的数量关系，如附图 3－1 所示。

安装在底层的电表箱其文字符号为 AW，它也是该单元的总电表箱，底层还设有两个用户配电箱 AL1－1、AL1－2；二至四层每层均有两台用户配电箱，它们的文字符号分别为 AL2－1～AL4－2。

进线电源引至 AW 经计量后，由 AW 引出的配电干线采用放射式配电方式，即由 AW 向每一楼层的每一台 AL 单独引出一路干线供电，配电干线回路的编号为 WLM1～WLM8。

2）电表箱系统图

电表箱系统图如附图 3－2 所示，该图表明了该单元电源引入线的型号规格，电源引入线采用铜芯塑料低压电力电缆，进入建筑物穿钢管 SC80 保护。电表箱内共装设了 8 个单相电度表，每个电表由一个低压断路器保护。电表引出的导线即为室内低压配电干线，每一回路均由三根 16mm 的铜芯塑料线组成，并穿线管保护，其中至底层 AL1－1、AL1－2 回路用钢管 SC32，至其余楼层的用硬塑料管 PC40。电表箱还引出了一回路楼道公共照明支线，它采用两根 2.5mm 的铜芯塑料线，穿硬塑料管 PC16 沿墙或天棚暗敷设。

3）用户配电箱系统图

用户配电箱系统图如附图 3－2 所示，该图表明了引至箱内的配电干线型号规格、箱内的开关电器型号规格以及由箱内引出的配电支线的型号规格。

AL1－1、AL1－2 箱引出六回路支线，其中两回路照明支线 M1、M2，穿硬塑料管 PC16 保护；两回路普通插座支线 C1、C2，穿硬塑料管 PC20 保护；两回路空调插座支线 K1、K2，穿硬塑料管 PC25 保护。

AL2－1～AL4－2 箱引出五回路支线，其中一回路照明支线 M1，穿硬塑料管 PC16 保护；三回路插座支线，普通插座支线 C1、卫生间插座 C2 支线和厨房插座支线 C3，均穿硬塑料管 PC20 保护；一回路空调插座支线 K1，穿硬塑料管 PC25 保护。

5. 电气平面图

底层电气平面图如附图 3－3 所示，二至四层电气平面图如附图 3－4 所示。

因为该商住楼底层为商场，二至四层为住宅，而每一单元的平面布置是相同的，并且每一单元内每层分为两户，两户的建筑布局和配电布置又对称相同，所以在看图时只需弄清楚一个单元中底层和二至四层中一户的电气安装就可以了。

1）底层电气平面图

（1）电源引入线及室内干线：由底层电气平面图可知，该单元的电源进线是从建筑物北面，沿 1 轴埋地引至位于底层的总电表箱 AW，AW 的具体安装位置在一楼楼梯口，暗装，安装高度为 1.4m。由 AW 引出至各楼层的室内低压配电干线，至底层用户配电箱 AL1－1、AL1－2 的由其下端引出，至二至四层用户配电箱的由其上端引出，楼道公共照明支线也由其上端引出。这部分垂直管线在平面图上无法表示，只能通过电气系统图来理解。

(2) 接地装置：由底层电气平面图还可了解室外接地装置的安装平面位置，室外接地母线埋地引入室内后由 AW 的下端口进入箱内。

(3) 每户配电支线：底层用户配电箱 AL1－1、AL1－2 分别暗装在 4 轴和 4 轴墙内，对照电气系统图可知每个配电箱引出六回路支线，支线 M1 由配电箱上端引出给这一户 10 轴下方的 6 套双管荧光灯和两台吊扇供电；支线 M2 由配电箱上端引出给 10 轴上方的 6 套双管荧光灯和两台吊扇供电；支线 C1 由配电箱下端引出给 10 轴上方的 8 套普通插座供电；支线 C2 由配电箱下端引出给 10 轴下方的 9 套普通插座供电；支线 K1 由配电箱上端引出给 1（7）轴墙上的 1 套空调插座供电；支线 K2 由配电箱上端引出给 4 轴墙上的 1 套空调插座供电。

2）二至四层电气平面图

(1) 配电干线：由二至四层电气平面图可知，引入每层用户配电箱的配电干线由楼梯间墙内暗敷设引上，并经楼地面、墙体引到位于 6 轴墙上暗装的配电箱。

(2) 每户配电支线：对照电气系统图可知，每一个用户配电箱引出五回路支线，支线 M1 由配电箱上端引出给这一户所有的照明灯具供电，它的具体走向是出箱后先到客厅，然后到北阳台、南卧室、卫生间、厨房，由于该支线较长，看图时应注意每根图线代表的导线根数以及穿管管径；支线 C1 由配电箱下端引出给所有的普通插座供电，它的具体走向是出箱后先到客厅，然后到南面的各卧室；支线 C2 由配电箱上端引出给餐厅、厨房插座供电，它的具体走向是出箱后先到餐厅，然后到厨房；支线 C3 由配电箱上端引出给盥洗室、卫生间插座供电，它的具体走向是出箱后先到盥洗室，然后到卫生间；支线 K1 由配电箱上端引出给所有的空调插座供电，它的具体走向是出箱后先到箱上方的分线盒，再由分线盒分出两路线，一路至客厅空调插座，另一路至南面卧室各空调插座。

8.2 建筑电气工程施工工艺

8.2.1 配线工程施工工艺

1. 室内配线的一般要求

(1) 所用导线的额定电压应大于线路的工作电压。导线的绝缘应符合线路的安装方式和敷设环境条件。导线截面积应能满足供电质量和机械强度的要求，线芯允许最小截面积见表 8－6。

表 8－6　线芯允许最小截面积

分设方式及用途	线芯最小截面积/mm^2		
	铜芯软线	铜芯	铝芯
敷设在室内绝缘支持件上的裸导线	—	2.5	4

续表

分设方式及用途	线芯最小截面积/mm²		
	铜芯软线	铜芯	铝芯
敷设在绝缘支持件上的绝缘导线其支持点间距： (1) 1m及以下　室内 　　　　　　　室外 (2) 2m及以下　室内 　　　　　　　室外 (3) 6m及以下　室内 (4) 12m及以下	—	 1.0 1.5 1.0 1.5 2.5 2.5	 1.5 2.5 2.5 2.5 4 6
穿管敷设的绝缘导线	1.0	1.0	2.5
槽板内敷设的绝缘导线	—	1.0	1.5
塑料护套线敷设	—	1.0	1.5

(2) 导线敷设时，应尽量避免接头。因为常常由于导线接头质量不好而造成事故。若必须接头时，应采用压接或焊接。

(3) 导线在连接和分支处，不应受机械力的作用，导线与电气端子连接时要牢靠压实。

(4) 穿在管内的导线，在任何情况下都不能有接头，必须接头时，可把接头放在接线盒或灯头盒、开关盒内。

(5) 各种明配线应垂直和水平敷设，要求横平竖直，导线水平高度距地不应小于2.5m；垂直敷设不应低于1.8m，否则应加管、槽保护，以防机械损伤。

(6) 导线穿墙时应装过墙管保护，过墙管两端伸出墙面不小于10mm，当然太长也不美观。

(7) 当导线沿墙壁或天花板敷设时，导线与建筑之间的最小距离：瓷夹板配线不应小于5mm，瓷瓶配线不小于10mm。在通过伸缩缝的地方，导线敷设应稍有松弛。对于线管配线应设补偿盒，以适应建筑物的伸缩性。

(8) 为确保用电安全，室内电气管线与其他管道间应保持一定距离，见表8－7。

表8－7　室内配线与管道间最小距离　　单位：mm

管道名称		配线方式		
		穿管配线	绝缘导线明配线	裸导线配线
蒸汽管	平行	1000/500	1000/500	1500
	交叉	300	300	1500
暖、热水管	平行	300/200	300/200	1500
	交叉	100	100	1500
通风、上下水压缩空气管	平行	100	200	1500
	交叉	50	100	1500

注：表中分子数字为电气管线敷设在管道上面的距离，分母数字为电气管线敷设在管道下面的距离。

施工中，如不能满足表8－7中所列距离时，则应采用下列措施。

① 电气管线与蒸汽管不能保持表中距离时，可在蒸汽管外包一隔热层，这样平行距离可减到200mm；交叉距离需考虑施工维修方便，但管线周围温度应经常在35℃以下。

② 电气管线与暖水管不能保持表中距离时，可在暖水管外包隔热层。

③ 裸导线应敷设在管道上面，当不能保持表中距离时，可在裸导线外加装保护网或保护罩。

2. 线管配线

把绝缘导线穿在管内敷设，称为线管配线。这种配线方式比较安全可靠，能避免腐蚀性气体的侵蚀和机械损伤，更换电线方便，普遍应用于重要公用建筑和工业厂房以及易燃、易爆及潮湿的场所。

线管配线包括明配和暗配两种。明配是把线管敷设于墙壁、桁架等表面明露处，要求横平竖直、整齐美观。暗配是把线管敷设于墙壁、地坪或楼板等内部，要求管路短、弯曲少，以便于穿线。

线管配线常使用的线管有低压流体输送钢管（即焊接钢管，其管壁较厚，管径以内径计）、电线管（管径较薄，管径以外径计）、硬塑料管，半硬塑料管，塑料波纹管、软塑料管和软金属管（俗称蛇皮管）等。

线管配线施工包括线管选择、线管加工、线管连接、线管敷设和线管穿线等几道工序。

1）线管选择

首先应根据所敷设环境决定采用哪种线管，然后确定线管的规格。一般明配于潮湿场所和埋于地下的线管，均应使用厚壁钢管；明配或暗配于干燥场所的线管，宜使用薄壁钢管。硬塑料管适用于室内或者有酸、碱等腐蚀介质的场所，但不得在高温和易受机械损伤的场所敷设。半硬塑料管和塑料波纹管适用于一般民用建筑的照明工程暗配，但不得在高温场所敷设。软金属管多作为钢管和设备的过渡连接。

线管规格的选择应根据管内所穿导线的根数和截面积决定，一般规定管内导线的总截面积（包括外护层）不应超过线管截面积的40%。可参照表8-8选择管的外径。

表8-8 单芯导线穿管选择表

<table>
<tr><th rowspan="2">线芯截面/mm^2</th><th colspan="8">焊接钢管（管内导线根数）</th><th colspan="9">电线管（管内导线根数）</th><th rowspan="2">线芯截面/mm^2</th></tr>
<tr><th>2</th><th>3</th><th>4</th><th>5</th><th>6</th><th>7</th><th>8</th><th>9</th><th>10</th><th>9</th><th>8</th><th>7</th><th>6</th><th>5</th><th>4</th><th>3</th><th>2</th></tr>
<tr><td>1.5</td><td colspan="3">15</td><td colspan="2">20</td><td colspan="3">25</td><td colspan="3">32</td><td colspan="2">25</td><td colspan="4">20</td><td></td></tr>
<tr><td>2.5</td><td colspan="2">15</td><td colspan="3">20</td><td colspan="3">25</td><td colspan="3">32</td><td colspan="3">25</td><td colspan="3">20</td><td>1.5</td></tr>
<tr><td>4</td><td>15</td><td colspan="4">20</td><td colspan="3">25</td><td colspan="4">32</td><td colspan="2">25</td><td colspan="3">20</td><td>2.5</td></tr>
<tr><td>6</td><td colspan="3">20</td><td colspan="2">25</td><td colspan="3">32</td><td colspan="2">40</td><td colspan="3">32</td><td colspan="2">25</td><td colspan="2">20</td><td>4</td></tr>
<tr><td>10</td><td>20</td><td colspan="2">25</td><td colspan="2">32</td><td>40</td><td colspan="2">50</td><td colspan="3"></td><td colspan="2">40</td><td colspan="2">32</td><td colspan="2">25</td><td>6</td></tr>
<tr><td>16</td><td colspan="2">25</td><td>32</td><td colspan="2">40</td><td colspan="3">50</td><td colspan="4"></td><td colspan="2">40</td><td colspan="3">32</td><td>10</td></tr>
<tr><td>25</td><td colspan="2">32</td><td>40</td><td colspan="2">50</td><td colspan="3">70</td><td colspan="6"></td><td>40</td><td colspan="2">32</td><td>16</td></tr>
<tr><td>35</td><td>32</td><td>40</td><td colspan="3">50</td><td>70</td><td colspan="2">80</td><td colspan="6"></td><td colspan="3">40</td><td>26</td></tr>
<tr><td>50</td><td>40</td><td colspan="2">50</td><td colspan="2">70</td><td colspan="3">80</td><td colspan="9"></td><td>35</td></tr>
</table>

续表

线芯截面/mm^2	焊接钢管（管内导线根数）								电线管（管内导线根数）									线芯截面/mm^2
	2	3	4	5	6	7	8	9	10	9	8	7	6	5	4	3	2	
70	50		70	80														
95	50	70		80														
120	70		80															
150	70		80															
185	70	80																

所选用的线管不应有裂缝和扁折，无堵塞。钢管管内应无铁屑及毛刺，切断口应挫平，管口应刮光。

2）线管加工

线管在敷设前应进行一系列的加工，包括除锈、切割、套丝和弯曲。

(1) 除锈。为防止钢管生锈，在配管前应对钢管进行除锈，刷防腐漆。钢管内壁除锈，可用圆形钢丝刷，两头各绑一根铁丝，穿过钢管，来回拉动钢丝刷，把管内铁锈清除干净。钢管外壁除锈，可用钢丝刷打磨，也可用电动除锈机。除锈后，将钢管内外表面涂以防锈漆，其外壁刷漆要求与敷设方式和钢管种类有关。

(2) 切割。在配管时，应根据实际情况对线管进行切割。线管切割严禁用气割，应使用钢锯或电动无齿锯进行切割。

(3) 套丝。线管之间、线管和线盒、配电箱的连接，都需要在线管端部进行套丝。焊接钢管套丝，可用管子铰板或电动套丝机。电线管和硬塑料管套丝，可用圆丝板。先将线管固定在管子压器上压紧，然后套丝。套丝完应随即清扫管口，以免割破导线绝缘。

(4) 弯曲。根据线路敷设的需要，线管改变方向时需要弯曲处理。但在线路中，线管弯曲多会给穿线和维护换线带来困难。因此，施工时要尽量减少弯头，为便于穿线，管子的弯曲角度一般不应小于 90°；线管的弯曲半径一般不小于管外径的 6 倍，埋于地下或混凝土楼板内时，不应小于管外径的 10 倍，如图 8－1 所示。

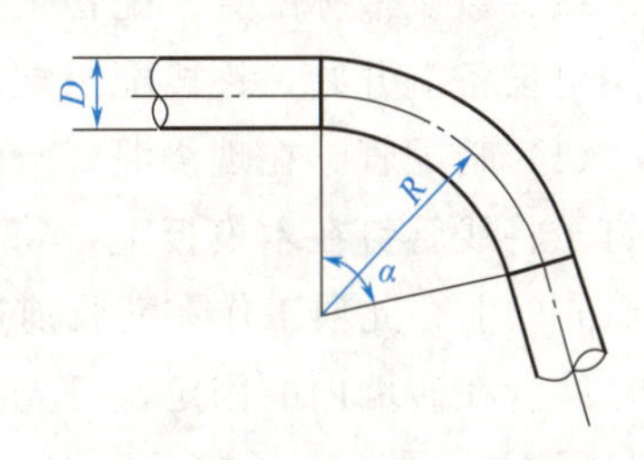

D—钢管直径；*α*—弯曲角度；*R*—弯曲半径

图 8－1 钢管的弯曲

3）线管连接

(1) 钢管连接。钢管明配或暗配，一般都采用管箍连接，特别是潮湿场所的钢管以及埋地和防爆钢管。为保证钢管接口的严密性，钢管四口部分应涂以铅油，缠上麻丝，用管钳拧紧，使两管段间吻合。不允许将线管对焊连接。在干燥少尘的厂房内，对于直径 50mm 及以上的管段也可采用套管焊接方式。

钢管采用管箍连接时，要用圆钢或扁钢做跨接线焊在接口处，使钢管之间有良好的电气连接，以保证接地的可靠性，如图 8－2 所示。跨接线焊接应整齐一致，焊接面不得小于接地线截面积的 6 倍，但不得将管箍焊死。跨接线的规格可参照表 8－9 选择。

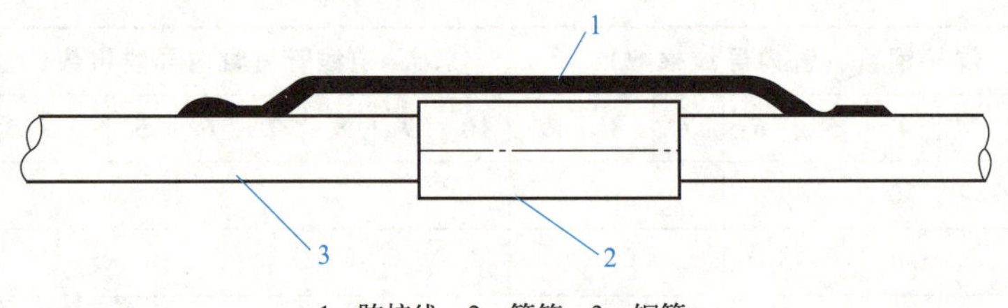

1—跨接线；2—管箍；3—钢管

图 8 - 2　钢管连接处接地

表 8 - 9　跨接线选择表　　单位：mm

公称直径		跨接线	
电线管	钢管	圆钢	扁钢
≤32	≤25	$\phi6$	—
40	32	$\phi8$	—
50	40～50	$\phi10$	—
70～80	70～80	$\phi12$	25×4

钢管进入灯头盒、开关盒、接线盒及配电箱时，暗配管可用焊接固定，管口露出盒（箱）应小于 5mm；明配管应用锁紧螺母或护帽固定，露出锁紧螺母的四口丝扣为 2～4 环扣。

(2) 硬塑料管连接。硬塑料管连接通常有两种方法：插入法和套接法。插入法又分为一步插入法和二步插入法。一步插入法适用于 ϕ50mm 及以下的硬塑料管，二步插入法适用于 ϕ65mm 及以上的硬塑料管。

4) 线管敷设

线管敷设俗称配管。配管工作一般从配电箱开始，逐段配至用电设备处，有时也可以从用电设备端开始，逐段配至配电箱处。

(1) 暗配管。在现浇混凝土构件内敷设线管，可用铁丝将线管绑扎在钢筋上，也可以用钉子将线管钉在木模板上，将线管用垫块垫起，用铁丝绑牢。垫块可用碎石块，垫高 15mm 以上。此项工作在灌胶前进行。

线管在砖墙内的固定，可先在砖缝里打入木楔，在木楔上钉钉子，用铁线将线管绑扎在钉子上，再将钉子打入，使线管充分嵌入槽内，应保证线管离墙表面净距不小于 15mm。在地坪内配管，须在土建施工浇灌混凝土之前埋设，固定方法可用木桩或圆钢等打入地中，用铁丝将线管绑牢，应保证线管全部埋设在地坪混凝土层内，且离土层 15～20mm，以减少地下湿土对线管的腐蚀作用。

埋于地下的电线管路不宜穿过设备基础，在穿过建筑物基础时，应加保护管保护。当许多线管并排敷设在一起时，必须使其相互之间有一定距离，以保证其间也灌入混凝土。进入落地式配电箱的线管应排列整齐，管口应高出基础面不小于 50mm。为避免管口堵塞影响穿线，线管配好后应将管口用木塞或牛皮纸堵好。线管连接处以及钢管接线盒连接处，要做好接地处理。

当电线管路遇到建筑物伸缩缝、沉降缝时，必须相应做伸缩、沉降处理，一般是装设补偿盒。在补偿盒的侧面开一个长孔，将管段穿入长孔中，另一端用六角螺母与接线盒拧紧固定，如图 8-3 所示。波纹管由地面引至墙内的做法如图 8-4 所示。

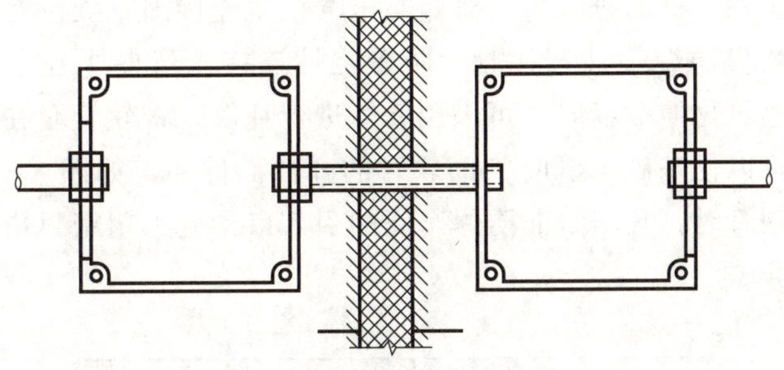

图 8-3 装设补偿盒补偿

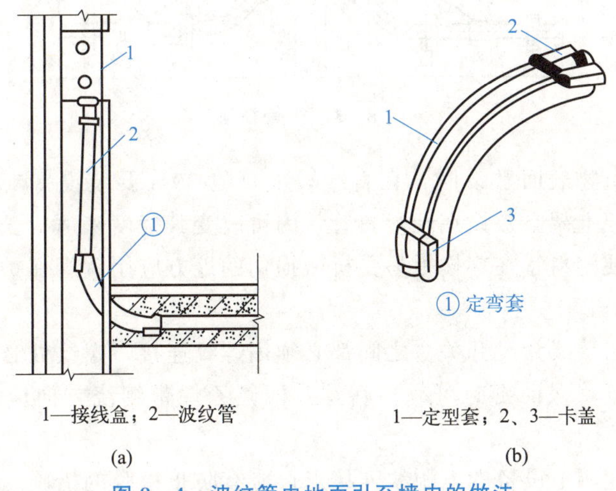

图 8-4 波纹管由地面引至墙内的做法

(2) 明配管。明配管应排列整齐、美观，固定点间距均匀。一般管路应沿建筑物结构表面水平或垂直敷设，其允许偏差在 2m 以内均为 3mm，全长不应超过线管内径的 1/2。

当线管沿墙、柱和屋架等处敷设时，可用管卡固定。管卡的固定方法，可用膨胀螺栓或弹簧螺丝直接固定在墙上，也可以固定在支架上，支架形式可根据具体情况按照有关国家标准图集选择。当线管沿建筑物的金属构件敷设时，若金属构件允许电焊，可把厚壁管电焊在金属构件上；对于薄壁管（电线管）和塑料管，则只能用支架和管卡固定。管卡与终端、转弯中间、电气器具或接线盒边缘的距离为 15～500mm；线管中间管卡最大间距应符合表 8-10 的规定。

表 8-10 线管中间管卡最大允许距离　　单位：mm

敷设方式	线管直径	15～20	25～30	40～50	65～100
吊梁、支架或沿墙敷设	低压流体输送钢管	1500	2000	2500	3500
	电线管	1000	1500	2000	3500
	塑料管	1000	1500	2000	3500

线管贴墙敷设应进入开关、灯头、插座等接线盒内，要适当将线管煨成双管（鸭脖

弯），不能使线管斜穿到接线盒内。同时要使线管平整地紧贴建筑物，在距接线盒300mm处用管卡固定。在有弯头的地方，弯头两边也应用管卡固定。

钢管明配管，应在电机的进线口、管路与电气设备连接困难处以及管路通过建筑物的伸缩缝、沉降缝处装设防爆挠性连接管，防爆挠性连接管弯曲半径不应小于管外径的5倍。明配钢管经过建筑物伸缩缝时，可采用软管进行补偿，将软管套在线管端部，并使金属软管有一定弧度，以便基础下沉时借助软管的弹性而伸缩，如图8-5所示。在有爆炸危险的场所内明配钢管时，凡来自非防爆车间的引入口均应采用密封措施，防止有爆炸危险的空气逸出。

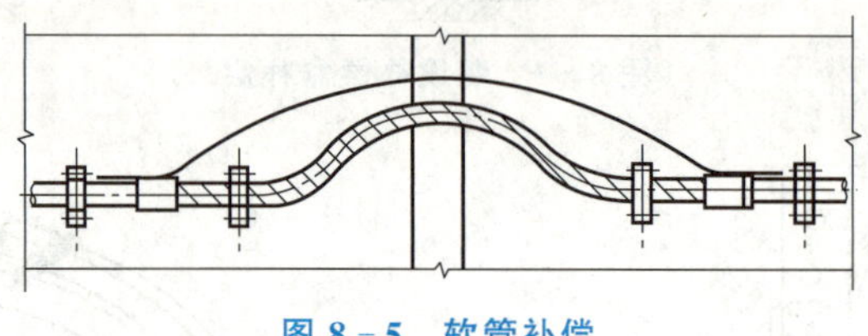

图8-5 软管补偿

硬塑料管沿建筑物表面敷设时，在直线段上每隔30m要装设一支温度补偿器，以适应其膨胀性。在支架上架空敷设在硬塑料管，因可改变其挠度来适应长度的变化，所以可不装设补偿装置。硬塑料管在穿楼板易受机械损伤的地方应用钢管保护，其保护高度距离楼板面不低于500mm。

线管间及线管与接线盒、开关盒之间都必须用螺纹连接，螺纹处必须用油漆麻丝或四氟乙烯带缠绕后旋紧，保证密封可靠。麻丝及四氟乙烯带缠绕方向应与线管旋紧方向一致，以防松散。

引入电机或其他用电设备的电源线连接点，应有防止松脱的措施，并应放在密封的接线盒或接线罩内。动力电缆不允许有中间接头。

5）线管穿线

管内穿线工作一般应在线管全部敷设完毕及土建地坪和粉刷工程结束后进行。在穿线前，应将管中的积水及杂物清除干净。

导线穿管时，应先穿一根钢线作引线。当管路较长或弯曲较多时，应在配管时就将引线穿好。一般在现场施工中对于管线较长、弯曲较多，从一端穿入钢引线有困难的情况，多从两端同时穿钢引线，且将引线头弯成小钩，当一根引线端头超过另一根引线端头时，用手旋转较短的一根，使两根引线绞在一起，然后把一根引线拉出，此时就可以将引线的一头与需穿的导线结扎在一起。

拉线时，应有两个人操作，较熟练的一人送线，另一人拉线，两人送拉动作要配合协调，不可硬送、硬拉。当导线拉不动时，两人应反复来回拉1～2次再向前拉，不可勉强拉线而将引线或导线拉断。

在较长的垂直管路中，为防止由于导线的本身自重拉断导线或拉松接线盒中的接头，导线每超过下列长度，应在管口处或接线盒中加以固定：50mm^{2}以下的导线，长度超过30m时；70～95mm^{2}的导线，长度超过20m时；120～240mm^{2}的导线，长度超过18m时。导线在接线盒内的固定方式如图8-6所示。

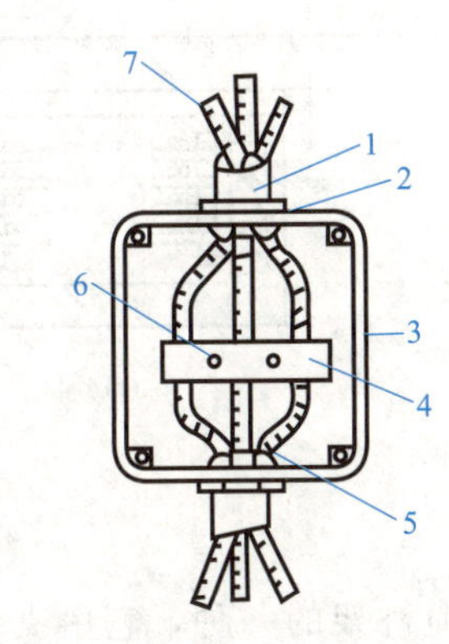

1—电线管；2—根母；3—接线盒；4—木制线夹；5—护口；6—M6螺栓；7—电线

(a) 固定方式之一

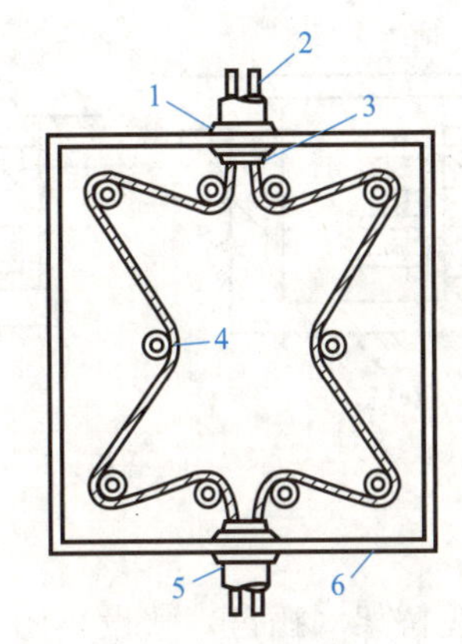

1—根母；2—电线；3—护口；4—瓷瓦；5—电线管；6—接线盒

(b) 固定方式之二

图 8-6 导线在接线盒内的固定方式

穿线时应严格按照规范要求进行，不同回路、不同电压、交流与直流的导线，不得穿入同一根管内，但下列回路可以除外：电压为65V以下的回路；同一台设备的电机回路和无干扰要求的控制回路；照明花灯的所有回路；同类照明的几个回路，但管内导线总数不应多于8根，对同一交流回路的导线必须穿于同一钢管内。不论何种情况，导线在管内都不得有接头和扭结，接头应放在接线盒内。

钢管与设备连接时，应将钢管敷设到设备内；如果不能直接进入设备，可在钢管出口处加金属软管或塑料软管引入设备。金属软管与接线盒等连接要用管接头，如图8-7所示。

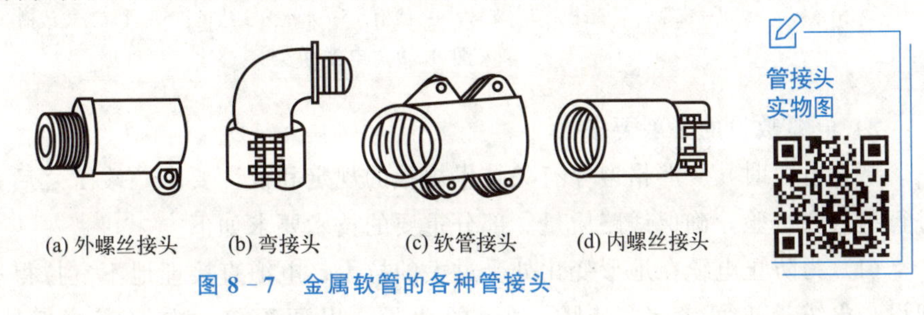
(a) 外螺丝接头　(b) 弯接头　(c) 软管接头　(d) 内螺丝接头

图 8-7 金属软管的各种管接头

管接头实物图

穿线完毕，即可进行电气安装和导线连接。

3. 电缆敷设

1）电缆敷设方式

工业与民用建筑中采用的电缆敷设方式有直接埋地、电缆沟敷设、沿墙敷设和电缆桥架（托盘）敷设。此外，在大型发电厂和变电所等电缆密集的场合，还采用电缆隧道、电缆排管和专用电缆夹层等方式。

(1) 直接埋地：这种敷设方式投资省、散热好，但不便检修和排查故障，易受机械损伤和水土侵蚀，一般用于户外电缆不多的场合。

(2) 电缆沟敷设：如图8-8所示，沟内可敷设多根电缆，占地少，且便于维修。

(3) 沿墙敷设：这种敷设方式一般用于室内正常环境的场合。

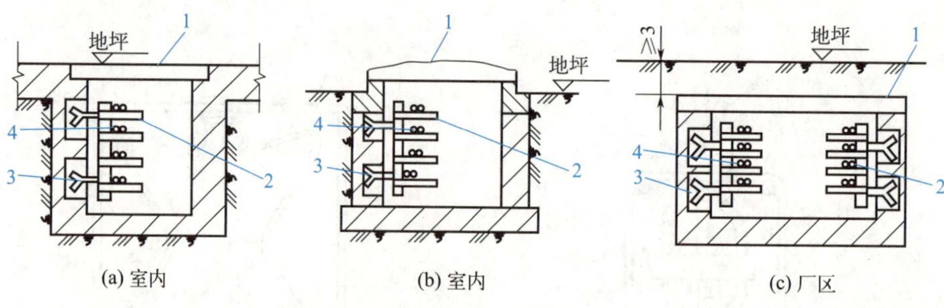

1—盖板；2—电缆支架；3—预埋铁件；4—电缆

图 8－8　电缆沟

(4) 电缆桥架（托盘）敷设：图 8－9 所示为电缆桥架的一种，它由支架、托臂、线槽及盖板组成。电缆桥架（托盘）在户内和户外均可使用，采用电缆桥架（托盘）敷设的线路整齐美观，便于维护，槽内可使用价廉的无铠装全塑电缆。电缆桥架（托盘）有全封闭型和半封闭型。

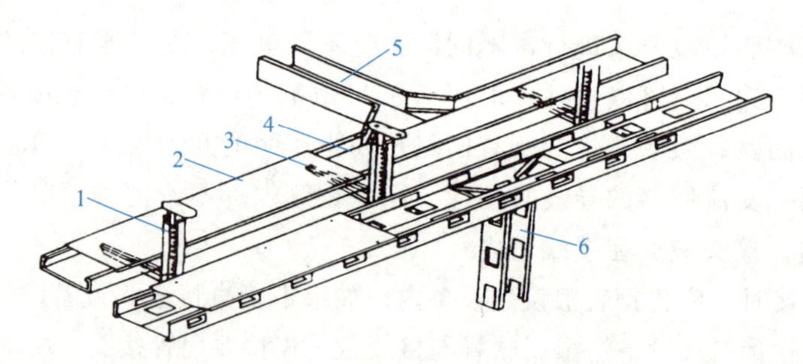

1—支架；2—盖板；3—支臂；4—线槽；5—水平分支线槽；6—垂直分支线槽

图 8－9　电缆桥架

2) 电缆敷设的一般要求

敷设电缆时，应严格遵守有关技术规程的规定和设计要求。竣工之后，要按规定要求进行检查和试验，确保线路质量。部分重要的技术要求如下。

(1) 为防止电缆在地形变化处受过大的拉力，电缆直接埋地不宜拉得过紧，可波浪形埋设，电缆长度可考虑 1.5%～2% 的余量，以便检修。电缆直接埋地深度不得小于 0.7m，其壕沟与建筑物基础的距离不得小于 0.6m。直埋于冻土地区时，应埋在冻土层以下。

(2) 下列地点的电缆应穿管保护：电缆进出建筑物或构筑物；电缆穿过楼板及主要墙壁处；从电缆沟道引出至电杆或沿墙敷设的电缆距地面 2.0m 以下及地下 0.3m 深度的一段；电缆与道路、铁路交叉的一段，所用保护管内径不得小于电缆外径的 1.5 倍。

(3) 电缆与其他管道共同敷设时，应满足下列要求：不得在敷设煤气管、天然气管及液体燃料管路的沟道中敷设电缆；热力管道的明沟或隧道中一般不敷设电缆；个别情况当不致使电缆过热时，允许少数电缆敷设在热力管道的沟道中，但应分隔在不同侧，或将电缆安放在热力管道的下面。

(4) 电缆沟的结构应考虑到防火和防水。电缆沟进入建筑物及隧道的连接处应设置防火隔板。电缆沟的排水坡度不得小于 0.5%，且不能坡向建筑物内侧。

(5) 电缆的金属外皮和金属电缆头，以及保护钢管和金属支架等，均应可靠接地。

4. 金属线槽敷设

金属线槽一般适用于正常环境的室内场所明敷设。金属线槽一般由 0.4～1.5mm 的钢板压制而成，为具有槽盖的封闭式金属线槽。

1) 定位

金属线槽安装前，首先根据图线确定出电源及箱（盒）等电气设备、器具的安装位置，然后弹线定位，分匀档距，标出线槽支吊架的固定位置。

金属线槽敷设时，吊点及支持点的距离，应根据工程实际情况确定，一般在直线段固定间距不应大于 3m，在线槽的首端、终端、分支、转角、接头及进（出）接线盒处不应大于 0.5m。

2) 墙上安装

金属线槽在墙上安装时，可采用 M8×35 半圆头木螺钉配塑料胀管的安装方式。金属线槽在墙上安装如图 8-10 所示。

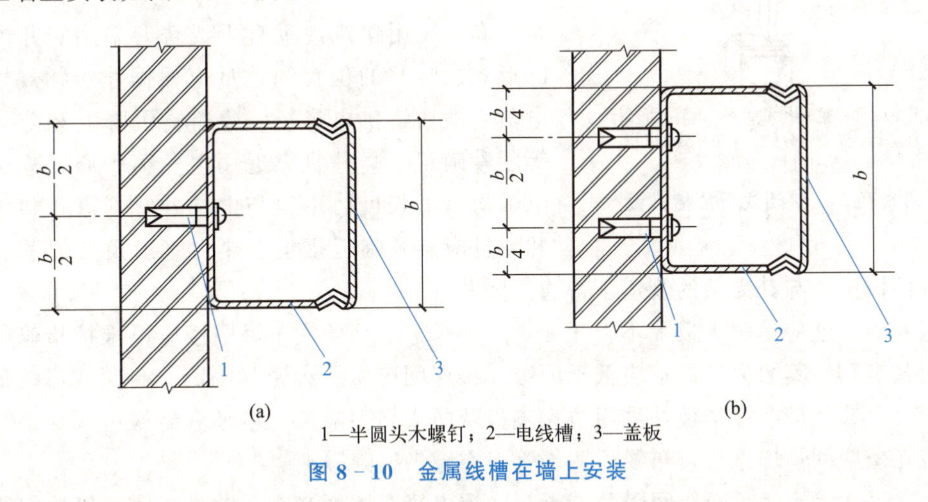

1—半圆头木螺钉；2—电线槽；3—盖板

图 8-10 金属线槽在墙上安装

金属线槽在墙上水平架空安装也可以使用托臂支撑。金属线槽沿墙垂直敷设时，可采用角钢支架或扁钢固定金属线槽，支架的长度应根据金属线槽的宽度和根数确定。

支架与建筑物的固定应采用 M10×80 膨胀螺栓紧固，或将角钢支架预埋在墙内，线槽用管卡固定在支架上。支架固定点间距为 1.5m，底部支架距楼（地）面的距离不应小于 0.3m。

线槽内导线总截面积（包括外护层）不应超过线槽内截面积的 20%，载流导线不宜超过 30 根。控制、信号或其他类似线路，导线总截面积不应超过线槽内截面积的 50%，导线根数不限。

3) 地面内暗装

地面内暗装金属线槽适用于正常环境下的大空间且隔断变化多、用电设备移动性大或敷有多种功能线路的场所。金属线槽应暗敷于现浇混凝土地面、楼板或楼板垫层内。

线槽内导线总截面积（包括外护层）不应超过线槽内截面积的 40%。由配电箱、电话分线箱及接线端子箱设备等引至线槽的线路，宜采用金属管布线方式引入线盒，或通过终端连接器直接引入线槽。线槽出线口和分线盒不得突出地面，且应做好防水密封处理。

地面内暗装金属线槽在设计时应与土建专业密切配合，以便根据不同的结构型式和建筑布局，合理确定线路路径和设备选型。

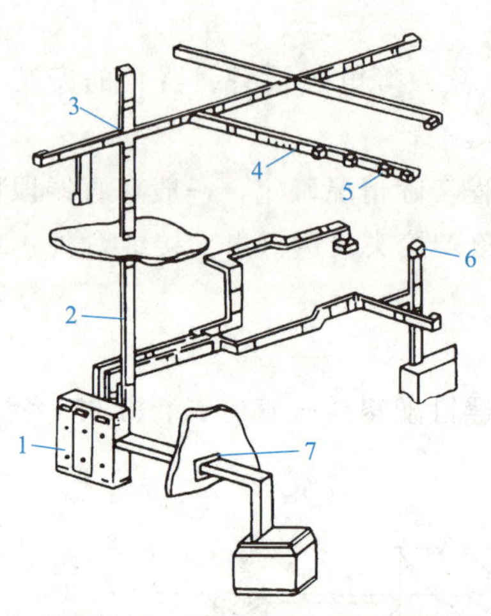

1—配电柜；2—垂直母线；3—垂直X形母线；4—水平母线；5—分线盒；6—终端封盒；7—过墙用配件

图 8-11　封闭式母线槽敷设

5. 封闭式母线槽敷设

封闭式母线槽具有结构紧凑、安装方便、使用安全、载流量大等优点。按绝缘方式，封闭式母线槽可分为空气绝缘型和密集绝缘型，当载流量大于630A时，可优先选用密集绝缘型。封闭式母线槽适用于高层建筑中供电干线，树干式配电时，分支处可采用插接式连接，还可以用于变压器与配电屏之间的连接。封闭式母线槽敷设如图 8-11 所示。

6. 竖井内布线

高层民用建筑内垂直干线普遍采用竖井内布线的形式。竖井的位置和数量应根据建筑物规模、用电负荷性质、供电半径、建筑物沉降缝和防火分区等因素确定。竖井宜靠近用电负荷中心，减少干线电缆沟道的长度。不得与电梯井、管道井共用一竖井，且应避开临近烟道、热力管道及其他散热量大或潮湿的设施，与其无关的管道不得通过竖井。

竖井的井壁应是耐火极限不低于 1h 的非燃烧体。竖井在每层楼应设维护检修门，门开向公共走廊，其耐火等级不应低于丙级。楼层间应做防火密封隔离：封闭式母线槽、电缆桥架及金属线槽在穿楼板处采用防火隔板及防火堵料隔离；电缆和绝缘电线穿钢管布线时，应在楼层间预埋钢管，布线后两端管口空隙做密封隔离。

竖井尺寸除应满足布线间隔及端子箱、配电箱布置所必需尺寸外，宜在箱体前留有不小于 0.8m 的操作维护距离。竖井内高压、低压和应急电源的电气线路相互之间应留 0.3m 及以上距离或采取隔离措施，高压线路还应设有明显标志。强电与弱电线路，有条件时宜分别设置在不同竖井内，如受条件限制必须合用，则应分别布置在竖井两侧或采取隔离措施，以防止强电对弱电的干扰。竖井内应敷有接地干线和接地端子。

8.2.2　建筑电气照明工程施工工艺

1. 照明配电系统安装

建筑照明配电系统通常按照“三级配电”的方式进行，由照明配电箱、房间开关箱及配电线路组成。

1）照明配电箱安装

照明配电箱包括照明总配电箱和楼层配电箱。照明总配电箱把引入建筑物的三相总电源分配至各楼层的配电箱。当每层的用电负荷较大时，采用独立线路（放射式）对该层配电，如图 8-12(a) 所示；当每层的用电负荷不大时，采用树干式配电，如图 8-12(b) 所示。总配电箱内的进线及出线应装设具有短路保护和过载保护功能的断路器。

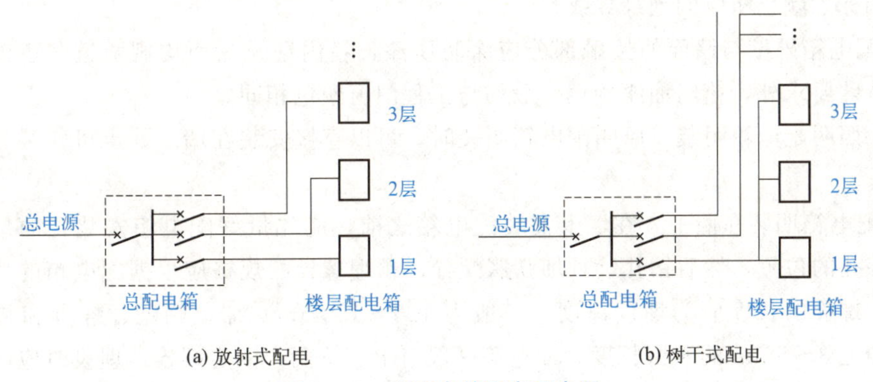

图 8-12 总配电箱配电示意图

楼层配电箱把三相电源分为单相，分配至该层的各房间开关箱以及楼梯、走廊等公共场所的照明电器进行供电。当房间的用电负荷较大（如大会议室、大厅、大餐厅等）时，则由楼层配电箱分出三相支路给该房间的开关箱，再由开关箱分出单相线路给房间内的照明电器供电。楼层配电箱内的进线及出线也应装设断路器进行保护，如图 8-13 所示。

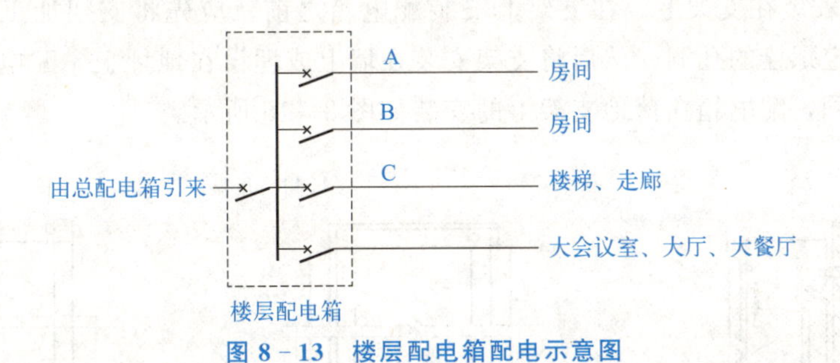

图 8-13 楼层配电箱配电示意图

照明配电箱的安装主要有明装、嵌入式暗装、落地式安装三种方式。要求较高的场所一般采用嵌入式暗装的方式，要求不高的场所或由于配电箱体积较大不便暗装时，可采用明装方式，容量、体积较大的照明总配电箱则采用落地式安装方式。

(1) 照明配电箱的总体安装要求如下。

① 照明配电箱应安装在干燥、明亮、不易受振、便于操作的场所，不得安装在水池的上、下侧，当安装在水池的左、右侧时，其净距不应小于 1m。

② 一般情况下，暗装配电箱底边距地面的高度为 1.4～1.5m，明装配电箱的安装高度不应小于 1.8m。配电箱安装的垂直偏差不应大于 3mm，操作手柄距侧墙的距离不应小于 200mm。

③ 在 240mm 厚的墙壁内暗装配电箱时，其墙后壁需加装 10mm 厚的石棉板和直径为 2mm、孔洞为 10mm 的钢丝网，再用 1∶2 水泥砂浆抹平，以防开裂。墙壁内预留孔洞的大小，应比配电箱的外形尺寸略大 20mm 左右。

④ 配电箱的金属构件、铁制盘及电器的金属外壳，均应做保护接地（或保护接零）。接零系统中的零线，应在引入线处或线路末端的配电处做好重复接地。

⑤ 配电箱内的母线应有黄（L1）、绿（L2）、红（L3）等分相标志，可刷漆涂色或采用与分相标志颜色相应的绝缘导线。

⑥ 配电箱外壁与墙面的接触部分应涂防腐漆，箱内壁及盘面均刷两道驼色油漆。除设计有特殊要求外，箱门油漆颜色一般均与工程门窗颜色相同。

（2）照明配电箱明装。照明配电箱明装时，可以直接安装在墙上，也可安装在支架上或柱上。

① 配电箱明装在墙上。在墙上安装配电箱之前，应先量好配电箱安装孔的尺寸，在墙上画好孔的位置，然后钻孔，预埋膨胀螺栓。预埋螺栓的规格应根据配电箱的型号和质量选择，螺栓的长度应为埋设深度（一般为 120～150mm）加上箱壁、螺母和垫圈的厚度，再加上 3～5mm 的预留长度。配电箱一般有上、下两个固定螺栓，埋设时应用水平尺和线坠校正使其水平和垂直，螺栓中心间距应与配电箱安装孔中心间距相等，以免错位，造成安装困难。

待预埋件的填充材料凝固干透后，方可进行配电箱的安装固定。固定前，先用水平尺和线坠校正使其水平和垂直，如不符合要求，应检查原因，调整后再将配电箱固定，如图 8－14 所示。

② 配电箱安装在支架上。在支架上安装配电箱之前，应先将支架加工焊接好，并在支架上钻好固定螺栓的孔洞，然后将支架安装在墙上或埋设在地坪上。配电箱的安装固定和上述方法相同，配电箱在落地支架上的安装如图 8－15 所示。

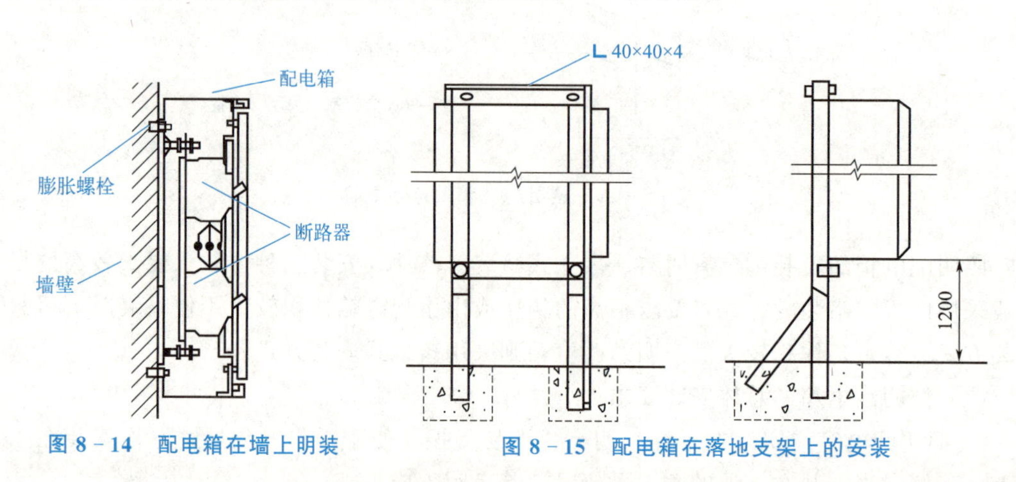

图 8－14　配电箱在墙上明装　　图 8－15　配电箱在落地支架上的安装

③ 配电箱安装在柱上。安装之前，一般先装设角钢和抱箍，然后在上、下角钢中部的配电箱安装孔处焊接固定螺栓的垫铁，并钻好孔，最后将配电箱固定安装在角钢垫铁上，如图 8－16 所示。

（3）照明配电箱暗装。照明配电箱暗装时，一般将其嵌入墙壁内。安装时应配合配线工程的暗敷设进行。待预埋线管工作完毕后，将配电箱的箱体嵌入墙壁内（有时将线管与箱体组合后，在土建施工时埋入墙内），并做好线管和箱体的连接固定和跨接地线的连接

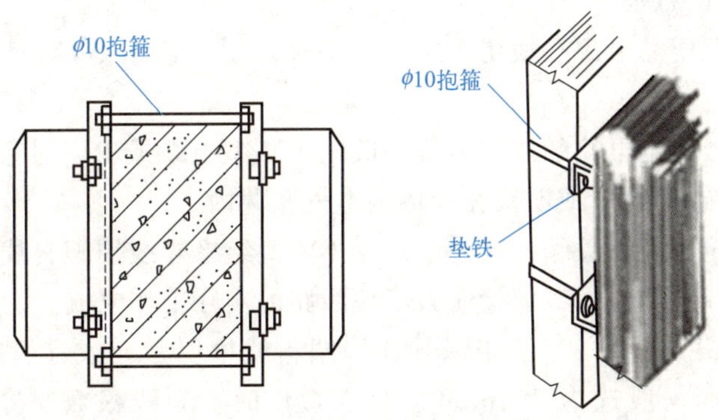

图 8-16 配电箱在柱上安装

工作，然后在箱体四周填入水泥砂浆，如图 8-17 所示。当墙壁的厚度不能满足嵌入式安装的需要时，可采用半嵌入式安装，使配电箱的箱体一半在墙外，一半嵌入墙内。

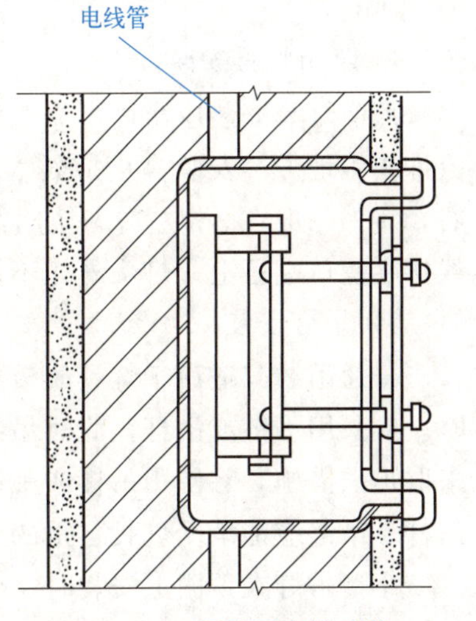

图 8-17 照明配电箱暗装

(4) 照明配电箱落地式安装。体积较大的总照明配电箱应采用落地式安装。在安装之前一般先预制一个高出地面约 100mm 的混凝土空心台，这样可以方便进、出线，不进水，保证安全进行。进入配电箱的钢管应排列整齐，管口高出基础面 50mm 以上。

2) 房间开关箱安装

房间开关箱分出插座支线（灯具、空调器、电热水器等）给相应电器供电。开关箱内的插座支线应装设断路器及漏电保护器，其他支路应装设断路器。一般房间内的照明灯具由其邻近的、装在墙壁上的灯具开关控制，如图 8-18(a) 所示；灯数较多且同时开、关的大房间（如大会议室、大厅、大餐厅等），则由开关箱内的断路器分组控制，如图 8-18(b) 所示。

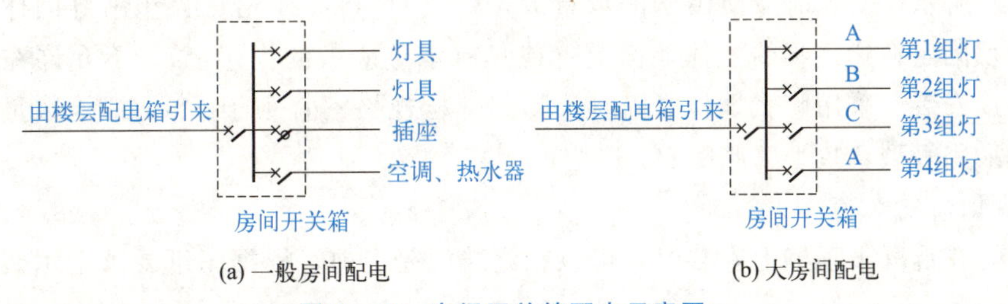

图 8-18 房间开关箱配电示意图

房间开关箱一般明装或暗装在墙壁上。安装在开关箱及配电箱内的断路器，其额定电源应大于所控制线路的正常工作电流；漏电保护器的漏电动作电流一般为 30mA，潮湿场所为 15mA。

3）照明配电线路敷设

引入建筑物的照明总电源一般用 VV 型电缆埋地引入或用 BVV 型绝缘导线沿墙架空引入。

由总配电箱至楼层配电箱的照明干线一般用 VV 型电缆或 BV 型绝缘导线，穿钢管或穿 PVC 管沿墙明敷或暗敷，或明敷在专用的电气竖井内。

由楼层配电箱至房间开关箱的线路一般用 BV 型绝缘导线用塑料线槽沿墙明敷，或穿管暗敷。所用绝缘导线的允许载流量应大于该线路的实际工作电流。

房间内照明线路一般用 BV 型绝缘导线用塑料线槽明敷，或穿管暗敷。灯具及一般插座线路的导线截面一般选为 $2.5mm^2$。穿管敷设时，导线根数与穿管管径的配合为：2 根导线时穿管管径为 15mm，3～5 根时穿管管径为 20mm，6～9 根时穿管管径为 25mm。

2. 照明灯具安装

照明灯具安装应牢固可靠，便于维修和更换，不应将灯具安装在高温设备表面或有气流冲击等地方。安装高度应符合设计图纸的要求，若图纸无要求，室内一般在 2.5m 左右，室外一般在 3m 左右。使用螺口灯头的灯具接线时，必须将相线接在中心端子上，零线接在螺口端子上，灯头外壳不能有破损。

1）吊灯安装

普通吊线只适用于灯具质量在 1kg 以内的吊灯，超过 1kg 的灯具或吊线长度超过 1m 时，应采用吊链或吊杆，此时吊线不应受力。灯具及其附件的质量超过 3kg 时，安装时应采取加强措施，除使用吊杆或吊链外，通常应在悬吊点采用预埋吊钩等固定。大型灯具的吊杆、吊链应能承受灯具自重的 5 倍以上，需要人上去检修的灯具，还要另加 200kg。

小型吊灯在顶棚上安装时，必须在顶棚主龙骨上设灯具紧固装置，将吊灯通过连接件悬挂在紧固装置上。紧固装置和主龙骨的连接应可靠，有时需要在支持点处对称加设建筑物主体与棚面间的吊杆，以抵消灯具加在顶棚上的重力，使顶棚不至于下沉、变形。吊杆出顶棚面最好加套管，这样可以保证顶棚面板的完整。安装时要保证牢固和可靠。

质量较大的吊灯在混凝土顶棚上安装时，要预埋吊钩或螺栓，或者用膨胀螺栓紧固，如图 8－19 所示。安装时应使吊钩的承重大于灯具自重的 14 倍。大型吊灯因体积大、灯体重，必须固定在建筑物的主体棚面上（或具有承重能力的构架上），不允许在轻钢龙骨顶棚上直接安装。采用膨胀螺栓紧固时，膨胀螺栓规格不宜小于 M6，螺栓数量不少于两个，不能采用轻型自攻型膨胀螺钉。

2）吸顶灯的安装

吸顶灯在混凝土顶棚上安装时，可以在浇筑混凝土前，根据图纸要求把木砖预埋在里

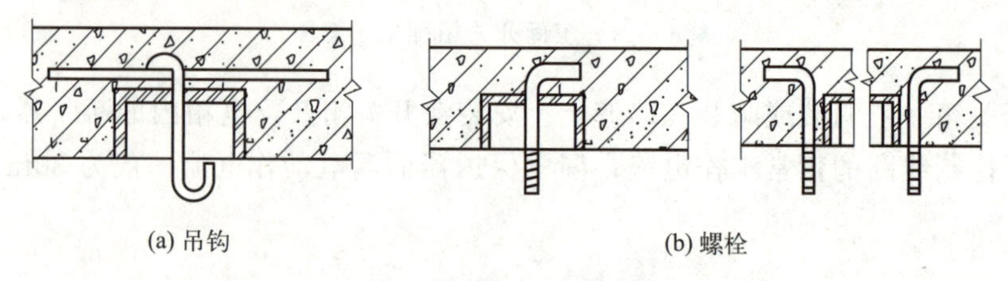

图 8－19　灯具吊钩及螺栓预埋做法

面。在安装灯具时，把灯具的底台用木螺钉安装在预埋的木砖上，或者用膨胀螺栓将底盘固定在混凝土顶棚的膨胀螺栓上，再把吸顶灯与底台、底盘固定，如图 8-20 所示。如果灯具底台直径超过 100mm，往预埋木砖上固定时，必须用两个螺钉。圆形底盘吸顶灯紧固螺栓不得少于 3 个，方形或矩形底盘吸顶灯紧固螺栓不得少于 4 个。

小型、轻型吸顶灯可以直接安装在吊顶上，但不得用吊顶的罩面板作为螺钉的紧固基面。安装时应在罩面板的上面加装木方，木方规格为 60mm×40mm，木方要固定在吊顶的主龙骨上，安装灯具的紧固螺钉拧紧在木方上，如图 8-21 所示。较大型吸顶灯安装，可以用吊杆将灯具底盘等附件悬吊固定在建筑物主体顶棚上，或者固定在吊顶的主龙骨上；也可以在轻钢龙骨上紧固灯具附件，而后将吸顶灯安装至吊顶上。

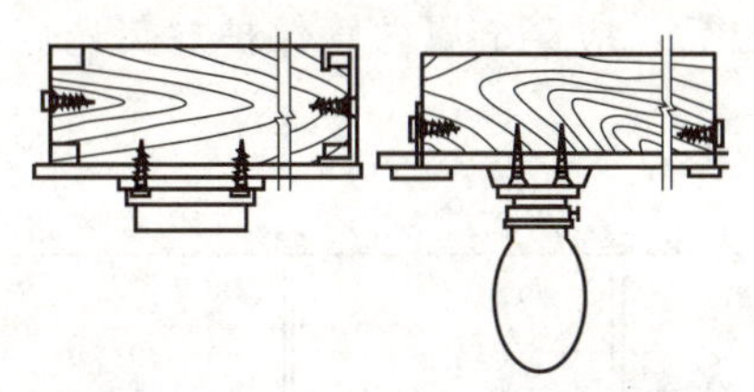

图 8-20　吸顶灯在混凝土顶棚上安装

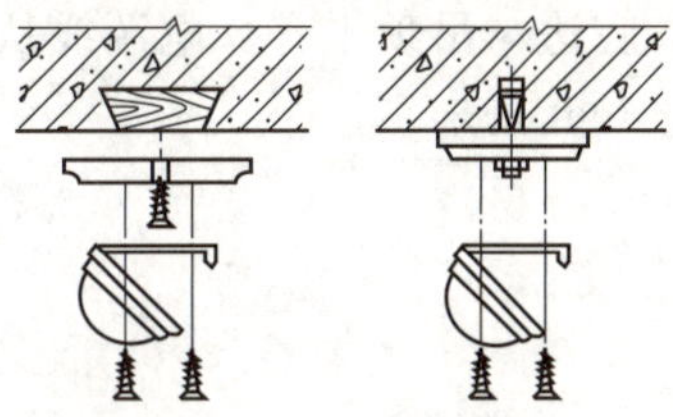

图 8-21　吸顶灯在吊顶上安装

3）壁灯安装

安装壁灯时，先在墙或柱上固定底盘，再用螺钉把灯具紧固在底盘上。固定底盘时，可用螺钉旋入灯位盒的安装螺孔来固定，也可在墙面上用塑料胀管及螺钉固定。壁灯底盘的固定螺钉一般不少于两个。

壁灯的安装高度，灯具中心距地面 2.2m 左右，床头壁灯以 1.2～1.4m 为宜。壁灯安装如图 8-22 所示。

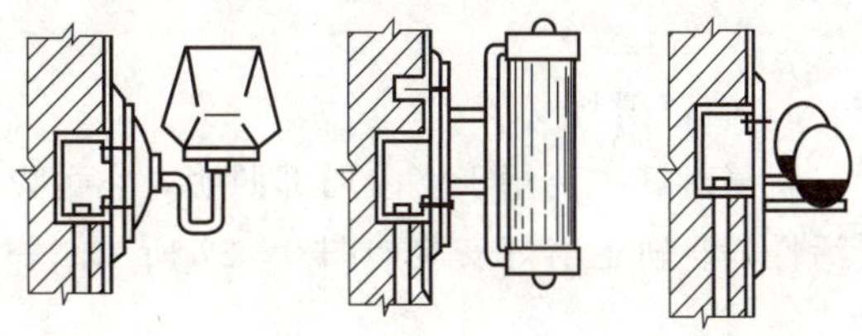

图 8-22　壁灯安装

4）荧光灯安装

荧光灯有电感式和电子式两种。电感式荧光灯电路简单、使用寿命长，但启动较慢、有频闪效应、镇流器易损坏。电感式荧光灯的接线原理如图 8-23 所示。电子式荧光灯的接线与之相同，但不需要启辉器。

(1) 荧光灯吸顶安装。根据设计图纸确定出荧光灯的位置，将荧光灯贴紧建筑物表面，荧光灯的灯架应完全遮盖住灯头盒，对准灯头盒的位置打好进线孔，将电源线穿入灯架，在进线孔处应套上塑料管保护导线。用膨胀螺栓固定灯架。如果荧光灯是安装在吊顶上的，则应将灯架固定在龙骨上。灯架固定好后，将电源线压入灯架内的端子板上，然后把灯具的反光板固定在灯架上，并将灯架调整顺直，最后把荧光灯管装好。荧光灯吸顶安装如图 8-24 所示。

(2) 荧光灯吊链安装。吊链的一端固定在建筑物顶棚上的塑料（木）台上，根据灯具的安装高度，将吊链编好挂在灯架挂钩上，并且将导线编插在吊链内引入灯架，在灯架的进线孔处应套上软塑料管保护导线，压入灯架内的端子板上。将灯具导线和灯头盒中引出的导线连接，并用绝缘胶布分层包扎紧密，理顺接头扣于塑料（木）台上的法兰盘内，法兰盘（吊盒）的中心应与塑料（木）台的中心对正，用膨胀螺栓将其拧牢。将灯具的反光板固定在灯架上，调整好灯架，将灯管接好。荧光灯吊链安装如图 8－25 所示。

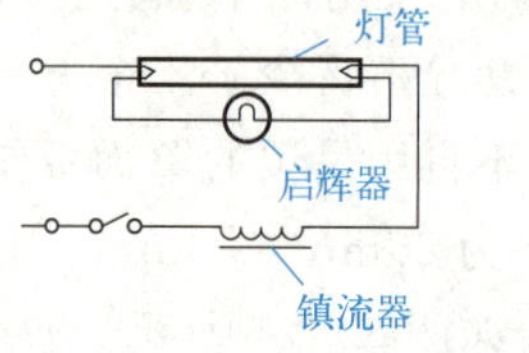

图 8－23　电感式荧光灯的接线原理

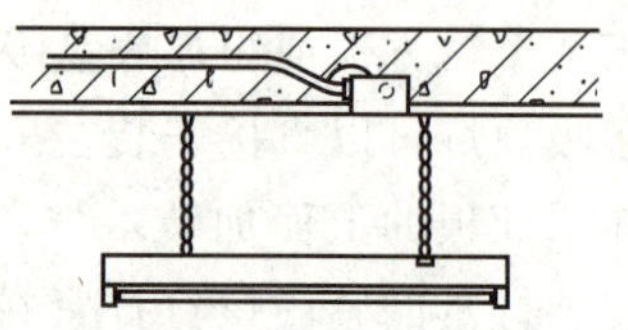

图 8－24　荧光灯吸顶安装

（3）荧光灯嵌入吊顶安装。荧光灯嵌入吊顶内安装时，应先把灯罩用吊杆固定在混凝土顶板上，底边与吊顶平齐。电源线从线盒引出后，应穿金属软管保护。荧光灯嵌入吊顶安装如图 8－26 所示。

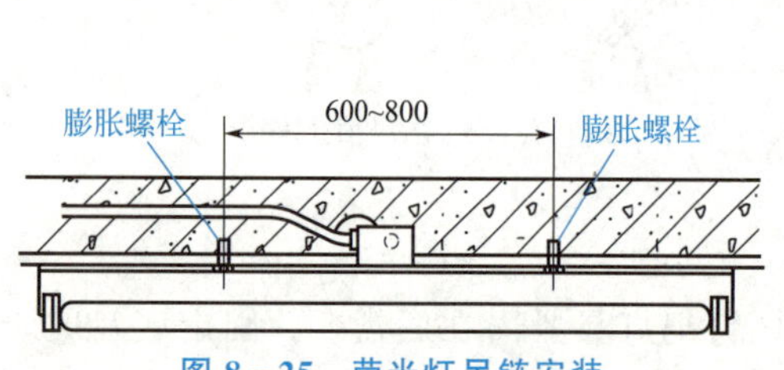

图 8－25　荧光灯吊链安装

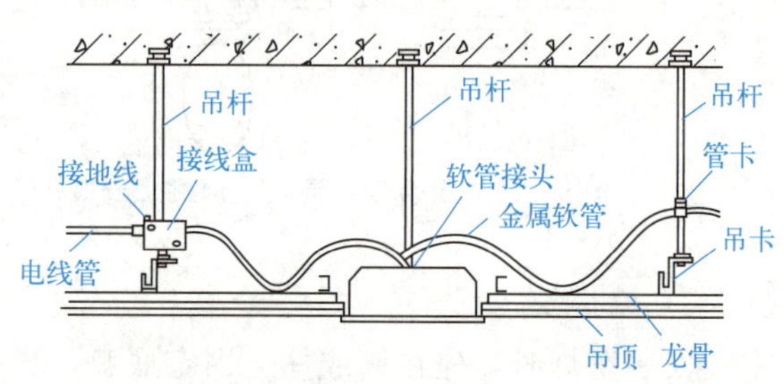

图 8－26　荧光灯嵌入吊顶安装

5）轨道射灯安装

轨道射灯主要用于室内局部照明，它可以在轨道上移动，也可调整照射角度，照明的灵活性好。轨道射灯安装如图 8－27 所示。

6）碘钨灯安装

安装碘钨灯时，灯管须装在配套的灯架上。由于灯管温度高达 250～600℃，灯架距可燃物的净距不得小于 1m，离地垂直高度不宜小于 6m。安装后灯管须保持水平，其水平倾斜度应小于±4°，否则会严重缩短灯管寿命。室外安装时应有防雨措施。碘钨灯安装如图 8－28 所示。

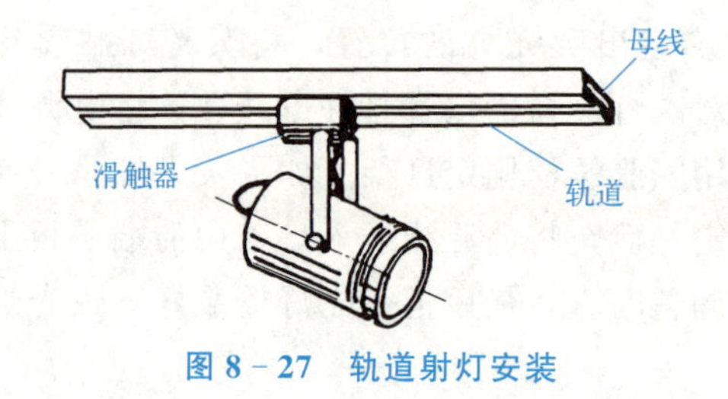

图 8－27　轨道射灯安装

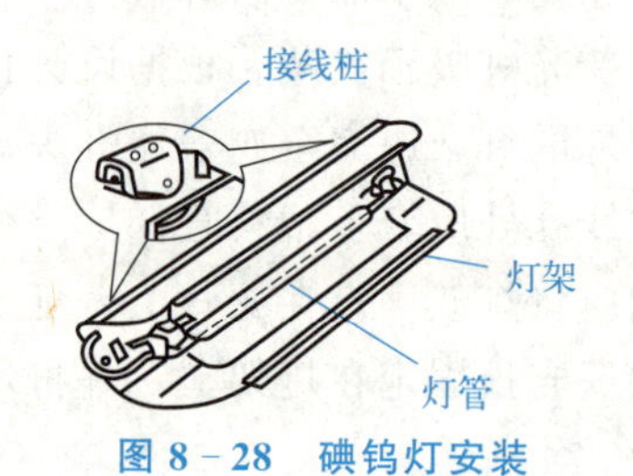

图 8－28　碘钨灯安装

3. 照明控制系统安装

1）照明灯具控制线路

室内照明灯具一般每灯用一只开关控制，灯数较多时可用一只开关控制多盏灯，面积较大且灯具同时开关时，可用房间开关箱内的断路器直接控制。

(1) 灯具的基本控制线路。灯具开关应串联在相线（俗称火线）上，线路之间不应有接头。根据电气照明平面图进行配电时，可参考接线口诀进行：相线零线并排走，零线直接进灯头，相线接在开关上，经过开关进灯头。灯具的基本控制线路如图 8－29 所示。

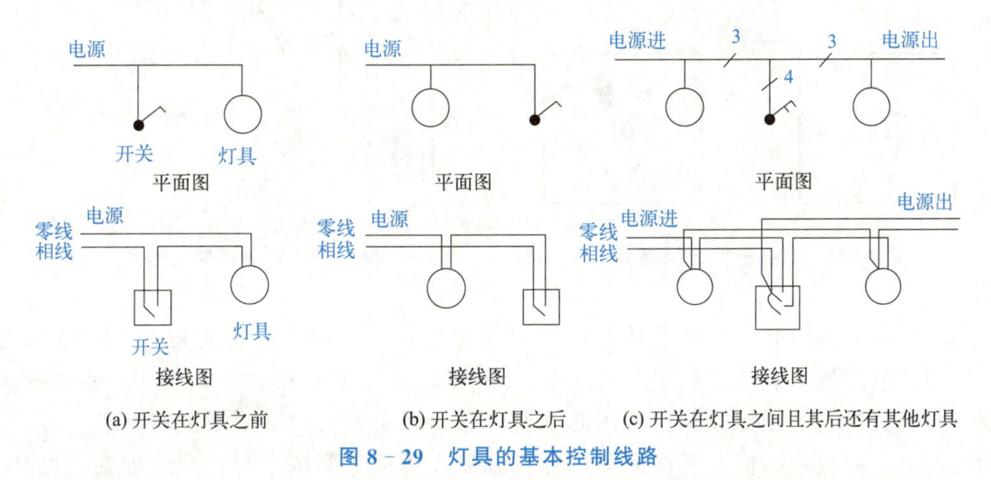

图 8－29　灯具的基本控制线路

(2) 一只开关控制多盏灯具。用一只开关控制多盏灯具时，把所控制的灯具并联在经过开关后的相线与零线之间即可，如图 8－30 所示。

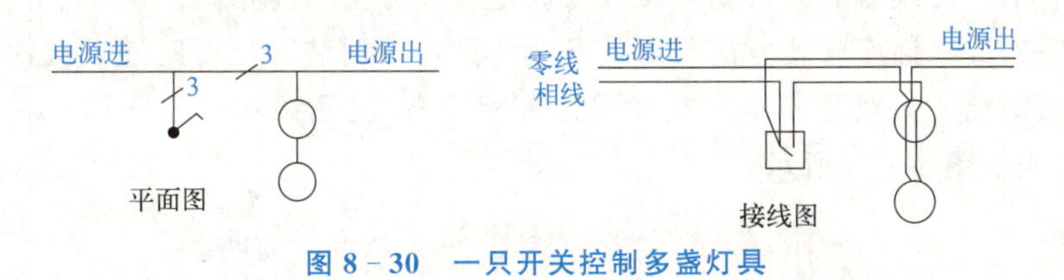

图 8－30　一只开关控制多盏灯具

(3) 灯具的双控。对于楼梯、走廊的照明，有时需要在两个不同的地方对同一盏灯具进行独立控制，这种控制方法称为灯具的双控。灯具双控时，应采用双控开关。图 8－31 所示为灯具双控的平面图及接线图。

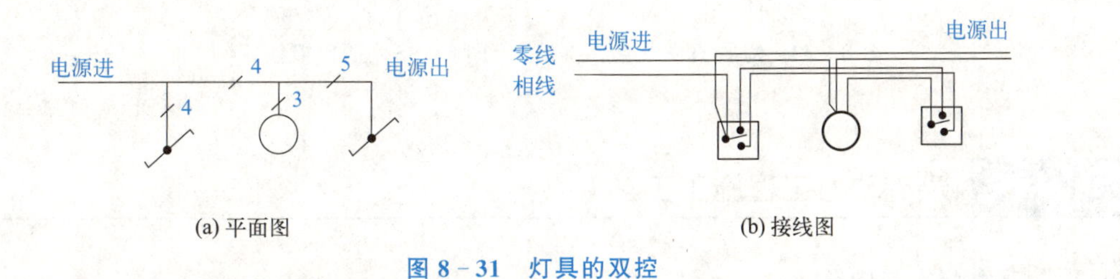

图 8－31　灯具的双控

2) 灯具开关及插座安装

建筑物内使用的灯具开关及插座，一般都为定型产品。常用的开关、插座有 86 系列（面板高度为 86mm）、120 系列（面板高度为 120mm），其外形如图 8－32 所示。选择灯具开关及插座时，同一建筑物内应选用同一系列的产品，其额定电压应不小于 250V，额定电流应大于线路中的实际工作电流，一般灯具插座选用 10A。

安装灯具开关及插座时，应配合专用的底盒（又称开关盒、插座盒）。底盒在配管配线时固定好，把灯具开关、插座接好线后，用螺钉固定在底盒上，再用孔塞盖（又称装饰帽）盖住螺钉即可，如图 8-33 所示。

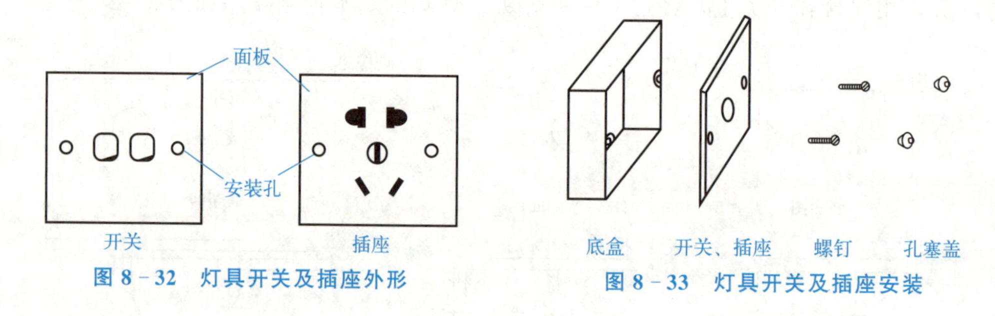

图 8-32　灯具开关及插座外形

图 8-33　灯具开关及插座安装

(1) 灯具开关明装。按照设计图纸的要求定好位置，用螺钉固定好底盒，使底盒端正、牢固。电线从底盒敲落孔穿入底盒内，留出 15cm 左右，钳去多余线头。剥去线头绝缘层，与开关接线桩压接好，注意线芯不要外露。固定开关时，跷板上有红色“ON”字母的应朝上。跷板或面板上无任何标识的，应装成跷板下部按下时，开关处在合闸位置，跷板上部按下时，开关处在断开位置。灯具开关明装如图 8-34 所示。

(2) 灯具开关暗装。灯具开关暗装时，应在墙面装饰结束后进行。底盒在配管配线时预埋好，安装前，清理底盒内杂物，接线及固定开关方法与前相同。

(3) 插座安装。插座安装方法与灯具开关相同，可明装，也可暗装。接线时，应符合如下规定：面对插座，双孔插座“左零线，右相线”；三孔插座“左零线，右相线，上接地”。插座接线如图 8-35 所示。

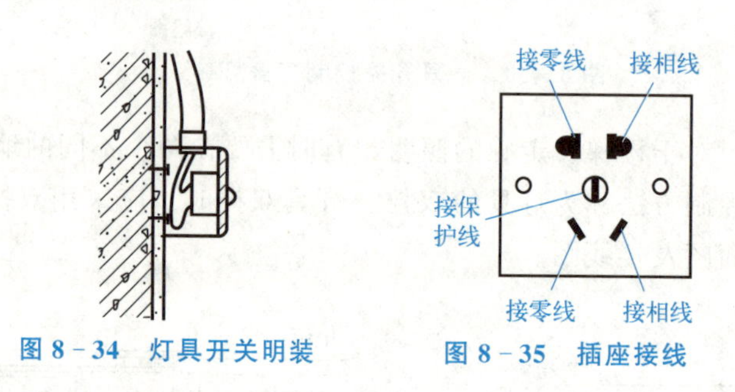

图 8-34　灯具开关明装

图 8-35　插座接线

8.2.3　建筑动力工程施工工艺

1. 动力配电箱安装

动力配电箱用于工厂车间动力配电，一般分为自制动力配电箱和成套动力配电箱两大类。动力配电箱的安装方式有悬挂式明装和落地式安装，其中悬挂式明装的施工方法同照明配电箱。

1) 盘面布置及配线

一般自制低压动力配电箱，由盘面和箱体两大部分组成。盘面制作以整齐、美观、安全、便于检修为原则。箱体的大小主要取决于盘面尺寸，由于盘面布置方案是多种多样的，箱体的大小也是多种多样的，可根据需要自行设计加工。

(1) 盘面布置。盘面上电器元件的布置应根据设计进行，以便于观察仪表和操作工作。通常是仪表在上，开关在下，总电源开关在上，负荷开关在下。盘面排列布置时必须注意各电器元件之间的尺寸，满足一定的距离要求。盘面上电器元件位置和相互之间的距离确定后，在盘面上钻好穿线孔，装上绝缘管头，对需要嵌入安装的电器元件做好嵌入孔，再将电器元件用螺钉或卡子固定在盘面上。

(2) 盘面配线。盘面上的电器元件安装好之后，就可以进行配线了。配线时要求按图施工、接线正确；电气连接可靠、良好；导线绝缘无损伤、整齐、清晰、美观。配线时的具体要求如下。

① 配电箱中配线用的导线，要使用铜芯绝缘导线。为保证必要的机械强度，一般测量、信号、继电保护、电气自动装置和控制装置的盘，其二次回路导线截面积，电流回路不得小于 $2.5mm^2$，其他回路不得小于 $1.5mm^2$。导线绝缘按工作电压不得低于 500V 来选择。

② 导线必须可靠连接，不得有错接和接触不良等现象。进入盘内的控制线需经过端子排连接，盘内各电器元件之间的连接可用导线直接连接，但导线本身不应有接头。

③ 盘后面的配线须排列整齐，绑扎成束，并用卡钉固定在盘板上，盘后引出及引入的导线应留有适当的余量以便检修。

④ 为了加强盘后配线的绝缘强度和便于维护管理，导线均应按照相位颜色套以黄、绿、红、黑色塑料管，导线交叉亦应套软塑料管加强绝缘。

⑤ 盘上的闸刀开关、熔断器等电器元件一般是上接电源，下接负荷。横装的插入式熔断器一般是左侧（面对配电箱）接电源，右侧接负荷。盘上指示灯的电源应从总闸的进线前端接入。

⑥ 导线穿过盘面木板时须装瓷管头，铁盘须安装橡胶护圈，工作零线穿过木盘面可不加瓷管头，只套以塑料管即可。

⑦ 盘面上所有电器元件下方均应安装"卡片框"，注明相序、线路编号、额定电流以及所控制的设备名称，并应在箱门的里面贴上线路图。

2) 动力配电箱安装要点

① 配电箱的安装高度及安装位置应根据设计图纸确定。无详细规定者，配电箱底边距地面高度为 1.5m。

② 安装配电箱用的木砖、铁构件等应预先随土建施工砌墙时埋入墙内。

③ 在 240mm 厚的墙内安装配电箱时，其墙后壁需要用 10mm 厚石棉板及钢丝直径为 2mm、孔洞为 10mm 的钢丝网钉牢，再用 1∶2 水泥砂浆抹好以防开裂。

④ 配电箱外壁与墙接触部分均应涂防锈漆。箱内壁及盘面均涂灰色油漆两道，箱门油漆颜色除施工图中有特殊要求外，一般均与工程中门窗的颜色相同。铁制配电箱均需先涂樟丹再涂油漆。

⑤ 为防止木质配电箱因电火花烧坏，当动力配电盘的额定电流在 30A 以上时应加包镀锌薄钢板，在 30A 以下及盘上装有铁壳开关时可不包薄钢板。装在负荷重及易燃场所

的木质配电箱，均应包薄钢板。薄钢板应包在盘板的前后两面，箱身及箱内壁不包薄钢板。

3）动力配电箱落地式安装

动力配电箱可以直接安装在地面上，也可以安装在混凝土台上。安装时都要预先埋设地脚螺栓，以固定配电箱，如图 8－36 所示。配电箱安装在混凝土台上时，混凝土台的尺寸应视贴墙或不贴墙两种安装方式而定。不贴墙时，四周尺寸均以超出配电箱 50mm 为宜；贴墙安装时，除贴墙的一边外，其余各边应超出配电箱 50mm，使配电箱固定牢固、美观。

动力配电箱
实物图

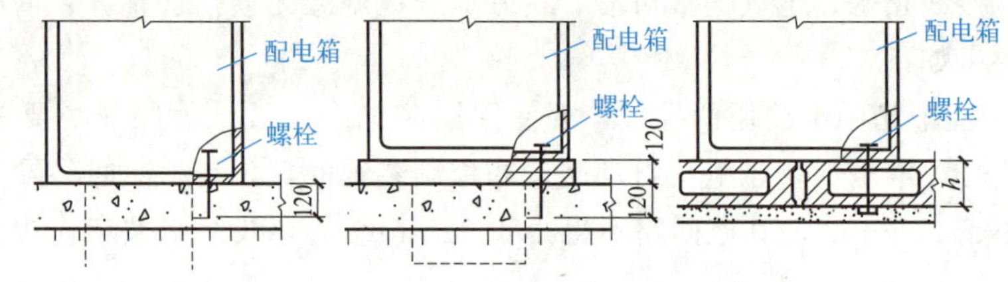

图 8－36　动力配电箱落地式安装

埋设地脚螺栓时，要使地脚螺栓之间的距离和配电箱安装孔尺寸一致，且地脚螺栓不可以倾斜，其长度要适当，使紧固后的螺栓高出螺帽 3～5 扣为宜。

待地脚螺栓稳固或混凝土干固后，即可将配电箱就位，进行水平和垂直的调整，水平误差不应大于 0.1%，垂直误差不应大于其高度的 0.15%。符合要求后，即可将螺栓拧紧固定。

安装在振动场所时应采用防振措施，可在盘与基础之间加以厚度适当（一般不小于 10mm）的橡皮垫，防止振动使电器元件发生误动作，造成事故。

2. 电动机安装

1）电动机的搬运

如果电动机由制造厂装箱运来，在没有运到安装地点前，不要打开包装箱，宜整箱存放在干燥的仓库内，也可以放置在室外，但应有防雨、防潮、防尘等措施。

中小型电动机从汽车或其他运输工具上卸下时，可使用起重机械。如果没有起重机械，可在地面与汽车间搭斜板，慢慢滑下，但必须用绳子将机身拖住，以防滑动太快或滑出木板。

搬运电动机时，应注意不使电动机受到损伤、受潮或弄脏。质量在 100kg 以下的小型电动机，可以用铁棒穿过电动机上的吊环，由人力搬运，但不能用绳子套在电动机的皮带轮或转轴上，也不要穿过电动机的端盖孔，所用各种索具必须结实可靠。

2）电动机安装前检查

（1）检查电动机的功率、型号、电压等应与设计相符。

（2）检查电动机的外壳应无损伤，风罩、风叶完好，转子转动灵活，无碰卡声，轴向窜动不应超过规定的范围。

（3）拆开接线盒，用万用表测量三相绕组是否断路。引出线鼻子的焊接或压接应良好，编号应齐全。

(4) 使用兆欧表测量电动机的各相绕组之间以及各相绕组与机壳之间的绝缘电阻，其绝缘电阻值不得小于0.5MΩ，如果不能满足要求应对电动机进行干燥处理。

(5) 对于绕组式电动机需检查电刷的提升装置。提升装置应标有“启动”“运行”的标志，动作顺序是先短路集电环，然后提升电刷。

3) 电动机安装就位

电动机通常安装在机座上，机座固定在基础上。电动机的基础一般用混凝土浇筑，浇筑混凝土时，应先根据电动机安装尺寸将地脚螺栓和钢筋绑在一起，为保证位置的正确，上面可用一块定型板将地脚螺栓固定，待混凝土达到标准强度后，再拆去定型板。也可以根据安装孔尺寸预留孔洞（100mm×100mm），待安装电动机时，再将地脚螺栓穿过机座，放在预留孔内，进行二次浇筑。地脚螺栓埋设不可倾斜，等电动机紧固后应高出螺帽3～5扣。

电动机就位时，质量在100kg以上的电动机，可用滑轮组或手拉葫芦将电动机吊装就位。较轻的电动机，可用人力抬到基础上就位。

4) 电动机校正

电动机就位后，即可进行纵向或横向的水平矫正，如图8-37所示。如果不平，可用0.5～5mm的钢片垫在电动机机座下找平找正，直到符合要求为止。

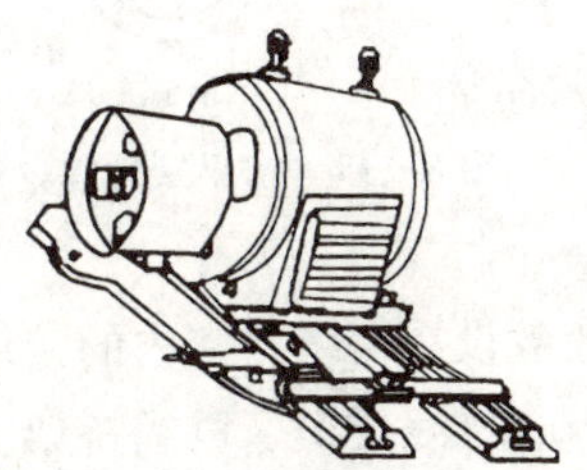

图8-37 用水平仪校正电动机水平

5) 电动机的配线和接线

电动机的配线施工是车间动力配线的一部分，是指由动力配电箱至电动机的配电线路，通常采用穿管埋地敷设。

电动机的接线在电动机安装中是一项非常重要的工作，如果接线不正确，不仅使电动机不能正常运行，还可能造成事故。接线前应先检查电动机铭牌上的说明或电动机接线板上的接线端子号，然后根据接线图接线。

8.2.4 接地装置安装

1. 人工接地体安装

安装人工接地体，一般应按设计图纸进行。接地体均应采用镀锌钢材制作，一般采用镀锌角钢或圆钢，并应充分考虑材料的机械强度和耐腐蚀性能。

(1) 垂直接地体安装。垂直接地体的布置形式如图8-38所示，其每根接地极的水平间距应大于或等于5m。垂直接地体安装前一般先挖地沟，再采用打桩法将接地体打入地沟以下，接地体的有效深度不应小于2m。垂直接地体间多采用扁钢连接。接地体打入地中后，即可将扁钢侧放于沟内，依次将扁钢与接地体用焊接，检查确认符合要求后连接引线，将沟填平。

(2) 水平接地体安装。水平接地体的布置形式分为带形、环形、放射形三种，如图8-39所示。水平接地体的埋设深度一般为0.7～1m。

2. 人工接地线敷设

人工接地线一般包括接地引线、接地干线和接地支线等。为了使接地连接可靠并有一

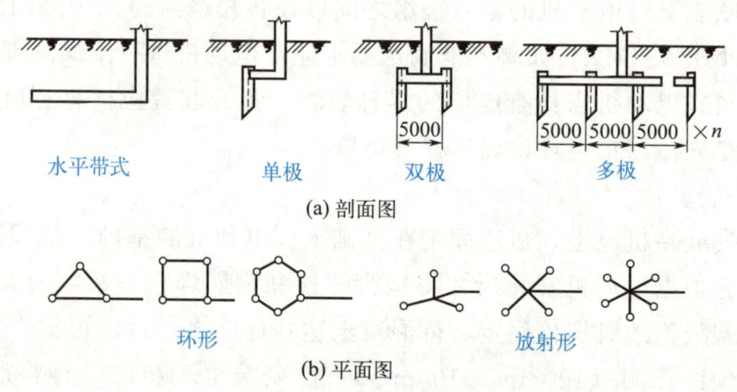

图 8－38　垂直接地体的布置形式

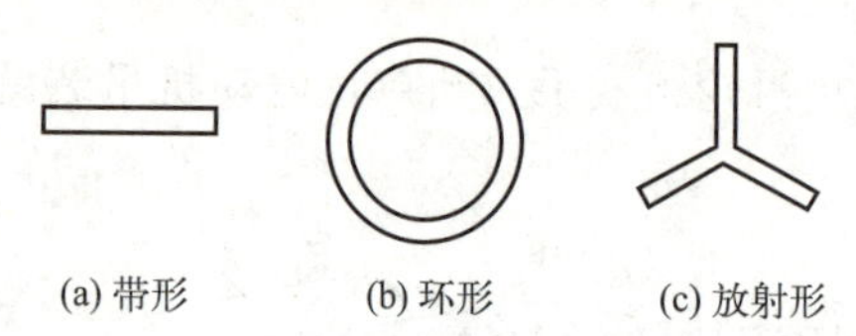

图 8－39　水平接地体的布置形式

定的机械强度，人工接地线一般均采用镀锌扁钢或镀锌圆钢制作。移动式电气设备或钢质导线连接困难时，可采用有色金属作为人工接地线，但严禁使用裸铝导线作为接地线。

接地干线与支线的敷设分为室外和室内两种。室外的接地干线和支线供室外电气设备接地用，一般敷设在沟内；室内的接地干线和支线供室内电气设备接地用，一般采用明敷，敷设在墙上、母线架上、电缆桥架上。

3. 自然接地装置安装

电气设备接地装置的安装，应尽可能利用自然接地体和自然接地线，有利于节约钢材和减少施工费用。自然接地体有金属管道、金属结构、电缆金属外皮、建筑物与构筑物钢筋混凝土基础等。自然接地线有建筑物的金属结构、生产设备的金属结构、配线用的钢管、电缆金属外皮、金属管道等。

4. 接地电阻测量

接地装置安装完毕后，必须进行接地电阻的测量工作，以测试接地装置的接地电阻值是否符合设计和规范要求。

测量接地电阻的方法通常有接地电阻测试仪测量法，有时也采用电流表-电压表测量法。常用的接地电阻测试仪有 ZC8 型和 ZC28 型，以及新型的数字接地电阻测试仪。

8.3　安全用电

安全用电不仅关系到企业的经营生产，而且直接关系到人身安全和电力系统的稳定，为保证安全生产，各单位应贯彻“安全第一，预防为主”的方针，建立健全安全操作规程和安全管理制度并严格执行，采取各种切实有效的措施，防止各类用电事故的发生。

8.3.1 人身触电

1. 人身触电方式

人身触电方式包括人体与带电体接触触电、跨步电压触电和接触电压触电。

(1) 人体与带电体接触触电：分为单相触电和两相触电。在中性点直接接地系统，当人体接触带电体时，一相电流通过人体，此时人体所承受的是相电压；在中性点不接地系统，当人体接触带电体时，一相电流通过人体与另外两相的对地电容形成回路，造成单相触电。人体同时接触带电设备的两相导体时，电流从一相导体通过人体流入另一相，构成回路，这种方式称为两相触电，这时人体承受的电压为线电压，因此对人体伤害极大。

(2) 跨步电压触电：当电气设备发生接地故障时，接地电流通过接地体向大地流散，这时若有人在接近短路点周围行走，其两脚之间的电位差（人的跨步一般为 0.8m）即跨步电压。

(3) 接触电压触电：人站在发生接地短路故障的设备旁边，距设备水平距离 0.8m，这时人手触及设备外壳（距地 1.8m），手与脚两点之间的电位差即接触电压。

2. 人身触电的危害

电流对人体的危害，主要分为电击和电伤。

(1) 电击：人体触电后，电流通过人体内部器官，使其出现生理的变化，如呼吸中枢麻痹、心室颤动、呼吸停止等。

(2) 电伤：人体触电时，电流对人体外部造成的伤害，如电灼伤、电烙印等。

3. 人身触电危害的影响因素

电流对人体的伤害程度与通过人体电流的大小、频率、持续时间、流经人体的途径以及人体电阻的大小等因素有关。

(1) 电流大小。通过人体的电流越大，人体的生理反应越明显，感觉越强烈，致命的危险就越大。对于工频交流电，按照通过人体电流的大小，人体呈现的生理反应大致为三种。

① 感觉电流：能引起人的感觉的最小电流称为感觉电流。实验表明，成年男性的平均感觉电流约为 1.1mA，成年女性约为 0.7mA。

② 摆脱电流：人触电后能自主摆脱电源的最大电流称为摆脱电流。实验表明，成年男性的平均摆脱电流约为 16mA，成年女性约为 10mA。

③ 致命电流：在较短时间内危及生命的最小电流称为致命电流。在一般情况下，通过人体的工频电流超过 50mA，心脏会停止跳动，通过 100mA 的电流将很快导致死亡。

(2) 电流频率。常用的 50～60Hz 工频的交流电对人体的伤害最为严重，小于或大于此工频，危险性则降低。

(3) 持续时间。触电持续时间越长，人体电阻因发热出汗等原因而降低，导致通过人体的电流增加，被伤害程度会随之增大。持续时间越长，越容易引起心室颤动，即触电的危险性就越大。

(4) 电流经人体的途径。电流通过人体的途径以心脏最为危险，较大的电流会使心脏停止跳动而导致死亡。

(5) 人体电阻的大小。人体触电时，若接触电压一定，则通过人体的电流由人体电阻决定，人体电阻越小则通过的电流就越大，危险性就越大。一般情况下人体电阻为1000～2000Ω，皮肤厚薄、皮肤潮湿、皮肤损伤等都会影响人体电阻的大小。

触电急救

4. 触电急救

当发现有人意外触电时，应迅速使其脱离电源，然后用相应的方法进行急救。从事电气工作的人员必须熟练掌握触电急救方法。

(1) 低压触电可以直接断开开关，用绝缘物挑开导线，如触电者衣服干燥，可用一只手拉住衣服使触电者脱离电源，但不可接触其皮肤。

(2) 高压触电应断开电源开关，用相应的绝缘物使触电者脱离电源；现场可采用短路法，使开关掉闸。

(3) 脱离电源时，要防止触电者摔伤。

8.3.2 安全用电措施

人身触电对人体的危害十分严重，为防止触电事故的发生，必须从以下几方面着手。

(1) 在从事电气工作时，必须严格执行保证安全的组织措施和技术措施。

(2) 对电气设备应做好经常性维护，按期进行预防性试验，保证电气设备有良好的绝缘。

(3) 电气设备必须采用保护接地或保护接零，以减轻人身触电的危险。

(4) 低压电气设备还应采用漏电保护装置。

(5) 低压照明灯在潮湿场所、金属容器内使用时应采用安全电压（36V、24V、12V)。

1. 组织措施

在全部停电或部分停电的电气设备上工作，必须采取下列组织措施。

1) 工作票制度

工作票是准许在电气设备上工作的书面命令，也是执行保证安全技术措施的书面依据。凡在全部或部分停电的电气设备或线路上工作必须严格执行工作票制度。在进行事故紧急抢修工作时可以不填工作票，但应履行工作许可手续，做好安全措施，并应有人监护。

工作票的内容包括：工作任务、工作地点、电气设备的单线系统图、停电范围、安全措施、计划工作时间、许可工作时间、工作终结时间、工作负责人及检修人员、工作许可人、工作票签发人等。工作范围应在单线系统图中加以注明，用不同颜色标明停电及带电设备。

工作票应预先编号，用钢笔或圆珠笔填写，一式两份。工作票签发人应为电气负责人，或领导指派的有经验负责技术的人员。工作许可人负责审核工作票，执行安全措施，并向工作负责人说明停电工作范围，双方均认为无误并在工作票上签字后，各执一份工作票，方可开始工作。

2）操作票制度

操作票是防止误操作的有效措施之一。执行操作票的方法、步骤可查阅相关资料自行学习。

3）查活交底制度

为保证人身安全和电气工作的顺利进行，工作前应由电气工作负责人完成下列工作。

（1）查清电源、设备工作范围、设备编号等，拟定安全措施，填写工作票，注明停电设备编号、装设接地线的位置及组数。

（2）向全体工作人员交代工作任务、计划工作时间、人员分工、停电范围和各项安全措施。

（3）向全体工作人员指明邻近带电设备的位置等情况。

4）工作许可制度

工作许可制度是保证安全的重要制度之一。履行工作许可手续应在完成各项安全措施之后进行。工作许可人（值班员）应做好下列工作。

（1）负责审查工作票所列安全措施是否完备、是否符合现场条件，如无问题应按工作票要求完成现场安全措施。

（2）会同工作负责人检查停电范围内所做的安全措施，指明邻近带电部位。

（3）工作负责人、工作许可人确认无误后，双方分别在工作票上签字。工作负责人、工作许可人任何一方不得擅自变更安全措施及工作项目。

5）工作监护制度

工作监护制度是保证人身安全和正确操作的重要措施。保证工作人员的安全是工作负责人（监护人）的职责，其在工作中应完成下列监护内容。

（1）部分停电时，监护工作人员的活动范围，使其与带电部分保持安全距离。

（2）带电作业时，除应监视工作人员活动范围外，还应注意其是否正确使用工具，操作方法是否正确。

（3）工作中，监护人如因故离开时，必须另行指定监护人并告知全体工作人员。

（4）监护人发现工作人员有不正确的动作或违反规程的做法时，应及时提出并纠正，必要时可令其停止工作，并立即向上级汇报。

（5）监护人在执行监护时，不应兼做其他工作。在下列情况下监护人可参加班组工作：全部停电时；在变电所内部分停电，且安全措施可靠、工作人员集中在一个工作地点、工作人员连同监护人员不超过3人时；所有室内外带电部分均有可靠的安全遮拦，完全可以做到防止触电的可能时。

6）工作间断和工作转移制度

（1）工作间断或遇雷雨等威胁工作人员安全时，应使全部工作人员撤离现场，工作票仍由工作负责人执存，所有安全措施不能变动。间断后继续工作，无须通过工作许可人，但工作负责人必须向全体工作人员重申安全措施。

（2）在变电所内工作，工作班每日收工时，应将工作票交给值班员，次日在开始工作前，必须重新履行工作许可手续。

（3）在同一电气连接部分，用同一工作票依次在几个点转移工作时，全部安全措施由值班员在开工前一次做完，无须办理转移手续，但工作负责人在转移到下一地点时，应向工作人员交代停电范围、安全措施和注意事项。

7）工作终结及送电制度

全部工作完毕后，工作人员应清扫现场，清点工具，全部人员撤离现场，工作负责人应会同值班员对设备进行下列检查。

（1）检查接线是否正确，被检修的隔离开关及断路器应做拉合试验，试验后处于断开状态。

（2）检查设备上、线路上及工作现场的工具和材料不应有遗漏。

（3）检查开关、隔离开关的分合位置应与工作票相符。

（4）拆除所有的接地线、标识牌、临时遮拦，恢复永久遮拦。

（5）工作负责人、值班员检查无误后，在工作票上填好终结时间，双方签字，方可宣布工作终结。

（6）送电后，工作负责人应检查用电设备运行情况，正常运行后方可离开现场。

8）调度管理制度

调度管理制度是供电与用电双方所签订的关于停、送电操作的有关制度，包括用电单位与供电部门签订的调度协议、双方的责任、双方进行联系的程序、调度值班员的要求、事故情况下的操作要求等。

2. 技术措施

在全部停电或部分停电的电气设备上工作，必须采取停电、验电、装设接地线、悬挂标识牌和装设临时遮拦的技术措施。上述措施由值班员执行，并应有人监护。对于无人经常值班的设备和线路，可由工作负责人执行。

1）停电

（1）工作地点必须停电的设备：检修的设备；与工作人员正常工作时最大活动范围的距离小于安全距离（10kV及以下为0.35m，35kV为0.60m）的带电设备；在35kV及以下的设备上进行工作，最大活动范围虽大于其安全范围，但小于人体距带电导体间的安全距离（10kV为0.7m，35kV为1.0m），同时又无安全遮拦的带电设备。

（2）线路作业应停电的范围：检修线路的出线开关；可能将电源返至检修线路的所有开关；在检修线路工作范围内的其他线路。

（3）停电的注意事项如下。

① 设备停电，必须把各方面的电源断开，且各方面至少有一个明显的断开点（如隔离开关）。为防止反送电，应将与停电设备有关的变压器和电压互感器从高低压两侧断开。对于柱上变压器，应将高压熔断器的熔丝管取下。

② 停电操作时应先停负荷，后断开关，最后拉开隔离开关。严禁带负荷操作隔离开关。

③ 对一经合闸即可送电到停电设备的隔离开关，必须将操作手把锁住。

④ 为防止断路器误动作，应根据需要取下控制回路的熔丝管。

2）验电

电气设备停电后，必须经验电确认无电压后方可进行下一步操作，从而有效防止触电事故的发生。有关验电工作的规定如下。

（1）检修的电气设备停电后，在悬挂接地线之前，必须用验电器检验有无电压。

（2）必须使用电压等级合适、经检验合格、检验期限有效的验电器。

（3）验电前应将验电器在带电设备上检验其是否良好。

（4）验电工作应在施工或检修设备的进出线各相分别进行。

（5）高压验电必须戴绝缘手套并在监护下进行。

（6）联络用的开关或隔离开关检修时，应在两侧验电。

（7）同杆架设的电力线路进行验电时，先验低压，后验高压，先验下层，后验上层。

（8）表示设备断开的常设信号或标志，表示允许进入带电间隔的闭锁装置信号，以及接入的电压表指示无压信号等，只能作为参考，不能作为无电的根据。

3）装设接地线

装设接地线是在工作地点突然来电时保证人身安全的可靠措施。装设接地线的注意事项如下。

（1）装设时，应先将接地端可靠地接地，当验明确认无电压后，立即将接地线的导体端接在设备或线路的导电部分上，此时设备或线路已接地并三相短路。

（2）临时接地线应使用多股软裸铜线，其截面积不小于 $25mm^2$。

（3）接地线必须使用专用的线夹固定在导体上，禁止用缠绕的方法进行接地或短路。

（4）装设临时接地线时应先接接地端再接导体端。拆的顺序相反。装、拆临时接地线，应使用绝缘棒或戴绝缘手套。

（5）对于可能送电至停电设备的各方面或停电设备可能产生感应电压的，都要装设接地线。

（6）接地线应装设在工作地点可以看见的地方，接地线与检修设备之间不应连有开关或熔断器。

（7）在室内配电装置上，临时接地线应装在未涂相色漆的地方。

（8）带有电容的设备，悬挂临时接地线之前，应先进行放电。

（9）同杆架设的多层电力线路装设临时接地线时，应先装低压，后装高压，先装下层，后装上层，先装地线，后装火线。拆时顺序相反。

（10）装、拆临时接地线必须两人同时进行，当变电所为单人值班时，只允许使用接地隔离开关接地。

4）悬挂标识牌和装设临时遮拦

在对停电检修设备完成停电、验电、装设接地线措施后，还应在适当的位置悬挂标识牌和装设临时遮拦，用以表示工作地点和工作范围，提醒或警告工作人员及操作人员禁止操作，注意人身安全，并防止工作人员误碰带电设备。

标识牌的分类如下。各种标识牌的式样及悬挂地点见表8-11。

（1）禁止类：如“禁止合闸，有人工作！”“禁止合闸，线路有人工作！”“禁止攀登，高压危险！”。

（2）警告类：如“止步！高压危险！”。

（3）准许类：如“在此工作”“由此上下”。

（4）提醒类：如“已接地!”。

表8-11 标识牌的式样及悬挂地点

序号	字样	悬挂地点	式样	
			尺寸/mm×mm	颜色
1	禁止合闸，有人工作!	一经合闸即可送电到施工设备的断路器和隔离开关操作把手上	200×100 80×50	白底红字
2	禁止合闸，线路有人工作!	线路断路器和隔离开关把手上	200×100 80×50	白底红字
3	在此工作	室外和室内工作地点或施工设备上	250×250	绿底中有 ϕ210 白圆圈，黑字写于白圆圈中
4	止步！高压危险!	施工地点临近带电设备的遮拦上，室外工作地点的围栏上，禁止通行的过道上，高压试验地点，室外构架上，工作地点临近带电设备的横梁上	250×250	白底红边黑字，有红色电力符号
5	由此上下	工作人员上下的铁架、梯子上	250×250	绿底中有 ϕ210 白圆圈，黑字写于白圆圈中
6	禁止攀登，高压危险!	工作人员上下的铁架上，临近上下的铁架上，运行中变压器的梯子上	250×200	白底红边黑字
7	已接地!	已接地线的隔离开关操作把手上	240×130	绿底黑字

禁止类标识牌的数量应与参加工作的班组数相同，警告类和准许类标识牌的数量可视现场情况适量悬挂，提醒类标识牌的数量应与装设接地线的组数相同。部分停电工作，对于小于规定安全距离的未停电设备，应装设临时遮拦，并悬挂“止步！高压危险!”标识牌。

8.3.3 电气火灾的预防与应急处理

1. 电气火灾的预防措施

电气工程中应采取周密的预防措施防范电气火灾。电气火灾的预防措施如下。

（1）站区地面建筑物、室外电气设备周围及主机房、辅机房均应设置消火栓。

（2）为在发生火灾时能及时防止火势蔓延，保证人身安全，应在电缆室、控制室、变压器室之间采用防火墙、防火间隔等划分成独立的防火分区。

（3）电缆全长应用防火包带包扎或防火涂料护层，也可将电缆置于封闭的金属盒内或穿钢管敷设，防止电缆引燃和延燃，以及重要回路的电缆在事故过程中烧毁。

（4）在低压三相四线系统中，当可能产生严重的负荷不平衡电流时，选择零线截面积应与相线相同，防止零线长时间过载，绝缘损坏而引起火灾。

（5）安装火灾自动报警装置。

2. 发生火灾的应急处理

(1) 运行现场发生火灾，值班人员应沉着冷静，立即赶到着火现场，查明起火原因。

(2) 电气原因起火，应首先切断相关设备的电源，停止设备运行，用干粉或二氧化碳灭火器灭火。油类起火，应首先停止相关设备或可能波及的设备的运行，用干粉、二氧化碳或泡沫灭火器灭火。常用灭火器的使用及保管方法见表 8-12。使用灭火器灭火时应保持一定的安全距离，不应小于表 8-13 的规定。

表 8-12　常用灭火器的使用及保管方法

灭火器	使用方法	保管及检查方法
二氧化碳灭火器	一手拿好喇叭筒，对准火源，另一手打开开关即可	(1) 置于取用方便的地方 (2) 注意使用期限 (3) 冬季防冻，夏季防晒 (4) 防止喷嘴堵塞 (5) 对二氧化碳灭火器，应经常进行检查、测量，当发现其质量减少时，应充气 (6) 四氯化碳灭火器应经常检查压力开关，当小于规定压力时，应充气
四氯化碳灭火器	对准火源打开开关即可喷出	
干粉灭火器	提起圆环，干粉即可喷出	(1) 置于干燥通风处，防受潮、日晒 (2) 每年检查一次干粉是否受潮或结块 (3) 每半年检查一次小钢瓶内的气体压力，当质量减少了原质量的 10%时，应充气
1211 灭火器	拔下铅封或横销，用力下压把手即可喷出	(1) 置于干燥处，勿摔碰 (2) 每年检查一次质量

表 8-13　灭火器喷口距带电体的最小距离

电压等级/kV	10	35	110
最小距离/m	0.4	0.6	1.0

(3) 火情严重时，在切断相关设备电源后，应立即拨打 119 向消防部门报警。

(4) 发生人身伤害时，应做好现场救护工作。情况严重时，应立即拨打 120 向急救中心求助。

项目小结

在识读建筑电气施工图的过程中，我们不仅要灵活运用识图的基础知识，还要清楚整个建筑电气工程的施工工艺，了解基础设备如何安装，明确各系统、各回路在建筑中的走向及安装方式。

为保证人身安全和安全生产，应严格安全用电，防止各类人身触电、电气火灾事故的发生。

思考与练习

一、简答题

1. 简述明配管、暗配管的施工规定。
2. 管内穿线有哪些要求和规定？
3. 简述金属线槽配线的施工方法。
4. 导线穿钢管敷设有何特点？简述导线穿钢管敷设的施工方法。
5. 安装电动机时应做好哪些方面的检查工作？
6. 简述建筑物接地装置所采取的安装方法。
7. 触电的危害有哪些？
8. 简述电气工作监护制度。
9. 触电急救的注意事项有哪些？

二、单选题

1. 电气照明由（　　）组成。

A. 电气系统和照明系统　　B. 串电气系统或照明系统

C. 电源、配电线路、照明灯具和控制装置　　D. 电源设备、照明线路和灯具

2. 建筑工程中，所有安装的用电设备定额功率的总和称为（　　）。

A. 设备容量　　B. 计算容量　　C. 装表容量　　D. 实际容量

3. （　　）电力系统有一点直接接地，装置的外露可导电部分用保护线与该点连接。

A. TT　　B. TN　　C. IT　　D. TC

在线答题

附录 1 某商住楼室内给排水施工图

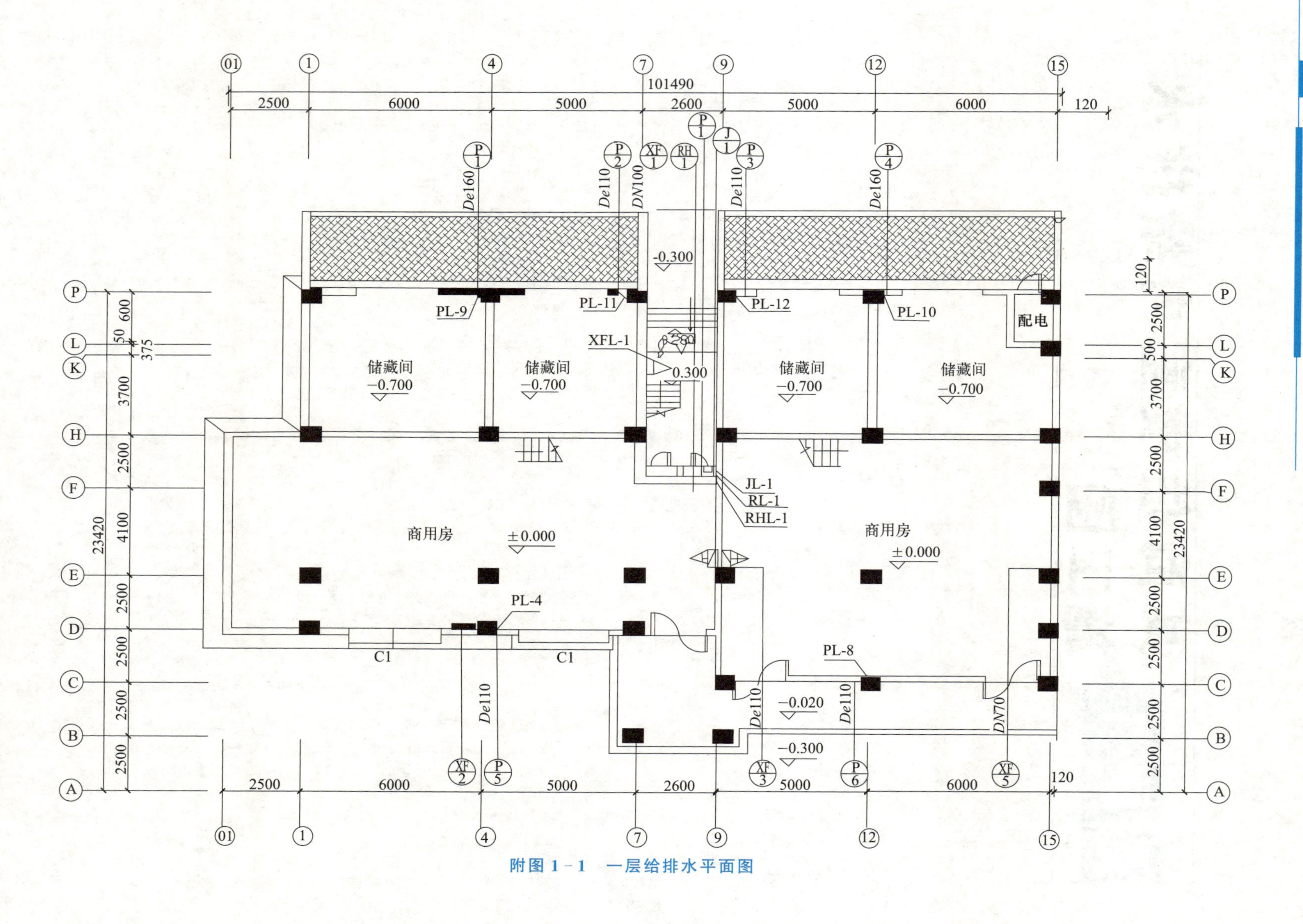

附图 1-1　一层给排水平面图

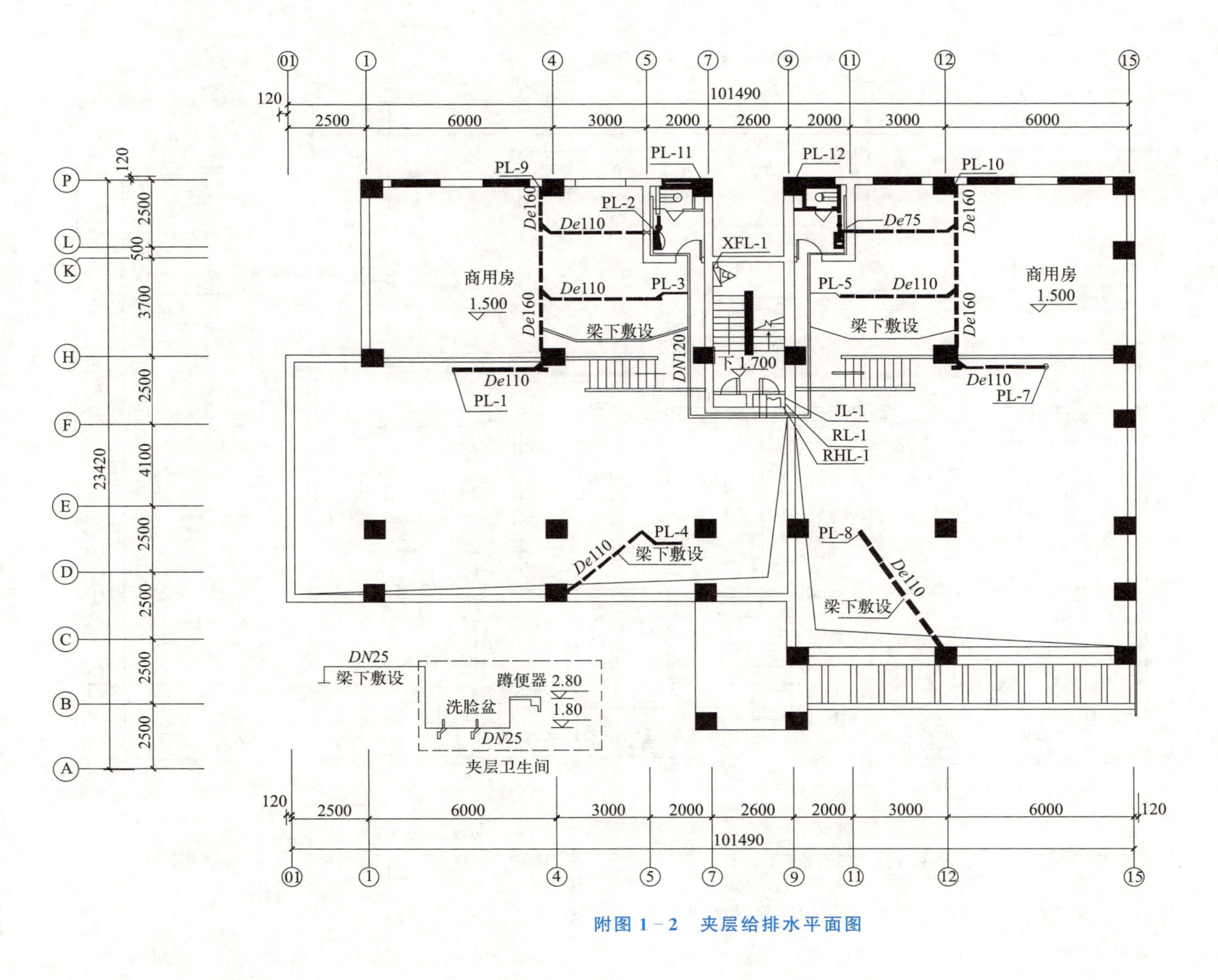

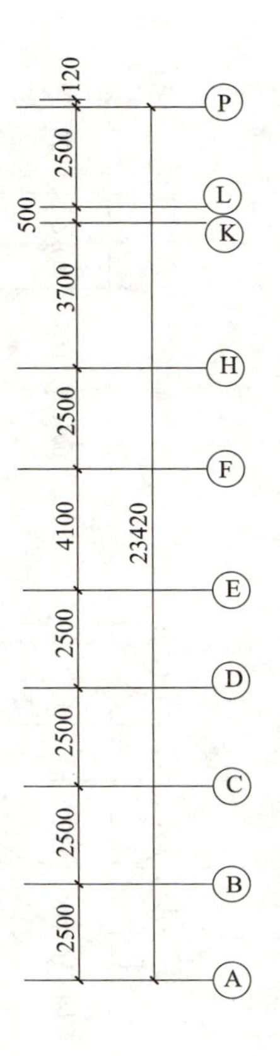

附图 1－2 夹层给排水平面图

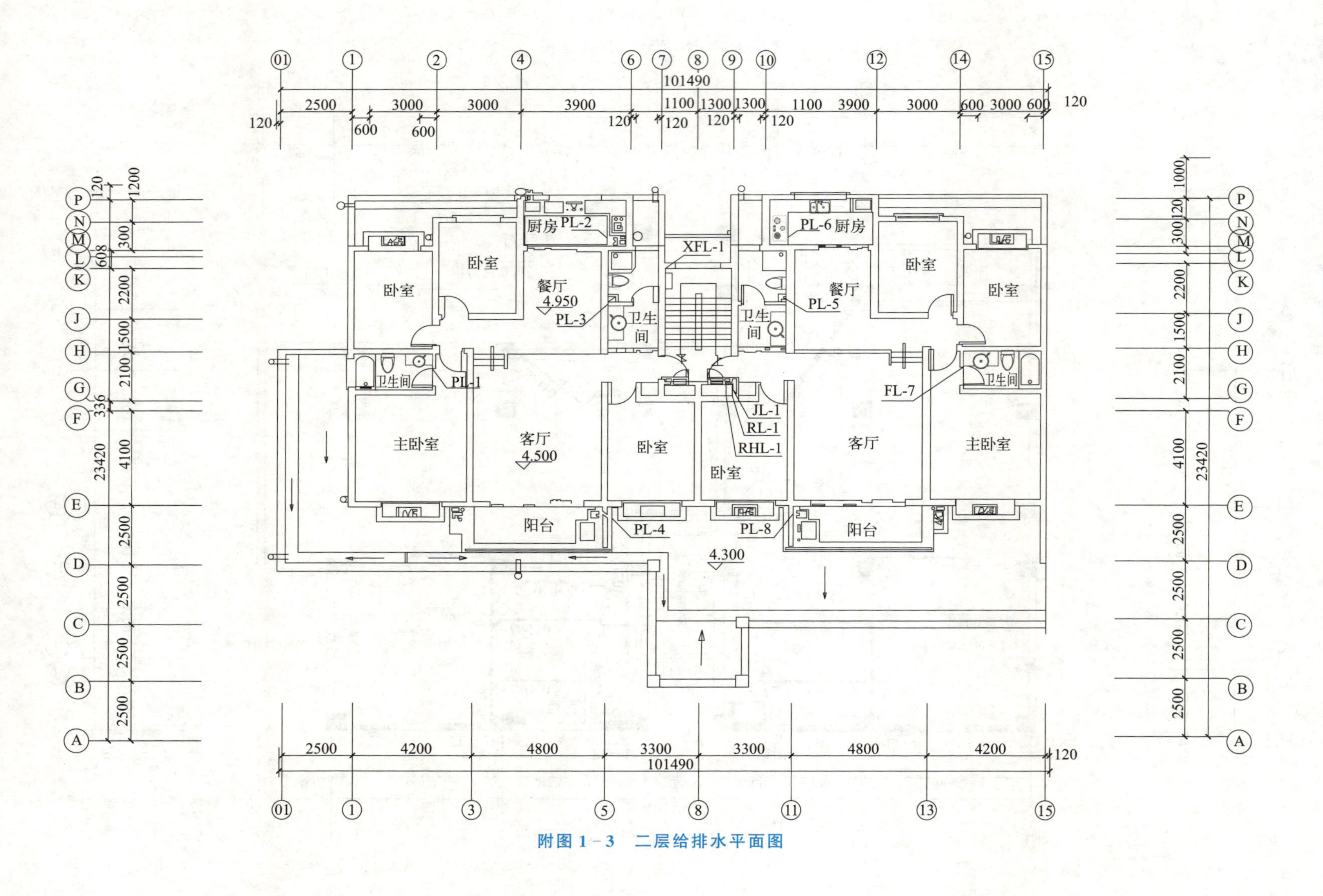

附图 1－3　二层给排水平面图

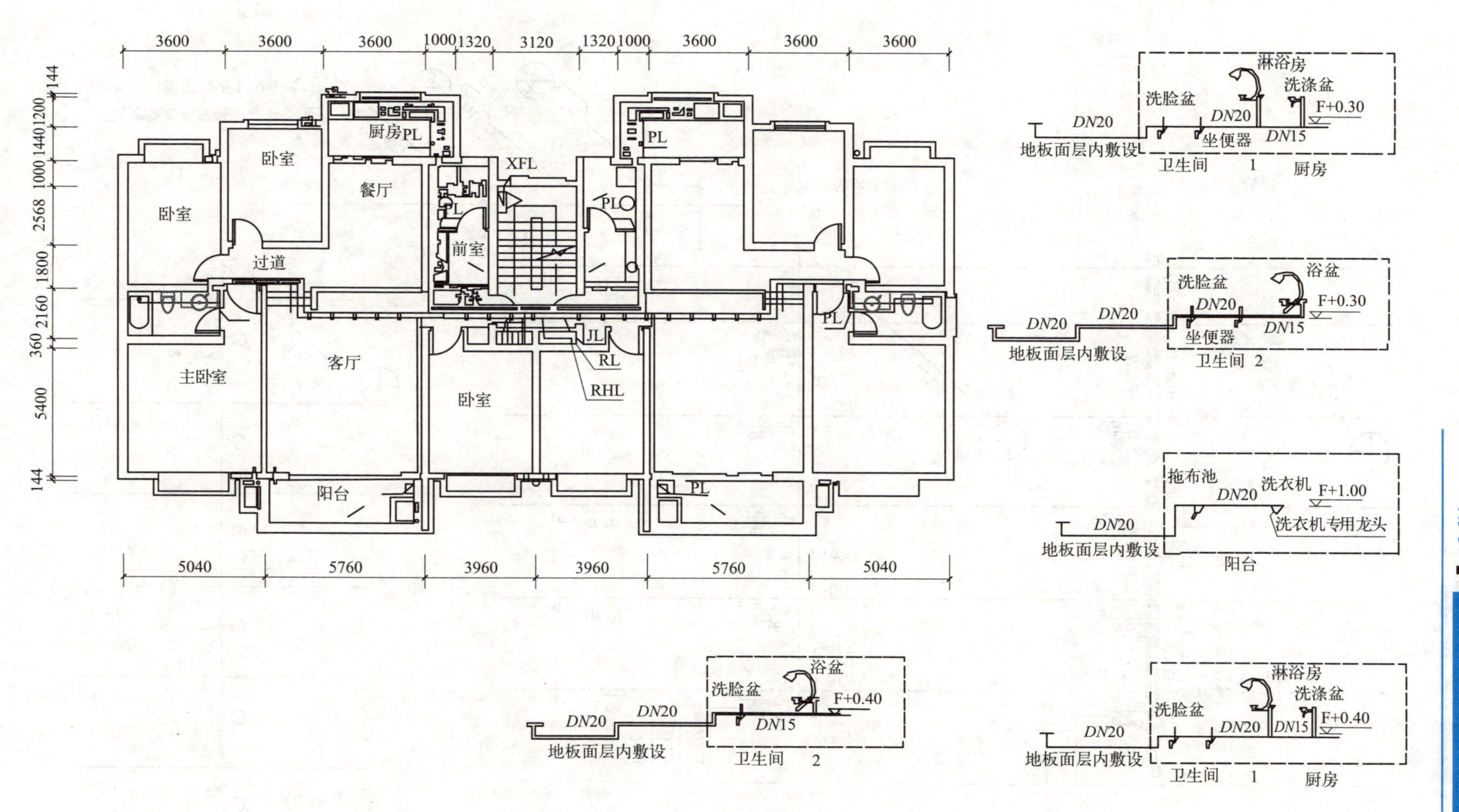

附图 1－4　标准层给排水平面图

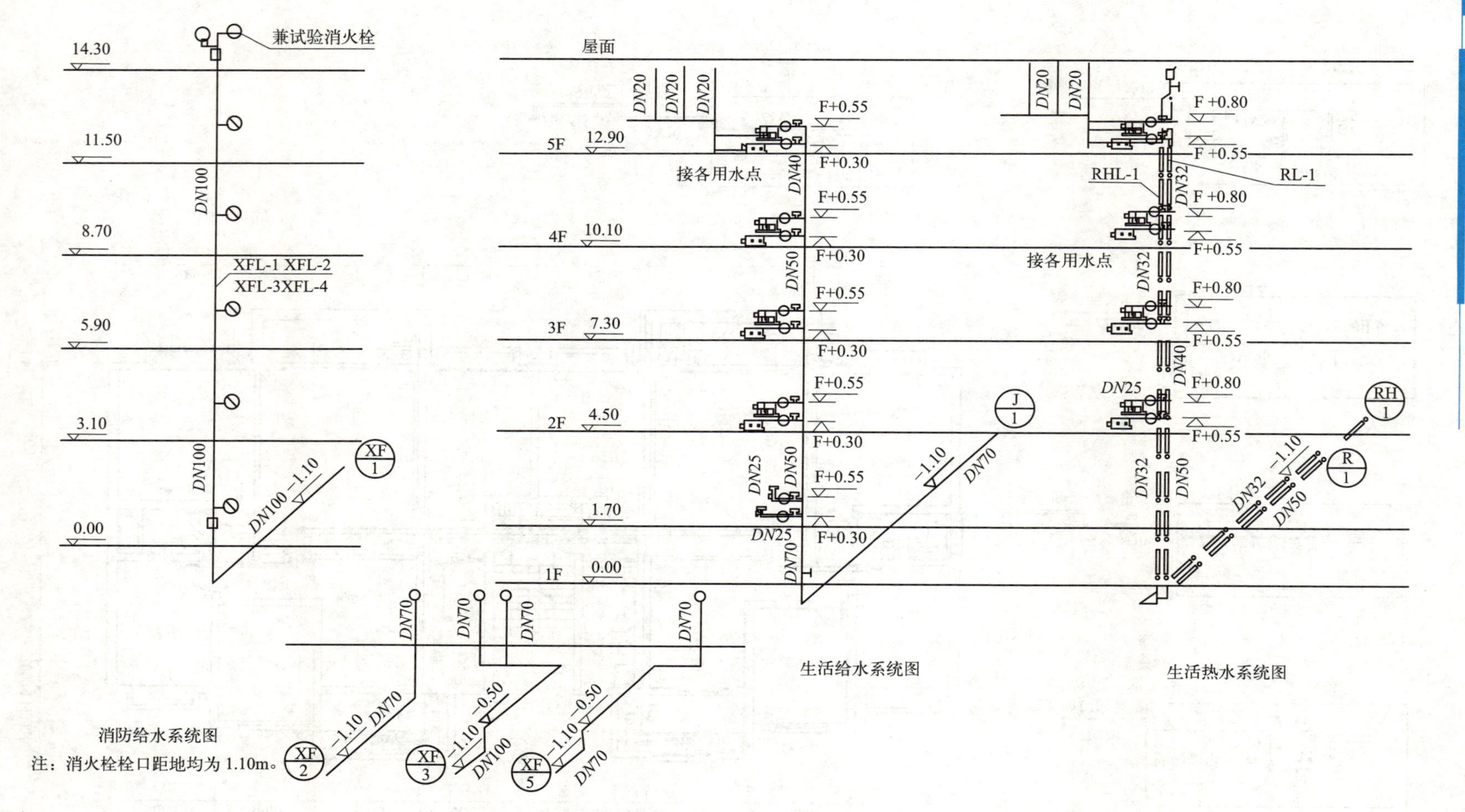

附图 1－5　消防给水系统图、生活给水系统图、生活热水系统图

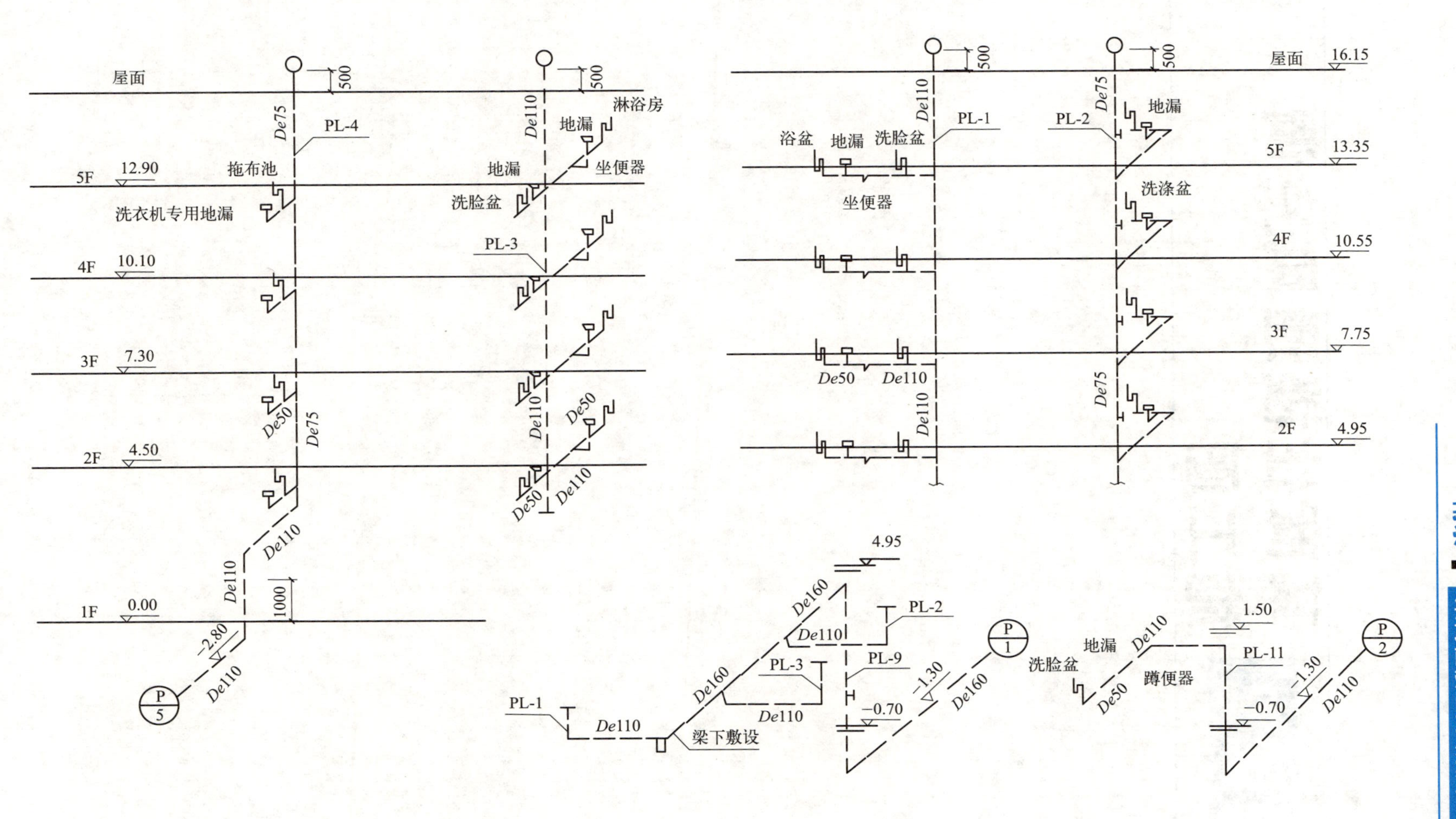

屋面
5F
4F
3F
2F
1F
16.15
13.35
10.55
7.75
4.95
12.90
10.10
7.30
4.50
0.00
PL-1
PL-2
PL-3
PL-4
PL-9
PL-11
地漏
洗涤盆
洗脸盆
坐便器
浴盆
淋浴房
拖布池
洗衣机专用地漏
蹲便器
梁下敷设
De75
De110
De50
De160
500
1000
1.50
-0.70
-1.30
-2.80

附图1-6 排水系统图

附录 2 某商住楼通风空调施工图

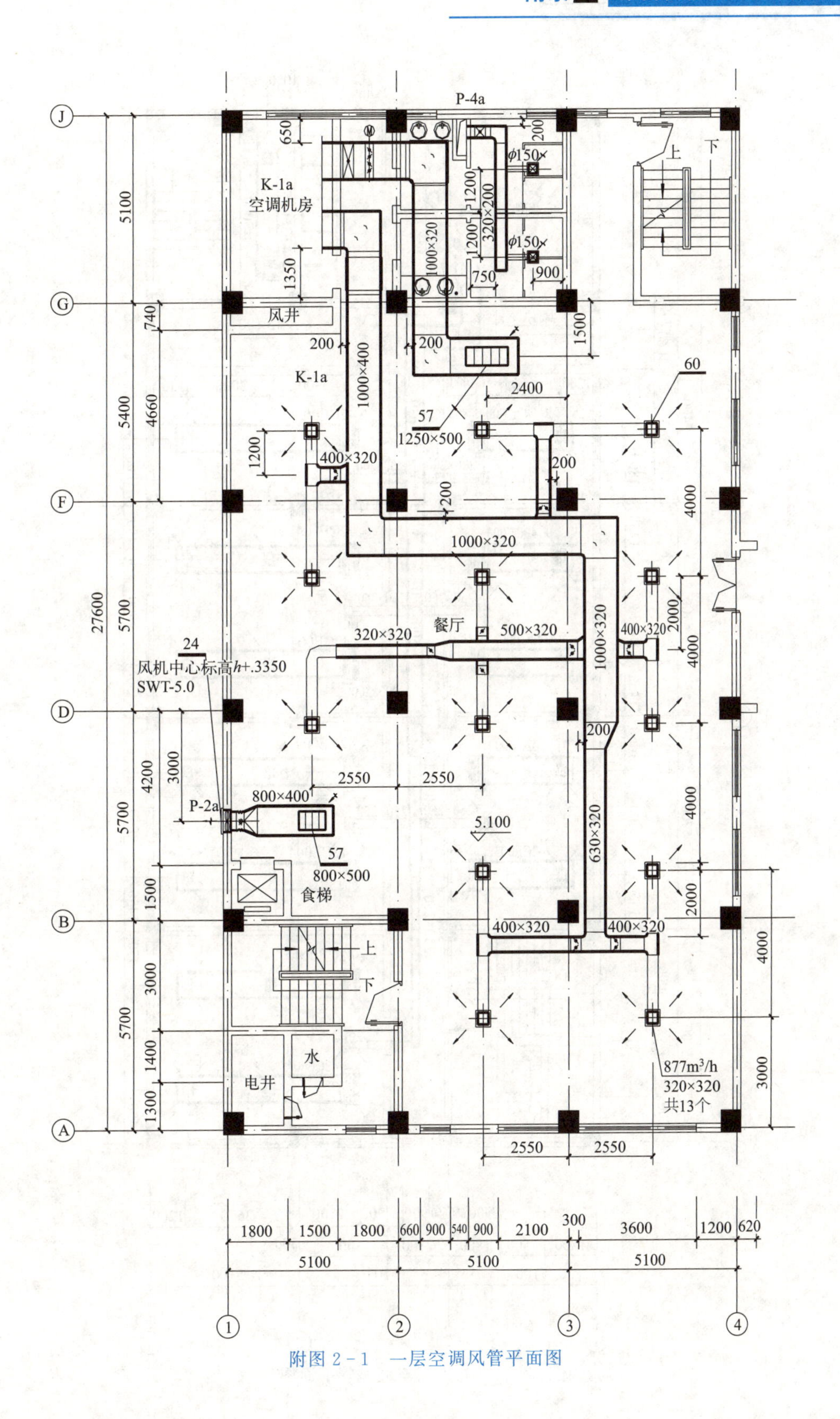

附图 2-1 一层空调风管平面图

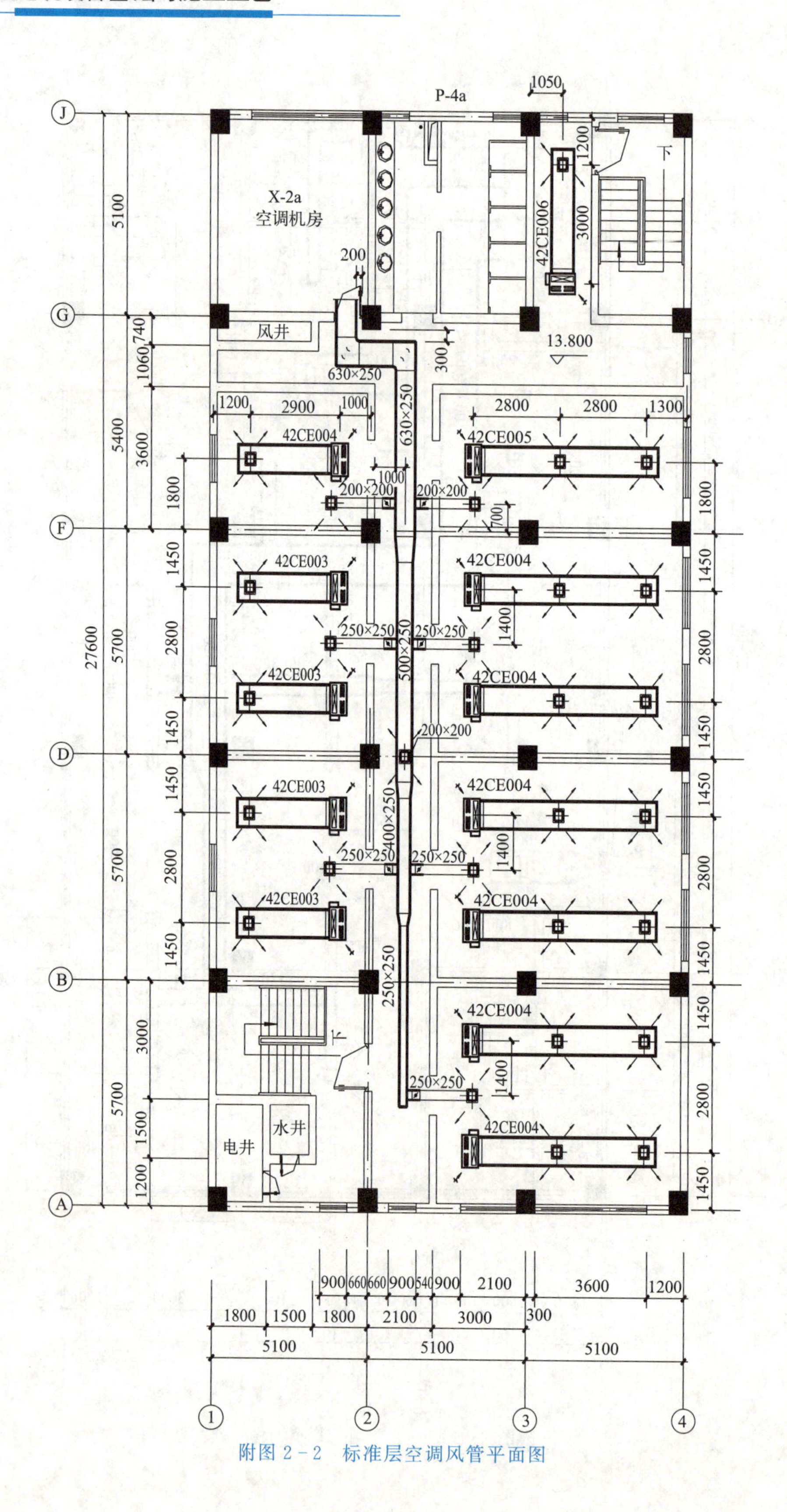

附图 2－2　标准层空调风管平面图

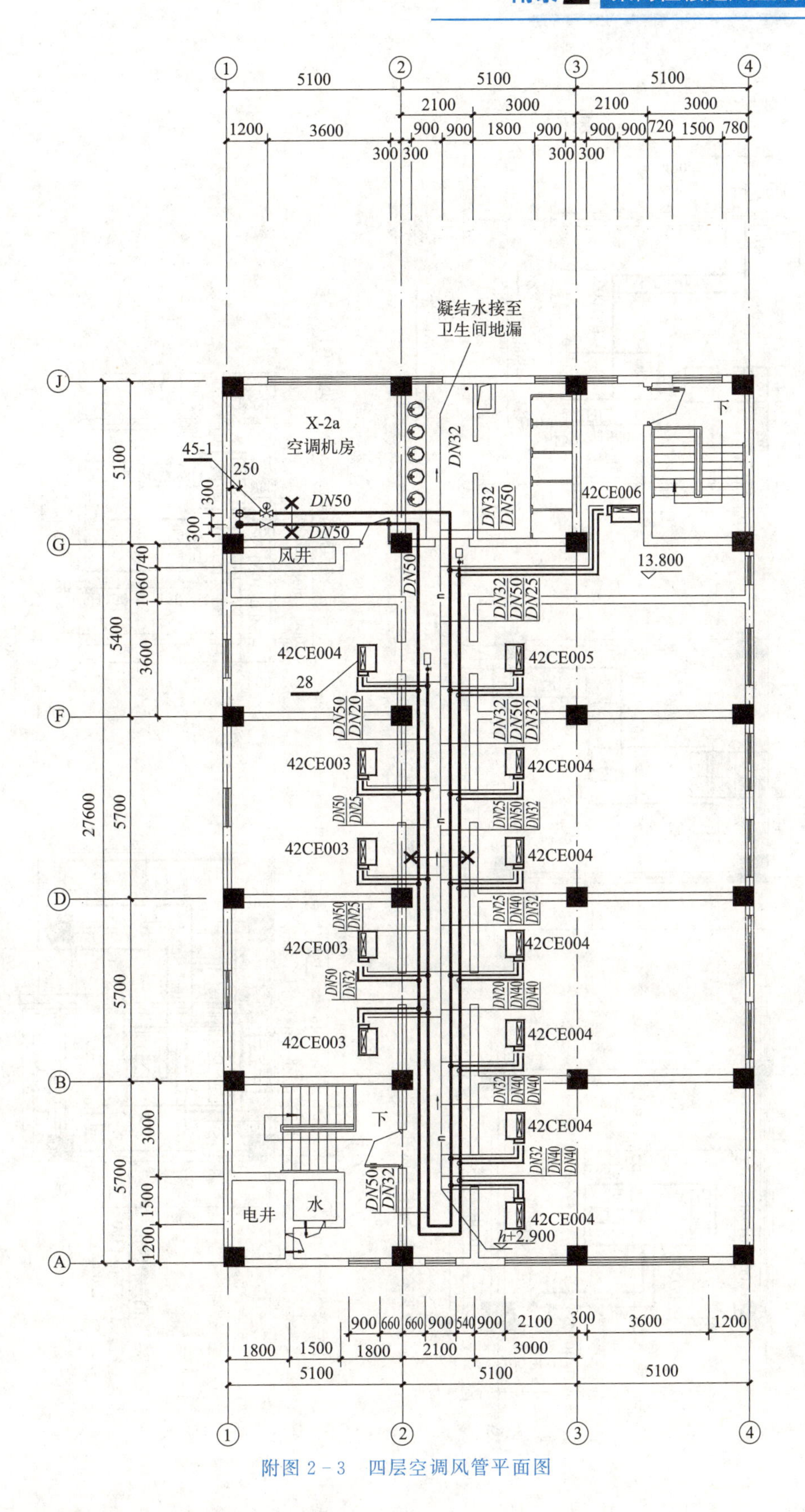

附图 2-3 四层空调风管平面图

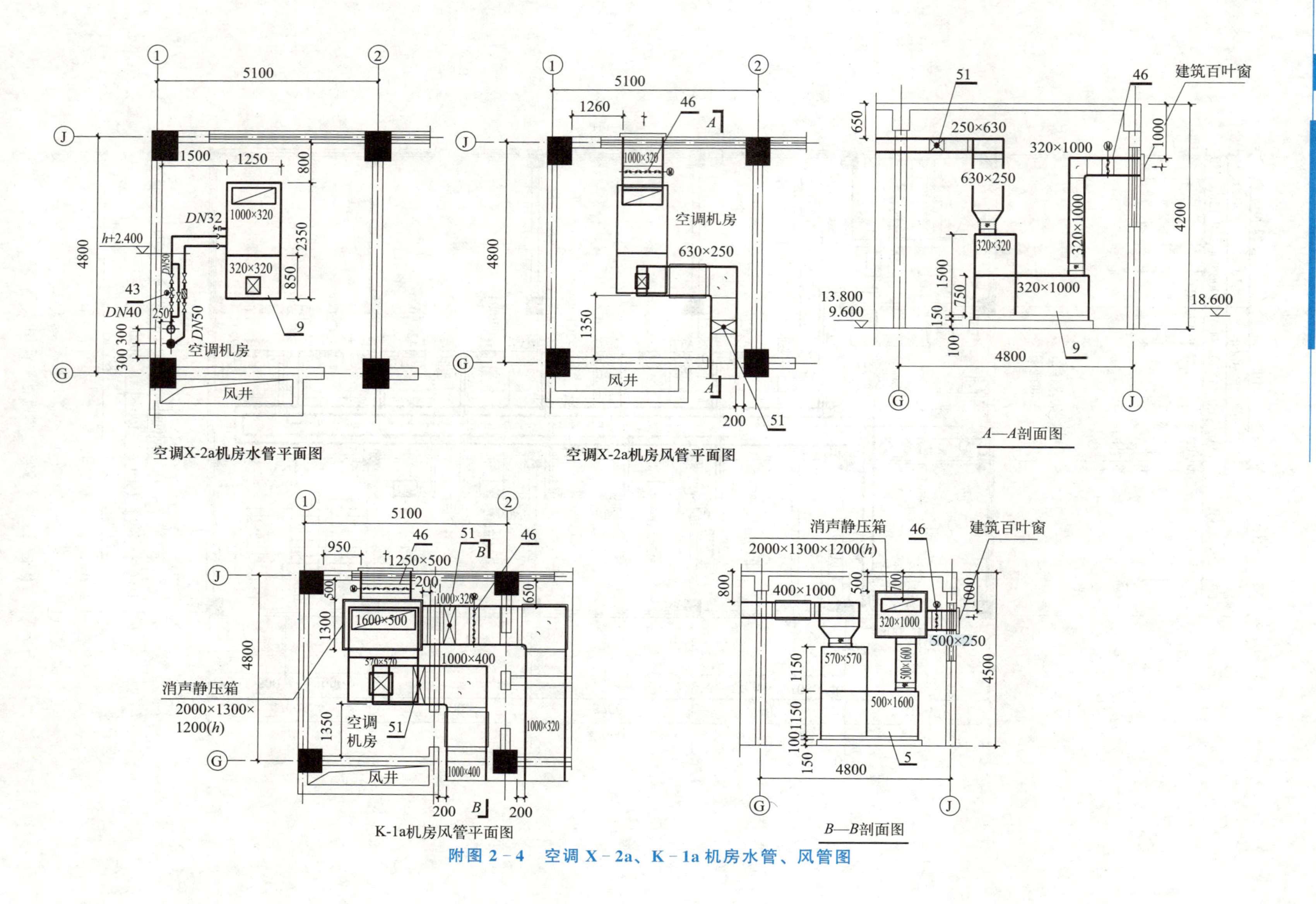

附图2-4　空调X-2a、K-1a机房水管、风管图

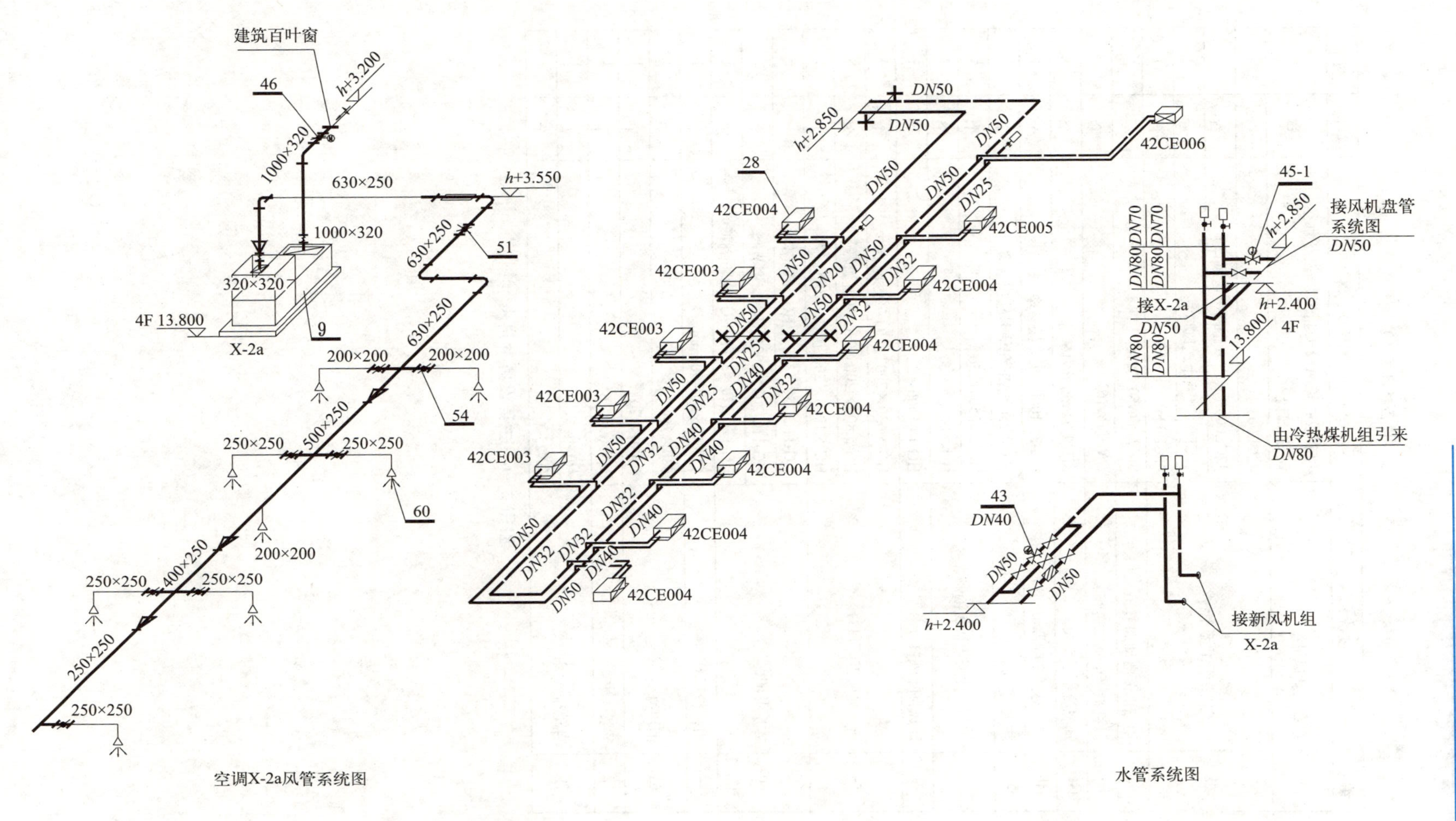

附图 2－5 风管、水管系统图

主要设备材料表

编号	设备名称	型号及规格	单位	数量
9	组合式新风机组	功能段：进风段+过滤段+表冷加热加湿段+送风段	台	1
28	卧式暗装风机盘管	42CE003	台	4
		42CE004（其中 6 台两个送风口）	台	7
		42CE005（两个送风口）	台	1
		42CE006	台	1
43	动态平衡电动调节阀	SM型 *DN*50 *PN*16	个	1
44	风机盘管电动二通阀	*DN*20 *PN*16	套	13
45-1	动态流量平衡阀	SH型 *DN*50 *PN*16	个	1
46	电动对开多叶调节阀	HG-35 1000×320 保温型	个	1
51	防火调节阀	630×250 常开 配信号输出装置	个	1
54	方形、圆形手柄式钢制蝶阀	HG-25 250×250	个	5
		HG-25 200×200	个	2
57	回风百叶风口	HG-17 1000×320	个	1
59	可开侧壁百叶风口	HG-5 630×200 配HG-70过滤器	个	4
		HG-5 800×200 配HG-70过滤器	个	8
		HG-5 1000×200 配HG-70过滤器	个	1
60	方形散流器	HG-11C 250×250 配HG-28调节阀	个	6
		HG-11C 200×200配HG-28调节阀	个	21
		HG-11C 320×320配HG-28调节阀	个	1
62	阻抗消声器	630×250 *L*=900mm	个	1
63	消声弯头	630×250	个	1
		1000×320	个	1
72	Y型过滤器	*DN*50 *PN*16	个	1
79	自动排气阀	*DN*20	个	1
		*DN*25	个	1

附图 2－6　主要设备材料表

附录 3 某商住楼电气工程施工图

主要设备材料表

序号	图例	名 称	规 格	单位	数量	备注
1		电表箱	JLFX-W9，950×900×200	台	1	底边距地1.4m
2		配电箱	XRM101，450×450×105	台	8	底边距地1.8m
3		成套型链吊式双管荧光灯	YG2-2，2×40W	套	24	距地3.0m
4		组合方形吸顶灯	XD117，4×40W	套	12	吸顶安装
5		半圆球吸顶灯	JXD5-1，1×40W	套	18	吸顶安装
6	①	无罩软线吊灯	250V/6A，1×40W	套	30	距地2.8m
7	②	瓷质座灯头	250V/6A，1×40W	套	18	吸顶安装
8		声控圆球吸顶灯	250V/6A，1×40W	套	4	吸顶安装
9		暗装单联单控开关	L1E1K/1	套	36	距地1.3m
10		暗装双联单控开关	L1E2K/1	套	24	距地1.3m
11		暗装三联单控开关	L1E3K/1	套	4	距地1.3m
12		暗装二、三孔单相插座	L1E2US/P	套	154	距地0.3m
13	K	暗装空调专用插座	L1E1S/16P	套	28	距地1.8m
14	A	暗装防溅三孔插座(插座内置带开关)	L1E2SK/16P＋L1E1F	套	18	距地1.5m
15	B	暗装二、三孔单相插座(带保护门)	L1E1S/P＋L1E1F	套	30	距地1.5 m
16		吊扇	ϕ1200	台	8	吸顶安装
17		吊扇调速开关		个	8	距地1.3m
18		电力电缆	VV22-1000～3×35＋1×16	m	20	
19		钢管	SC80	m	按实	
20		钢管	SC32	m	按实	
21		硬塑料管	PC40	m	按实	
22		硬塑料管	PC25	m	按实	
23		硬塑料管	PC20	m	按实	
24		硬塑料管	PC16	m	按实	
25		导线	BV-16	m	按实	
26		导线	BV-4	m	按实	
27		导线	BV-2.5	m	按实	
28		接地极	L 50×50×5	m	按实	
29		接地母线	−40×4	m	按实	

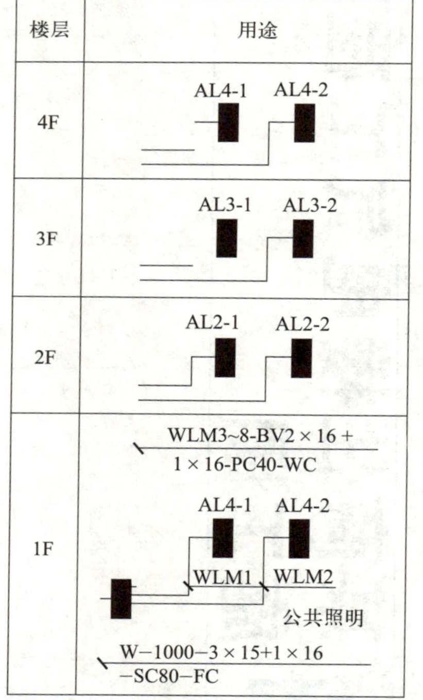

配电干线系统图

附图 3－1　主要设备材料表和配电干线系统图

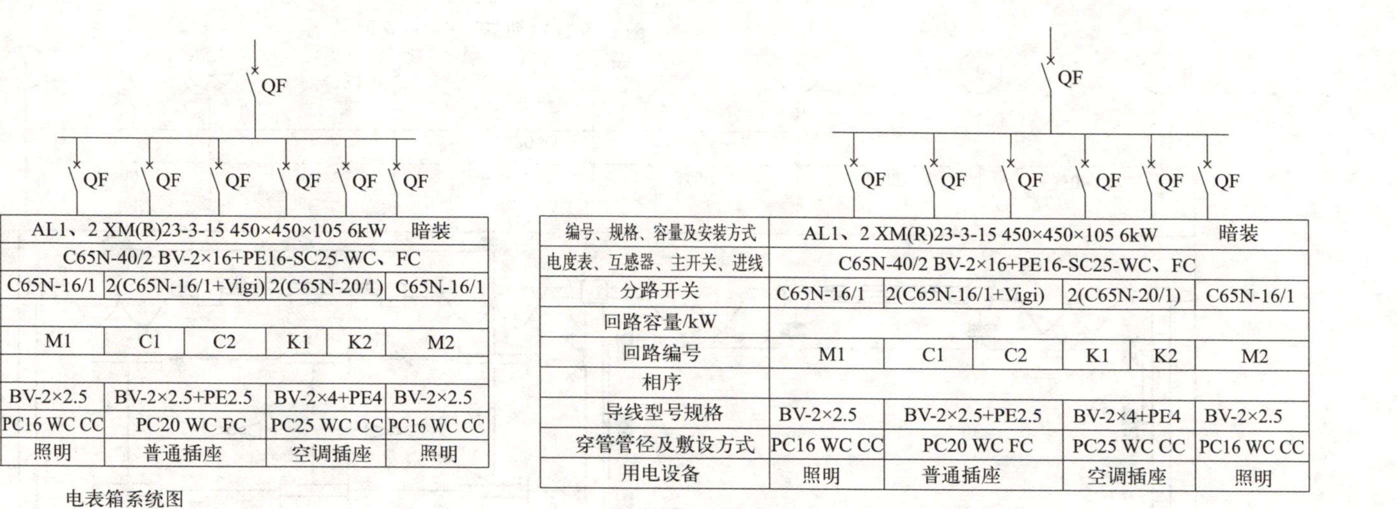

编号、规格、容量及安装方式	AL1、2 XM(R)23-3-15 450×450×105 6kW 暗装					
电度表、互感器、主开关、进线	C65N-40/2 BV-2×16+PE16-SC25-WC、FC					
分路开关	C65N-16/1	2(C65N-16/1+Vigi)		2(C65N-20/1)		C65N-16/1
回路容量/kW						
回路编号	M1	C1	C2	K1	K2	M2
相序						
导线型号规格	BV-2×2.5	BV-2×2.5+PE2.5		BV-2×4+PE4		BV-2×2.5
穿管管径及敷设方式	PC16 WC CC	PC20 WC FC		PC25 WC CC		PC16 WC CC
用电设备	照明	普通插座		空调插座		照明

电表箱系统图

编号、规格、容量及安装方式	AL1、2 XM(R)23-3-15 450×450×105 6kW 暗装					
电度表、互感器、主开关、进线	C65N-40/2 BV-2×16+PE16-SC25-WC、FC					
分路开关	C65N-16/1	2(C65N-16/1+Vigi)		2(C65N-20/1)		C65N-16/1
回路容量/kW						
回路编号	M1	C1	C2	K1	K2	M2
相序						
导线型号规格	BV-2×2.5	BV-2×2.5+PE2.5		BV-2×4+PE4		BV-2×2.5
穿管管径及敷设方式	PC16 WC CC	PC20 WC FC		PC25 WC CC		PC16 WC CC
用电设备	照明	普通插座		空调插座		照明

底层配电箱AL1-1、AL1-2系统图

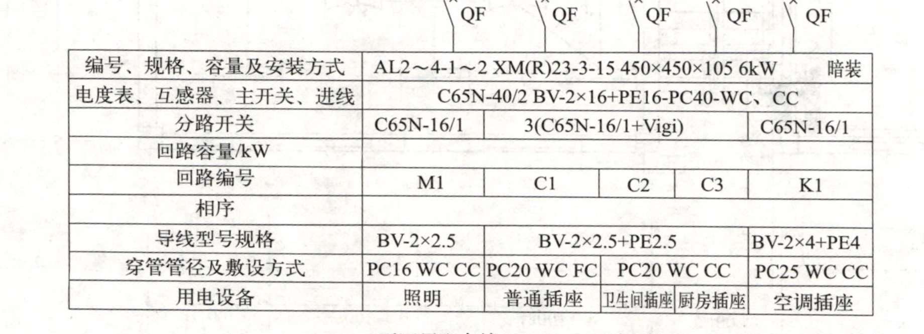

编号、规格、容量及安装方式	AL2～4-1～2 XM(R)23-3-15 450×450×105 6kW 暗装				
电度表、互感器、主开关、进线	C65N-40/2 BV-2×16+PE16-PC40-WC、CC				
分路开关	C65N-16/1	3(C65N-16/1+Vigi)			C65N-16/1
回路容量/kW					
回路编号	M1	C1	C2	C3	K1
相序					
导线型号规格	BV-2×2.5	BV-2×2.5+PE2.5			BV-2×4+PE4
穿管管径及敷设方式	PC16 WC CC	PC20 WC FC	PC20 WC CC		PC25 WC CC
用电设备	照明	普通插座	卫生间插座	厨房插座	空调插座

二至四层配电箱AL2-1、AL4-2系统图

附图 3－2 电表箱、用户配电箱系统图

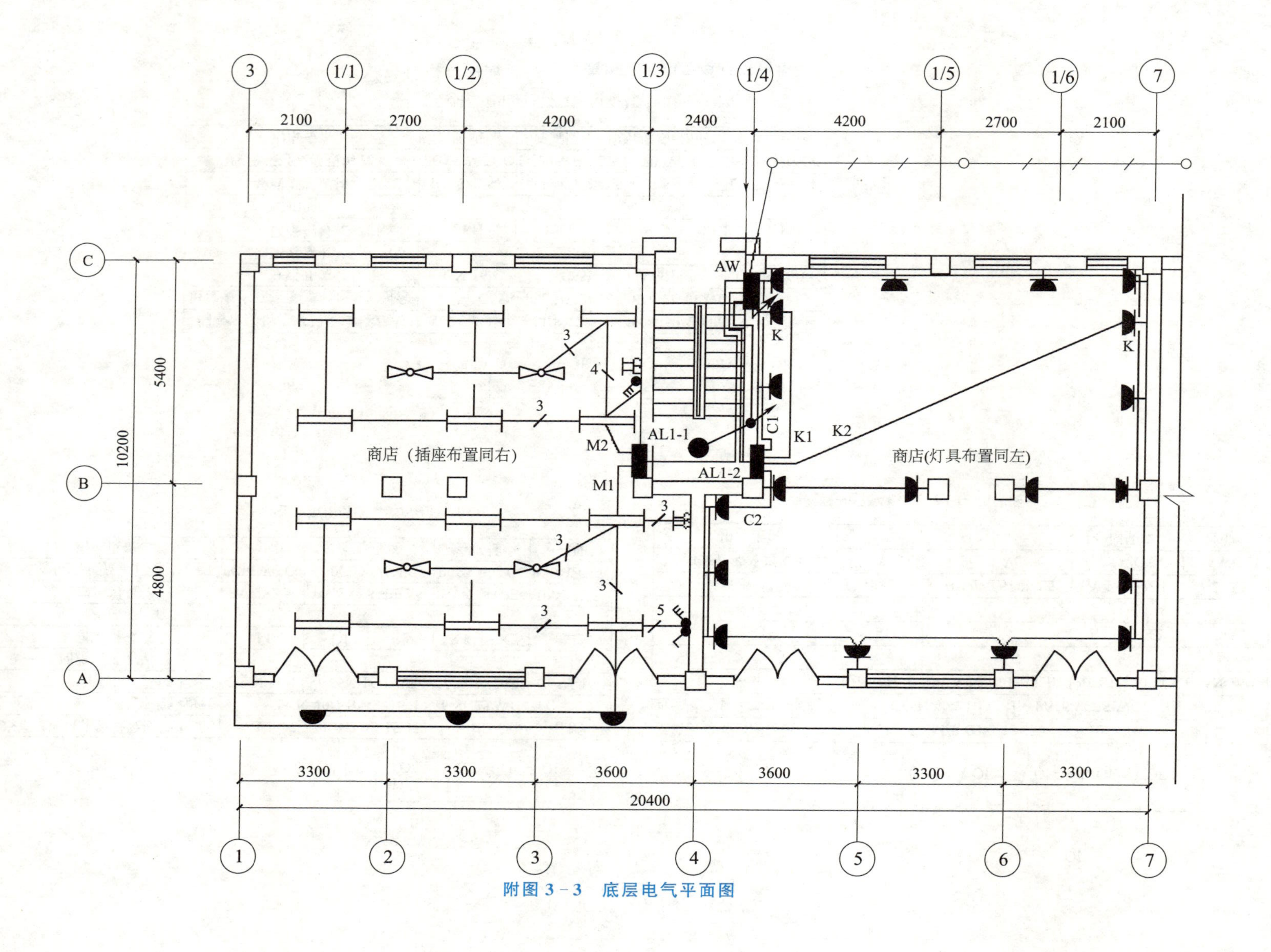

附图 3－3　底层电气平面图

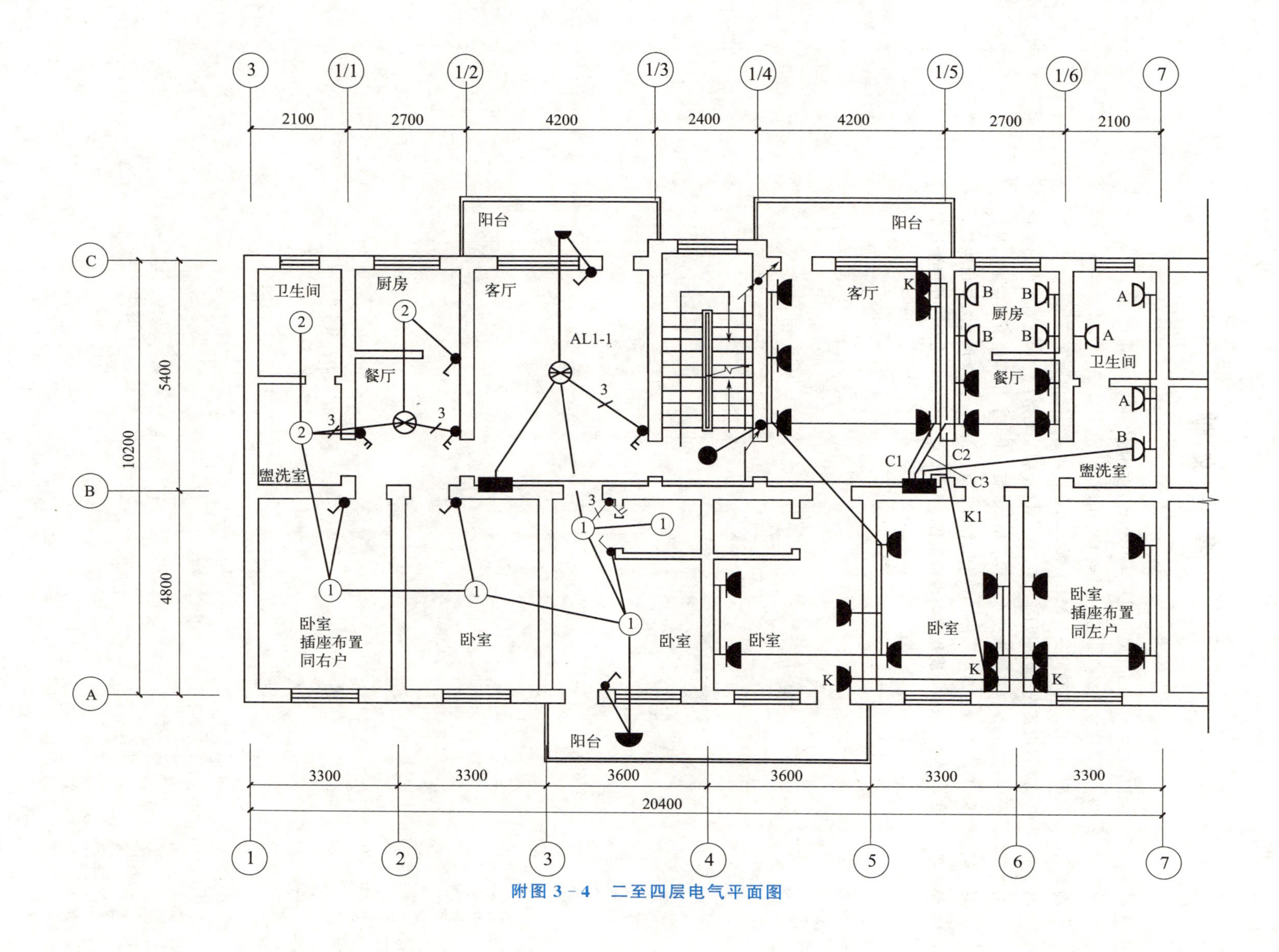

附图3－4　二至四层电气平面图

参考文献

冯刚，2008. 建筑设备与识图［M］. 北京：中国计划出版社.

贺俊杰，2003. 制冷技术［M］. 北京：机械工业出版社.

刘源全，刘卫斌，2017. 建筑设备［M］. 3版. 北京：北京大学出版社.

汤万龙，2019. 建筑设备安装识图与施工工艺［M］. 4版. 北京：中国建筑工业出版社.

王增长，岳秀萍，2021. 建筑给水排水工程［M］. 8版. 北京：中国建筑工业出版社.

谢社初，周友初，2021. 建筑电气施工技术［M］. 3版. 武汉：武汉理工大学出版社.

郑庆红，高湘，严洁，2010. 现代建筑设备工程［M］. 2版. 北京：冶金工业出版社.